"十二五"职业教育国家规划教材

经全国职业教育教材审定委员会审定

危险化学品安全管理

第三版

蒋清民　刘新奇　主编

化学工业出版社

·北京·

本书是以国家安全生产监督管理总局编制的《危险化学品生产经营单位安全管理人员培训》大纲为依据，并结合多年来从事危险化学品生产经营单位管理人员培训的实际工作经验而编写。全书共分十二章，内容包括危险化学品基础知识，职业危害及其预防，化工生产安全技术，危险化学品储存、运输、经营安全技术与管理，化工检修安全技术与管理，防火防爆电气安全技术，危险化学品设备安全技术，危险化学品相关法律法规，危险化学品安全生产管理，重大危险源管理与安全评价，化学事故的应急救援及抢救，现代企业安全管理体系。

　　本书详细介绍了危险化学品生产经营过程中关于安全管理的基础知识、法律、法规以及安全生产管理的新工艺、新技术、新方法，在内容上力求深入浅出、循序渐进、结构严谨、通俗易懂。

　　本书既可作为高职高专院校化工类及相关专业学生的教学用书，也可作为从事危险化学品生产经营单位的工人及安全管理人员的培训教材和参考资料。

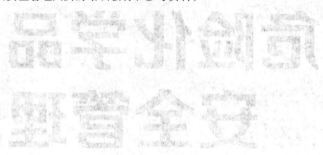

图书在版编目（CIP）数据

危险化学品安全管理/蒋清民，刘新奇主编. —3 版.
北京：化学工业出版社，2015.6（2024.8 重印）
"十二五"职业教育国家规划教材
ISBN 978-7-122-23520-6

Ⅰ.危… Ⅱ.①蒋…②刘… Ⅲ.①化工产品-危险
物品管理-高等职业教育-教材 Ⅳ.①TQ086.5

中国版本图书馆 CIP 数据核字（2015）第 066741 号

责任编辑：蔡洪伟　陈有华　　　　　　　装帧设计：关　飞
责任校对：王素芹

出版发行：化学工业出版社（北京市东城区青年湖南街 13 号　邮政编码 100011）
印　　刷：北京云浩印刷有限责任公司
装　　订：三河市振勇印装有限公司
787mm×1092mm　1/16　印张 20½　字数 537 千字　2024 年 8 月北京第 3 版第 8 次印刷

购书咨询：010-64518888　　　　　　　售后服务：010-64518899
网　　址：http://www.cip.com.cn
凡购买本书，如有缺损质量问题，本社销售中心负责调换。

定　　价：39.80 元

前　言

化学品已经进入了人类生产、生活的各个方面，为人类的生活带来了极大便利，为人类的物质文明提高起到了强有力的推动作用，为人类社会创造了巨大财富，因此，化学工业也获得了迅猛的发展。随着化学工业的发展和生产规模的扩大，随之而来的危险化学品事故也不断发生，给人民的生命财产安全和生存环境造成了严重危胁。现阶段，国家非常重视安全生产，加大了对危险化学品生产经营和管理力度，对危险化学品相关企业的主要负责人、安全管理人员及操作人员的安全素质提出了更高的要求。为满足提高职业院校化工类专业学生安全素质和危险化学品企业安全管理培训的需要，我们组织了实践经验丰富的专家和教师编写了《危险化学品安全管理》一书，经过几年教学和安全培训使用效果良好，并进行了修改和完善。2006年，《危险化学品安全管理》被列为教育部高职高专规划教材进行出版发行。发行以来，受到了使用院校和广大读者的普遍好评，因此，多次重印。2011年，对该教材进行了再版，保留了原教材的精华与特色，增加了新知识、新技术、新标准、新条例等内容，再版教材更加受到使用者的喜爱。

近三年来，国家对安全生产条例进行了修订，又有新的法规和标准出台，为更好地服务读者，决定对《危险化学品安全管理》进行再次修订。本次修订，从结构和内容上做了全面调整，以国家安全生产监督管理总局编制的《危险化学品生产经营单位安全管理人员培训》大纲为依据，按照"危险化学品安全知识→化工生产安全技术→危险化学品安全管理"的逻辑顺序，紧密结合危险化学品安全生产管理实际组织内容，使其更加符合人的认知规律，更有利于教学及培训的组织与开展。书中安排了大量实际操作图片，既增添了学习的乐趣，又变得直观易懂，可起到易学、易记、易用的目的。在每节前都安排了情景案例，以便于情景教学法、案例教学法和讨论式教学法等各种教学方法的开展，把学习和使用有机结合在一起，使学生学过后就会使用，有效地克服了理论与实际相脱离的弊端。本书增加了新知识、新技术，采用了国家颁布的新法规、新条例和新标准，能很好地满足危险化学品企业安全管理培训和职业院校教学改革的需要。此外，本书为了方便读者的学习，作者本次修订配套了相关的电子资源，可登录 www.cipedu.com.cn 免费下载。本次修订经全国职业教育教材审定委员会审定立项为"十二五"职业教育国家规划教材。

本书由河南化工职业学院组织编写，蒋清民和刘新奇任主编。岳瑞丰编写第一章、第五章、第七章；王传琪编写第二章、第四章、第八章；蒋清民编写第三章、第六章；刘新奇编写第九～十二章。本书由国家注册安全工程师赵玉奇教授主审。

由于编写时间仓促，作者水平有限，不妥之处敬请广大读者批评指正。

编　者

2015 年 2 月

目 录

第一章　危险化学品基础知识 / 1

第二章　职业危害及其预防 / 28

第三章　化工生产安全技术 / 42

第七章　危险化学品设备安全技术 / 158

第八章　危险化学品相关法律法规 / 194

第九章　危险化学品安全生产管理 / 239

附录　安全检查表 / 312

参考文献 / 320

第一章

危险化学品基础知识

第一节 危险化学品概述

【学习目标】 ▶▶▶

知识目标：掌握危险化学品的概念，了解我国危险化学品安全管理的现状及做好危险化学品安全管理的重要意义。

能力目标：能根据危险化学品的特征，初步判定危险化学品的能力。

情感价值观目标：培养学生安全意识和科学的安全价值观。

【案例情景】 ▶▶▶

2005 年 3 月 29 日，京沪高速公路淮安段，一辆载有约 35 吨液氯的山东槽罐车与山东货车相撞，导致槽罐车液氯大面积泄漏。致 29 人氯气中毒死亡，456 人中毒住院治疗，1867 人门诊留治，10500 名村民被迫疏散转移，累计经济损失约 2000 余万元。

据不完全统计，目前世界上所发现的化学品已超过 1000 余万种，日常使用的约有 700 余万种，世界化学品的年总产值已达到 1 万亿美元左右。化学品作为特殊的商品，它的存在和生产虽然为人类社会提供了丰富的物质材料，极大地改善了人们的生活，但是不少化学品其固有的易燃、易爆、有毒、有害的危险特性也给人类生存带来了一定的威胁。在化学品的生产、经营、储存、运输、使用以及废弃物处置的过程中，由于对危险化学品的管理、防护不当，会损害人体健康，造成财产毁损、生态环境污染。据统计全世界每年因化学事故和化学危害造成的损失超过了 4000 亿元人民币，这引起了世界各国的高度重视，随着化学事故的频繁发生，人们安全意识也再不断地增强，人类对化学品的认识及采取的对策与措施不断得到提高。

一、危险化学品的概念

危险化学品（见图 1-1）是指具有毒害、腐蚀、爆炸、燃烧、助燃等性质，对人体、设施、环境具有危害的剧毒化学品和其他化学品。

危险化学品具有爆炸、易燃、毒害、感染、腐蚀、放射性等危险特性，在生产、储存、运输、使用和处置过程中，容易造成人身伤亡、财产损毁和环境污染，因此，对于危险化学品，需要特别防护。

图 1-1　危险化学品

二、我国危险化学品安全管理的现状

危险化学品的安全管理涉及生产、储存、运输、经营、使用、废弃六个环节，是全社会的事业，与国家、单位、个人都有直接关系，这就决定了危险化学品的安全管理是一个难度比较大的问题，只有全社会共同努力，才有可能做好危险化学品的安全管理工作。

改革开放以后，我国各行各业得到了最大限度的发展，工业由原来单一的国营、集体经济，发展成为包括国营、集体、个体私营经济、中外合资、外商独资在内的多种经济形式，极大地促进了我国国民经济的发展。

从安全管理总体上看，我国危险化学品安全管理状况可以分为以下几个档次：一是以中国石油天然气总公司、中国石油化工总公司、中国海洋石油总公司，这三大公司为代表的国有大型企业为一个档次，三大公司都有着一整套管理制度，总公司和其所属企业都有相应的管理机构和内部规章制度，职工队伍素质相对比较高，领导重视安全生产，设备状况比较好，工艺技术比较先进，各企业都在推行国际上同行业先进的管理方法，可以做到企业自行负责，能较好地管理安全生产工作，所以三大公司的事故相对较少。二是以县级以上国有企业为一个档次，这些企业仍在执行原化学工业部的管理制度，企业也都有管理机构，安全生产管理有一定的基础。但有些企业问题多，主要是管理机构逐渐削弱，职工队伍素质下降，设备维护跟不上，事故隐患较多等，所以事故相对较多。三是以乡镇及乡镇以下个体、集体企业为一个档次，这部分企业中的大多数问题更多，管理没有章法。此外还有国外（境外）独资、合资企业，存在两种情况：一是国外大型独资及合资企业，管理比较严格；二是部分小型企业安全生产管理较差。

这些年危险化学品生产、储存、经营、运输过程中发生过很多事故，可以说是管理失控、事故频发、危害严重。对此，党和国家领导人都给予过很多重要批示，并且决定开展五项安全生产专项整治，其中第一项就是全面开展危险化学品安全管理专项整治工作。

三、我国危险化学品安全管理的形势

随着化学品产业的发展，目前已暴露出很多问题，特别是安全、健康和环境问题日益突出。由于我国目前正处于经济转型期，法规建设、人员素质、基础教育均未与之配套发展，由此引发了一系列火灾、爆炸、泄漏、中毒等重大恶性事故，以及化学品的环境污染事故，某些事故损失特别严重，影响特别恶劣。

【典型事故案例】

2002 年 6 月 22 日山西忻州地区繁峙县沙河镇义兴寨松井沟金矿发生炸药爆炸事故，38 人死亡。

2003 年 12 月 23 日 22 时 15 分，重庆开县高桥镇小阳村黄泥垭口附近，正在施工的中国石油西南油气田分公司川东北气矿罗家 16H 矿井发生井喷事故。混有剧毒硫化氢毒气的天然气顿时冲天而起，冲高 30m 左右，并迅速向高桥镇、正坝镇、麻柳镇等附近乡镇蔓延。事故造成 243 人死亡、数百人不同程度受伤，10 万群众被连夜紧急疏散。

2003 年 12 月 30 日 9 时 50 分左右，辽宁省铁岭市昌图县双庙子镇昌图安全环保彩光声响有限责任公司发生爆炸，38 人死亡。事故原因是非防爆电气设备产生的电火花引起混药间粉尘爆燃，并迅即引发混药间、造粒间、烘干间药物及仓库原料爆炸。

2004 年 4 月 16 日凌晨天原化工厂冷凝管破裂，两次发生局部爆炸，导致氯气外泄，这次的爆炸共造成 9 人死亡，3 人受重伤，15 万群众被紧急疏散。

2004 年 10 月 4 日，下午 3 时 40 分左右，广西壮族自治区钦州市浦北县石水镇长岭炮竹厂突然连续发生两次剧烈爆炸，10 公里之外都能听见爆炸声，爆炸点附近村镇震感强烈。这次特大爆炸事故共造成 37 人死亡，50 多人受伤。引发这起事故的原因系严重违规生产。

2010 年 7 月 28 日上午，位于南京市栖霞区迈皋桥街道的南京塑料四厂地块拆除工地发生地下丙烯管道泄漏爆燃事故，共造成 22 人死亡，120 人住院治疗，其中 14 人重伤，爆燃点周边部分建（构）筑物受损，直接经济损失 4784 万元。

2013 年 2 月 1 日 8 时 57 分，连霍高速三门峡义昌大桥处发生一起运输烟花爆竹爆炸事故，导致义昌大桥部分坍塌，车辆坠落桥下，造成 13 人死亡，9 人受伤，直接经济损失 7632 万元。

2013 年 6 月 3 日，位于吉林省德惠市的吉林宝源丰禽业有限公司主厂房部分电气线路短路，引燃周围可燃物，燃烧产生的高温导致氨设备和氨管道发生特别重大火灾爆炸事故，共造成 121 人死亡、76 人受伤，直接经济损失 1.82 亿元。

我国政府十分重视化学品的安全管理工作，在"安全第一，预防为主，综合治理"的方针指导下，采取了一系列措施：如建立并完善了安全生产法律、法规和标准；建立了危险化学品登记、生产许可审批、储存、运输等一系列的管理制度；推动了企业安全生产标准化建设；完善了危险化学品监督监察工作；建立了我国化学事故应急救援体系等。这些措施扭转了我国安全危险化学品安全生产形势，遏制了重特大事故的发生，但是危险化学品安全生产形势依然严峻。

四、做好危险化学品安全管理的意义

化学工业是我国的主要支柱产业之一，做好危险化学品的安全管理，对于促进化学工业持续、稳定、健康发展，保护广大人民的人身安全与健康，维护社会的和谐和稳定，对国家和人民来说有着十分重要的意义。

【课后巩固练习】▶▶▶

1. 名词解释：危险化学品。
2. 危险化学品的安全管理涉及哪六个环节？
3. 从媒体搜集危险化学品重特大事故案例，从这些事故案例中我们能得到什么启示？

第二节　危险化学品分类及特性

【学习目标】▶▶▶

知识目标：掌握危险化学品的分类方法。

能力目标：能判定常见化学品的危险特性。

情感价值观目标：培养学生安全意识和科学严谨的工作态度。

【案例情景】▶▶▶

2005年11月13日下午1时45分左右，中国石油天然气股份有限公司吉林石化分公司双苯厂发生一起爆炸事故，造成5人死亡、1人失踪、60多人受伤，主要生产装置严重损坏。爆炸还造成约100t苯类物质流入松花江，造成了江水严重污染，沿岸数百万居民的生活受到影响。

危险化学品分类就是根据化学品本身的危险特性，依据有关标准，划分出可能的危险性类别和项别。危险化学品分类是对化学品进行安全管理的前提，分类的正确与否直接关系到安全标签的内容、危险标志以及安全技术说明书的编制，因此，危险化学品分类也是化学品管理的基础。

一、危险化学品的分类

目前，危险化学品的分类方法主要有如下几种。

① 对于现有化学品，可以依据《化学品分类和标签规范》（GB 3000，1—29）和《危险货物分类和品名编号》（GB 6944—2012）两个国家标准来确定其危险性类别和项别。

② 对于新化学品，应首先检索文献，利用文献数据对其危险性进行初步评价，然后进行针对性实验；对于没有文献资料的危险品，需要进行全面的物化性质、毒性、燃爆、环境方面的试验，然后依据《化学品分类和标签规范》（GB 3000，1—29）和《危险货物分类和品名编号》（GB 6944—2012）两个国家标准进行分类。

③ 对于混合物，其燃烧爆炸危险性数据可以通过试验获得，但毒性数据的获取则需要较长时间，而且实验费用也相对较高，进行全面试验并不现实。为此可采用推算法对混合物的毒性进行推算。

根据《危险货物分类和品名编号》（GB 6944—2012），按理化危险把化学品分为以下9类。

1. 爆炸品

图1-2　爆炸物

本类物品是指固体或液体物质（或物质混合物），其本身能够通过化学反应产生气体，而产生气体的温度、压力和速度高到能对周围造成破坏的物品。包括：爆炸性物品、发火物质和烟火物品。

① 爆炸性物品是含有一种或多种爆炸性物质或混合物品。如图1-2所示。

② 发火物质（或发火混合物）是这样一种物质或物质的混合物，它旨在通过非爆炸自持放热化学反应产生的热、光、声、气体、烟或所有这些的组合来产生效应。

③ 烟火物品是包含一种或多种发火物质或混合物的物品。

2. 气体

本类物品是指压缩气体、液化气体、溶解气体和冷冻液化气体、一种或多种气体与一种或多种其他类物质的蒸气混合物、充有气体的物品和气雾剂；或符合下述两种情况之一者。

① 在50℃时，蒸汽压力大于300kPa的物质。

② 20℃时在101.3kPa标准压力下完全是气态的物质。

本类物品当受热、撞击或强烈震动时，容器内压力会急剧增大，致使容器破裂爆炸，或致使气瓶阀门松动漏气、酿成火灾或中毒事故。

本类物品按其性质分为以下3项。

（1）易燃气体　在20℃时在101.3kPa条件下，爆炸下限小于等于13％的气体或爆炸极限（燃烧范围）大于等于12％的气体，如氢气、一氧化碳、甲烷等。

（2）毒性气体　其毒性或腐蚀性对人类健康造成危害的气体及急性半数致死浓度LC_{50}值小于等于5000mL/m³的毒性或腐蚀性气体，如一氧化氮、氯气、氨气等。

（3）非易燃无毒气体　窒息性气体、氧化性气体以及不属于第（1）或第（2）项的气体。如压缩空气、氮气等。

3. 易燃液体

本类物品包括易燃液体和液态退敏爆炸品。

（1）易燃液体　是指易燃的液体或液体混合物，或是在溶液或悬浮液中有固体的液体，其闭杯试验闪点不高于60℃，或开杯试验闪点不高于65.6℃。易燃液体还包括满足下列条件之一的液体。

① 在温度等于或高于其闪点的条件下提交运输的液体。

② 以液态在高温条件下运输或提交运输，并在温度等于或低于最高运输温度下放出易燃蒸气的物质。

（2）液态退敏爆炸品　是指为抑制爆炸性物质的爆炸性能，将爆炸性物质溶解或悬浮在水中或其他液态物质后，而形成的均匀液态混合物。

4. 易燃固体、易于自燃的物质、遇水放出易燃气体的物质

本类物品易于引起和促成火灾，按其燃烧特性分为以下3项。

（1）易燃固体、自反应物质和固态退敏爆炸品

① 易燃固体是易于燃烧的固体和摩擦可能起火的固体。

② 自反应物质是指即使没有氧气（空气）存在，也容易发生激烈放热分解的热不稳定物质。

③ 固态退敏爆炸品是指为抑制爆炸性物质的爆炸性能，用水或酒精湿润爆炸性物质、或用其他物质稀释爆炸性物质后，而形成的均匀固态混合物。

（2）易于自燃的物质　本项包括发火物质和自热物质。

① 发火物质是指即使只有少量与空气接触，不到5分钟时间便燃烧的物质，包括混合物和溶液（液体或固体）。

② 自热物质是指发火物质以外的与空气接触便能自己发热的物质。

（3）遇水放出易燃气体的物质　本项物质是指遇水放出易燃气体，且该气体与空气混合能够形成爆炸性混合物的物质，如钾、钠等。

5. 氧化性物质和有机过氧化物

本类物品具有强氧化性，易引起燃烧、爆炸，按其组成分为以下两项。

（1）氧化性物质　是指本身未必燃烧，但通常因放出氧可能引起或促使其他物质燃烧的物质，如过氧化钠、高氯酸钾等。

（2）有机过氧化物　是指含有二价过氧基（—O—O—）结构的有机物。其本身易燃易爆、极易分解，对热、震动和摩擦极为敏感，如过氧化苯甲酰、过氧化甲乙酮等。

6. 毒性物质和感染性物质

（1）毒性物质　是指经吞食、吸入或与皮肤接触后可能造成死亡或严重损害人类健康的物质（如图1-3所示）。其中包括满足下列条件之一的毒性物质（固体或液体）。

图1-3 毒性物质

① 急性口服毒性：$LD_{50}\leqslant300mg/kg$。

② 急性皮肤接触毒性：$LD_{50}\leqslant1000mg/kg$。

③ 急性吸入粉尘和烟雾毒性：$LC_{50}\leqslant4mg/L$。

④ 急性吸入蒸气毒性：$LC_{50}\leqslant5000mL/m^3$。

(2) 感染性物质　是指已知或有理由认为含有病原体的物质。感染性物质分为A类和B类。

A类：以某种形式运输的感染性物质，在与之发生接触（发生接触是在感染性物质泄露到保护性包装之外，造成与人或动物的实际接触）时，可造成健康的人或动物永久性失残、生命危险或致命疾病。

B类：A类以外的感染性物质。

7. 放射性物质

放射性物质是指任何含有放射性核素并且其活度浓度和放射性总活度都超过《放射性物质安全运输规程》（GB 11806—2004）规定限值的物质，如金属铀、六氟化铀、金属钍等。

8. 腐蚀性物质

腐蚀性物质是指通过化学作用使生物组织接触时造成严重损伤或在渗漏时会严重损害甚至毁坏其他货物或运载工具的物质。本类包括满足下列条件之一的物质。

① 使完好皮肤组织在显露超过60min、但不超过4h之后开始的最多14d观察期内全厚度损毁的物质。

② 被判定不引起完好皮肤全厚度毁损，但在55℃试验温度下，对钢或铝的表面腐蚀率超过6.25mm/a的物质，如硫酸、硝酸、盐酸、氢氧化钾、氢氧化钠、次氯酸钠溶液、氯化铜、氯化锌等。

9. 杂项危险物质和物品，包括危害环境物质

本类是指存在危险但不能满足其他类别定义的物质和物品，包括：①以微细粉尘吸入可危害健康的物质；②会放出易燃气体的物质；③锂电池；④救生设备；⑤一旦发生火灾可形成二噁英的物质和物品；⑥在高温下运输或提交运输的物质（在液态温度达到或超过100℃，或固态温度达到或超过240℃条件下运输的物质）；⑦危害环境物质，包括污染水环境的液体或固体物质，以及这类物质的混合物；⑧不符合毒性物质或感染性物质定义的经基因修改的微生物和生物体；⑨其他，如UN1841、UN1845、UN1941、UN2071等。

二、常见危险化学品的主要特性

（一）理化危险性

1. 爆炸品

爆炸品的主要危险特性有如下几种。

（1）爆炸性　爆炸品都具有化学不稳定性，在一定外因的作用下，能以极快的速度发生猛烈的化学反应，产生的大量气体和热量在短时间内无法逸散开去，致使周围的温度迅速升高并产生巨大的压力而引起爆炸，如黑火药的爆炸。

$$2KNO_3+S+3C \Longrightarrow K_2S+N_2\uparrow+3CO_2\uparrow+热量$$

（2）敏感性　任何一种爆炸品的爆炸都需要外界供给它一定的能量——起爆能。不同的爆炸品所需的起爆能不同，所需的最小起爆能，即为该爆炸品的敏感度（简称感度）。起爆能与敏感度成反比,起爆能越小,敏感度越高。

(3) 不稳定性 爆炸性物质除具有爆炸性和对撞击、摩擦、温度的敏感之外,还有遇酸分解,受光线照射分解,与某些金属接触产生不稳定的盐类等特性,这些特性都具有不稳定性。

2. 气体

对于压缩气体和液化气体,其主要危险特性有如下几种。

(1) 可压缩性 一定量的气体在温度不变时,所加的压力越大其体积就会变得越小,若继续加压气体将会压缩成液态,这就是气体的可压缩性。气体通常以压缩或液化状态储于容器中,而且在管道内进行输送的过程中,大多数也是处于一定的压力下。

(2) 膨胀性 气体在光照或受热后,温度升高,分子间的热运动加剧,体积增大,若在一定容器内,气体受热的温度越高,其膨胀后形成的压力越大,这就是气体受热的膨胀性。

此外,对于不同的气体类型,还具有燃烧、爆炸性、毒害、氧化性和窒息性等危险特性。

3. 易燃液体

(1) 高度易燃性 易燃液体的主要特性是具有高度易燃性,其主要原因是闪点低。

(2) 易爆性 易燃液体挥发性大,当盛放易燃液体的容器有某种破损或不密封时,挥发出来的易燃蒸气扩散到存放或运载该物品的库房或车厢的整个空间,与空气混合,当浓度达到爆炸极限时,遇明火或火花即能引起爆炸。

(3) 高度流动扩散性 易燃液体的黏度一般都很小,本身极易流动,即使容器只有极细微裂纹,易燃液体也会渗出容器壁外,并源源不断地挥发,使空气中的易燃液体蒸气浓度增高,从而增加了燃烧爆炸的危险性。

(4) 受热膨胀性 易燃液体的膨胀系数比较大,受热后体积容易膨胀,同时蒸气压亦随之升高,从而使密封容器中内部压力增大,造成"鼓桶"甚至爆裂,在容器爆裂时会因产生火花而引起燃烧爆炸。

(5) 忌氧化剂和酸 易燃液体与氧化剂或有氧化性的酸类(特别是硝酸)接触,能发生剧烈反应而引起燃烧爆炸。因此,易燃液体不得与氧化剂及有氧化性的酸类接触。

(6) 毒性 大多数易燃液体及其蒸气均有不同程度的毒性,例如,丙酮、甲醇、苯、二硫化碳等。不但吸入其蒸气会中毒,有的经皮肤吸收也会造成中毒事故。

4. 易燃固体、易于自燃的物质、遇水放出易燃气体的物质

(1) 易燃固体主要特性

① 易燃固体容易被氧化,受热易分解或升华,遇火种、热源会引起强烈、连续的燃烧。

② 易燃固体与氧化剂接触反应剧烈,因而易发生燃烧爆炸。例如,赤磷与氯酸钾接触,硫磺粉与氯酸钾或过氧化钠接触,均易立即发生燃烧爆炸。

③ 易燃固体对摩擦、撞击、震动也很敏感。例如,赤磷、闪光粉等受摩擦、震动、撞击等能起火燃烧甚至爆炸。

④ 有些易燃固体与酸类(特别是氧化性酸)反应剧烈,会发生燃烧爆炸。例如,萘遇浓硝酸(特别是发烟硝酸)反应猛烈会发生爆炸。

⑤ 许多易燃固体有毒,或其燃烧产物有毒或有腐蚀性,例如红磷(P_4)、五硫化二磷(P_2S_5)等。

(2) 易于自燃的物质的主要特性

易于自燃的物质大多数具有容易氧化、分解的性质,且燃点较低。在未发生自燃前,一般都经过缓慢的氧化过程，同时产生一定热量，当产生的热量越来越多，积热使温度达到该物质的自燃点时便会自发地着火燃烧。

（3）遇水放出易燃气体的物质的主要特性

① 与水或潮湿空气中的水分能发生剧烈化学反应，放出易燃气体和热量。例如：

$$2K + 2H_2O === 2KOH + H_2 \uparrow + 热量$$

即使当时不发生燃烧爆炸，但放出的易燃气体积集在容器或室内与空气亦会形成爆炸性混合物而存在爆炸隐患。

② 与酸反应比与水反应更加剧烈，极易引起燃烧爆炸。例如：

$$NaH + HCl === NaCl + H_2 \uparrow + 热量$$

③ 有些遇湿易燃物品本身易燃或放置在易燃的液体中（如金属钾、钠等均浸没在煤油中保存以隔绝空气），遇火种、热源也有很大的危险。

此外，一些遇湿易燃物品还具有腐蚀性或毒性，如硼氢类化合物有剧毒等。

5. 氧化性物质和有机过氧化物

① 氧化剂中的无机过氧化物均含有过氧基，很不稳定，易分解放出原子氧，其余的氧化剂则分别含有高价态的氯、溴、碘、氮、硫、锰、铬等元素，这些高价态的元素都有较强的获得电子能力。因此，氧化剂最突出的性质是遇易燃物品、可燃物品、有机物、还原剂等会发生剧烈化学反应引起燃烧爆炸。

② 氧化剂遇高温易分解放出氧和热量，极易引起燃烧爆炸。特别是有机过氧化物分子组成中的过氧基很不稳定，易分解放出原子氧，而且有机过氧化物本身就是可燃物，易着火燃烧，受热分解的生成物又均为气体，更易引起爆炸。所以，有机过氧化物比无机氧化剂有更大的火灾爆炸危险。

③ 许多氧化剂，如氯酸盐类、硝酸盐类、有机过氧化物等对摩擦、撞击、震动极为敏感。

④ 大多数氧化剂，特别是碱性氧化剂，遇酸反应剧烈，甚至发生爆炸。例如，过氧化钠（钾）、氯酸钾、高锰酸钾、过氧化二苯甲酰等，遇硫酸立即发生爆炸。所以，这些氧化剂不得与酸类接触。

⑤ 有些氧化剂特别是活泼金属的过氧化物，如过氧化钠（钾）等，遇水分解放出氧气和热量，有助燃作用，使可燃物燃烧，甚至爆炸。这些氧化剂应防止受潮，灭火时严禁用水、泡沫、二氧化碳灭火器扑救。

⑥ 有些氧化剂具有不同程度的毒性和腐蚀性。例如：铬酸酐、重铬酸盐等既有毒性，又会灼伤皮肤；活泼金属的过氧化物有较强的腐蚀性。

⑦ 有些氧化剂与其他氧化剂接触后能发生复分解反应，放出大量热而引起燃烧爆炸。如亚硝酸盐、次亚氯酸盐等遇到比它强的氧化剂时显还原性，发生剧烈反应而导致危险。所以各种氧化剂亦不可任意混储混运。

6. 毒性物质和感染性物质

（1）毒性　毒性物质的主要特性就是毒性，少量进入人体即能引起中毒。而且其侵入人体的途径很多，经皮肤、口服和吸入其蒸气都会引起中毒。

（2）溶解性　毒性物质的溶解性可表现为水溶性和脂溶性。大部分有毒品都易溶于水，在水中溶解度越大的有毒品对人的危险性越大。有些有毒品不溶于水，但能溶于脂肪中，表现出脂溶性。具有脂溶性的有毒品可经表皮的脂肪层侵入人体而引起中毒。

（3）挥发性　液体有毒品都具有挥发性。挥发性越大，空气中的含毒浓度越高，就越容易引起中毒。

7. 放射性物质

① 具有放射性，能自发、不断地放出人们感觉器官不能觉察到的射线。放射性物质放出的射线分为四种：α射线，β射线，γ射线，也叫丙种射线和中子流。这些射线在人体达到一定的剂量，容易使人患放射性病，甚至死亡。

② 许多放射性物品毒性很大。如钋210、镭226、镭228、钍230等都是剧毒的放射性物品；钠22、钴60、锶90、碘131、铅210等为高毒的放射性物品。

放射性物质警示如图1-4所示。

图1-4 放射性物质警示

8. 腐蚀性物质

（1）强烈的腐蚀性 它对人体、设备、建筑物、构筑物、车辆、船舶的金属结构都易发生化学反应，而使之腐蚀并遭受破坏。

（2）氧化性 腐蚀性物质如浓硫酸、硝酸、氯磺酸、高氯酸、漂白粉等都是氧化性很强的物质，遇有机化合物、还原剂等接触易发生强烈的氧化还原反应，放出大量的热，容易引起燃烧。

（3）稀释放热性 多种腐蚀品遇水会放出大量的热，易燃液体四处飞溅造成人体灼伤。

（4）毒性 多数腐蚀品有不同程度的毒性，有的还是剧毒品，如氢氟酸、溴素、五溴化磷等。

（5）易燃性 部分有机腐蚀品遇明火易燃烧，如冰醋酸、醋酸酐、苯酚等。

（二）健康危险性

（1）急性毒性 是指在单剂量或在24h内多剂量口服或皮肤接触一种物质，或吸入接触4h之后出现的有害效应。

（2）皮肤腐蚀/刺激 皮肤腐蚀是对皮肤造成不可逆损伤，其特征是溃疡、出血、有血的结痂；皮肤刺激是施用试验物达到4h对皮肤造成可逆损伤。

（3）严重眼损伤/眼刺激 严重眼损伤是在眼前部表面施加试验物质之后，对眼部造成在施用21d内并不完全可逆的组织损伤，或严重的视觉物理衰退；眼刺激是在眼前部表面施加试验物质之后，在眼前部在施用21d内完全可逆的变化。

（4）呼吸或皮肤过敏 呼吸过敏物是吸入后会导致气管超过敏反应的物质；皮肤过敏物是皮肤接触后会导致过敏反应的物质。

（5）生殖细胞致突变性 本危险类别涉及的主要是可能导致人类生殖细胞发生可传播后代的突变的化学品。

（6）致癌性 致癌物是指可导致癌症或增加癌症发生率的化学物质或化学混合物。

（7）生殖毒性 是指对成年雄性和雌性性功能和生育能力的有害影响，以及在后代中的发育毒性。

（8）特异性靶器官系统毒性（一次接触） 特定靶器官有毒物是指由于单次接触而产生特异性、非致命性靶器官/毒性的物质。

（9）特异性靶器官系统毒性（反复接触） 特定靶器官/有毒物是指由于反复接触而产生特异性/毒性的物质。

（10）吸入危险 吸入指液态或固态化学品通过口腔或鼻腔直接进入或者因呕吐间接进入气管和下呼吸系统；吸入毒性包括化学性肺炎、不同程度的肺损伤或吸入后死亡等严重急

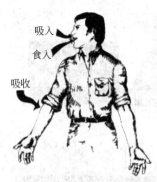

吸入
食入
吸收

图 1-5　毒物进入人体途径

性效应。

毒物进入人体途径如图 1-5 所示。

（三）环境危险

环境危险指的是危害水生环境，其基本要素是急性水生毒性、慢性水生毒性、潜在或实际的生物积累和有机化学品的降解（生物或非生物）。

（1）急性水生毒性　是指物质对短期接触它的生物造成伤害的固有性质。

（2）慢性水生毒性　是指物质在与生物体生命周期相关的接触期间对水生生物产生有害影响的潜在性质或实际性质。

（3）生物积累　是指物质以所有接触途径（即空气、水、沉积物/土壤和食物）在生物体内吸收、转化和排出的净结果。

（4）降解　是指有机分子分解为更小的分子，并最后分解为二氧化碳、水和盐。

三、危险特性符号

危险化学品危险特性符号如图 1-6 所示。

火焰	圆圈上方火焰	爆炸弹

腐蚀	高压气瓶	骷髅和交叉骨

感叹号	环境	健康危险
		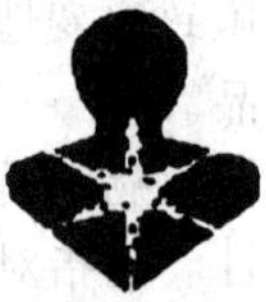

图 1-6　危险化学品危险特性的标准符号

【课后巩固练习】▶▶▶

1. 爆炸品的定义是什么？

2. 根据《危险货物分类和品名编号》（GB 6944—2012），按理化危险把化学品分为 9 类，这 9 类化学品都是什么？

3. 气体、易燃液体和腐蚀品的主要危险特性有哪些？

4. 丙酮的理化危险特性表现为（　　　）。

A. 易燃性　　　　B. 刺激性　　　　C. 腐蚀性　　　　D. 助燃性

5. 浓硫酸的理化危险性表现为（　　　）。

A. 有毒　　　　　B. 易爆　　　　　C. 腐蚀性　　　　D. 刺激性

6. 下列图形分别代表什么含义？

第三节　认识安全色与安全标志

【学习目标】▶▶▶

知识目标：掌握安全色和安全标志代表的含义。

能力目标：能识别不同类型的安全标志，并能根据安全标志判定作业环境中的危险因素。

情感价值观目标：培养学生安全意识和责任感。

【案例情景】▶▶▶

×年×月×日7时20分，某工厂铸造车间配砂工张某来到车间打开混砂机舱门，没有在混砂机的电源开关处挂上"有人工作禁止合闸"的安全标志牌便进入机内检修。他怕舱门开大了影响他人行走，便将舱门带到仅留有150mm缝隙。7时50分左右，本组配砂工李某上班后，没有预先检查一下机内是否有人工作，便随意将舱门推上，顺手开动混砂机试车，当听到机内有人喊叫时，立即停机，待混砂机停稳后，李某与其他职工将张某救出，但由于头部受伤严重，经抢救无效死亡。

为了保证劳动者的安全和健康，在生产作业场所往往使用表达安全信息的颜色和标志表示禁止、警告、指令、提示等意义，提醒劳动者注意安全，使作业人员及时得到提醒，以防止事故、危害发生。

一、安全色及其含义

1. 安全色

安全色是表达安全信息的颜色，根据国家标准《安全色》（GB 2893—2008）中的规定，我国的安全色包括红、蓝、黄、绿四种颜色。

2. 安全色含义和用途

红、蓝、黄、绿四种安全色代表的含义和用途如表1-1所示。

表 1-1　安全色的含义及用途

颜色	含　义	用　途　举　例
红色	禁止、停止	禁止标志,如:机器、车辆上的紧急停止手柄或按钮,以及禁止人员触动的部位。红色也表示防火
蓝色	指令、必须遵守的规定	指令标志,如:必须佩戴个人防护用具,道路指引车辆或行人行驶方向的指令
黄色	警告、注意	警告标志,如:厂内危险机器和坑池边周围的警戒线、行车道中线、安全帽
绿色	提示、安全状态、通行	提示标志,如:车间内安全通道、行人和车辆通行标志、消防设备和其他安全防护装置的位置

3. 对比色

为了使安全色更加醒目,往往使用对比色。对比色是指为了使安全色更加醒目的反衬色。对比色规定为黑色和白色两种颜色。如安全色需要使用对比色时,应按表 1-2 规定。

表 1-2　安全色的对比色

安全色	相应对比色	安全色	相应对比色
红色	白色	黄色	黑色
蓝色	白色	绿色	白色

在运用对比色时:黑色用于安全标志的文字,图形符号和警告标志的几何图形;白色既可以用作红、蓝、绿的背景色,也可用作安全标志的文字和图形符号。

另外,安全色与对比色的相间条纹是比较醒目的标志,相间条纹为等宽条纹,倾斜约 45°,其表示含义如表 1-3 所示。

表 1-3　相间条纹标志的含义

颜色	含　义
红色与白色相间条纹	表示禁止或提示消防设备、设施位置的安全标记
黄色与黑色相间条纹	表示危险位置的安全标记
蓝色与白色相间条纹	表示指令的安全标记,传递必须遵守规定的信息
绿色与白色相间条纹	表示安全环境的安全标记

二、安全色光

安全色光表示具有安全信息含义的色光,包括红色、黄色、绿色和蓝色四种色光;白色为辅助色光。

红色光用于表示禁止、停止、危险、紧急和防火等事项的场所。

黄色光用于表示注意等含义,用于有必要强调注意事项的场所。

绿色光用于表示有关安全、通行及救护的事项或其场所。

蓝色光用于表示引导等含义,用于指引方向和位置。

三、安全标志

安全标志是用以表达特定安全信息的标志,由图形符号、安全色、几何形状（边框）或

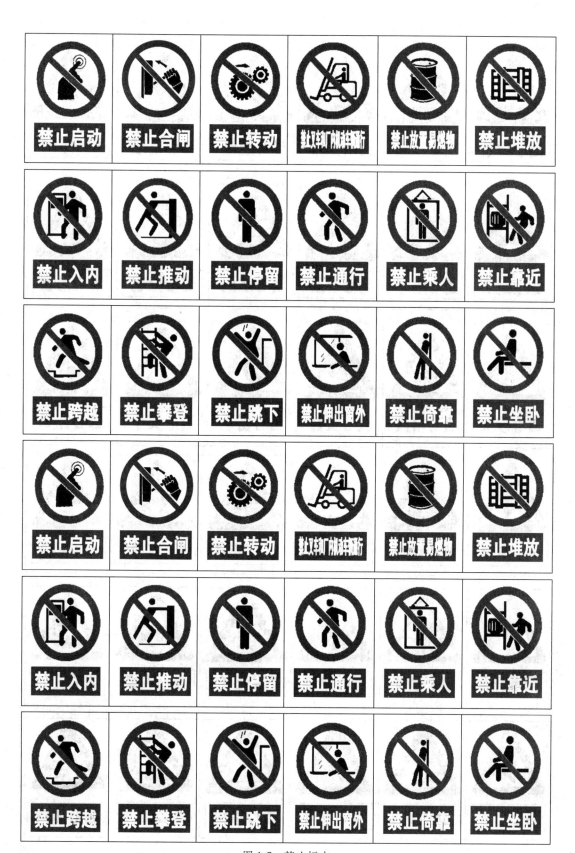

图 1-7　禁止标志

当心腐蚀	当心中毒	当心感染	当心触电	当心电缆	当心自动启动
当心机械伤人	当心塌方	当心冒顶	当心坑洞	当心落物	当心吊物
当心碰头	当心挤压	当心烫伤	当心伤手	当心夹手	当心扎脚
当心有犬	当心弧光	当心高温表面	当心低温	当心磁场	当心电离辐射
当心裂变物质	当心激光	当心微波	当心叉车	当心车辆	当心火车
当心坠落	当心障碍物	当心跌落	当心滑倒	当心落水	当心缝隙

图 1-8　警告标志

文字构成。根据《安全标志及其使用导则》（GB 2894—2008）规定，我国安全标志分为禁止标志、警告标志、指令标志和提示标志四大类型。安全标志的类型及代表含义如表 1-4 所示。

表 1-4　安全标志的类型及代表含义

标志类型	含　义
禁止标志	禁止人们不安全行为的图形标志
警告标志	提醒人们对周围环境引起注意，以避免可能发生危险的图形标志
指令标志	强制人们必须做出某种动作或采用防范措施的图形标志
提示标志	向人们提供某种信息（如标明安全设施或场所等）的图形标志

1. 禁止标志

禁止标志是由带斜杠的圆边框、位于圆边框中间的黑色图形符号和红色的安全色组成的图形标志，禁止人们不安全行为，详见图 1-7。

2. 警告标志

警告标志是由正三角形边框，位于正三角形边框中间的黑色图形符号和黄色的安全色组成的图形标志，提醒人们对周围环境引起注意，以避免可能发生危险。详见图 1-8。

3. 指令标志

指令标志是由圆形边框、位于圆形边框中的白色图形符号和蓝色安全色组成的图形标志，强制人们必须做出某种动作或采用防范措施，详见图 1-9。

图 1-9　指令标志

4. 提示标志

提示标志是由正方形边框、位于正方形边框中的白色图形符号和绿色的安全色组成的图形标志，向人们提供某种信息（如标明安全设施或场所），详见图 1-10。

图 1-10　提示标志

【课后巩固练习】▶▶▶

1. 安全色包括哪几种类型？分别表示什么含义？
2. 安全标志包括哪几种类型？分别表示什么含义？

3. 下列属于我国安全标志的是（　　　）。

A. 禁止标志　　　B. 危险化学品包装标志　　　C. 警告标志

D. 指令标志　　　E. 危险化学品运输图示标志

4. 下列安全标志属于哪种类型？代表什么含义？

第四节　危险化学品安全技术说明书

【学习目标】 ▶▶▶

知识目标：掌握安全技术书说明书的主要内容。

能力目标：能看懂、会编制危险化学品安全技术说明书。并能根据危险化学品安全技术说明书的内容提出相应的预防措施和应急处理措施。

情感价值观目标：培养学生正确的安全价值观和科学严谨的工作态度。

【案例情景】 ▶▶▶

曾在某钻石加工厂工作 11 年的何某和在同一单位工作 10 年的何某的老乡在 2007 年 4 月份和 6 月份相继去世，与此巧合的是，在这家钻石加工厂工作的女工，今年内又有两人因患同样的病而不得不休息。接连发生的事，令钻石加工厂的 200 余名女工担惊受怕，怀疑自己也生病了，从 3 月起开始停工，要求厂方对全部职工进行体检，请厂方按劳动合同履约，为职工们购买《中华人民共和国劳动法》（以下简称《劳动法》）及劳动合同上规定的各种保险，并请有关部门对工作环境、工作原料彻底检查、化验，以证明自己工作的环境对健康有没有危害。云南省疾病预防控制中心在为期半年的调查中，发现该公司确实按照省卫生厅的要求，提交过五种化学试剂的安全技术说明书（简称 MSDS），但是安全技术说明书不正规，没有有效单位印章，也没有标明物质成分，回避了很多关键问题。

一、安全技术说明书的概念

1. 安全技术说明书的概念

化学品安全技术说明书（如图 1-11 所示），国际上称作化学品安全信息卡，简称 SDS 或者 MS-DS、CSDS，是一份关于危险化学品燃爆、毒性和环境危害以及安全使用、泄漏应急处理、主要理化参数、法律法规等方面信息的综合性文件。作为对用户的一种服务，生产企业应随化学商品向用户提供安全技术说明书，使用户明了化学品的有关危害，使用时能主动进行防护，起到减少职业危害和预防化学事故的作用。

图 1-11　化学品安全技术说明书

2. 安全技术说明书的主要作用

安全技术说明书作为最基础的技术文件，主要用途是传递安全信息，其主要作用体现在以下几点：

① 是化学品安全生产、安全流通、安全使用的指导性文件；

② 是应急作业人员进行应急作业时的技术指南；

③ 为危险化学品生产、处理、储存和使用各环节制定安全操作规程提供技术信息；

④ 是化学品登记注册的主要基础文件和基础资料；

⑤ 是企业安全生产教育的主要内容。

安全技术说明书不可能将所有可能发生的危险及安全使用的注意事项全部表示出来，加之作业场所情形各异，所以安全技术说明书仅是提供化学商品基本安全信息，并非产品质量的担保。

二、安全技术说明书的内容、结构和编写

1. 化学品安全技术说明书的内容

《化学品安全技术说明书内容和项目顺序》（GB/T 16483—2008）规定的安全技术说明书包括 16 大项的内容，具体内容如下。

（1）化学品及企业标识　主要标明化学品的名称、地址、电话号码、应急电话、传真和电子邮件地址，建议同时标注供应商的产品代码。该部分还应说明化学品的推荐用途和限制用途。

（2）危险性概述　主要包括化学品主要的物理和化学危险性信息，以及对人体健康和环境影响的信息，如果已经根据 GHS 对化学品进行了危险性分类，应标明 GHS 危险性类别，同时应注明 GHS 的标签要素，如象形图或符号、防范说明、危险信息和警示词等。象形图或符号如火焰、骷髅和交叉骨可以用黑白颜色表示。GHS 分类未包括的危险性（如粉尘爆炸危险）也应在此处注明。

应注明人员接触后的主要症状及应急综述。

（3）成分/组成信息　该部分应注明该化学品是物质还是混合物。

如果是物质，应提供化学名或通用名、美国化学文摘登记号（CAS 号）及其他标识符。如果某种物质按 GHS 分类标准分类为危险化学品，则应列明包括对该物质的危险性分类产生影响的杂质和稳定剂在内的所有危险组分的化学名或通用名以及浓度或浓度范围。

如果是混合物，不必列明所有组分。

如果按 GHS 标准被分类为危险的组分，并且其含量超过了浓度限值，应列明该组分的名称信息、浓度或浓度范围。对已经识别出的危险组分，也应该提供被识别为危险组分的那些组分的化学名或通用名、浓度或浓度范围。

（4）急救措施　该部分应简要描述接触化学品后的急性和迟发效应、主要症状和对健康的主要影响，必要时应采取的急救措施及应避免的行动。

如有必要，本项应包括对保护施救者的忠告和对医生的特别提示，还要给出及时的医疗护理和特殊的治疗。

（5）消防措施　该部分应说明合适的灭火方法和灭火剂，如有不合适的灭火剂也应在此处标明。

应标明化学品的特别危险性（如产品是危险的易燃品），特殊灭火方法及保护消防人员特殊的防护装备。

（6）泄漏应急处理　指化学品泄漏后现场可采用的简单有效的应急措施、注意事项和消除方法。包括：作业人员防护措施、防护装备和应急处置程序、环境保护措施、泄漏化学品的收容、清除方法及所使用的处置材料及提供防止发生次生危害的预防措施。

（7）操作处置与储存

① 操作处置：应描述安全处置注意事项，包括防止化学品人员接触、防止发生火灾和爆炸的技术措施和提供局部或全面通风、防止形成气溶胶和粉尘的技术措施等；还应包括防止直接接触不相容物质或混合物的特殊处置注意事项。

② 储存：应描述安全储存的条件（适合的储存条件和不适合的储存条件）、安全技术措施、同禁配物隔离储存的措施、包装材料信息（建议的包装材料和不建议的包装材料）。

（8）接触控制和个体防护　列明容许浓度，如职业接触限值或生物限值；减少接触的工程控制方法；推荐使用的个体防护设备，如，呼吸系统防护、手防护、眼睛防护；皮肤和身体防护。应标明防护设备的类型和材质。

化学品若只在某些特殊条件下才具有危险性，如量大、高浓度、高温、高压等，应标明这些情况下的特殊防护措施。

（9）理化特性　该部分应提供以下信息：化学品的外观与性状，例如，物态、形状和颜色；气味；pH 值，并指明浓度；熔点/凝固点；沸点、初沸点和沸程；闪点；燃烧上下极限或爆炸极限；蒸气压；蒸气密度；密度/相对密度；溶解性；n-辛醇/水分配系数；自燃温度；分解温度；必要时，应提供数据的测定方法。

（10）稳定性和反应性　该部分应描述化学品的稳定性和在特定条件下可能发生的危险反应。比如：应避免的条件（例如，静电、撞击或震动）；不相容的物质；危险的分解产物，一氧化碳、二氧化碳和水除外。

（11）毒理学信息　该部分描述使用者接触化学品后产生的各种毒性作用（健康影响）。具体内容应包括：急性毒性；皮肤刺激或腐蚀；眼睛刺激或腐蚀；呼吸或皮肤过敏；生殖细胞突变性；致癌性；生殖毒性；特异性靶器官系统毒性——一次性接触；特异性靶器官系统毒性——反复接触；吸入危害；潜在的有害效应，应包括与毒性值（例如急性毒性估计值）测试观察到的有关症状、理化和毒理学特性。

（12）生态学信息　该部分提供化学品的环境影响、环境行为和归宿方面的信息。具体内容包括：化学品在环境中的预期行为，可能对环境造成的影响/生态毒性；持久性和降解性；潜在的生物累积性；土壤中的迁移性。

（13）废弃处置　该部分包括为安全和有利于环境保护而推荐的废弃处置方法信息。这些处置方法适用于化学品（残余废弃物），也适用于任何受污染的容器和包装。

（14）运输信息　该部分包括国际运输法规规定的编号与分类信息，这些信息应根据不同的运输方式，如陆运、海运和空运进行区分。应包含以下信息：联合国危险货物编号（UN 号）；联合国运输名称；联合国危险性分类；包装组（如果可能）；是否是海洋污染物。与运输或运输工具有关的特殊防范措施。

（15）法规信息　该部分应标明使用本 SDS 的国家或地区中，管理该化学品的法规名称。提供与法律相关的法规信息和化学品标签信息。

（16）其他信息　该部分应进一步提供上述各项未包括的其他重要信息，例如，可以提供需要进行的专业培训、建议的用途和限制的用途等。参考文献可在本部分列出。

2. 安全技术说明书的结构

安全技术说明书由以下四部分构成。

① 在紧急事态下首先需要知道是什么物质，有哪些危害［包括安全技术说明书内容的第（1）、第（2）、第（3）部分］。

② 危险情形已经发生，我们应该怎么做［包括安全技术说明书内容的第（4）、第（5）、第（6）部分］。

③ 如何预防和控制危险发生［包括安全技术说明书内容的第（7）、第（8）、第（9）、第（10）部分］。

④ 其他一些关于危险化学品安全的主要信息［包括安全技术说明书内容的第（11）、第

(12)、第（13）、第（14）、第（15）、第（16）部分]。

3. 安全技术说明的编写要求

① 安全技术说明书提供的化学品的 16 部分信息，每部分的标题、编号和前后顺序不应随意变更。对 16 部分可以根据内容细分出小项；与 16 部分不同的是，这些小项不编号。

② 安全技术说明书 16 部分下面填写的相关信息，应真实可靠。该项如果无数据，应写明无数据原因。16 部分中，除第 16 部分"其他信息"外，其余部分不能留下空项。SDS 中信息的来源一般不用详细说明，最好提供信息来源，以便阐明依据。

③ 在安全技术说明书的首页应注明 SDS 编号、最初编制日期、修订日期（版本号），在每页上应注明化学品名称、最后修订日期、SDS 编号和页码，页码中应包括总的页数，或者显示总页数的最后一页。

④ SDS 正文的书写应该简明、扼要、通俗易懂。推荐采用常用词语；SDS 应该使用用户可接受的语言书写。

三、企业的责任

1. 生产企业的责任

生产企业既是化学品的生产商，又是化学品使用的主要用户，对安全技术说明书的编写和供给负有最基本的责任。

① 作为用户的一种服务，生产企业必须按照国家法规填写符合标准要求的安全技术说明书，全面、详细地向用户提供有关化学品的安全卫生信息。

② 确保接触化学品的作业人员能方便地查阅相关物质的安全技术说明书。

③ 确保接触化学品的作业人员已接受过专业培训教育，能正确掌握安全使用、储存和处理的操作程序和方法。

④ 有责任在紧急事态下，向医生和护士提供涉及商业秘密的有关医疗信息。

⑤ 负责更新本企业产品的安全技术说明书。

2. 使用企业的责任

使用危险化学品的企业负有以下责任。

① 向供应企业索取最新版本的化学品安全技术说明书。

② 评审从供应商处索取的安全技术说明书，针对本企业的应用情况和掌握的信息，补充新的内容，如实填写日期。

③ 对生产企业修订后的安全技术说明书，应用部门应及时索取，根据生产实际所需，务必向生产企业提供增补安全技术说明书内容的详细资料，并据此提供修改本企业危险化学品生产的安全技术操作规程。

3. 经营、销售企业的责任

经营、销售企业负有以下责任。

① 经营和销售化学品的企业所经营的化学品必须附有安全技术说明书，作为对用户的一种服务，提供给用户。

② 经营进口化学品的企业应负责向供应商、进口商索取最新版本的中文安全技术说明书，随商品提供给用户。

【课后巩固练习】▶▶▶

1. 安全技术说明书的作用是什么？

2. 安全技术说明书包括（　　　）个部分的内容，且大项内容在编写时不能随意删除或合并，其顺序不可随便变更。

A. 16　　　　　　　　B. 13　　　　　　　　C. 10　　　　　　　　D. 8

3. 简述安全技术说明书的编写要求。

4. 请根据所学知识，通过查找二硫化碳的理化特性等相关知识，编制二硫化碳的安全技术说明书。

第五节　危险化学品安全标签

【学习目标】▶▶▶

知识目标：掌握安全标签的主要内容，掌握安全标签的使用方法及要求。

能力目标：能看懂、会编制安全标签。

情感价值观目标：培养学生正确的安全价值观和科学严谨的工作态度。

【案例情景】▶▶▶

电子香烟是一种非燃烧的电子烟，它的功效与普通烟相似，当人吸烟蒂时，电子香烟中的电热丝会使烟油挥发，产生可见光和蒸气，使人有"吸烟"的感觉，由于挥发的烟油中含有尼古丁，该类物质与人体皮肤接触时会对健康产生危害，欧盟CLP法规将烟油归类为有毒配制品，要求这些产品包装的安全标签上标注危害象形图、信号词、危险说明、适当的防范说明等标签要素，以便消费者不小心接触这些烟油时，能根据这些标签的说明减少对健康的伤害。

2012年上半年，欧盟通过非食品类产品快速预警系统发布5起电子香烟烟油违反《物质和混合物的分类、标签和包装法规》（CLP）的通报，其中我国输欧产品被通报2起，占被通报总数的40%。被通报产品含有0.6%～1.8%的尼古丁，由于这些产品外包装的安全标签上没有提供象形图、危险性说明和防范说明等信息，不符合CLP法规的要求。

一、危险化学品安全标签

危险化学品安全标签是指危险化学品在市场上流通时由生产销售单位提供的附在化学品包装上的标签，向作业人员传递安全信息的一种载体，它用简单、明了、易于理解的文字、象形图表述有关化学品的危险特性及其安全处置注意事项，以警示作业人员进行安全操作和处置。《化学品安全标签编写规定》（GB 15258—2009）规定化学品安全标签应包括化学品标识、象形图、信号词、危险性说明、防范说明、供应商标识、应急咨询电话、资料参阅提示语等内容。

二、安全标签的内容和使用

1. 安全标签的内容

《化学品安全标签编写规定》（GB 15258—2009）规定了化学品安全标签的内容、制作和使用等事项，具体内容如下。

① 化学品标识。用中文和英文分别标明化学品的化学名称或通用名称。名称要求醒目

清晰，位于标签的上方。名称应与化学品安全技术说明书中的名称一致。

②象形图。采用国家标准 GB 20576～GB 20599、GB 20601～GB 20602 规定的象形图。

③信号词。根据化学品的危险程度和类别，用"危险"、"警告"两个词分别进行危害程度的警示。信号词位于化学品名称的下方，要求醒目、清晰。

④危险性说明。简要概述化学品的危险特性，居信号词下方。

⑤防范说明。表述化学品在处置、搬运、储存和使用作业中所必须注意的事项和发生意外时简单有效的救护措施等，要求内容简明扼要、重点突出。

⑥供应商标识。包括供应商名称、地址、邮编和电话等。

⑦应急咨询电话。填写化学品生产商或生产商委托的 24h 化学事故应急咨询电话。国外进口化学品安全标签上应至少有一家中国境内的 24h 化学事故应急咨询电话。

⑧资料参阅提示语。提示化学品用户应参阅化学品安全技术说明书。

⑨危险信息先后排序。当某种化学品具有两种及两种以上的危险性时，安全标志的象形图、信号词、危险性说明的先后顺序规定如下。

象形图先后顺序：物理危险象形图先后顺序，根据《危险货物品名表》（GB 12268—2012）中的主次危险性确定。对于健康危害，按照以下先后顺序：如果使用了骷髅和交叉骨图形符号，则不应出现感叹号图形符号；如果使用了腐蚀图形符号，则不应出现感叹号来表示皮肤或者眼睛刺激；如果使用了呼吸致敏物的健康危害图形符号，则不应出现感叹号来表示皮肤致敏物或者皮肤/眼睛刺激。

信号词先后顺序：存在多种危险性时，如果在安全标签上选用了信号词"危险"，则不应出现信号词"警告"。

危险性说明先后顺序：所有危险性说明都应当出现在安全标签上，按物理危害、健康危害、环境危害顺序排列。

安全标签样例如图 1-12 所示。

2. 安全标签的制作

(1) 安全标签的编写　标签正文应使用简捷、明了、易于理解、规范的汉字表述，也可以同时使用少数民族文字或外文，但意义必须与汉字相对应，字形应小于汉字。相同的含义应用相同的文字或图形表示。

(2) 安全标签的颜色　标签内象形图的颜色一般使用黑色符号加白色背景，方块边框为红色。正文应使用与底色反差明显的颜色，一般采用黑白色。若在国内使用，方块边框可以为黑色。

(3) 安全标签的尺寸　对不同容量的容器或包装，标签最低尺寸如表 1-5 所示。

表 1-5　安全标签最低尺寸

容器或包装容积/L	标签尺寸/(mm×mm)
≤0.1	使用简化标签
>0.1～≤3	50×75
>3～≤50	75×100
>50～≤500	100×150
>500～≤1000	150×200
>1000	200×300

| 化学品名称 | A 组分 : 40% |
| | B 组分 : 60% |

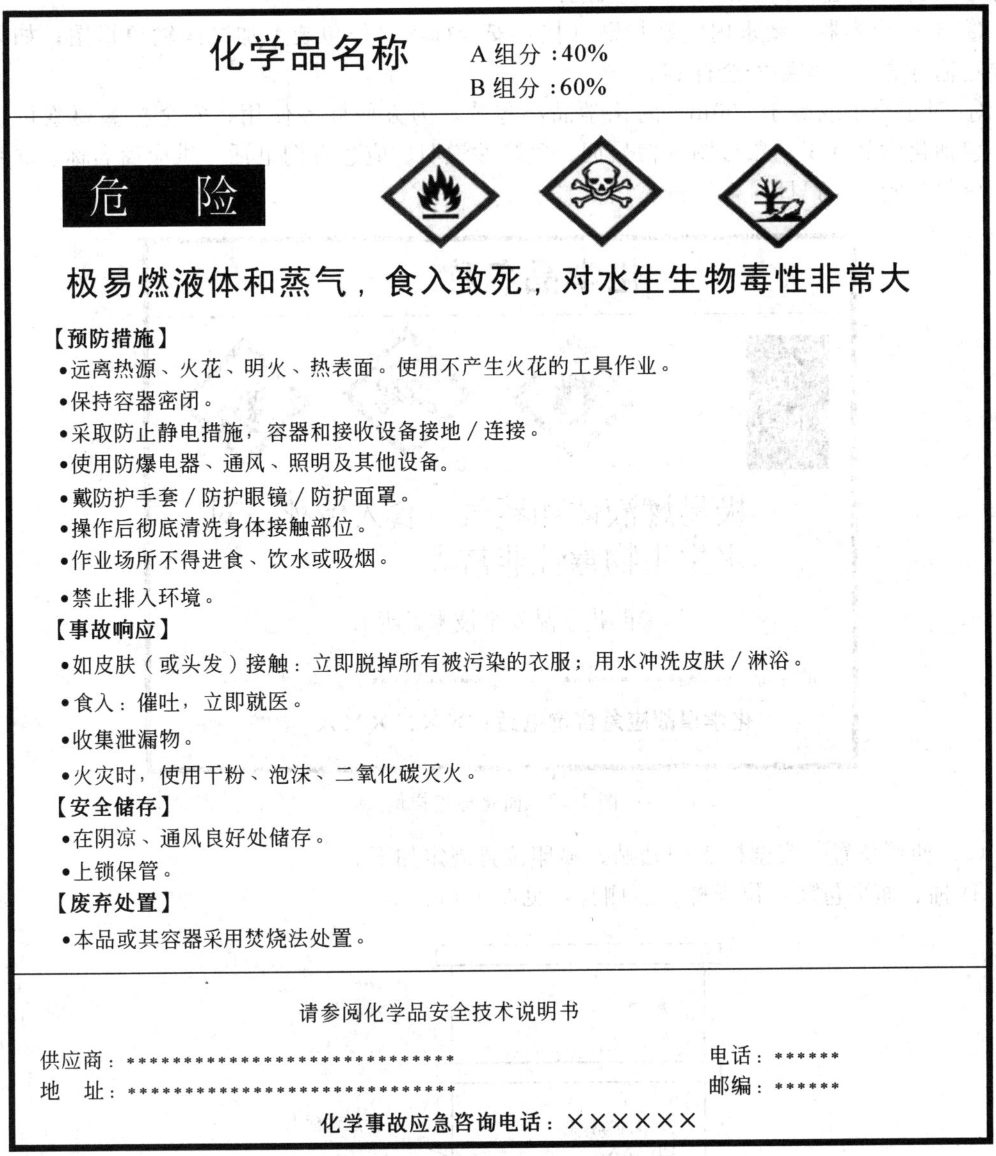

危　险

极易燃液体和蒸气，食入致死，对水生生物毒性非常大

【预防措施】
- 远离热源、火花、明火、热表面。使用不产生火花的工具作业。
- 保持容器密闭。
- 采取防止静电措施，容器和接收设备接地／连接。
- 使用防爆电器、通风、照明及其他设备。
- 戴防护手套／防护眼镜／防护面罩。
- 操作后彻底清洗身体接触部位。
- 作业场所不得进食、饮水或吸烟。
- 禁止排入环境。

【事故响应】
- 如皮肤（或头发）接触：立即脱掉所有被污染的衣服；用水冲洗皮肤／淋浴。
- 食入：催吐，立即就医。
- 收集泄漏物。
- 火灾时，使用干粉、泡沫、二氧化碳灭火。

【安全储存】
- 在阴凉、通风良好处储存。
- 上锁保管。

【废弃处置】
- 本品或其容器采用焚烧法处置。

请参阅化学品安全技术说明书

供应商：＊＊＊＊＊＊＊＊＊＊＊＊＊＊＊＊＊＊＊＊＊　　　电话：＊＊＊＊＊＊
地　址：＊＊＊＊＊＊＊＊＊＊＊＊＊＊＊＊＊＊＊＊＊　　　邮编：＊＊＊＊＊＊

化学事故应急咨询电话：×××××

图 1-12　化学品安全标签样例

（4）安全标签的印刷

① 标签的边缘要加一个黑色边框，边框外应留大于等于 3mm 的空白，边框宽度大于等于 1mm。

② 象形图必须从较远的距离，以及在烟雾条件下或容器部分模糊不清的条件下也能看到。

③ 标签的印刷应清晰，所使用的印刷材料和胶粘材料应具有耐用性和防水性。

3. 化学品安全标签的使用

（1）使用方法

① 安全标签应粘贴、挂栓或喷印在化学品包装或容器的明显位置。

② 当与运输标志组合使用时，运输标志可以放在安全标签的另一面板，将之与其他信息分开，也可放在包装上靠近安全标签的位置。后一种情况下，若安全标签中的象形图与运

输标志重复，安全标签中的象形图应删掉。

③ 对组合容器，要求内包装加贴（挂）安全标签，外包装上加贴运输象形图；如果不需要运输标志，可加贴安全标签。

④ 对于小于或等于 100mL 的化学品小包装，为方便标签使用，安全标签要素可以简化，包括化学品标识、象形图、信号词、危险性说明、应急咨询电话、供应商名称及联系电话、资料参阅提示语即可，样例见图 1-13。

图 1-13　简化标签样例

（2）使用位置　安全标签的粘贴、喷印位置规定如下。

① 桶、瓶形包装：位于桶、瓶侧身，见图 1-14。

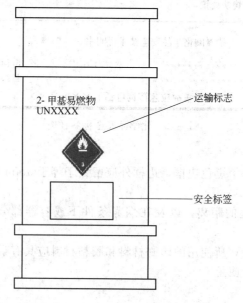

图 1-14　桶、瓶形包装安全标签粘贴样例

② 箱状包装：位于包装端面或侧面的明显处，见图 1-15。

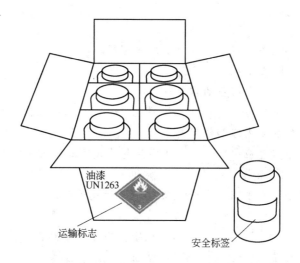

油漆
UN1263
运输标志
安全标签

图 1-15　箱状包装安全标签粘贴样例

③ 袋、捆包装：位于包装明显处。

（3）注意事项

① 安全标签的粘贴、挂栓或喷印应牢固，保证在运输、储存期间不脱落，不损坏。

② 安全标签应由生产企业在货物出厂前粘贴、挂栓或喷印。若要更换包装，则由改换包装单位重新粘贴、挂栓或喷印标签。

③ 盛装危险化学品的容器或包装，在经过处理并确认其危险性完全消除之后，方可撕下安全标签，否则不能撕下相应的标签。

三、企业的责任

1. 危险化学品生产企业的责任

① 必须确保本企业生产的危险化学品在出厂时加贴符合国家标准的安全标签到每个容器或每层包装上，使化学品供应和使用的每一阶段，均能在容器或包装上看到化学品的识别标志。

② 在获得新的有关安全和健康的资料后，应及时修正安全标签。

③ 确保所有的工人都进行过专门的培训教育，能正确辨识安全标签的内容，对化学品安全使用和处置。

2. 危险化学品使用单位的责任

① 使用的危险化学品应有安全标签，并应对包装上的安全标签进行核对，若安全标签脱落或损坏，经检查确认后应立即补贴。

② 购进的化学品进行转移或分装到其他容器内时，转移或分装后的容器应贴安全标签。

③ 确保所有的工人都进行过专门的培训教育，能正确识别安全标签的内容，对化学品进行安全使用和处置。

3. 危险化学品经销、运输单位的责任

① 经销单位经营的危险化学品必须具有安全标签。

② 进口的危险化学品必须具有符合我国标签标准的中文安全标签。

③ 运输单位对无安全标签的危险化学品一律不能承运。

【课后巩固练习】 ▶▶▶

1. 每种危险化学品最多可以选用（　　）种标签。

A. 1　　　　　　B. 2　　　　　　C. 3　　　　　　D. 4

2. 下列哪个是化学品安全标签的信号词？（　　）

A. 小心　　　　　B. 警告　　　　　C. 警惕　　　　　D. 注意

3. 简述安全标签的主要内容和使用要求。

4. 危险化学品安全标签应（　　）在化学品包装或容器的明显位置。

A. 粘贴　　　　　B. 挂栓　　　　　C. 喷印　　　　　D. 粘贴、挂栓、喷印

5. 危险化学品安全标签中用于表示危险化学品的危险程度，分别用（　　）三个词进行警示。

A. 禁止、危险、警告　　　　　　B. 危险、警告、注意

C. 禁止、警告、注意　　　　　　D. 禁止、危险、注意

6. 多层包装的安全标签的使用，原则上要求在（　　）上加贴安全标签。

A. 内包装　　　B. 外包装　　　C. 内外包装　　　D. 以上均不对

7. 安全标签中表示化学品危险程度的警示词有（　　）。

A. 危险　　　　　B. 禁止　　　　　C. 有毒

D. 警告　　　　　E. 注意

8. 请尝试编制一份甲醇的安全标签。

第六节　案例分析与讨论

【案例】郑州食品添加剂厂特大爆炸事故

1993 年 6 月 26 日 16 时 15 分，郑州市高新技术开发区一家食品添加剂厂的 7t 多过氧苯甲酰发生爆炸，随着一声巨响，一股黑烟夹着火球腾空而起，在空中形成一团黑色的蘑菇云，猛烈的气浪和冲击波冲倒了厂房和院墙，随即被气浪掀起的砖头瓦块以及遇难者残肢断腿从天而降。浓烟散尽、尘埃落定，3700 多平方米的建筑已成平地，相邻的企业也因此受灾。在这场事故中共有 27 人死亡，33 人受重伤。幸存的员工们望着一片废墟惊呆了，整个场面真是惨不忍睹，他们在现场找到了 27 名遇难者的残骸，其中有该厂的厂长。

事故原因

① 该厂的安全条件极差，厂房设计弊端多，工艺设计不完善，厂房布局不合理。该厂的生活区、一般生产区和危险品生产区没有按要求划分，厨房就设在厂内。该厂项目的施工图纸不符合规定，工艺文件也不齐全，安全生产的内容几乎为零；同时，一些设备的选型也存在问题，在事故发生前，一些设备在生产过程中已经发生过起火燃烧；另外，在厂房施工中任意更改图纸，降低防爆标准，厂房内也找不到消防设施。这些严重的事故隐患说明有关领导的安全意识是极为淡薄的。

② 安全管理混乱。该厂既没有人负责安全生产，也没有安全管理制度，更没有对职工进行过任何安全培训教育。仓库内安全管理混乱，混存混放的现象十分严重；人员随便出

入；更严重的是仓库和办公室混用，而且对职工随便吸烟无任何限制，职工的安全素质极差。

③ 为了获取高额利润，厂方竟然不顾厂内存在严重隐患，组织大批量生产，最后导致这起灾难性事故的发生。

第二章

职业危害及其预防

第一节 职业危害概述

【学习目标】 ▶▶▶

知识目标：了解职业病在我国发病的现状。

能力目标：掌握职业病在劳动生产中受法律保护的基本情况。

情感价值观目标：培养学生正确的安全价值观和安全意识。

【案例情景】 ▶▶▶

江苏联建科技有限公司违规使用正己烷溶剂代替酒精擦拭手机，导致员工头痛、头晕、四肢乏力等症状。据悉，正己烷具有一定的毒性，严重的甚至可以导致死亡。

事故的原因罪魁祸首是"正己烷"，正己烷会导致头疼，然后突然感觉全身没力气，拿东西的时候会突然抓不住。诊断：这些患病员工的上下肢周围神经受到了损害，发生了病变，从而导致肢体周围神经的传导速度变慢，四肢瘫软、乏力。

一、职业病在我国的发病现状

职业卫生水平是国家经济发展和社会文明程度的反映，也是国民经济持续发展、保持社会稳定的重要条件。新中国成立以来，党和政府十分重视职业病防治工作。经过几十年的努力，目前已经初步建立起一套适合我国国情又行之有效的职业病防治管理制度和措施，一些大中型国有企业劳动条件得到了很大改善，职业病防治工作取得了显著成效。

但是，我国是一个发展中国家，总体的经济发展水平还比较低，近年来，随着市场经济体制的建立，乡镇企业、私人企业和外资企业的崛起，劳动用工制度的变化，新兴产业的发展和技术的引进，我国的职业病防治工作遇到了前所未有的挑战。这些挑战包括：各种新职业危害因素大量增加；部分用工单位无视国家的有关规定，只顾追求自身的利益，不配置必要的职业防护设施和不提供劳动保护用品，侵犯劳动者的职业健康权益的现象常有发生；部分地方对职业危害缺乏认识，片面追求当地的经济增长，对企业中存在的职业危害熟视无睹，放松对企业的监督和对劳动者健康的保护；一些劳动者缺乏自我保护意识等。可以说，我国职业卫生面临的形势很严峻，不容乐观。

截至 2000 年年底，全国累积发生尘肺病 55.8 万例，累积死亡 13.3 万例，病死率为 23.85%，现患尘肺病人 42.5 万例。2000 年，卫生部（现更名为"国家卫生和计划生育委员会")共收到各类职业病报告 11718 例,较 1999 年的病例增加了 14.5%。在总病例中,尘肺病新发病例 9100 例,占 77.7%,死亡 2725 例;急性职业中毒 230 起,785 例,死亡 169 例,中毒病死率 21.5%。引起急性中毒的化学毒物约为 40 余种,其中苯、硫化氢、一氧化碳引起的急性职业中毒居前三位。在 230 起急性中毒事故中,重大事故 22 起,中毒 124 人,其中死亡 88 人,特大事故 3 起,中毒 48 人,其中死亡 40 人。三资企业的急性中毒病例也比 1999 年增加了 43.8%。乡镇企业的职业危害问题也十分突出,据卫生部(现更名为"国家卫生和计划生育委员会")对 15 个省市的 30 个县区的乡镇企业职业危害情况的调查,83% 的乡镇企业存在不同程度的职业危害,几种重要职业病和疑似职业病人检出率高达 15.8%。此外,随着各种新材料、新工艺技术的引进和使用,出现了一些过去未曾见过或者很少发生的严重职业病例,如正己烷中毒、三氯甲烷中毒、三氯乙烯中毒、二氯乙烷中毒等严重职业病例。专家估计,如不采取有效措施,今后十几年,我国职业病发病将进入高发期,其主要特点是职业危害不断从城市向农村转移,从境外向境内转移,从发达地区向欠发达地区转移。

目前,我国职业病危害的人群覆盖面超出生产安全事故和交通事故。职业病的危害性除了损害劳动者健康、使劳动者过早丧失劳动能力外,而且诊治、康复的费用相当昂贵,给劳动者、用人单位和国家造成严重的经济负担。职业危害问题依然是威胁我国劳动力资源可持续利用、制约经济发展的主要因素之一。

二、职业病在我国法律建设情况

为了防治职业危害,减少职业病的发生,2001 年 10 月 27 日九届全国人民代表大会常委会第 24 次会议通过;根据 2011 年 12 月 31 日第十一届全国人民代表大会常务委员会第 24 次会议《关于修改〈中华人民共和国职业病防治法〉的决定》修正。《职业病防治法》的颁布实施是关系到亿万劳动者身体健康和切身利益的一件大事,充分体现了党和政府对广大劳动者身体健康的关怀。

《职业病防治法》是我国卫生法律体系中一部重要的法律,它科学地总结了新中国成立以来,特别是改革开放以来,职业卫生工作所取得的丰富经验,充分肯定了预防为主的卫生工作方针。它对我国职业卫生工作将产生历史性的、巨大的影响。《职业病防治法》规定,国务院和县级以上人民政府应当制定职业病防治规划,将其纳入国民经济和社会发展计划。乡镇人民政府应当认真执行本法,支持卫生行政部门依法履行职责。国务院有关部门在各自的职责范围内负责职业病防治的有关监督管理工作。工会组织督促并协助用人单位开展职业病防治工作的责任。各级卫生行政部门对《职业病防治法》的实施要给予高度的重视,要在当地政府的领导下,加强与各有关部门的协作,切实做好各项实施前的准备工作。

《职业病防治法》体现了党和政府对广大劳动者的关怀。《职业病防治法》的立法宗旨是通过预防、控制和消除职业病危害,防治职业病,保护劳动者健康及相关的权益,这是党和政府对广大劳动者健康关怀的具体体现。我国是劳动人民当家作主的社会主义国家,维护劳动者的健康权益是我们社会主义国家的性质所决定的。从中国人民政治协商会议的《共同纲领》到《中华人民共和国宪法》,都明确规定保护劳动者的健康是国家的重要职责。维护劳动者及职业病人的健康权益是职业病防治法的精髓。规范用人单位、劳动者在职业病防治方面的权利和义务是法律的重要内容。特别是针对目前一些用人单位漠视劳动者的健康权益的现象,《职业病防治法》依据宪法规定公民享有生命健康权的规定,明确劳动者依法享有职业卫生保护的权利,并具体细化为劳动者所享有的八项权利。劳动者是生产力要素中最活跃的因素，良好的职业卫生保障，能够有效地延长劳动者的有效工作年限，保持和促进劳动力资源的可持续发展，增强社会生产力。劳动者的职业健康，是社会经济发展的基础。《职业病防治法》的颁布实施，充分体现了解放和发展生产力，代表了我国最广大人民的根本利益，这正是实践"三个代表"重要思想的最直接的体现。全面、正确履行《职业病防治法》赋予我们防治职业病、保护劳动者健康的神圣职责，也是贯彻卫生工作为人民健康服务，为社会主义现代化建设服务的方针的具体体现。

《职业病防治法》坚持预防为主、防治结合的方针，强调从源头预防和控制职业病危害，明确规定了用人单位、劳动者、职业卫生技术服务机构、卫生行政部门和其他有关单位在职业病防治中的权利、义务和应当承担的法律责任。因此，它的颁布实施，对于维护广大劳动者的合法权益、促进国民经济持续发展有着重要意义。

《职业病防治法》的颁布实施有利于我国企业走向国际市场，参与国际经济竞争。我国的职业病防治工作还面临严峻的国际挑战。过去，由于我国没有专门控制职业病危害的法律，一些外商在来我国投资时将不允许在本国或本地区存在或使用的有严重职业病危害的生产技术、工艺引入我国，向我国转嫁职业病危害。据我国 1997 年开展的三资企业职业危害抽样调查表明，37.2％的外资企业有比较严重的职业病危害作业，34.7％的职工从事有毒有害作业。1999 年外商投资企业职业中毒人数比 1998 年上升 14.1％。此外，我国的企业要走出国门，参与国际市场竞争，客观上也要求我们的职业卫生管理符合国际规定和要求。随着我国加入世界贸易组织，国际贸易间的竞争将会更加激烈，关税壁垒逐渐削弱，非关税贸易壁垒有可能成为某些发达国家用来控制世界经济的主要手段之一。《职业病防治法》借鉴了国际上职业卫生管理的先进经验，结合我国的实际情况，提出了新形势下我国职业病防治工作的任务和措施，规范了职业病防治活动，努力为劳动者创造良好的符合职业卫生标准要求的作业环境，提高劳动者的健康水平，这样有利于塑造良好的现代企业形象，也有利于增强我国企业在国际市场上的竞争能力。

《职业病防治法》的颁布实施，可以减少或避免职业病危害所造成的巨大经济损失。改革开放 30 多年来，我国经济的飞速发展令世界瞩目，同时劳动者的职业卫生保护问题也引起了国际社会的关注。中国已成为政治、经济大国，但不应成为职业病危害的大国。据统计，目前我国接触职业危害人数、职业病患者累积病例数，均居世界首位，因职业病造成的经济损失每年超过百亿元人民币。根据全国 44 个耐火材料厂的统计，每例尘肺病人每年的经济损失为 3.41 万元，按照目前现患尘肺 42 万人计，直接损失就达 120 多亿元，新增尘肺病例的经济损失也在以每年 6 亿多元的速度增加。根据联合国估计，由于职业病和职业外伤造成的全球经济损失高达世界各国国民生产总值的 4％。防治职业病关键在预防，不少职业病目前尚无有效根治手段，但是可以预防的，搞好职业病防治工作，可以做到投入少、产出多、效益高，将有效地避免职业危害造成的经济损失。

第二节　职业危害因素与职业病

【学习目标】▶▶▶

知识目标：掌握职业危害的种类及其对来源。

能力目标：能根据不同的危害因素进行预防控制。

情感价值观目标：培养学生在劳动生产中的个人防护。

　　某单位 1991 年开始试生产，1993 年 5 月正式投产，生产过程接触粉尘工人 259 人，1998 年 8 月，该单位 21 名工人因患肺结核相继自行到当地卫生防疫站结核科就诊，查出 11 人疑似职业病。

一、职业有害因素与职业病

　　职业危害因素是指职业活动中存在的不良因素，这些职业危害给从业人员带来各种职业病。许多职业病严重损害从业人员的健康及劳动能力，其治疗和康复费用昂贵，给从业人员、用人单位乃至国家造成巨大损失。

　　职业有害因素是指职业活动中存在的不良因素，既包括生产过程中存在的有害因素，也包括劳动过程和生产环境中存在的有害因素。

　　1. 生产过程中的有害因素

　　生产过程是指生产工艺要求的各项生产设备进行的连续生产作业，随着生产技术、机器设备、使用材料和工艺流程的变化不同而发生变化，与生产过程有关的原材料、工业毒物、粉尘、噪声、振动、高温、辐射、灼伤及生物性因素有关。

　　（1）化学因素　生产过程中使用和接触到的原料、废气、废水和废渣等，主要包括工业毒物、粉尘等。

　　（2）物理因素　主要包括高温、低温、潮湿、气压过高或过低等异常的气象条件以及噪声、振动、辐射等。

　　（3）生物因素　生产过程中使用的原料、辅料以及在作业环境中的炭疽杆菌、霉菌、布氏杆菌、森林脑炎病毒和真菌等。

　　2. 劳动过程中的有害因素

　　劳动过程是指从业人员在物质资料生产中从事的有价值的活动过程，它涉及劳动力、劳动对象、生产工具三个要素，主要与生产工艺的劳动组织情况、生产设备工具、生产制度、作业人员和方式以及智能化程度有关。劳动过程中的有害因素包括如下几类。

　　① 劳动组织和劳动制度的不合理。

　　② 劳动中紧张度过高。

　　③ 劳动强度过大或劳动安排不当。

　　④ 不良工作体位（姿势）。

　　3. 生产环境中的有害因素

　　生产环境主要指作业环境，包括生产场地的厂房建筑结构、空气流动情况、通风条件以及采光、照明等，这些环境因素对作业人员产生影响。

　　① 生产场所设计或安装不符合卫生要求或卫生标准。厂房矮小、狭窄。

　　② 车间布局不合理。噪声较大工作、有毒、粉尘工序安排在低洼处。

　　③ 通风。缺乏必要的通风换气设备。

　　④ 照明。采光不符合卫生要求。

　　⑤ 防尘、防毒、防暑降温。

　　⑥ 安全防护。

二、职业有害因素对人的危害

1. 工业毒物对人体的危害

（1）工业毒物对全身的危害　毒物被吸收后，通过血液循环分布到全身各组织或器官。由于毒物本身的理化特性及各组织的生化、生理特点，进而破坏人的正常生理机能，导致中毒性危害。中毒可分为急性中毒、慢性中毒两种情况。在职业中毒中以慢性中毒为多见。急性中毒仅见于事故场合，一般较为少见，但危害甚大。

（2）工业毒物对皮肤的危害　皮肤是机体抵御外界刺激的第一道防线，从事化工生产时，皮肤接触外在刺激物的机会最多，许多毒物的刺激会造成皮肤的危害。如造成皮炎、湿疹、痤疮、毛囊炎、溃疡、脓疱疹、皮肤干燥、皲裂、色素变化、药物性皮炎、皮肤瘙痒、皮肤附属器官及口腔黏膜的病变等。

（3）工业毒物对眼部的危害　化学物质对眼的危害，可发生于某种化学物质与组织直接接触造成伤害；也可发生于化学物质进入体内，引起视觉病变或其他眼部病变。

① 接触性眼部损伤。化学物质的气体、烟尘或粉尘接触眼部，或化学物质的碎屑、液体飞溅到眼部，可发生色素沉着、过敏反应、刺激炎症或腐蚀灼伤。例如对苯二酚等可使角膜、结膜染色。刺激性较强的化学物质短时间接触，可引起急性角膜结膜炎，角膜表层水肿、上皮脱落，结膜充血等。腐蚀性化学物质可使接触处角膜、结膜立即坏死糜烂，继续向深处渗入，可损坏眼球内部，发生虹膜睫状体炎、青光眼、白内障。灼伤溃疡可致眼球穿孔，愈后遗留角膜白斑、新生血管、睑球粘连、倒睫、睑内翻或兔眼等症，可致视力严重减退、失明或眼球萎缩。

② 中毒所致眼部损伤。化学物质中毒也可造成眼部损伤。例如，毒物作用于大脑枕叶皮质会导致黑蒙；毒物作用于视网膜周边及视神经外围的神经纤维可导致视野缩小；毒物作用于视神经中轴及黄斑而形成中心暗点；毒物作用于大脑皮层会引起幻视；还可以引起复视、瞳孔缩小、眼睑病变、眼球震颤、白内障、视网膜及脉络膜病变和视神经病变等眼部损害。

（4）工业毒物与致癌　长期接触一定的化学物质可能引起细胞的无节制生长，形成癌性肿瘤。这些肿瘤可能在第一次接触这些物质以后许多年才表现出来，这一时期被称为潜伏期，一般为 4～40 年。造成职业肿瘤的部位是变化多样的，未必局限于接触区域，如砷、石棉、铬、镍等物质可能导致肺癌；鼻腔和鼻窦癌是由铬、镍、木材、皮革粉尘等引起的；膀胱癌与接触联苯胺、萘胺、皮革粉尘等有关；皮肤癌与接触砷、煤焦油和石油产品等有关；接触氯乙烯单体可引起肝癌；接触苯可引起再生障碍性贫血。

（5）工业毒物与致畸　接触化学物质可能对未出生的胎儿造成危害，干扰胎儿正常发育，在怀孕的前三个月，脑、心脏、胳膊和腿等重要器官正在发育，一些研究表明化学物质可能干扰正常的细胞分裂过程，如麻醉气体、水银和有机溶剂，从而导致胎儿畸形。

（6）工业毒物与致突变　某些化学品对人类遗传基因的影响可能导致后代发生异常，实验结果表明 80%～85% 的致癌化学物质对后代有影响。

2. 生产性粉尘对人体的危害

化工生产中的粉尘主要来源于固体原料、产品的粉碎、研磨、造粒、筛分、混合以及粉状物料的干燥、输送、包装等过程。

粉尘颗粒是直径在 $0.5～5\mu m$ 的粒子，对人体危害最大，而工业生产中大部分颗粒直径就在此范围，因此必须引起对粉尘危害的重视。

粉尘的化学性质、物理形态、溶解度以及作用部位的不同，对人体形成的危害也不同。一般说，大多刺激性粉尘落于皮肤可引起皮炎。夏日多汗，粉尘易堵塞毛孔引起毛囊炎、脓皮病等。碱性粉尘在冬季可引起皮肤干燥、皲裂。粉尘作用于眼内，刺激结膜引起结膜炎或引起麦粒肿。而皮毛加工厂的粉尘，黄麻的粉尘对某些人有致敏作用，吸入后可引起支气管哮喘。长期吸入这些粉尘刺激上呼吸道黏膜，就会引起鼻炎、咽炎和支气管炎等。

当长期吸入一定量粉尘就会引起各种尘肺，游离二氧化硅、硅酸盐等粉尘可引起肺脏弥漫性、纤维性病变，如矽肺、硅酸盐肺、金属沉着症、混合性尘肺、植物性尘肺等。尘肺的发生，同被吸入粉尘的化学成分空气中粉尘的浓度、颗粒大小、接触粉尘时间长短、劳动强度和身体健康状况等，都有密切的关系。因此应严格控制作业场所中的粉尘浓度。

3. 噪声危害

化工生产中噪声超过规定的标准［工业卫生标准中，噪声的标准是85dB（A）以下，最高不得超过90dB（A）］时，对生产岗位造成噪声污染，引起人体的听觉损伤，并对神经、心脏、消化系统等产生不良影响，令人烦躁不安，妨害听力和干扰语言，以及成为导致意外事故发生的隐患。

（1）听力损失为听力界值的改变，一种是暂时性的；另一种是永久性的，这与暴露的噪声强度和时间长短有关。暂时性听力界值改变，即听觉疲劳，可能在暴露强烈噪声后数分钟内发生。当脱离噪声后，经过一段时间休息即可恢复。长时间暴露于强烈噪声中的听力只有部分的恢复，不能恢复的听力部分，就是永久性听力障碍，即噪声性耳聋。噪声性耳聋通常根据其听力界限值的损失范围，按听力损失值可分为轻度（早期）噪声性耳聋（损失值10～30dB）；中度噪声性耳聋（损失值40～60dB）；重度噪声性耳聋（损失值60～80dB）。爆炸、爆破时所产生的脉冲噪声，其声压级峰值高达170～190dB，并伴有强烈的冲击波。在无防护的条件下，强大的声压和冲击波作用于耳鼓膜，使鼓膜内外形成很大的压差，导致鼓膜破裂出血，双耳完全失听，这就是爆震性耳聋。

（2）噪声最广泛的反应是使人烦恼，表现为头晕、恶心、失眠、心悸、记忆力减退等神经症候群。引起血管痉挛、血压改变，心跳节律不齐等。此外还会影响消化机能，造成消化不良，食欲减退等反应。

（3）强烈的噪声会影响人们注意力的集中，这对于复杂作业或要求精神高度集中的工作会造成一定的干扰，并影响大脑思维、语言表达以及对必需声音的听力下降，也会造成生产事故的发生。

4. 辐射电离对人体的危害

（1）紫外线对人体的危害　紫外线可直接造成眼睛和皮肤的伤害。

① 眼睛暴露于短波紫外线时，能引起角膜炎和角膜溃疡，即电光性眼炎。此病多见于电焊辅助工。在杀菌消毒用紫外线灯光下工作时，如无适当防护，也可发生电光性眼炎。长期室外工作，接受日光紫外线的过度照射时眼炎也有发生。强烈的紫外线短时间照射眼睛即可致病，潜伏期一般在0.5～24h，多数在受照后4～12h发病。首先出现两眼怕光、流泪、异物感、并带有头痛及视觉模糊，眼睑充血、水肿，球结膜充血、水肿，有大量浆液分泌物，瞳孔缩小，对光反应迟钝。长期暴露于小剂量的紫外线下也可发生慢性结膜炎。

② 皮肤伤害。不同波长的紫外线，可被皮肤不同组织层所吸收，波长220nm以下的几乎可全被角质层吸收。波长220～330nm可被真皮和深部组织吸收。红斑潜伏期为数小时至数天。

紫外线如与沥青等某些化学物质同时作用于皮肤，可引起严重的光感性皮炎，出现红斑及水肿。此外，空气受大剂量紫外线照射后，能产生臭氧，对人体的呼吸道及中枢神经都有一定的刺激作用，这是紫外线的间接危害作用，也应引起注意。

（2）电离辐射的危害　电离辐射对人体的危害是由超过允许剂量的放射线作用于机体而发生的。放射危害分为体外危害和体内危害。体外危害是放射线由体外穿入机体而造成的伤害，X射线、γ射线、β粒子和中子都能造成体外伤害。体内危害是由于吞食、吸入、接触放射性物质，或通过受伤的皮肤进入体内而造成的。

在放射性物质中，低能量的β粒子和穿透力很弱的α粒子由于能被皮肤阻止，不致造成严重的体外伤害，但电离本领很大的α粒子，当其侵入人体后，主要是阻碍和伤害人体细胞活动机能及导致细胞死亡，对人体造成严重伤害。

电离辐射对人体伤害程度与照射剂量有关，照射越大，伤害越重。但不同的个体或不同的器官，具有对放射敏感性的差异，这种个体差异，通常在受到 $2.85 \times 10^{-2} C/kg$（100伦琴）以下的照射时表现得比较明显，大部分人员可发生轻度放射病，个别的无反应，而少数可表现为中度损伤。对于敏感性大的器官，如眼睛、肝、脾、淋巴细胞、骨髓等，甚至在皮肤没有伤害的情况下，也可能使其造成严重损伤。

人体长期或反复受到容许剂量的照射能使人体细胞改变机能，发生白细胞过多、眼球晶体混浊、皮肤干燥、毛发脱落和内分泌失调等。较高剂量能造成出血、贫血和白细胞减少、胃肠道溃疡、皮肤坏死或溃疡。在极高剂量的放射线作用下，能造成三种类型的放射伤害。

第一种是对中枢神经和大脑系统的伤害。主要表现为虚弱、倦怠、瞌睡、昏迷、震颤、痉挛，可在两天内死亡。

第二种是胃肠性伤害。主要表现为恶心、呕吐、腹泻、虚弱和虚脱，症状消失后可出现急性昏迷，通常可在两周内死亡。

第三种是对造血系统的伤害。主要表现为恶心、呕吐、腹泻，但很快发生好转，约2～3周无病症之后，出现脱发，经常性流鼻血，再出现腹泻，而造成极度憔悴，通常在2～6周后死亡。

5. 高温作业的危害

高温作业时，人体可出现一系列生理功能改变，这些变化在一定限度范围内是适应性反应，但如超过此范围，则产生不良影响，甚至引起病变。

（1）对循环系统的影响　高温作业时皮肤血管扩张，大量出汗使血液浓缩，造成心脏活动增加、心跳加快、血压升高、心血管负担增加。

（2）对消化系统的影响　高温对唾液分泌有抑制作用，使胃液分泌减少，胃蠕减慢，造成食欲不振；大量出汗和氯化物的丧失，使胃液酸度降低，易造成消化不良。此外，高温可使小肠的运动减慢，形成其他胃肠道疾病。

（3）对泌尿系统的影响　高温下人体的大部分体液由汗排出，经肾脏排出的水盐量大大减少，使尿液浓缩，肾脏负担加重。

（4）神经系统　在高温及热辐射作用下，肌肉的工作能力、动作的准确性、协调性、反应速度及注意力降低。

三、职业病

1. 职业病的概念

职业病是指企业、事业单位和个体经济组织的劳动者在职业活动中，因接触粉尘、放射性物质和其他有毒、有害物质等因素而引起的疾病。职业病患者必须具备四个条件：①患病主体是企业、事业单位或个体经济组织的劳动者；②必须是在从事职业活动的过程中产生的；③必须是因接触粉尘、放射性物质和其他有毒、有害物质等职业病危害因素引起的；④必须是国家公布的职业病分类和目录所列的职业病。

2. 职业病申请

当事人申请职业病诊断鉴定时，应当提供以下材料：

① 职业病诊断鉴定申请书；

② 职业病诊断证明书；

③ 本办法第十一条规定的材料；

④ 其他有关资料。

用人单位未在规定的期限内提出工伤认定申请的，受伤害职工或其直系亲属、工会组织在事故伤害发生之日起或者被诊断、鉴定为职业病之日起1年内，可以直接向劳动保障行政部门提出工伤认定申请。

职工发生事故伤害或者按照职业病防治法规定被诊断、鉴定为职业病的所在单位应当自事故伤害发生之日或被诊断、鉴定为职业病之日起30日内，向统筹地区劳动保障行政部门提出工伤认定申请，遇有特殊情况经劳动保障行政部门同意，申请时限可以适当延长。

劳动保障行政部门在接受工伤认定申请时，若申请人提供材料不完整的，劳动保障行政部门应当当场或在15个工作日内以书面形式一次性告知工伤认定申请人需要补正的全部材料。工伤认定申请人提供的材料完整，属于劳动保障行政部门管辖范围且在受理时效内的，应当受理。

3. 职业病申请及鉴定程序

根据卫生部颁布的《职业病诊断与鉴定管理办法》有关规定，当事人对职业病诊断产生异议，可以进行职业病鉴定，其鉴定程序如下：

（1）劳动保障行政部门受理工伤认定申请后，根据需要可以对提供的证据进行调查核实，有关单位和个人应当予以协助。劳动保障行政部门在进行工伤确认时对申请人提供的符合国家有关规定的职业病诊断证明书或者职业病诊断鉴定书，不再调查核实。

（2）当事人对职业病诊断有异议的，在接到职业病诊断证明书之日起30日内，可以向做出诊断的医疗卫生机构所在地设区的市级卫生行政部门申请鉴定。设区的市级卫生行政部门组织的职业病诊断鉴定委员会负责职业病诊断争议的首次鉴定。

（3）组成职业病诊断鉴定委员会。职业病诊断鉴定委员会由相关专业的专家组成。省、自治区、直辖市人民政府卫生行政部门设立了相关的专家库，在需要对职业病争议作出诊断鉴定时，由当事人或者当事人委托有关卫生行政部门从专家库中以随机抽取的方式确定参加诊断鉴定委员会的专家。需要指出的是，设区的市级卫生行政部门不设立专家库。因为不管是首次鉴定还是再鉴定，都应从该省、自治区、直辖市职业病诊断鉴定专家中以随机抽取的方式确定参加诊断鉴定委员会的专家。

职业病诊断鉴定委员会组成人数为5人以上单数，鉴定委员会设主任委员1名，由鉴定委员会推举产生。

（4）要求有关单位和个人提供相关资料。除职业病诊断鉴定申请人提供的资料外，如果因职业病诊断鉴定需要用人单位提供有关职业卫生和健康监护资料时，用人单位应当如实提供。鉴定委员会根据需要还可以向原职业病诊断机构调阅有关的诊断资料。劳动者和有关机构也应当提供与职业病诊断、鉴定有关的资料。

（5）审查材料、调查取证。根据规定，鉴定委员会应认真审查当事人提供的材料，必要时可以听取当事人的陈述和申辩，对被鉴定人进行医学检查，对被鉴定人的工作场所进行现场调查取证。职业病诊断鉴定委员会还可以根据需要邀请其他专家参加职业诊断鉴定。邀请的专家可以提出技术意见、提供有关资料，但不参与鉴定结论的表决。

（6）作出鉴定结论。在事实清楚的基础上，依照有关规定和职业病诊断标准，运用科学原理和专业知识进行综合分析，做出鉴定结论，并制作鉴定书。鉴定结论的作出应以鉴定委员会成员过半数通过为准，同时应当将鉴定过程如实记载下来。

（7）当事人对设区的市级职业病诊断鉴定委员会的鉴定结论不服的，在接到职业病诊断鉴定书之日起 15 日内，可以向原鉴定机构所在地省级卫生行政部门申请再鉴定。

（8）省级职业病诊断鉴定委员会的鉴定为最终鉴定。职业病诊断鉴定委员会由卫生行政部门组织。职业病诊断鉴定办事机构应当在受理鉴定之日起 60 日内组织鉴定。

（9）职业病鉴定的费用由用人单位承担。

【课后巩固练习】▶▶▶

1. 人体受到的灼伤有哪些分类？
2. 预防灼伤有哪些？
3. 如何对受到灼伤的人进行现场急救？
4. 高温作业对人体有哪些危害？
5. 在高温作业时如何有效防止对人体的伤害？
6. 在高温季节工作应该注意哪些事项？
7. 如何防止辐射对人体的危害？

第三节　个体防护

【学习目标】▶▶▶

知识目标：熟悉呼吸防护器具的原理及其使用。
能力目标：能够掌握在不同的工作期间如何正确使用呼吸防护器具。
情感价值观目标：培养学生正确的安全价值观和安全意识。

【案例情景】▶▶▶

某年 11 月 16 日某厂机修车间管焊二班两名管工，接受拆开已用氮气置换合格的 80125 号液化气槽车大盖的任务。两人拿着氮气置换票核对该车无误后，便开始作业。在移动大盖时不慎将垫在下面的一把扳手掉进槽车内。其中一人未告诉另一人，在未戴防毒面具又没有采取任何安全措施的情况下，跳进槽车摸扳手。约 1min，当该管工往上爬时倒下，经赶来的班长等人佩戴防毒面具将其救出，终因抢救无效死亡。

个体防护是预防职业危害最重要、最关键的一个环节。要做好个体防护，劳动者首先要树立牢固防护意识，并具备一定的防护知识和技能。在本节主要学习防护器具的分类和正确选用等方面的内容。

个体防护器具，是指作业人员在生产活动中，为保证安全与健康，防止外界伤害或职业性毒害而佩戴使用的各种用具的总称。个体防护器具是劳动保护的重要措施之一，是生产过程中不可缺少的、必备的防护手段。对任何生产活动都必须预先分析可能发生的危险及意外的事故，并充分估计作业人员所需的个人防护。对于危险性在的生产作业，当不能或很难采取可靠的技术保障措施时，为避免发生人身事故，必须佩戴必要的防护器具。按其防护部位的不同，可分为头部保护、面部保护、呼吸道保护、耳的保护及手的保护器具，此外尚有作业服、安全带、救生器等防护用品及器材。

各种防护器具应符合以下要求。

① 能预防对人体各种暴露的危害，达到全面保护。

② 穿着舒适，佩戴方便，重量轻，不妨碍作业活动。

③ 选用优质材料，耐腐蚀、抗老化，对皮肤无刺激，各部配件吻合严密，牢固。

④ 外观光洁，色泽均匀协调，美观大方。

为对人体提供可靠保护，在选择使用防护器具时，应首先考虑防护的需要，即根据需要预防的各种暴露的危害，准备必需的防护器具；其次是根据需要保护的部位和要求，选择有效的和适用的类型。因此需要熟悉各种防护器具的型号、功用及其适用范围，以便正确选型和使用。

各种防护器具的生产都必须经国家指定的技术部门鉴定，符合安全卫生技术标准并发给许可证后方可生产。产品须由制造厂的技术检验部门检验，每个产品都应有合格证。

一、呼吸器官防护器具

呼吸器官防护器具包括防尘口罩、防尘面罩、防毒面具、氧气呼吸器、空气呼吸器等。由于各种防护器具的构造和性能不同，在使用时必须根据作业场所的危险性加以选择。选择的基本依据是：

① 须加防护的物质名称及其理化性质和毒性；

② 对人体健康或生命能否在短时间内造成危害，对于有急性中毒危险的场所，能否提供完全可靠的呼吸保护；

③ 佩戴方便，人员活动不受到限制；

④ 选择适用的型号。

1. 自吸过滤式防尘口罩

自吸过滤式防尘口罩适用于发生矿物性粉尘的作业场所，为预防尘肺等危害而佩戴的一种器具。按其阻尘率大小，分为四类：第一类阻尘率≥99％；第二类阻尘率≥95％；第三类阻尘率≥90％；第四类阻尘率≥85％。各类防尘口罩的选用要求及各类口罩的适用范围详见表 2-1、表 2-2 中所列。

表 2-1　防尘口罩的选用要求

项　目	要　求　条　件
阻尘率	阻尘率高,尤其是在含有游离二氧化硅的场所,要求采用高效能的器具,阻尘率应在 90％以上
吸气阻力	要求吸气阻力小
重量	重量轻,从使用人的体力和劳动强度考虑,适宜作业中使用的重量应在 150g 以下
作业环境选择	作业强度大,呼吸量增加,通气阻力应当小
视野	应尽量不缩小周边视野,口罩下方视野应不小于 65°,即妨碍下方视野不大于 10°(正常为 75°)
粉尘的种类	含有游离二氧化硅及其他有害粉尘的场所,必须用高效率口罩

表 2-2　各类口罩的适用范围

口罩类别	适　用　范　围	
	粉尘中游离二氧化硅含量/%	作业场所粉尘浓度/(mg/cm³)
1	>10 <10	<200 <1000
2	>10 <10	<40 <200
3	10	<100
4	<10	<70

2. 通风面罩（长管式面具）

通风面罩适用于含粉尘、有毒气体、蒸汽及其他浮游微粒的场所。其通风方式有使用压缩空气、使用送风机以及通过长管将外部新鲜空气引入三种类型。通风面罩的阻尘率可在95%以上，对细微尘的阻尘率略低。

使用通风面罩的送风量，应根据季节和作业强度的不同加以选择，通常采用的范围为150~230L/min。使用自吸式长管面具时，应根据人正常呼吸所需的空气量及气管的阻力，确定适宜的长度。

3. 防毒面具

防毒面具是利用滤毒罐吸收空气中有毒害物质的一种过滤式面具，适用于有毒气体、蒸气、烟雾、放射性灰尘和细菌的作业场所，为保护呼吸器官、眼睛、脸部及皮肤免受伤害而佩戴的防护面具。根据防护有毒害物质范围的不同，分为六种类别，即氢氰酸Ⅰ类，氢氰酸Ⅱ类，苯、氯类，氨、硫化氢类，一氧化碳类，二氧化碳类。各种面具的面罩以按头型的大小分为不同型号。

使用防毒面具应根据头型大小，选择适当的面罩。佩戴时，面罩的边缘应与头部密合并无压痛感。

使用防毒面具必须注意作业场所空气中的氧含量。各种面具和口罩仅适用于空气中氧含量在18%以上的场所。氧含量低于18%的场所，应使用长管式防毒面具或氧气呼吸器。

4. 氧气呼吸器

氧气呼吸器是一种在同外界环境完全隔绝的条件下，独立供应呼吸所需氧气的防护器具。它可以在缺氧有多种混合毒气的复杂环境以及在毒气浓度高的情况下，防护各种有毒蒸气、气体、烟雾、放射性尘埃、细菌等有毒有害物质对人体的侵害。它兼有防毒面具和长管式面具的功能，可在各种恶劣场所中使用，如空气中氧气严重不足、有毒害物质的种类及浓度不明、有两种以上的毒气混合在一起或在有一定纵深的场所等。氧气呼吸器属于精密的器具，并且是在严重缺氧及有毒害气体浓度很高的情况下，实施紧急救援时使用。为保证使用中的安全，必须对使用人员进行必要的训练。氧气呼吸器按其供氧源的不同分为生氧式和气瓶式两种。

生氧式氧气呼吸器是采用过氧化钠为基体的化学药剂作为氧源，与人体呼出的二氧化碳气体和水蒸气反应，生成氧气。

气瓶式氧气呼吸器是一种与外界隔绝的、利用压缩氧气的供氧装置。

二、头部及脸部保护器具

1. 安全帽

安全帽是保护劳动者免受飞来或落下物体的伤害的头部保护器具。凡是从事采伐、装运、建筑施工、井下及其他交叉作业的人员，都应佩戴安全帽。根据使用安全帽的要求不同，分为普通型安全帽、矿工安全帽、电工安全帽和驾驶用安全帽等类型。使用时应根据不同的作业场所进行选择。

2. 面罩

根据用途可将面罩分为：有机玻璃面罩、防酸面罩和大框送风面罩三种。

有机玻璃面罩能屏蔽和吸收放射性的 α 射线、低能 β 射线，防护酸碱、油类、化学液体、金属溶液、铁屑、玻璃碎片等飞溅而引起对面部的损伤和辐射热引起的灼伤。

防酸面罩是接触酸、碱、油类物质等作业的专用防护用品。

大框送风面罩为隔离式面罩，用于防护头部各器官免受外来有毒害气体、液体和粉尘所引起的伤害。

三、防噪声器具

常用的防噪声器具有：硅橡胶耳塞、防噪声耳塞、防声棉耳塞、防噪声耳罩和防噪声帽盔。

四、防护服

1. 工作服

工作服是保护劳动者在生产活动中免遭各种外力、射线和化学物质的伤害，调节体温，防止污染，适应人体机能要求的各种作业服装。对工作服的基本要求是能有效地保护身体，以适应环境温度条件和作业活动的需要，而且应穿着方便、安全、耐用，卫生及有良好的外观。在选择工作服时，应考虑到纤维的耐酸碱性，燃烧特性及带静电特性。

在接触酸碱的作业中，应选择耐酸碱性的纤维，以利于阻止酸碱附着皮肤而引起化学灼伤。各类纤维的耐酸碱性指标见表 2-3 中所列。

表 2-3　各类纤维的耐酸碱性指标

纤维	耐 酸 性	耐 碱 性
绢丝	在浓酸中溶解	不耐
羊毛	在热硫酸中分解，可耐其他酸	不耐弱碱，易收缩
棉纱	在冷稀酸中无变化，在热稀酸或冷浓酸中分解	遇碱膨胀，强度减弱
麻	比棉纱强	比棉纱弱
黏胶纤维	在热稀酸或冷浓酸中分解	在浓碱中膨胀，强度减弱
醋酸纤维	在浓的强酸中分解	遇强碱后碱化成再生纤维素
尼龙 66	在 5%盐酸中煮沸分解，在其他酸中稍有作用	在热弱碱及冷浓碱中均分解
聚乙烯	很强	很强
维尼纶	在硫酸、盐酸(4%～5%)中两日内发生变化	在弱碱、强碱中均安定，并与温度浓度无关
涤纶	可耐大部分无机酸	耐弱碱，与强碱起缓慢作用

在有很强的辐射热及有外露火焰的作业场所，必须考虑到衣料遇热燃烧的危险性。

由化学纤维制作的工作服，在作业中由于纤维的摩擦而产生静电带电，其放电火花可引起易燃物、可燃性气体及低沸点的可燃性溶剂发生燃烧和爆炸。在处理上述物质的作业中，应禁止穿用易产生静电的纤维织物。

2. 特种防护服

（1）微波屏蔽大衣　微波屏蔽大衣是防护微波辐射对人体影响的专用防护用品。微波屏蔽大衣由导电性良好的导电布制成。由于导电布对微波具有反射特性，因此，从事微波作业的人员穿上了屏蔽大衣以后，对外来微波辐射就能有效地予以反射，从而达到防护的目的。

（2）铝箔隔热工作服　铝箔隔热工作服是从事热处理金属冶炼、玻璃、搪瓷等作业人员为防止高温辐射灼伤的隔热防护服，它具有良好的耐高温性能和防辐射热性能。根据需要可制作成工作服、反穿衣、反单、袖套、手套、脚盖等样式。

第四节　案例分析

【案例一】

某机械厂空压机房安装两台较大功率的空压机昼夜运转，厂房低矮狭窄，厂房内昼夜轰鸣，震耳欲聋。但厂方长期强调经济效益差、缺乏资金，一直不安装消音装置，也不建造隔音休息室。苏某等三名工人就长期在这种强烈噪声环境中工作。经仲裁委员会约请技术部门鉴定，厂房内的噪声已大大超过人们所能承受的最高限度。苏某等三名工人到空压机房工作之前均身强力壮，但连续工作两年多以后，均出现不同程度的心跳过速。其中苏某已发展到心律不齐，经医院诊断已有明显心脏病症状，苏某本人及其父母均无心脏病史。该厂规定，职工门诊治疗实行医药费包干，每人每月 10 元，超过不补。故苏某要求按职业病报销药费100%。经仲裁委员会约请市职业病防治所、市劳动鉴定委员会共同鉴定后认为，苏某的疾病确因工作环境恶劣所致，应当为职业病。

分析意见

《中华人民共和国劳动法》（以下简称《劳动法》）第五十四条规定："用人单位必须为劳动者提供符合国家规定的职业安全卫生条件和必要的劳动防护用品，对从事有职业危害作业的劳动者应当定期进行健康检查。"国务院 1956 年颁布的《工厂安全卫生规程》第七章第五十六条规定："发生强噪音的生产，应该尽可能在设有消音设备的单独工作房中进行。"某机械厂的做法违反了国家上述规定，对因此给职工健康所造成的危害应负有完全责任。

处理结果

此案经仲裁庭调解，双方达成如下协议：①该厂执行市职业安全监管部门下达的限期整改指令，空压机房停产一个月，在厂内安装好消音装置和建造隔音休息室后再恢复生产；②苏某因心脏病门诊医药费应报销100%。

经验教训

《劳动法》第五十二条规定："用人单位必须建立健全职业安全卫生制度，严格执行国家职业安全卫生规程和标准，对劳动者进行职业安全卫生教育，防止劳动过程中事故，减少职业危害。"可见，加强劳动保护，健全职业安全卫生制度，切实保障劳动者在生产劳动过程中的身体健康和生命安全是我国长期坚持的一项强制性措施。但时至今日，仍有少数生产经营单位以经济效益差为由忽视劳动保护和安全卫生，这是值得引起各级领导高度重视的。

【案例二】

2005年3月29日18时50分许，山东省运载液氯的罐式半挂车在京沪高速公路淮安段发生交通事故，引发车上罐装的液氯大量泄漏，造成29人死亡，456名村民和抢救人员中毒住院治疗，门诊留治人员1867人，10500多名村民被迫疏散转移，大量家畜（家禽）、农作物死亡和损失，直接经济损失1700多万元。京沪高速公路沭阳至宝应段交通中断20小时。

事故经过

3月29日18时50分许，山东籍鲁H00099罐式半挂车行至京沪高速公路沂淮江段南行线，左前轮爆胎，车辆方向失控后撞毁中央护栏，冲向对向车道，侧翻在北行线行车道内。对面车紧急避让不及，货车车体左侧与侧翻的罐车顶部发生碰刮，致使位于槽罐顶部的液相阀、气相阀八根螺丝全部断裂，液相阀、气相阀脱落，液氯发生泄漏。

事故直接原因

槽罐车使用报废轮胎，致使车辆左前轮爆胎。

事故的间接原因

① 违规运输。济宁市远达石化有限公司无准购证，非法长期购买剧毒危险化学品液氯。

② 押运员王刚缺乏应有的工作资质。据王刚交代，其押运员操作证系马同仁花300余元所办。

【课后巩固练习】▶▶▶

1. 什么是职业危害？

2. 职业危害因素的来源分几种情况？

3. 工业毒物进入人体有哪些途径？

4. 什么是最高允许浓度？

5. 生产性粉尘对人体有哪些危害？

6. 简述防尘防毒措施。

7. 简述噪声的预防和控制措施。

8. 电离辐射对人体有哪些危害？

9. 简述高温作业的防护措施。

10. 什么是化学灼伤？化学灼伤的预防措施有哪些？

11. 如何进行呼吸防护？

第三章

化工生产安全技术

第一节　化工生产安全技术概述

【学习目标】▶▶▶

知识目标：掌握化工生产的特点；掌握化工生产事故的主要特征。

能力目标：具备根据所学知识，初步掌握分析事故的能力。

情感价值观目标：培养学生安全意识和遵纪守法的自觉性。

【案例情景】▶▶▶

2003年10月3日，某石化分公司热电厂锅炉车间系统及设备正常运行，各参数稳定。11时53分，罗某去现场做如下操作：先关3#炉制粉系统的隔离门，再打开给煤机手孔，给系统通风降温。11时56分左右，罗某打开木块分离器手孔门时，3#炉甲侧制粉系统发生了闪爆。当时，正在3#炉8m平台操作减温水的副司炉工王某发现罗某倒在甲侧给煤机处，头部着地，昏迷。王某立即通知操作室，当班人员按应急程序迅速报告值班调度及120急救中心。罗某被送往医院，抢救无效，于次日18时死亡。

事故原因分析如下。

① 在停磨过程中，操作工罗某将给煤机手孔打开，致使大量空气进入负压状态的制粉系统。此时，运转的球磨机入口处有煤粉积燃，空气与煤粉在此处混合，达到爆炸极限，发生闪爆，这是导致该事故发生的直接原因。

② 罗某违反操作规程，在停磨检查木块分离器时，在没有停运球磨机和排粉机的情况下，以打开给煤机手孔的方式给系统通风冷却，致使制粉系统煤粉达到爆炸浓度，这是该事故的主要原因。

一、化工生产的特点

化工生产具有易燃、易爆、易中毒、高温、高压、有腐蚀性等特点，与其他工业部门相比具有更大的危险性。具体来讲，化工生产可以归纳为以下几点。

① 化工生产使用的原料、半成品和成品种类繁多，绝大部分是易燃、易爆、有毒、有害、有腐蚀性的危险化学品，因此，生产过程中对这些原材料、燃料、中间产品、成品的储存和运输都提出了特殊的要求。

② 化工生产要求的工艺条件苛刻。有些化学反应在高温、高压下进行，而有些反应又

要求在低温、高真空度条件下进行。如由轻柴油裂解制乙烯、进而生产聚乙烯的生产过程中，轻柴油在裂解炉中的裂解温度800℃；裂解气要在深度冷冻（-96℃）条件下进行分离；纯度为99.99%的乙烯气体在294MPa下聚合，制取聚乙烯树脂。

③ 生产规模大型化。近几十年来，国际上化工生产的明显趋势是采用大型生产装置。以合成氨为例，20世纪50年代合成氨的最大规模为6万吨/年；60年代初为12万吨/年；60年代末达到30万吨/年；70年代发展为50万吨/年，21世纪初已达90万吨/年。

④ 生产方式日趋先进。现代化工企业的生产方式已经从过去坛坛罐罐的手工操作、间歇生产转变为高度自动化、连续化生产；生产设备由敞开式变为密闭式；生产装置从室内走向露天；生产操作由分散控制变为集中控制，同时也由人工手动操作变为仪表自动操作，进而发展为计算机控制。自动化虽然增加了设备运行的可靠性，但也可能因控制系统失灵而发生事故。据美国石油保险协会对炼油厂火灾爆炸事故统计表明，因控制系统失灵而造成的事故达6.1%。

同时，在许多化工生产中，特别是染料、医药、表面活性剂、涂料、香料等精细化工产品，依然大量采用间歇操作。在间歇操作时，由于人机接触过于靠近、岗位环境差、劳动强度大，致使发生事故很难躲避。

⑤ 化工生产的系统性和综合性强。将原料转化为产品的化工生产活动，其综合性不仅体现在生产系统内部的原料、中间体、成品纵向上的联系，而且体现在与水、电、蒸汽等能源的供给，机械设备、电器、仪表的维护与保障，副产物的综合利用，废物处理和环境保护，产品应用等横向上的联系。化工生产各系统间相互联系密切，系统性和协作性很强。

二、化工生产事故的特征

由于化工生产具有易燃、易爆、易中毒、高温、高压、易腐蚀等特点，与其他行业相比，化工生产潜在的不安全因素更多，危险性和危害性更大，因此，对安全生产的要求也更加严格。

化工事故的特征基本上由所用原料特性、加工工艺、生产方法和生产规模决定。为预防事故的发生，必须了解这些特征。

1. 火灾、爆炸、中毒事故多，且后果严重

我国的统计资料表明，化工厂火灾爆炸事故的死亡人数占因工死亡总人数的13.8%，居第一位；中毒窒息事故致死人数占死亡总人数的12%，居第二位；高空坠落和触电，分别居第三、第四位。一些发达国家的统计资料表明，在工业企业发生的爆炸事故中，化工企业占三分之一。据日本统计资料报导，仅1972年11月至1974年4月的一年半时间内，日本的石油化工厂共发生了20次重大爆炸火灾事故，造成重大人身伤亡事故和巨额经济损失，其中仅一个液氯储罐爆炸，就造成521人受伤、中毒。

很多化工原料的易燃性、反应性和毒性本身导致了上述事故的频繁发生。反应器、压力容器的爆炸，以及燃烧传播速度超过音速时的爆轰，都会造成破坏力极强的冲击波，冲击波超压达20kPa时会使砖木结构建筑物部分倒塌、墙壁崩裂。如果爆炸发生在室内，压力一般会增加7倍，任何坚固的建筑物都承受不了这么大的压力。

由于管线破裂或设备损坏，大量易燃气体或液体瞬间泄放，会迅速蒸发形成蒸气云团，与空气混合达到爆炸下限，随风漂移。如果飞到居民区遇明火爆炸，后果难以想象。据估计，50t的易燃气体泄漏会造成直径700m的云团，在其覆盖下的居民，将会被爆炸火球或扩散的火焰灼伤，其辐射强度将达14W/cm^2，而人能承受的安全辐射强度仅为0.5W/cm^2，

同时人还会因缺乏氧气窒息而死。

多数化学物品对人体有害。生产中由于设备密封不严，特别是在间歇操作中泄漏的情况很多，容易造成操作人员的急性和慢性中毒。据化工部门统计，因一氧化碳、硫化氢、氮气、氮氧化物、氨、苯、二氧化碳、二氧化硫、光气、氯化钡、氯气、甲烷、氯乙烯、磷、苯酚、砷化物16种物质造成中毒、窒息的死亡人数占中毒死亡总人数的87.9%，而这些物质在一般化工厂中都很常见。

化工生产装置的大型化使大量化学物质处于工艺过程中或储存状态，一些比空气重的液化气体如氯，在设备或管道破口处以15°～30°呈锥形扩散，在扩散宽度100m左右时，人还容易觉察并迅速逃离，但当毒气影响宽度达1000m及以上，在距离较远而毒气浓度尚未稀释到安全值时，人则很难逃离并导致中毒，1984年印度博帕尔事故就是造成两千余人死亡的特大事例。

2. 正常生产时事故发生多

化工企业正常生产活动时发生事故造成死亡的占因公死亡总数的66.7%，而非正常生产活动时仅占12%。

① 化工生产中伴随许多副反应，有些机理尚不完全清楚；有些在危险边缘（如爆炸极限）附近进行生产，例如乙烯制环氧乙烷、甲醇氧化制甲醛等，生产条件稍有波动就会发生严重事故，间歇生产更是如此。

② 影响化工生产各种参数的干扰因素很多，设定的参数很容易发生偏移，参数的偏移是事故发生的根源之一，即使在自动调节过程中也会产生失调或失控现象，人工调节更容易发生事故。

③ 由于人的素质或人机工程设计欠佳，往往会造成误操作，如看错仪表、开错阀门等。特别是现代化的生产中，人是通过控制台进行操作的，发生误操作的机会更多。

3. 材质和加工缺陷以及腐蚀的特点

化工厂的工艺设备一般都是在非常苛刻的生产条件下运行的。腐蚀介质的作用，振动、压力波动造成的疲劳，高温、低温对材质性质的影响等都是安全方面应重视的问题。

化工设备的破损与应力腐蚀裂纹有很大的关系。设备材质受到制造时的残余应力和运转时拉伸应力的作用，在腐蚀的环境中会产生裂纹并发展长大，在特定条件下，如压力波动、严寒天气就会引起脆性破裂，如果焊缝不良或未经过热处理则会使焊区附近引起脆性破裂，造成灾难性事故。

制造化工设备时除了选择正确的材料外，还要求正确的加工方法。以焊接为例，如果焊缝不良或未经过热处理则会使焊区附近材料性能恶化，易产生裂纹，使设备破损。

4. 事故的集中和多发

化工生产常遇到事故多发的情况，给生产带来被动。化工生产装置中的许多关键设备，特别是高负荷的塔槽、压力容器、反应釜、经常开闭的阀门等，运转一定时间后，常会出现多发故障或集中发生故障的情况，这是因为设备进入到寿命周期的故障频发阶段。对于多发事故必须采取预防措施，加强设备检测和监护措施，及时更换到期设备。

【课后巩固练习】 ▶▶▶

1. 化工生产过程的特点有＿＿＿＿＿＿＿＿。

2. 查找近几年相关事故数据，总结化工生产事故主要事故类型所占比例。

第二节 化工生产工艺过程安全技术

【学习目标】 ▶▶▶

知识目标：掌握典型化学反应过程安全注意事项。

能力目标：初步具备判定典型单元过程危险性及防范措施的能力。

情感价值观目标：培养学生安全责任意识和科学严谨的工作态度。

【案例情景】 ▶▶▶

2004 年 12 月 30 日 8 时，化肥厂合成气车间气化工段气化炉当班操作工赵某接班后，1号、3 号气化炉处于正常生产状态，其中 3 号气化炉温度为 1277℃。9 时左右，操作工赵某认为炉温低，与氧压机岗位联系，进行了提氧操作。9 时 20 分，3 号气化炉温度呈上升趋势，10 时最低的一点温度达到 1386℃，超过了允许的最高操作温度（正常指标为 ≤ 1380℃）；11 时炉内三点温度分别升至 1548℃、1566℃、1692℃；12 时炉内三点温度分别升至 1656℃ 和 1800℃ 以上（指示表最大量程为 1800℃）。而在此过程中，赵某连续 6 个点的手写记录都为 1293℃。12 时 35 分左右，值班长在组织对 3 号气化炉进行降温操作无效后，通知工厂调度室对 3 号气化炉紧急停车处理。在处理过程中，14 时 20 分左右，2 号终洗塔突然发生爆炸。

事故原因分析：

由于当班操作工赵某严重违章，没有认真监查，填写"假记录"，操作失控，导致过氧和炉温持续升高，在终洗塔后部形成氧气积聚，与合成气中的高浓度氢气和一氧化碳混合，形成爆炸混合物，发生爆炸。

一、化学反应过程安全技术

化学反应种类繁多，涉及过程比较复杂，对于不同的反应，安全技术也不尽相同。

1. 氧化反应

所有含碳和氢的有机物质都是可燃的，特别是沸点较低的液体被认为有严重的火险。如汽油类、石蜡油类、醚类、醇类等有机化合物，都是具有火险的液体。许多燃烧性物质在常温下与空气接触就能发生反应，释放出热量，如果热的释放速率大于消耗速率，就会引发燃烧。多数氧化反应都是放热反应，参与反应的物质很多是易燃、易爆物质（如甲烷、乙烯、甲醇、乙醇等），它们与空气或氧气反应，若配比及反应温度控制失调，即能发生爆炸。某些氧化反应能生成危险性更大的过氧化物，它们的化学稳定性极差，受高温、摩擦或撞击便会分解、引燃或爆炸。

有些参加氧化反应的物料本身就是强氧化剂，如高锰酸钾、氯酸钾、铬酸钾、过氧化氢、过氧化苯甲酰，它们的危险性很大，在与酸、有机物等作用时危险性更大。

因此，在氧化反应中，一定要严格控制氧化剂的加料量（即适当的配料比），氧化剂的加料速率也不宜过快；要有良好的搅拌和冷却装置，防止温升过快、过高；此外，要防止因设备、物料含有的杂质为氧化剂提供催化剂，例如有些氧化剂遇金属杂质会引起分解。使用空气时一定要净化，除掉空气中的灰尘、水分和油污。

当氧化过程以空气和氧为氧化剂时，反应物料配比应严格控制在爆炸极限以下，如乙烯氧化制环氧乙烷，乙烯在氧气中的爆炸下限为 91%，反应系统中氧含量要求严格控制在 9% 以下，其产物环氧乙烷在空气中的爆炸极限很宽，为 $3\%\sim100\%$；其次，反应放出大量的热增加了反应体系的温度，在高温下，由乙烯、氧和环氧乙烷组成的循环气具有更大的爆炸危险性。针对上述两个问题，工业生产中采用加入惰性气体（如 N_2、CO_2 或甲烷等）的方法，来改变循环气的成分，缩小混合气的爆炸极限，增加反应系统的安全性；另外，这些惰性气体具有较高的热容，能有效地带走部分反应热，增加反应系统的稳定性。这些惰性气体称为致稳气体，致稳气体在反应中不消耗，可以循环使用。

2. 还原反应

还原反应种类很多。虽然多数还原反应的反应过程比较缓和，但是许多还原反应会产生氢气或使用氢气，从而使防火防爆问题突出；另外，有些反应使用的还原剂和催化剂有很大的燃烧爆炸危险性。现分述如下。

（1）利用初生态氢还原　利用铁粉、锌粉等金属在酸、碱作用下生成初生态氢起还原作用，例如，硝基苯在盐酸溶液中被铁粉还原成苯胺。

$$4\ \overset{NO_2}{\bigcirc}\ +9Fe+4H_2O\ \xrightarrow{HCl}\ 4\ \overset{NH_2}{\bigcirc}\ +3Fe_3O_4$$

铁粉和锌粉在潮湿空气中遇酸性气体时可能引起自燃，在储存时应特别注意。反应时酸、碱的浓度要控制适宜，浓度过高或过低均会使产生初生态氢的量不稳定，使反应难以控制。反应温度不宜过高，否则容易突然产生大量氢气而造成冲料。同时反应过程中要加强搅拌，防止铁粉、锌粉下沉。反应结束后，反应器内残渣中的铁粉、锌粉仍会继续作用，不断放出氢气，很不安全，应放入室外储槽中，加冷水稀释，槽上加盖并设排气管以导出氢气，待金属粉消耗殆尽，再加碱中和。若急于中和，则容易产生大量氢气并生成大量的热，会导致燃烧爆炸。

（2）催化加氢　有机合成工业和油脂化学工业中，常用雷内镍（Raney-Ni）、钯炭等为催化剂使氢活化，然后加入有机物质分子中起还原反应，例如苯在催化剂作用下，经加氢生成环己烷：

$$C_6H_6+3H_2\ \xrightarrow{镍催化剂}\ C_6H_{12}$$

催化剂雷内镍和钯炭在空气中吸潮后有自燃的危险。钯炭更易自燃，平时不能暴露在空气中，而要浸入酒精中。反应前必须用氮气将反应器内的空气全部置换，经分析证实氧含量降低到符合要求后，方可通入氢气。反应结束后也应先用氮气将氢气置换掉，并以氮封存。

上述两种还原反应都是在加热、加压、有氢气存在条件下进行的。氢气的爆炸极限为 $4\%\sim75\%$，如果操作失误或设备泄漏，都极易引起爆炸，操作中要严格控制温度、压力和流量。厂房的电气设备必须符合防爆要求，且应采用轻质屋顶，开设天窗或风帽，使氢气易于飘逸，尾气排放管要高出房顶并设阻火器。

高温高压下，氢对金属有渗碳作用而造成氢腐蚀，所以对设备和管道的选材要符合要求。为防止事故的发生，对设备和管道要定期检测。

（3）使用其他还原剂还原　常用还原剂中火灾危险性较大的有硼氢类、四氢化锂铝、氢化钠、保险粉（连二亚硫酸钠 $Na_2S_2O_4$）、异丙醇铝等。

① 常用的硼氢类还原剂为钾硼氢和钠硼氢。它们都是遇水燃烧的物质，在潮湿的空气

中能自燃，遇水和酸即分解放出大量的氢，同时产生大量的热，可使氢气燃爆，所以应储存在密闭容器中，置于干燥处。在生产中，调节酸、碱度时要特别注意防止加酸过多、过快。

② 四氢化锂铝具有良好的还原性，应浸没在煤油中保存，因为遇潮湿的空气、水和酸极易燃烧。使用时应先用氮气将反应器内的气体置换干净，并在氮气保护下投料和反应。反应热应采用油类冷却剂取走，而不能用水做冷却剂，以防止水漏入反应器内，发生爆炸。

③ 用氢化钠作还原剂与水、酸的反应和四氢化锂铝相似，它与甲醇、乙醇等的反应相当剧烈，有燃烧爆炸的危险。

④ 保险粉是一种还原效果良好且较安全的还原剂。它遇水发热，在潮湿的空气中能分解析出硫黄蒸气，硫黄蒸气自燃点低，易自燃。使用时应在不断搅拌下，将保险粉缓缓溶于冷水中，待溶解后，再投入反应器内与物料反应。

⑤ 异丙醇铝常用于高级醇的还原，反应较温和。但在制备异丙醇铝时须加热回流，如果铝片或催化剂三氯化铝的质量不佳，反应则不正常，往往先是不反应，温度升高后又突然反应，引起冲料，增加了燃烧爆炸的危险性。

3. 硝化反应

硝化反应是在有机化合物分子中引入硝基（—NO_2）取代氢原子而生成硝基化合物的反应。常用的硝化剂为浓硝酸或浓硝酸与浓硫酸的混合物（即混酸）。硝化反应常用来生产染料、药物及某些炸药。

硝化反应以硝酸作硝化剂，以浓硫酸为催化剂。一般的硝化反应是先把硝酸和硫酸配成混酸，然后在严格控制温度的条件下将混酸滴入反应器，进行硝化反应。比如：

制备混酸时，应先用水将浓硫酸适当稀释，稀释应在有搅拌和冷却情况下将浓硫酸缓缓加入水中，并控制温度。若温度升高过快，应停止加酸，否则易发生爆溅。浓硫酸适当稀释后，在不断搅拌和冷却条件下加浓硝酸。应严格控制温度和酸的配比，直至充分搅拌均匀为止。配酸时要防止因温度猛升而冲料或爆炸。绝对不能把未经稀释的浓硫酸与硝酸混合，因为浓硫酸会猛烈吸收浓硝酸中的水分，将硝酸分解而产生多种氮氧化物，并放出大量热量，引起突沸冲料或爆炸。浓硫酸稀释时，不能将水注入酸中，因为水的密度小于浓硫酸的密度，上层的水被硫酸溶解放出的热量加热而沸腾，引起飞溅。

配制成的混酸具有强烈的氧化性和腐蚀性，必须严格防止接触棉、纸、布、稻草等有机物，以免发生燃烧爆炸。硝化反应所用硝化剂的腐蚀性很强，要注意设备及管道的防腐性能，并要防止渗漏。

硝化反应是放热反应，温度越高，反应速率越快，放出的热量越多，极易造成温度失控而爆炸。所以硝化反应器要有良好的冷却和搅拌，不得中途停水、断电及发生搅拌系统故障。要有严格的温度控制系统及报警系统，若有超温或搅拌故障，能自动报警并自动停止加料。反应物料不得有油类、醋酐、甘油、醇类等有机杂质，含水量也不能过高，否则与酸易发生燃烧爆炸。

硝化反应器应设有泄爆管和紧急排放系统，一旦温度失控，紧急排放到安全地点。

硝化产物具有爆炸性，因此处理硝化物时要格外小心，应避免摩擦、撞击、高温、日晒，不能接触明火、酸碱。卸料或处理堵塞管道时，可用蒸汽慢慢疏通，千万不能用金属棒敲打或明火加热。拆卸的管道、设备应移至车间外安全地点，用水蒸气反复冲洗，刷洗残留物，经分析合格后，才能进行检修。

4. 磺化反应

磺化反应是在有机物分子中导入磺酸基或其衍生物的化学反应。磺化反应使用的磺化剂主要是浓硫酸、发烟硫酸、三氧化硫，它们都是强烈的吸水剂。吸水时放出大量的热，而引起温度升高，甚至发生爆炸。磺化剂有强腐蚀作用，在安全技术上与硝化反应相似。比如：

$$\text{苯} + 浓\ H_2SO_4 \xrightarrow{110℃} \text{苯磺酸}(SO_3H)$$

5. 氯化反应

氯化反应是以氯原子取代有机化合物中氢原子的反应。常用的氯化剂有：液态或气态的氯、气态的氯化氢和不同浓度的盐酸、磷酰氯（三氯氧化磷）、三氯化磷、硫酰氯（二氯硫酰），次氯酸钙等。最常用的氯化剂是氯气。氯气由食盐水电解得到，加压液化储存和运输。常用的容器有储罐、气瓶和槽车，它们都是压力容器。氯气具有很强的毒性，要防止设备泄漏。

在化工生产中用来氯化的原料一般是甲烷、乙烷、乙烯、丙烷、丙烯、戊烷、苯、甲苯及萘等，它们都是易燃易爆物质。

氯化反应是放热反应。有些反应比较容易进行，如芳烃氯化，反应温度较低，而烷烃和烯烃氯化则温度高达 $300\sim500℃$。在这样苛刻的反应条件下，一定要控制好反应温度、原料配比和进料速率；反应器应有良好的冷却系统；氯气和氯化产物（氯化氢）具有极强的腐蚀性，因此设备和管道要耐腐蚀。

气瓶或储罐中的氯气呈液态，冬天气化很慢，为加速氯的气化，有时需要加热。一般用温水加热而不能用蒸汽或明火加热，以免温度过高，液氯剧烈气化，造成内压过高而发生爆炸。停止通氯时，应在氯气瓶尚未冷却的情况下关闭出口阀，以免温度骤降，瓶内氯气体积缩小，造成物料倒罐，形成爆炸性气体。

三氯化磷、三氯氧化磷等遇水发生猛烈分解而引起冲料或爆炸，所以要防水，冷却剂最好不要用水。

氯化氢极易溶于水，可以用水来冷却和吸收氯化反应的尾气。

6. 裂解反应

石油化工中所说的裂解是指石油烃（裂解原料）在隔绝空气和高温条件下，分子发生分解反应而生成小分子烃类的过程。在这个过程中还伴随着许多其他的反应（如缩合反应），生成一些别的反应物（如由较小分子的烃缩合成较大分子的烃）。裂解是这类反应的总称，在不同的情况下可以有不同的名称。如不使用催化剂单纯加热的裂解称为热裂解；使用催化剂的裂解称为催化裂解；使用添加剂的裂解，随着添加剂的不同，有水蒸气裂解、加氢裂解等。在石油化工中应用最广泛的是水蒸气热裂解，其设备为管式裂解炉。为防止裂解气的二次反应而使裂解炉管结焦，裂解反应在裂解炉的炉管内并在很高的温度（以轻柴油裂解制乙烯为例，裂解气的出口温度接近 800℃）、很短的时间内（0.7s）完成。管内壁结焦会使流体阻力增加，影响生产和传热，当焦层达到一定厚度时，因炉管壁温度过高，而不能继续运行，必须清焦，否则会烧穿炉管，裂解气外泄，引起裂解炉爆炸。

裂解炉在运转过程中，一些外界因素可能危及裂解炉的安全。这些不安全因素大致有以下几种。

（1）引风机故障　在裂解炉正常运行中，如果由于断电或引风机机械故障而使引风机突然停转，则炉膛内很快变成正压，会从窥视孔或烧嘴等处向外喷火，严重时会引起炉膛爆炸。因此，必须设置联锁装置，一旦引风机故障停车，则裂解炉自动停止进料并切断燃料供应，但应继续供应稀释蒸气，以带走炉膛内的余热。

（2）燃料压力降低　裂解炉正常运行中，如燃料系统大幅度波动，燃料气压力过低，则可能造成裂解炉烧嘴回火，使烧嘴烧坏，甚至引起爆炸。裂解炉采用燃料油作燃料时，如燃料油的压力降低，也会使油嘴回火。因此，当燃料油压降低时应自动切断燃料油的供应，同时停止进料。当裂解炉同时用油和气为燃料时，如果油压降低，则在切断燃料油量的同时，将燃料气切入烧嘴，裂解炉可继续维持运转。

（3）其他公用工程故障　裂解炉其他公用工程（如锅炉给水）中断，则废热锅炉汽包液面迅速下降，如不及时停炉，必然会使废热锅炉炉管、裂解炉对流段锅炉给水预热管损坏。此外，水、电、蒸气出现故障，均能使裂解炉造成事故。在这种情况下，裂解炉应能自动停车。

7. 聚合反应

由低分子单体合成聚合物的反应称为聚合反应。聚合反应的类型很多，按聚合物和单体元素组成和结构的不同，可分成加聚反应和缩聚反应两大类。

单体加成而聚合起来的反应称为加聚反应，如氯乙烯聚合成聚氯乙烯的反应：

$$n\ H_2C{=}CH \longrightarrow [H_2C{-}CH]_n$$
$$\quad\ \ |\qquad\qquad\qquad |$$
$$\quad\ \ Cl\qquad\qquad\qquad Cl$$

加聚反应产物的元素组成与原料单体相同，仅结构不同，其分子量是单体分子量的整数倍。

另外一类聚合反应中，除了生成聚合物外，同时还有低分子副产物生成，这类聚合反应称为缩聚反应。例如己二胺和己二酸反应生成尼龙66的缩聚反应：

$$n\ H_2N(CH_2)NH_2 + n\ HOOC(CH_2)_4COOH \longrightarrow$$
$$H[NH(CH_2)_6NHCO(CH_2)_4CO]_nOH + (2n-1)H_2O$$

缩聚反应的单体分子中都有官能团，根据单体官能团的不同，低分子副产物可能是水、醇、氨、氯化氢等。由于生成了副产物，缩聚产物的分子量不是单体分子量的整数倍。

由于聚合物的单体大多数都是易燃易爆物质，聚合反应多在高压下进行，反应本身又是放热过程，所以如果反应条件控制不当，很容易发生事故，例如乙烯在压力 $130\sim300MPa$、温度 $150\sim300℃$ 聚合成聚乙烯。在这种条件下，乙烯不稳定，一旦分解，产生大量的热量，反应加剧，会产生暴聚，反应器和分离器可能发生爆炸。

聚合反应过程中的不安全因素有如下几类。

① 单体在压缩过程中或在高压系统中泄漏，发生火灾爆炸。

② 聚合反应中加入的引发剂都是化学活泼性很强的过氧化物，一旦原料配比控制不当，容易引起暴聚，反应器压力骤增，易引起爆炸。

③ 聚合反应热未能及时导出，如搅拌器发生故障、停电、停水，由于反应釜内聚合物的粘壁作用，使反应热不能导出，造成局部过热或反应釜飞温，发生爆炸。

针对上述不安全因素，应设置可燃气体检测报警器，一旦发现设备、管道有可燃气体泄漏，将自动停车。对催化剂、引发剂等要加强储存、运输、调配、注入等工序的严格管理。反应釜的搅拌和温度应有检测和联锁，发现异常能自动停止进料。高压分离系统应设置爆破片、导爆管，并有良好的静电接地系统，一旦出现异常，及时泄压。

二、化工单元操作过程安全技术

化工生产单元较多，各单元要求也不尽相同，在化工生产中，对各单元的控制也有区别。现分述如下。

1. 加热

温度是化工生产中需控制的最主要参数之一。加热是控制温度的重要手段，其操作的关键是按规定严格控制温度的范围和升温速度。温度过高会使化学反应速度加快，若是放热反应，则放热量增加，一旦散热不及时，引起温度失控，会发生冲料，甚至会引起燃烧和爆炸。升温速度过快不仅容易使反应超温，而且还会损坏设备，例如，升温过快会使带有衬里的设备及各种加热炉、反应炉等设备损坏。

化工生产中的加热方式有直接火加热（包括烟道气加热）、蒸汽或热水加热、载体加热以及电加热。加热温度在100℃以下的，常用热水或蒸汽加热；100～140℃用蒸汽加热；超过140℃则用加热炉直接加热或用热载体加热；超过250℃时，一般用电加热。

现代的裂解炉都使用燃料直接燃烧，利用燃料的燃烧热和辐射热，使炉膛内温度达到1000℃以上。裂解炉的防火要求很高，首先要保证炉管在高温下不变形、不坏裂，物料不能漏出。炉体的绝热性能要好，烟道气热量要合理利用，保证节能和防止高温下造成周围环境中易燃易爆气体的火灾爆炸。为了防止裂解炉发生事故，设计上采用水幕，在发生事故时，与周围环境隔离。

用高压蒸汽加热时，对设备耐压要求高，须严防泄漏或与物料混合，避免造成事故。

使用热载体加热时，要防止热载体循环系统堵塞，热载体喷出，酿成事故。

使用电加热时，电气设备要符合防爆要求。

直接火加热危险性最大，温度不易控制，可能造成局部过热，烧坏设备，引起易燃物质的分解爆炸。当加热温度接近或超过物料的自燃点时，应采用惰性气体保护；若加热温度接近物料分解温度，此生产工艺称为危险工艺，必须设法改进工艺条件，如采用负压操作或加压操作。

2. 冷却

在化工生产中，把物料冷却在大气温度以上时，可以用空气或循环水作为冷却介质；冷却温度在15℃以上，可以用地下水；冷却温度在0～15℃之间，可以用冷冻盐水。

还可以借助沸点较低介质的蒸发从被冷却的物料中取走热量来实现冷却，常用的冷却介质有氟里昂、氨等，此时物料被冷却的温度可达−15℃左右。更低温度的冷却，属于冷冻的范围，如空气、石油气、裂解气的分离采用深度冷冻，介质需冷却至−100℃以下。冷却操作时，冷却介质不能中断，否则会造成积热，使系统的温度、压力急剧增加，引起爆炸。开车时，应先通冷却介质，后通物料；停车时，应先停物料，后停冷却系统。

有些凝固点较高的物料，遇冷易变得黏稠或凝固，在冷却时要注意控制温度，防止物料卡住搅拌器或堵塞设备及管道。

3. 加压操作

凡操作压力高于大气压的操作都属于加压操作。加压操作所使用的设备要符合压力容器的要求，加压系统不得泄漏，否则在压力下物料以高速喷出，产生静电，极易发生火灾爆炸。所用的各种仪表及安全设施（如爆破泄压片、紧急排放管等）都必须齐全好用。

4. 负压操作

负压操作即低于大气压下的操作。负压系统的设备也和压力设备一样，必须符合强度要求，以防在负压下抽瘪设备。负压系统必须有良好的密封，否则一旦空气进入设备内部，形成爆炸混合物，易引起爆炸。当需要恢复常压时，应待温度降低后，缓缓放进空气，以防自燃或爆炸。

5. 冷冻

在某些化工生产过程中，如蒸发、气体的液化、低温分离，以及某些物料的输送、储藏等，常需将物料降到比 0℃ 更低的温度，这就需要进行冷冻。冷冻操作的实质是利用冷冻剂不断地由被冷冻物体取出热量，并传给高温物质（水或空气），以使被冷冻物体温度降低。制冷剂自身通过压缩—冷却—蒸发（或节流、膨胀）循环过程，反复使用。工业上常用的制冷剂有氨、氟里昂。在石油化工生产中，常用乙烯、丙烯为深冷分离裂解气的冷冻剂。对于制冷系统的压缩机、冷凝器、蒸发器以及管路，应注意耐压等级和气密性，防止泄漏。此外，还应注意低温部分的材质选择。

6. 物料输送

在化工生产过程中，经常需要将各种原料、中间体、产品以及副产品和废弃物从一个地方输送到另一个地方。由于所输送物料的形态不同（块状、粉状、液体、气体），所采用的输送方式和机械也各异，但不论采取何种形式的输送，保证它们的安全运行都是十分必要的。

固体块状和粉状物料的输送一般采用皮带输送机、螺旋输送器、刮板输送机、链斗输送机、斗提升机以及气流输送等多种方式。这类输送设备除了其本身会发生故障外，还会造成人身伤害。因此除要加强对机械设备的常规维护外，还应对齿轮、皮带、链条等部位采取防护措施。

气流输送分为吸送式和压送式。气流输送系统除设备本身会产生故障之外，最大的安全隐患是系统的堵塞和由静电引起的粉尘爆炸。粉料气流输送系统应保持良好的气密性。其管道材料应选择导电性材料并有良好的接地，如采用绝缘材料管道，则管外应采取接地措施。输送速度不应超过该物料允许的流速，粉料不要堆积管内，要及时清理管壁。低真空吸送系统示意图见图 3-1。

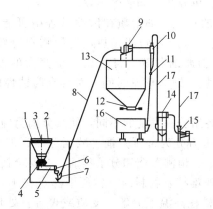

图 3-1　低真空吸送系统示意图

1—落砂机；2—格栅板；3—落砂斗；4—圆盘给料机；5—皮带机；6—磁选筒；
7—喉管；8—输料管；9—旋风分离器；10—旋风除尘器；11—锁气器；12—卸
料器；13—储料斗；14—泡沫除尘器；15—风机；16—混砂机；17—风管

用各种泵类输送可燃液体时，其管内流速不应超过安全流速。

在化工生产中，也常用压缩空气来输送酸、碱等有腐蚀性的液体。所用设备也属于压力容器，要有足够的强度。在输送有爆炸性或燃烧性物料时，要采用氮气、二氧化碳等惰性气体代替空气，以防造成燃烧或爆炸。

气体物料的输送采用压缩机。输送可燃气体要求压力不太高时，采用液环泵较为安全。可燃气体的管道应经常保持正压，并根据实际需要安装止逆阀、水封和阻火器等安全装置。

7. 熔融

在化工生产中常常需将某些固体物料（如苛性钠、苛性钾、萘、磺酸等）熔融之后进行化学反应。碱熔过程中的碱屑或碱液飞溅到皮肤上或眼睛里会造成灼伤。碱融物和磺酸盐若含有无机盐等杂质，应尽量除去，否则这些无机盐因不熔融而造成局部过热、烧焦，致使熔融物喷出，容易造成烧伤。熔融过程一般在 150～350℃下进行，为防止局部过热，必须不间断搅拌。

8. 干燥

在化工生产中，将固体和液体分离的操作方法是过滤，要进一步除去固体中液体的方法是干燥。干燥操作有常压和减压，也有连续与间歇之分。用来干燥的介质有空气、烟道气等，此外还有冷冻干燥、高频干燥和红外干燥等。干燥过程中要严格控制温度，防止局部过热，以免造成物料分解爆炸。在干燥过程中散发出来的易燃易爆气体或粉尘，不应与明火和高温表面接触，防止燃爆。在气流干燥中应有防静电措施，在滚筒干燥器中应适当调整刮刀与筒壁的间隙，防止产生火花。干燥过程的主要危险性如下。

① 物料的热安定性，干燥温度与干燥持续时间。

② 从被干燥的物料中驱除的溶剂的危险性。

③ 过热或局部过热危险。

④ 静电着火危险。

⑤ 尾气、除尘危险等。

9. 蒸发与蒸馏

蒸发是借助加热作用使溶液中所含溶剂不断气化，以提高溶液中溶质的浓度，或使溶质析出的物理过程。蒸发按其操作压力不同可分为常压蒸发、加压蒸发和减压蒸发；按蒸发所需热量利用次数的不同可分为单效蒸发和多效蒸发。

凡蒸发的溶液都有一定的特性。如溶质在浓缩过程中可能有结晶、沉淀和污垢生成，这些都能导致传热效率降低，并产生局部过热，促使物料分解、燃烧和爆炸，因此要控制蒸发温度。为防止热敏性物质的分解，可采用真空蒸发的方法，降低蒸发温度，或采用高效蒸发器，增加蒸发面积，缩短蒸发时间。对具有腐蚀性的溶液，要合理选择蒸发器的材质。

蒸馏是利用液体混合物各组分挥发度的不同，使其分离为纯组分的操作。蒸馏操作可分为间歇蒸馏和连续蒸馏；按压力分为常压蒸馏、减压蒸馏和加压蒸馏。此外，还有特殊蒸馏——水蒸气蒸馏、萃取蒸馏、恒沸蒸馏和分子蒸馏。在安全技术上，对不同的物料应选择正确的蒸馏方法和设备。处理难挥发物料时（常压下沸点在 150℃以上）应采用真空蒸馏，可以降低蒸馏温度，防止物料在高温下分解、变质或聚合。处理中等挥发性物料（沸点为100℃左右）时，采用常压蒸馏。对于沸点低于 30℃的物料，则应采用加压蒸馏。水蒸气蒸馏常用于常压下沸点较高，或在沸点时容易分解的物质的蒸馏，也常用于高沸点与不挥发杂质的分离，但只限于所得到的产品完全不溶于水。萃取蒸馏与恒沸蒸馏主要用于分离由沸点极接近或有恒沸组成的各组分所组成的、难以用普通蒸馏方法分离的混合物。分子蒸馏是一种相当于绝对真空下进行的一种真空蒸馏。在这种条件下，分子间的相互吸引力减少，物质的挥发度提高，使液体混合物中难以分离的组分容易分开。由于分子蒸馏降低了蒸馏温度，所以可以防止或减少有机物的分解。蒸馏操作的危险性主要有：①被处理物质的热安定性，蒸馏温度与持续时间；②不安定的副产物及杂质被浓缩的危险；③残渣、结垢或蒸馏中蒸干而出现过热的危险；④被蒸馏的可燃性物料处于同空气接触的危险等。故蒸馏操作的安全性和系统的压力、温度、密封性密切相关。

10. 粉碎与筛分

该过程中物料受到强烈的机械、气流或液流的撞击与运动而被粉碎、筛分，危险性较大。对自反应性物质，可能因机械撞击、摩擦而产生火花，所以这类物质能否适应必须十分慎重地考虑。可燃物质可能因粉碎、筛分形成粉尘-空气可燃爆混合物；对于禁水性物质（如金属粉、碳化钙等）可能在粉碎、筛分中与空气中的水蒸气、冷凝水或泄漏水反应生成可燃气体；氧化剂可能在粉碎、筛分中与机械润滑油等可燃物接触而产生火花。安全措施中不仅考虑可能产生的点火源，必要时要用惰性气体或干燥气加以保护。

11. 混合

混合是化合物（通过化学反应）和混合物制备中不可缺少的手段，但一般化学反应中所必需的混合不是一个独立的工艺程序，而是反应工程的一部分，这里所说的混合主要是混合物的制备。从状态上看有干法混合和湿法混合；从方式与设备上看有机械搅拌式、气流式、螺旋式、碾压式、球磨式、回转式混合、捏合等。此工程的危险主要是考虑造成物质的危险状态，如干法混合中易造成粉尘爆炸的条件；另外需考虑造成着火源的机械撞击、摩擦及静电等。所以干法混合必须注意密封、充以惰性气体；湿法混合中尽量不引入可燃、易燃液体，或采取严格的安全措施。混合工程中还特别注意参与混合的组分之间的相容性，混入杂质的危险。

12. 过滤与分离

该工艺过程较平稳、缓和，一般也不加热，危险性不是很大。但当过滤母液本身就是或含有易燃液体时，则有潜在的燃爆危险；毒性母液及其蒸气在敞开条件下可能引起中毒；离心式分离有较大的振动、撞击摩擦危险，特别是分离因数大于 3000 时危险性更大。一般有燃爆危险的物料不宜用离心分离或限制分离因数。而静置（缓慢流动）分离则物料存量大、效率低（时间长），对于有残存反应或副反应的含自反应性物料，则发生失控反应的潜在危险性较大（因无搅拌和冷却装置），应特别加以注意。

13. 储存与保管

在正常情况下，由于是静置，不施加工艺参数，操作也少，事故率较低。但在异常情况下也存在许多潜在危险性。例如：储槽、容器本身设计、选用不当，不能适应所储存物料的性能特点而造成腐蚀、损伤以致泄漏，缺乏必要的安全装置或安全装置失效；物料中残存有可继续反应或易分解聚合的成分，随着时间而积累反应、分解产物和反应热，加之物料量大，就有可能导致喷料、损坏设备及燃爆事故；混入了不相容、不稳定或具催化作用的杂质；自然环境影响，如气温过高过低、雷电、地震等。

三、化工生产关键装置及要害部位的安全技术

在任何一个化工生产企业都有关键装置和要害部位，对于这些地方，在生产过程中要严格按照操作规程进行。

① 各岗位操作人员应严格按照工艺操作规程操作设备，使设备在正常工艺参数下运行，防止设备腐蚀损坏。

② 各岗位操作人员应熟悉设备的特点和工艺物料的物理化学性质。

③ 各岗位操作人员应定期对各设备（装置）进行巡回检查，检查内容包括：

a. 检查各设备及管道保温是否完整、良好；

b. 定时检查各仪表仪器是否灵敏、准确；

c. 定时检查各部位温度、压力、液位是否正常；

d. 定时检查各连接部位有无泄漏，发现泄漏及时处理，做到文明生产。

④ 做到技术资料齐全、准确。

⑤ 搞好设备及环境卫生，保持设备及环境整齐、清洁。

【课后巩固练习】▶▶▶

1. 归纳总结氧化反应和硝化反应过程的安全要求有哪些？

2. 影响化工单元过程安全的因素有哪些？

3. 温度和压力对化工反应安全有什么影响？

4. 空气压缩机是化工企业很重要的设备，请根据所学知识，提出空气压缩机的重点防范部位有哪些？并提出安全防范措施。

5. 控制化工工艺参数有何重要意义，其基本技术措施有哪些？

6. 掌握化工生产关键装置（系统）、要害部位的安全管理。

第三节 油罐区及加油站安全技术

【学习目标】▶▶▶

知识目标：掌握油罐区危险性及安全防范技术要求；掌握加油站安全作业要求。

能力目标：能根据加油站储罐的容量判定加油站的等级，并提出加油站安全技术管理措施。

情感价值观目标：培养学生安全意识和科学的安全价值观。

【案例情景】▶▶▶

2007年11月24日上午7时50分，上海杨高南路浦三路口，一座正在维修施工的中石油加油站发生爆炸，"碎石雨"伴随着爆炸散落在方圆500m的马路和居民区内，爆炸造成2名加油站工人和2名路人死亡，另有40人受伤，其中2人重伤。

事故原因：在停业检修过程中，现场施工人员违章作业，在未对与管道相通的2#储气罐进行有效安全隔离情况下，用压缩空气对管道实施气密性试验，导致该储气罐内未经清洗置换的液化石油气与压缩空气混合，引起化学性爆炸。

一、油罐区作业的安全要求

1. 油罐区的安全技术要求

油罐区是加油站的核心要害部位，储有大量的易燃油品，因此正确选择油罐区场地，不仅关系到建设投资的大小，而且还与油罐区的安全有重大关系。油罐区的场地不能选择在容易塌陷的地域，地下水位高、地面松软以及腐蚀性较强的土壤均不能作为建设罐区的场地。油罐区应选在不受洪水、冰雪融化水淹没的地方。

油罐区应设在收发油品作业都比较方便，输油管线短的位置。油罐的排列应是轻质油罐离装卸泵房较远，重质油品离泵房较近，顺序是汽油、柴油、机油。这是因为考虑到重质油品输送时需要加热，管线缩短，可以节省能源，降低故障几率。

油罐区储存大量油品，一旦发生火灾，不仅使油罐区受到严重破坏，还可危及周围地区安全。因此，在罐区的布置上一定要符合国家标准，保证有足够的安全间距，同时各油罐之间也要保持一定的距离，以免油罐着火后相互波及，也便于灭火。

为了便于防火和保护环境，罐区设有防护堤、水封井、污水排放管、固定式或移动式探测系统、灭火系统、报警系统。为了防止电火花和静电火花，罐区的所有电器设备和仪表都按防爆等级和类别进行安装；油罐的避雷装置、静电接地以及油罐管口的设置都必须符合《汽车加油加气站设计与施工规范》（GB 50106—2012）的要求。

2. 油罐作业的安全要求

油罐在收发油作业的过程中，往往由于操作不当而导致设备的损坏或跑、冒、混油事故，因此，在收发油作业的过程中，必须严格遵守操作规程，仔细检查油罐及其附属设备的工作情况，遇到不正常情况，立即进行处理，避免油罐发生事故。

油罐收油前，应事先对油罐及其附属设备进行必要的检查。在收油过程中，还应有专人负责油罐的检查工作，及时测量油面的高度，准确掌握进油情况，防止油罐或管线发生跑油或冒油事故。当测量发现不正常情况时，应立即采取措施，查明原因，立即消除。必要时应停泵关阀，待故障排除后再继续工作。油罐在进行收发作业时应先打开呼吸管线上的阀门，放净呼吸管冷凝水（油），再打开输油管线上的阀门。油罐在收发油的过程中，必须保持油气管路畅通，严禁打开量油孔进行排气，以防发生爆炸火灾事故。

收油时，应根据油罐的安全容量盛装，防止超装后因油料体积膨胀而造成冒油事故，或当呼吸设备失灵时胀裂油罐。

寒冷季节，油料管线上的附件如发生冰冻，只能用热水或蒸汽对附件进行加热，严禁用火烤。

收发油料时，操作人员应平衡而又缓慢地启动油罐或管线上的有关阀门，注意油料的输送方向，经检查确定输送方向准确无误后，再启动油泵，油泵的输送量不能超过油罐的允许最大流量。

从一个油罐向另一个油罐装油时，首先应打开管线上的有关阀门，准备好让油流向空油罐，然后再逐渐关闭要装满油的油罐闸阀，禁止同时打开两个油罐的闸阀。当发现传输流向不对时，必须立即查明原因，并采取措施排除故障或停泵。传输或收发作业结束后，应将有关升降管提起，使其进出油口一端高出液面，以免收油管线或油罐闸阀损坏时造成油料外漏。对油罐的取样和测量必须待油面平稳后才能进行（甲、乙类油料约需 30min），取样和测量时严格遵守进入危险区域的所有规定，严禁使用人造纤维制成的绳索等工具，使用的取样筒应用碰撞时不产生火花的材质，灯和手电应是防爆型的。测量取样人员不得穿化纤衣服和钉子鞋。禁止在雷电、暴雨天气测量。对抛洒在油罐上的油料应及时擦去。

对于需要加热的油料，其加热温度不允许超过罐内油料加热的极限温度。加热前应排出加热系统内的冷凝水，防止发生水击现象；加热作业时，严禁使管子露出油面；加热过程中，如发现放出的冷凝水中带有油迹时，应采取措施排除故障或停止加热。

二、加油站作业安全要求

加油站经营的油料是易燃、易爆的特殊商品，根据零售经营服务的特点，要求 24 小时昼夜服务。同时，加油站又位于交通比较便利的位置，面向整个社会。针对这些特点，加油站在安全上必须有一些基本的要求。

1. 加油站的分级

加油站的油罐容量不同，其经营的业务量也不同，危险性和对周围建筑物的影响也不尽相同。根据有关规范规定，按加油站油罐的容量可将加油站分为三级。

油罐容量为 $120\sim180m^3$，单罐容量不超过 $50m^3$ 的为一级站；油罐总容量为 $60\sim120m^3$，单罐容量不超过 $50m^3$ 的为二级站；油罐总容量不超过 $60m^3$，汽油单罐容量不超过 $30m^3$ 为三级站；其中，柴油罐容积可折半计入总容积。由于一级站储罐总容量大，对周围的环境威胁也大，所以建筑物稠密的地区，不能建一级加油站。另外，为确保安全，各级加油站的储罐采用的是直埋式地下储罐。

2. 加油站的建设要求

对加油站来说，主要的功能是快捷、准确、安全地为各种机动车加油。因此必须从周围环境、站址选择、规模大小、交通、平面布置、方便用户，甚至对上水排水、电源照明、通信、环保等方面给予综合考虑。虽然各地的加油站在功能的考虑方面略有不同，但适用、经济、美观、安全可靠这些总的功能要求是一致的。

加油站的站址选择主要在公路干道上，机动车量来往比较频繁之处。场地宽阔、进出方便，两侧无阻挡视线的障碍物。加油站不应设在人口稠密的城市商业区和交通拥挤的十字路口等地段，以免影响交通。一般加油站设在城市的边缘区或商品经济发达的主干公路上。

机动车加油站和一般工业建筑物不同，它具有防火、防爆、防雷、防静电要求等特点，因此安全工作显得特别重要。一方面，加油站要根据油品被引燃的难易程度，分别规定有关安全距离和消防要求；另一方面，根据有关规范的规定，保证加油站与相邻企业或民用建筑的距离。并指定专人管理安全，经常检查落实，以保证安全服务。此外，加油站必须采取相应的措施，防止油品的跑、冒、滴、漏，对含油污水要进行处理，以防止对环境造成污染。

根据加油站的使用性质，将总平面分成四个功能区域，即加油区、油罐区、车行道和停车场地、辅助区等。

加油区是加油站主要经营业务场所，它由站房、加油棚和加油岛三部分组成。站房主要有营业室、接待室、站长室、值班室、配电室等。加油棚是整个机动车加油站的中心，机动车加油的整个活动都在这里进行。加油棚的大小和柱距的布置决定于加油枪的数量和分布，一般加油站根据其等级配备 $4\sim8$ 支加油枪，油种一般分为汽油和柴油两种。加油棚下两柱之间设加油岛，它是安装加油机及操作用的平台。加油岛的宽度不小于 $1.2m$，加油岛上放置加油机。

油罐区是加油站的危险区域，它包括油罐群和卸油场地两部分。加油站的汽油和柴油储罐采用的是卧式钢罐，并埋成地下式。油罐集中布置，与加油机之间的距离不能影响到加油机的吸入真空高度。油罐的布置既要有利于安全管理，又要有利于业务管理，还要相对减少加油和卸油之间的矛盾，一旦发生事故，便于采取补救措施。

加油站的进、出口分别设置车行道和停车场地，车行道的转弯半径不小于 $9m$；加油岛应高出停车场的地坪 $0.15\sim0.2m$。停车场地坪和道路路面为混凝土的路面。不采用沥青路面的原因是，加油时滴行在行车道路面上的油品对沥青有溶解作用。

辅助区主要是指加油站的车辆保养区、零售润滑油小包装的门市部、洗车间及围墙等。辅助区与油罐区之间都要保持一定的防火间距，洗车过程也不能影响加油作业。围墙主要设在邻近建筑物和油罐区一侧，起到安全防火和围护隔离作用。

3. 加油机的结构及工作原理

加油机是直接为机动车加油的输油计量设备。目前，所采用的加油机多为电脑自动加油机。加油机的流量可分为 $50\sim60L/min$ 和 $80\sim90L/min$ 两种。小流量的加油机适用于小轿车、面包车加油；大流量的加油机适用于大型客车和集装箱货车的加油。

目前国内使用的加油机有地上固定式加油机和悬挂式加油机两种类型。使用地上固定式加油机的优点是可使汽车位置明确，加油作业的程序不易发生混乱，工作效率高，价格便宜，故障少，便于维修。缺点是占地面积大，加油范围小，车辆必须在预定的范围内加油，受加油机自吸泵的限制，加油机与地下油罐的距离不得超过 20～25m，吸引高度 4m，否则将影响到加油机的加油。悬挂式加油机的优点是可以充分利用有限空间，输油管的固定点可横向移动 1.2m；加油范围大，半径可达 4m 以上；加油车辆可以自由进位，不影响下面车辆通行，加油数量由屏幕显示。缺点是停车位置不明确，容易造成加油作业混乱；必须单独设置泵房，加长管线，总投资增大。国内目前大量使用的磁卡自动加油机是用一台电脑联接磁卡和加油泵，加油用户预先购买一张记有油号和油品数量的磁卡，加油时先将磁卡插入磁卡机然后在磁卡机的键盘上打入所选择的油号和数量，磁卡机确认后用户可以自己打开加油枪加油，加够油后，油泵会自动关闭，整个加油过程可以自动作业。

加油机与油罐、管线、管件阀门等构成了一个完整的供油系统。加油机是由油泵、油气分离器、计量器、计数器四大总成以及电动机、油枪等其他一些部件构成。任何各类的加油机都可以看作是由这四大总成和其他一些简单的部件构成。

在给用户加油的过程中计数器不断地记录供油的数量，当油枪关闭时计数器亦停止运转，这时显示的是全部供油量。

当油枪放回油枪座时，通过杠杆操纵开关，关闭电机，一次加油过程结束。计数器将对本次加油的容积保留到下次加油之前，以备燃油用户或工作人员检查核对。

4. 加油操作规范

加油员在加油操作中应做到：用户车辆进站后，加油员要做到车到人到，主动引导车辆按顺序进入加油位置。启动加油机前，问清油箱空容量和加油数量。加油员必须亲自操纵油枪。不得折扭加油软管或拉长到极限。加油枪要牢固地插入油箱的灌油口内，集中精力，认真操作，做到不洒不冒。如果遇到加油机发生故障和发生危及加油站安全的情况时，应立即停止加油。发生跑、冒、滴洒油料时，必须清理完现场后，加油车辆方能离去。严禁向汽车的化油器及塑料桶内加注汽油。所有机动车辆均须熄火加油。

三、安全用电技术

为了加强加油站的用电安全管理，把加油站加油机底部向上 0.5m、水平方向 4m、油罐口 3m 以内的区域划分为危险区。凡是在危险区内的电器设备的选型、安装、使用都必须符合有关电器安全规定。加油站的上空严禁任何一级电压的架空线路跨越。加油站室外的照明灯具，必须采用封闭式。加油站内不得随意接临时线路。发电机和配电柜不准在同一房子里，应进行隔离。加油站营业室、休息间等场所禁止使用电炉、电饭煲、电熨斗等易引起火灾的电器。

电气设备进行检修时，应注意以下安全要求。

① 开始工作前要向检修人员交代清楚安全措施的注意事项，要严格执行有关电气的安全规程。

② 停电检修，必须验电、放电和挂临时接地线。

③ 停电检修设备或线路的电源开关断开后，必须挂上"有人工作，禁止合闸"的警告牌或采取其他措施，严防误送电。

④ 在带电设备附近作业时，要有足够的安全距离，否则要装设临时安全屏栏。

⑤ 停电检修工作开始前，要查看该断开的电源开关是否确实断开，要防止从联络线窜

电或从低压反充电。

⑥ 进入变、配电室的外来人员，未经值班人员同意不得私自乱动设备开关，不得移动所有采取的安全措施。

⑦ 电缆线路检修时，必须保证工序的正确。

⑧ 高压架空线路检修时，要挂接地线，在工作地点的两端也应挂接地线，以防感应电压。

⑨ 安全用具如绝缘靴、绝缘手套、验电笔和操作拉杆等，必须定期进行耐压试验。使用前要检查其是否良好可靠。

⑩ 手电钻、手提行灯以及其他携带式电器应检查其是否漏电。

⑪ 带电作业时，要有严密的组织措施和可行的安全技术措施，在有经验人员的监护下，由熟练的电工操作。

四、防静电操作

1. 静电的产生

静电的产生，主要是随着两个物体的接触和分离的力学运动，在原来的电器中性状态的物体上产生正、负任何一方的极性电荷过剩的现象，这个过剩电荷就称为静电。将已产生的静电储存于物体上，这种现象称为静电现象。

静电产生的主要机理如下：一是由于接触分离而产生。两个物体一接触，在界面上就产生了电荷移动。正电荷与负电荷形成相对并列的双电层电荷。然后，随着物体的分离，双电荷层就产生电荷分离，在两个物体上各产生了极性不同的等量静电。二是因破坏而产生。当物体遭到破坏时，破坏后的物体就会产出现正与负的电荷不均匀现象，由此产生静电。三是因静电感应而产生。在带电物体附近有绝缘的导体时，因其受到静电感应而产生电荷不均匀分布，其电位上升，与带电物体呈等效状态。四是因其他原因而产生。带电粒子、空气离子等附着于物体时，过剩的电荷储存于物体产生的静电与带电物体是等效的。另外，物体在高电压或带电体附近，引起放电，其电流使物体积蓄了过剩的电荷，和物体产生的静电也是等效的。

油品在流动、搅拌、沉降、过滤、摇晃、喷射、飞溅、冲刷、灌注等过程中都可能产生静电。这种静电常常能引起易燃油品和可燃油品的火灾和爆炸。

油品带电的原因可以用双电层带电过程来解释。例如，液态物料进入管道后并处于静止状态时，则在油品与管道接触面上形成双电层。在湍动冲击和热运动作用下，部分带电荷的油品分子进入油品内部，内壁上留出中性位置，使后来补充的中性油品，得以建立双电层。上述情况的不断出现就使管道内流动的油品带了静电。

油品产生静电的形式有流动带电、喷射带电、冲击带电、沉降带电、混合带电与搅拌带电等形式。

流动带电是当用管道输送油品时，由于油品与配管相接触并且在油品和固体之间形成双电层，双电层中的一部分电荷，被流动的油品带走而产生静电。我们把这种现象称为流动带电。流动带电与油品的流速、管道的材质、管道的结构及加工精度等有着密切的关系。一般说来，流体流速快，绝缘材料的管道、管径突然变小，弯曲处多、内表面加工粗糙时产生的静电量则大些。

喷射带电是当承压的油品从截面小的开口部位喷出时，与开口部位摩擦而产生静电。这种现象称为喷射带电。喷射带电不仅与开口部位摩擦有关，而且与喷出的速度、压力、流量也有一定的关系。

冲击带电是当承压的油品从管口喷出后遇到器壁或挡板的阻碍时，油品与器壁或挡板不断地发生接触与分离，分离后的油品向上飞溅，形成许多带电的小液滴，并在空间形成电荷云。这种现象称为冲击带电。

沉降带电与浮起带电是油品流动时分散于油品中的液滴、粉体、气泡等溶解性差的物质，随着流动的停止，因其与油品的相对密度差而在容器内沉降或浮起，这些物质与油品界面的离子双层电荷发生分离而产生静电，使油品带电，一旦产生这种带电，在泵或搅拌停止时，带电电位会急剧上升。

混合带电与搅拌带电是油品相互间或油品与粉体等混合搅拌时产生的带电现象。由于搅拌油品与容器及搅拌翼的运动，或者由于油品和溶解于其中的其他液滴、粉体粒子、气泡等的相对运动而产生的静电。

2. 消除静电危害的基本途径

（1）静电危害形成的条件　静电危害是在一定条件下造成的，形成静电危害的条件归纳起来有以下几种：一是有静电产生的来源；二是静电得以积累，并达到足以引起火花放电的静电电压；三是静电放电的火花能量达到爆炸性混合物的最小引燃能量；四是静电火花周围有足够的爆炸性混合物存在。上述四个条件缺一不可，否则，不会引起静电危害的发生。

（2）消除静电危害的基本途径　从静电危害形成的基本条件可以看出，消除静电危害有以下四个基本途径。

① 减少静电电荷的产生。减少静电产生的措施有：采用淹没流加注油品，减少管路上的弯头和阀门，防止油品中混入水分，控制管内流速，选择合理的注油弯头等。

② 加速静电的泄放。加速静电泄放的措施有：对管路和设备进行接地和跨接；在管路上安装缓和器和消电器；在油品中加入抗静电剂等。

③ 降低爆炸危险场所爆炸性混合气体的浓度。降低爆炸危险场所爆炸性混合气体的浓度，可用机械通风来实现。

④ 排除引燃爆炸性混合气体的火花。火花是引燃爆炸性混合气体的火源。加油站中可能产生的火花有静电放电产生的火花、非防爆电器产生的电火花、金属有碰撞产生的火花、穿脱化纤衣服产生的火花等。

另外，加油站防静电规定如下。

① 地下卧式油罐必须设置静电接地装置，地面接头采用双螺栓连接，其电阻值不得超过10Ω。卸车位、加油机的静电接地装置电阻不得大于100Ω，管线不得大于30Ω。每年在雷雨季节前检测一次，全年检测不少于两次，并做好记录。

② 加油机、加油胶管上的静电接线必须完好有效。

③ 地下卧式油罐进油管应下伸到距油罐底15cm处，并有弯头，严禁喷溅式卸油。

④ 加油站工作人员不得穿着化纤服装。

⑤ 油罐装置必须是封闭式的。

五、动火技术

加油站的设备和管道内的油品都是易燃易爆的物质，设备检修时一般又离不开切割、焊接等作业，因此加油站检修动火作业具有很大的危险性。为防止动火作业中发生事故，必须严格执行动火管理制度。

① 加油站内临时动火、用电应事先向有关部门报告，并按规定执行，不得违章扩大用火、用电范围。

② 因设备检修等情况必须动用明火时，要书面报告上级主管部门，批准后，停止加油作业，采取可靠的安全措施后方可动火。

③ 加油站与周围其他单位建筑的防火安全距离、加油站内部建筑的防火安全距离及明火作业点与其他建筑的防火安全距离要符合设计规范的有关规定。

④ 将动火点周围10m范围内的一切可燃物移到安全场所。

⑤ 动火现场应准备好适用的足够数量的灭火器材。

⑥ 动火结束时应清理现场，熄灭余火，做到不留任何火种，切断动火作业所用的电源。

六、安全检查制度

① 加油站站长除加强日常检查外，每周要对加油站进行一次全面检查，主要检查安全责任制落实情况，作业现场安全管理，设备技术情况，灭火作战预案以及隐患整改情况等。

② 当班安全员应对作业现场监督，发现违章行为和不安全因素，有权制止和向上级反映。

③ 检查内容包括：油罐及其附件、管线、加油机及附件、电器设备、发电机、消防器材等。

④ 加油站如发生事故，应按照《加油站管理规范》中的要求，按时逐级上报，并按照"四不放过"的原则，认真做好事故的处理工作。

【课后巩固练习】▶▶▶

1. 某加油站油罐总容量为120m³，单罐容量为50m³，请问该加油站的等级为（　　）。
A. 一级　　　　B. 二级　　　　C. 三级　　　　D. 四级
2. 简述加油罐区的危险性及防范措施。
3. 加油作业过程的安全技术管理要求有哪些？
4. 编制加油站动火作业的要求。
5. 加油机的静电接地装置电阻不得大于（　　）Ω？
A. 100　　　　B. 50　　　　C. 30　　　　D. 10

第四节　甲醇生产工艺过程安全技术

【学习目标】▶▶▶

知识目标：了解甲醇生产主要工艺流程，掌握甲醇生产过程主要危险有害因素。

能力目标：能根据甲醇生产过程中存在的危险和有害因素，提出防范措施。

情感价值观目标：培养学生安全意识和科学的安全价值观。

【案例情景】▶▶▶

2003年10月27日中午，某车间甲醇泵岗位两名操作工，午饭后来到甲醇泵室，因当天降温，室外寒冷并雨雪交加。两人就在温度较高的甲醇泵房内休息。13时30分，即2人在甲醇泵房内逗留大约90min后，操作工甲某自觉头晕、呕吐、双眼疼痛并视物不清，于是两人互相搀扶走出泵房，打算到室外换换新鲜空气。这时，操作工甲某上述症状加重，头晕得不能走，操作工乙某立即通知班长，将他送往医院诊治。操作工乙某又返回甲醇泵房休息室休息，在回到甲醇泵房休息室休息1h后也出现了呕吐、眼痛、双眼睁不开等症状，也被车间送往医院进行诊治。

一、工艺简介

某甲醇生产采用煤加压气化产生一氧化碳、二氧化碳，一氧化碳、二氧化碳加压催化氢化法合成甲醇的生产工艺，工艺流程简图如图3-2所示。该生产工艺流程包括煤气化、原料气净化、甲醇合成、粗甲醇精馏等工序。甲醇生产中所使用的氧化铝等多种催化剂，但催化剂都易受硫化物毒害而失去活性，必须将硫化物除净。

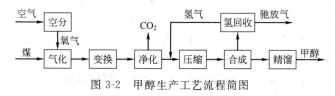

图 3-2 甲醇生产工艺流程简图

二、主要生产工艺过程

1. 空气分离

空分的主要任务是通过深度冷冻法，达到分离空气中的氧气和氮气的目的，氧气送往气化工段，作为气化反应的原料气；氮气作为公用氮气，为全厂各个工段提供保护、置换用氮。在制取合格氧氮的同时，还副产氩。

空气在进入空分装置之前首先要通过过滤、水洗的方法除去其中的灰尘等机械杂质。由于分离空气用的是深度冷冻法，所以空气中的水、二氧化碳会在空分装置中凝结下来，堵塞设备管道，烃类会在空分装置中积聚，和氧气混合后爆炸，因此这些杂质必须除去。另外，空分装置低温部分的材质一般都采用铝镁合金，因此在安装和检修过程中严禁碰撞，由于有纯氧存在，空分的设备、管道，在安装和检修前必须脱脂。

2. 气化

气化主要在气化炉中进行，总反应可写为：

$$C_nH_m + (n/2)O_2 \longrightarrow nCO + (m/2)H_2 + Q$$

（1）反应温度 气化反应的特点是放热、体积增加的部分氧化反应。提高反应温度对平衡不利，且温度过高，会导致完全氧化的程度加大，使有效气产率（CO+H_2）下降；同时对设备的材质及气化炉耐火砖衬里造成较大的影响；但提高温度会提高其反应速率；因此气化炉的操作温度一般选择在1260~1482℃之间。

（2）反应压力 从反应的特点出发，降低压力对平衡有利，但提高压力不但可以提高反应速率，而且可以缩小设备制造尺寸、提高生产负荷，便于实现装置大型化，同时还有利于热量的回收。而且压力过高对设备材质的要求会越高，装置的投资也会大幅度增加，综合考虑，气化装置的设计操作压力为3.5MPa左右。

（3）氧碳比 氧碳比即气化1kg干煤所用氧气的标准立方米数，单位为Nm^3/kg干煤。在实际生产中，氧碳比一般控制在0.6左右时，较为合适。

3. 一氧化碳的变换

从气化工号送来的半水煤气中CO含量高达40%~47%，而H_2含量只有34%~39%，不符合甲醇合成的需要，因此变换工号的主要任务是：调整氢碳比满足甲醇合成反应的需要，同时将有机硫转化为无机硫，便于净化工号脱除合成气中的硫，保护合成触媒。

一氧化碳与水蒸气的变换反应可用下式表示：

$$CO+H_2O \rightleftharpoons CO_2+H_2+Q$$

该反应的特点是在催化剂作用下的放热、等体积的可逆反应。

4. 净化

在原料气中，除含有氢、一氧化碳以外，还含有大量的二氧化碳，以及合成反应所不需要的各种杂质，如硫化物、惰性气体等。其中，硫化物是合成触媒的毒物。硫化物的危害主要有：使催化剂中毒、堵塞管道设备、腐蚀管道设备、污染溶剂、污染环境、降低产品质量；多余的二氧化碳和惰性气体不但会对甲醇合成产生影响，而且还会造成巨大的动力消耗，因此必须一并除去。低温甲醇洗工艺是一个典型的物理吸收过程，主要是利用了甲醇在低温下对酸性气体溶解度较大的物理特性，脱除原料气中的酸性气体。

低温甲醇洗工艺主要是在加压和低温下分别吸收硫化氢和二氧化碳，然后通过减压升温的方式分别对二氧化碳和硫化氢进行解析，同时甲醇被再生循环利用。当温度降至$-40℃$时，二氧化碳的溶解度比常温下增加约6倍，硫化氢的溶解度差不多比二氧化碳大6倍；而在相同条件下，硫化氢的吸收速率约为二氧化碳的10倍。因此，这就有可能选择性地从原料气中先脱除硫化氢，而在甲醇再生时先解析二氧化碳；另外，氢气、一氧化碳及甲烷等的溶解度在温度降低时变化不大。

5. 甲醇的合成

甲醇合成基本原理，主要的化学反应：

① $CO+2H_2 \rightleftharpoons CH_3OH+Q$

② $CO_2+3H_2 \rightleftharpoons CH_3OH+H_2O+Q$

由以上两个主反应方程式可知：反应为放热，体积缩小的可逆反应，且必须在催化剂的条件下进行。因此温度、压力、气体组成及催化剂的活性对反应进行的程度及速度有一定的影响。

甲醇合成反应的工艺条件选择的具体要求如下。

（1）温度　合成甲醇的反应是放热反应，同时又是使用活性催化剂的反应，降低反应温度有利于平衡向生成甲醇的方向移动，但反应速度则随温度降低而减慢。因此，甲醇合成反应温度一般控制在$245\sim255℃$左右。

（2）压力　甲醇合成的反应是体积减小的反应。从化学平衡角度考虑，提高压力有利于提高甲醇产量，并能加快反应速度，增加装置生产能力。但是，压力的提高对设备的材质、加工制造的要求也会提高，原料气压缩功耗也要增加。本装置压力选择在$8.0MPa$下操作。

（3）CO和H_2比例的影响　从化学反应方程式来看，氢与一氧化碳的分子比为2∶1，这时可以得到甲醇最大的平衡浓度。而且在其他条件一定的情况下，可使甲醇合成的瞬间速度最大。由于合成气中还有小部分的CO_2，CO_2和H_2合成甲醇的比例是1∶3，而且反应气体中CO、CO_2受催化剂表面吸附及其他因素影响的程度不同，所以要求反应气体中的氢含量要大于理论量，但通常CO浓度增加同时伴有H_2浓度的下降。所以组分之间的影响有交互作用。实际生产中氢碳比按照以下关系确定。

$$(H_2-CO_2)/(CO+CO_2)=2.05\sim2.15$$

（4）甲醇合成催化剂　甲醇合成过程广泛采用的催化剂是铜基催化剂，主要组分为$CuO/ZnO/Al_2O_3$。其中CuO是主催化剂，ZnO/Al_2O_3是助催化剂。催化剂还原后才具有活性，因此使用前必须先进行还原。催化剂还原中主要是氧化铜被还原。

$$CuO+H_2 \rightleftharpoons Cu+H_2O+Q$$

催化剂在卸出之前要进行钝化，以防止催化剂在卸出时自燃。

6. 甲醇的精馏

工业上粗甲醇的精制主要采用精馏的方法，也就是利用物质挥发性不同（沸点不同）而将两种或两种以上的物质经过多次蒸发和多次冷凝最终达到分离的过程。精馏主要工艺物料为甲醇。甲醇是易燃、易爆、有毒物质。由于单元中甲醇存量大，一旦发生甲醇泄漏事故，处理不当，可造成重大火灾、爆炸或中毒事故。

三、甲醇生产过程中存在的危险有害因素

1. 火灾爆炸危险

① 焦炉煤气柜、焦炉气压缩机、转化炉、转化气压缩机、甲醇合成反应器、预精馏塔、加压精馏塔、常压精馏塔、甲醇产品储罐、甲醇中间储罐、甲醇装车台、甲醇循环泵及其管线若发生煤气、中间转化气或甲醇的泄漏，又再遇到明火、火花或处在高温高热环境下，就极易导致火灾及爆炸危险。

② 液氧或氧气系统发生泄漏，压力下高速泄漏的气流，容易产生静电并放电产生火花；纯氧为强氧化剂，如发生泄漏，则高浓度氧遇到现场存在的易燃物质能剧烈氧化放热，有引发火灾、爆炸的危险。

③ 带压设备及管线若由于设计、材质、制造等各环节存在问题，或设备得不到维护而锈蚀、腐蚀、或若由于操作违章、失误致使设备内压超过设备本身所能承受的压力极限，则会发生物理性爆炸，造成损失与伤害；同时会由于设备内的物料泄漏再引发火灾、爆炸的危害。

2. 中毒或窒息危害

甲醇合成装置所使用的焦炉煤气原料、中间转化气和甲醇产品对人体有不同程度的毒性与危害。如：焦炉煤气中含有一氧硫化碳、硫化氢、氨气、苯等多种对人体伤害过程快、后果严重的易中毒；合成精馏过程中的甲醇可以通过吸入、食入、经皮吸收等途径，对人体中枢神经有麻醉作用，对视神经和视网膜有特殊选择作用，易引起病变，还会引起皮肤出现脱脂、皮炎等状况；当以上生产物料发生泄漏时，不仅有火灾、爆炸危险，亦同时存在中毒危险。

3. 冻伤危害

空分工序的空气分离系统为低温作业区，另外还有低温甲醇洗等装置也为低温作业。系统中的液氧、液氮、液氩等低温介质，如发生泄漏，接触到人体可以造成冻伤。另外，装置中的这些低温设备、管线，若隔热保冷层有脱露之处，人体直接接触时也可能会发生程度较轻的冻伤。

4. 高温灼烫

甲醇生产中转化工艺为高温工艺，反应温度约达 1000℃，而在物料进入转化炉之前要进行预热的一些设施其操作温度也高达 500～600℃；合成甲醇过程为中温工艺，反应温度在 220℃；装置内还有不少设备、管线操作温度都很高，若隔热保温层有脱露之处，人体直接接触时可能会发生高温灼伤。

5. 高空坠落危害

由于甲醇合成工艺中的许多装置的厂房有不少是多层，设备也多是高大，其楼梯、直斜钢梯、平台、走台较多，车间内也会有吊装口、安装孔和地沟等，若操作人员疏忽大意及蛮干，或在检修维护时，违反起重作业、高空作业的安全操作规程，未采取安全防护措施，则会发生高处坠落、落物打击的伤害。

6. 机械伤害

甲醇装置中的转动设备主要是气体压缩机、物料输送机泵等，当转动部位的防护罩未装或者脱落或发生锈蚀损坏，作业人员的衣服、长发易被绞入而发生人体伤害；此外，在检查、维修设备时，如操作不经意，也可能发生刮、碰、割、切等伤害。

7. 触电

这类危险主要发生在生产设施的各种机泵的电动机、压缩机和辅助设施所在的变压器、配电室部位以及动力与照明电气线路等处和照明电器上。

在安装施工过程中，由于选用质量低下的电气设备、器材或安装质量有缺陷而发生故障，或在工作过程和维修保养过程中，由于作业人员不能按照电气工作安全操作规程进行操作或缺乏安全用电常识，均可能造成触电危险事故的发生。

四、甲醇生产过程安全要求

1. 防火防爆要求

① 装置区内设备、管道、建（构）筑物之间的防火距离和建筑物耐火极限满足安全要求。

② 厂房除采用门、窗自然通风外，另外设置机械排风，采用防爆轴流通风机排除其他有害气体，厂房出入口设两个，门窗向外开启。

③ 压力容器或管道等因超温、超压可能引起火灾爆炸危险的设备，应根据设计要求设置自控检测仪表，报警信号和安全泄放装置（安全阀、爆破片）。压力容器的设计、制造、安装应由有资质单位严格按照工艺条件及相关规范进行。

④ 合成气和甲醇等可燃气、液体输送金属管道保持密封，法兰应用金属导线跨接以消除静电。

⑤ 设备区内的放空管，高于附近有人操作的最高设备的 2m 以上，紧靠建筑物或在其内部布置的放空管高出建（构）筑物 2m 以上。工艺管道放空均加阻火器。循环机进出口管设置安全阀。

⑥ 甲醇罐区设防火堤、管墩等，均采用非燃烧材料。设置蒸汽保安系统、固定式水喷淋冷却装置和呼吸阀—阻火器系统。储罐设置静电接地系统、固定式水喷淋冷却装置和呼吸阀—阻火器系统。

⑦ 合成厂房、甲醇罐区及精馏装置区均设置可燃气体检测报警装置。

⑧ 甲醇储罐设高低限液位报警。

2. 防毒害要求

① 加强生产管理，严格按生产规程、设备维护规程进行日常的生产、管理、维护，确保无泄漏生产。并定期对生产毒害气体的场所进行监测分析。

② 操作人员应根据各岗位不同的危险特性，分别穿戴相应合适的防护用具，作业时对其毒害、腐蚀性等更应加强注意。

③ 高温场所充分利用自然通风辅以机械通风。发热设备和管道严格按照设备及管道保温技术通则计算确定保温层厚度。

3. 防噪声和振动

振动源来自压缩机和各种机泵，采取单独基础隔振措施。产生噪声较大的设备采用设置消声器。操作室设计为隔音操作室。噪声大的岗位，要求配备防护耳罩、耳塞等个体防护用品。

4. 防机械和坠落伤害

① 装置区内有发生坠落危险的操作岗位，如合成塔、精馏塔等按规定设计符合相应规范要求的便于操作、巡检和维修作业的扶梯、平台和围栏等。

② 循环机、泵类等设计可靠的防护设施、挡板或安全围栏。

③ 应针对不同建设项目地理位置和厂区具体情况，总平面布置保证与周围建筑防火间距。据不同地质情况，做结构抗震设计。

【课后巩固练习】 ▶▶▶

1. 简述甲醇生产主要工艺流程。

2. 甲醇的主要危害特性有哪些？

3. 甲醇生产过程中主要存在的危险和有害因素有哪些？

4. 防止甲醇中毒的措施有哪些？

第五节　案例分析与讨论

【案例一】 铜洗塔爆炸案例

合成氨厂铜洗塔是在高温高压下对微量一氧化碳进行吸收的设备。1992 年 10 月 25 日，辽宁省某市化肥厂铜洗岗位油分离器上盖的垫片突然破裂，大量氢氮混合气泄出，爆炸起火，将在化验室工作的 3 人烧伤致死。

事故原因

该事故是由于油分离器密封材质不符合标准，又因循环氢量低，压力波动，引发事故。

【案例二】湖北公安县加油站燃爆事故

2002 年 1 月 7 日中午 11 时 30 分左右，湖北公安县宏泰客运公司院内加油站发生爆燃事故，造成 1 人死亡，2 人受伤。加油站旁边的一台油罐车烧得面目全非，加油站屋顶被掀开，一侧的围墙也被炸倒。

事故原因

该事故是司机彭某违章操作所致。当天上午，司机彭某驾驶油罐车两次为加油站送油，均未按规程采用密封式输油法，而是直接将输油管插入储油罐中。加油站员工吴某前去关阀门时，所穿的衣服产生静电，引发燃爆。

【案例三】河南许昌制药厂过氧化苯甲酰爆炸

1991 年 12 月 6 日 14 时 15 分，许昌制药厂一分厂干燥器内烘干的过氧化苯甲酰发生化学分解强力爆炸，死亡 4 人，重伤 1 人，轻伤 2 人，直接经济损失 15 万元。

该厂的最终产品是面粉改良剂，过氧化苯甲酰是主要配入药品。这种药品属化学危险物品，遇过热、摩擦、撞击等会引起爆炸，为避免外购运输中发生危险，故自己生产。

1991 年 12 月 4 日 8 时，工艺车间干燥器烘干第五批过氧化苯甲酰 105kg。按工艺要求，需干燥 8h，至下午停机。由化验室取样化验分析，因含量不合格，需再次干燥。次日 9 时，将干燥不合格的过氧化苯甲酰装进干燥器。恰遇 5 日停电，一天没开机。6 日上午 8 时，当班干燥工马某对干燥器进行检查后，由干燥工苗某和化验员胡某二人去锅炉房通知锅炉工杨某送蒸汽，又到制冷房通知王某开真空，后胡、苗二人又回到干燥房。9时左右，张某喊胡某去化验。下午2时停抽真空，在停抽真空后15min左右，干燥器内的干燥物过氧化苯甲酰发生化学爆炸，共炸毁车间上下两层5间、粉碎机1台、干燥器1台，定干燥器内蒸汽排管在屋内向南移动约3m，外壳撞倒北墙飞出8.5m左右，楼房倒塌，造成重大人员伤亡。

事故原因

① 第一分蒸汽阀门没有关，第二分蒸汽阀门差一圈没关严，显示第二分蒸汽阀门进汽量的压力表是0.1MPa。据此判断干燥工马某、苗某没有按照《干燥器安全操作法》要求"在停机抽真空之前，应提前一个小时关闭蒸汽"的规定执行。在没有关严两道蒸汽阀门的情况下，下午2点通知停抽真空，造成停抽后干燥器内温度急剧上升，致使干燥物过氧化苯甲酰因遇过热引起剧烈分解发生爆炸。

② 该厂在试生产前对其工艺设计、生产设备、操作规程等未按化学危险物品规定报经安全管理部门鉴定验收。

③ 该厂用的干燥器是仿照许昌制药厂的干燥器自制的，该干燥器适用于干燥一般物品，但干燥化学危险物品过氧化苯甲酰就不一定适用。

最后对事故责任者进行了如下处理：这次事故是在试产第五批时发生的，厂领导班子在开发新产品的试产阶段，对安全生产考虑不周，制度不严，对事故应负领导责任，给予厂长郭某、副厂长王某行政记过处分；厂工程师胡某，对事故应负技术责任，给予行政记大过处分。

防止同类事故发生的措施：①严格按照国家对化学危险物品安全管理条例的要求来设计、生产、储存；②投产前要请有关部门对现有厂房、设备、工艺规程等进行论证、鉴定验收同意后再投产；③企业要加强技术培训，提高干部、职工业务技术素质和安全意识。特种作业工人必须经过培训、持证上岗。

【案例四】安徽全椒县磷肥厂爆炸

1991年3月6日14时50分，安徽省全椒县磷肥厂新建4号500t硫酸罐发生爆炸事故，罐顶盖飞出砸死3人。

是日下午，该厂3名机械维修工人，利用乙炔割炬在硫酸罐底部开孔放水，准备接出第二根硫酸罐管道，当焊割工刚把割炬点着火的瞬间，硫酸罐突然发生爆炸，一声巨响，约2t重的罐顶盖飞出70.4m，磷肥车间3名装运工听到巨响立即从房内冲出房外场地时，被炸飞的硫酸罐顶盖从空中落下，当场砸死2人，另1人身负重伤，在送往医院抢救途中死亡。直接经济损失约10万元，30m范围内厂房、电气线路被炸毁，全厂被迫停产整顿。

事故原因

该事故在既未经批准动火，也未查明能否动火的情况下，车间主任张某违反硫酸罐制作方案，指挥机械维修工人擅自将新建的4号硫酸罐的一根出酸管道（设计为二道出酸管）与总出酸管道连接，导致（92%～93%）浓硫酸进入4号硫酸罐内，遇水（罐内因试漏水未放尽）变为稀硫酸，稀硫酸与铁反应产生大量的氢气和热量，突遇明火发生爆炸。

【案例五】上海高桥石油化工公司炼油厂液化气爆炸

1988年10月22日凌晨，上海高桥石油化工公司炼油厂小凉山球罐区发生液化气爆燃事故，死亡25人，烧伤17人，直接经济损失9.8万余元。

10月21日23时40分，该厂在三区14号球罐开阀放水，违反操作规程，没切换开关，阀门全部打开，致使液化气随水外溢达9.7t，通过污水池扩散到罐区西墙外，与工棚明火相遇，在连续沉闷的爆炸声中，南北350m、东西250m的地带燃起熊熊大火。毗邻球罐区的10多间简易工棚化为灰烬，围墙内建筑受到破坏，变压器、电缆、电器仪表等严重损坏，变电室房顶开裂，一扇铁门飞出60多米远。

事故原因

这是一起违章操作、纪律松弛、管理混乱以及领导上的官僚主义引起的重大责任事故。班长在接到门岗保安人员发现异常气味的报告后麻痹大意，保安队书记、保卫科、值班室等接到门岗电话后不及时处理，贻误了时机。当班的7个工人中，3个做饭，后又有2人关门睡觉。球罐区民工安炉灶，各级领导熟视无睹，无人制止。

第四章

危险化学品储存、运输、经营安全技术与管理

第一节　危险化学品储存危险性分析及安全要求

【学习目标】▶▶▶

　　知识目标：熟悉危险化学品储存安全技术及要求。

　　能力目标：能够保证不同危险化学品在储存过程中的安全。

　　情感价值观目标：培养学生正确的安全价值观和安全意识。

【案例情景】▶▶▶

　　2005 年 3 月 23 日下午 1 时 20 分，美国德克萨斯州 BP 炼油厂发生爆炸，造成 15 人死亡，170 人受伤。BP 公司总部设在英国伦敦，目前资产市值约 2000 亿美元，全球员工有 11 万人，业务涉及百余个国家和地区。BP 名列 2005 年《财富》杂志全球 500 强的第二位，仅比排名第一的美国沃尔玛少 28 亿美元。德克萨斯炼油厂由 BP 北美产品公司拥有和运行。它是 BP 最大的综合炼油厂，每天可处理 46 万桶原油。

一、储存危险化学品的基本要求

1. 储存要求

　　① 危险化学品必须储存在经省、自治区、直辖市人民政府经济贸易管理部门或者设区的市级人民政府负责危险化学品安全监督管理综合工作的部门审查批准的危险化学品仓库中。未经批准不得随意设置危险化学品储存仓库。储存危险化学品必须遵照国家法律、法规和其他有关的规定。

　　②《危险化学品安全管理条例》第十一条规定：国家对危险化学品的生产、储存实行统筹规划、合理布局。国务院工业和信息化主管部门以及国务院其他有关部门依据各自职责，负责危险化学品生产、储存的行业规划和布局。

　　③《危险化学品安全管理条例》第十三条规定：生产、储存危险化学品的单位，应当对其铺设的危险化学品管道设置明显标志，并对危险化学品管道定期检查、检测。

　　④《危险化学品安全管理条例》第二十条规定：生产、储存危险化学品的单位，应当根据其生产、储存的危险化学品的种类和危险特性，在作业场所设置相应的监测、监控、通风、防晒、调温、防火、灭火、防爆、泄压、防毒、中和、防潮、防雷、防静电、防腐、防

泄漏以及防护围堤或者隔离操作等安全设施、设备，并按照国家标准、行业标准或者国家有关规定对安全设施、设备进行经常性维护、保养，保证安全设施、设备的正常使用。

生产、储存危险化学品的单位，应当在其作业场所和安全设施、设备上设置明显的安全警示标志。

《常用化学危险品储存通则》（GB 15603—1995）规定：储存的危险化学品应有明显的标志，标志应符合 GB 13690—1992 的规定。同一区域储存两种和两种以上不同级别的危险化学品时，应按最高等级危险物品的性能标志。

⑤《危险化学品安全管理条例》第二十三条规定：生产、储存剧毒化学品或者国务院公安部门规定的可用于制造爆炸物品的危险化学品（以下简称易制爆危险化学品）的单位，应当如实记录其生产、储存的剧毒化学品、易制爆危险化学品的数量、流向，并采取必要的安全防范措施，防止剧毒化学品、易制爆危险化学品丢失或者被盗；发现剧毒化学品、易制爆危险化学品丢失或者被盗的，应立即向当地公安机关报告。

生产、储存剧毒化学品、易制爆危险化学品的单位，应当设置治安保卫机构，配备专职治安保卫人员。

⑥《常用化学危险品储存通则》（GB 15603—1995）规定：储存危险化学品的仓库必须配备有专业知识的技术人员，其仓库及场所应设专人管理，管理人员必须配备可靠的个人安全防护用品。

⑦ 危险化学品露天堆放，应符合防火、防爆的安全要求，爆炸物品、一级易燃物品、遇湿燃烧物品、剧毒物品不得露天堆放。

⑧ 储存方式：按照《常用化学危险品储存通则》（GB 15603—1995）根据危险化学品品种特性，实施隔离储存、隔开储存、分离储存。

根据危险品性能分区、分类、分库储存。

⑨ 各类危险品不得与禁忌物料混合储存，灭火方法不同的危险化学品不能同库储存（禁忌物料配置见 GB 18265—2000）。

⑩ 储存危险化学品的建筑物、区域内严禁吸烟和使用明火。

⑪《危险化学品安全管理条例》第二十七条规定：生产、储存危险化学品的单位转产、停产、停业或者解散的，应当采取有效措施，及时、妥善处置其危险化学品生产装置、储存设施以及库存的危险化学品，不得丢弃危险化学品；处置方案应当报所在地县级人民政府安全生产监督管理部门、工业和信息化主管部门、环境保护主管部门和公安机关备案。安全生产监督管理部门应当会同环境保护主管部门和公安机关对处置情况进行监督检查，发现未依照规定处置的，应当责令其立即处置。

2. 储存安排及储存限量

① 危险化学品储存安排取决于危险化学品分类、分项、容器类型、储存方式和消防的要求。

② 遇火、遇热、遇潮能引起燃烧、爆炸或发生化学反应，产生有毒气体的危险化学品不得在露天或在潮湿、积水的建筑物中储存。

③ 受日光照射能发生化学反应引起燃烧、爆炸、分解、化合或能产生有毒气体的危险化学品应储存在一级建筑物中，其包装应采取避光措施。

④ 爆炸物品不准和其他类物品同储，必须单独隔离限量储存。

⑤ 压缩气体和液化气体必须与爆炸物品、氧化剂、易燃物品、自燃物品、腐蚀性物品隔离储存。易燃气体不得与助燃气体、剧毒气体同储；氧气不得和油脂混合储存，盛装液化气体的容器，属压力容器的，必须有压力表、安全阀、紧急切断装置，并定期检查，不得

超装。

⑥ 易燃液体、遇湿易燃物品、易燃固体不得与氧化剂混合储存，具有还原性的氧化剂应单独存放。

⑦ 有毒物品应储存在阴凉、通风、干燥的场所，不要露天存放，不要接近酸类物质。

⑧ 腐蚀性物品，包装必须严密，不允许泄漏，严禁与液化气体和其他物品共存。

3. 危险化学品的养护

① 危险化学品入库时，应严格检验商品质量、数量、包装情况、有无泄漏。

② 危险化学品入库后应根据商品的特性采取适当的养护措施，在储存期内定期检查，做到一日两检，并作好检查记录；发现其品质变化、包装破损、渗漏、稳定剂短缺等及时处理。

③ 库房温度、湿度应严格控制，经常检查，发现变化及时调整。

4. 危险化学品出入库管理

① 储存危险化学品的仓库，必须建立严格的出入库管理制度。

《危险化学品安全管理条例》第四十五条规定：运输危险化学品，应当根据危险化学品的危险特性采取相应的安全防护措施，并配备必要的防护用品和应急救援器材。

《危险化学品安全管理条例》第四十八条规定：通过道路运输危险化学品的，应当配备押运人员，并保证所运输的危险化学品处于押运人员的监控之下。

运输危险化学品途中因住宿或者发生影响正常运输的情况，需要较长时间停车的，驾驶人员、押运人员应当采取相应的安全防范措施；运输剧毒化学品或者易制爆危险化学品的，还应当向当地公安机关报告。

② 危险化学品出入库前均应按合同进行检查验收、登记，验收内容包括如下几项。

a. 商品数量。

b. 包装按照《危险化学品安全管理条例》第十七条规定：危险化学品的包装应当符合法律、行政法规、规章的规定以及国家标准、行业标准的要求。

危险化学品包装物、容器的材质以及危险化学品包装的型式、规格、方法和单件质量（重量），应当与所包装的危险化学品的性质和用途相适应。

《危险化学品安全管理条例》第十八条规定：生产列入国家实行生产许可证制度的工业产品目录的危险化学品包装物、容器的企业，应当依照《中华人民共和国工业产品生产许可证管理条例》的规定，取得工业产品生产许可证；其生产的危险化学品包装物、容器经国务院质量监督检验检疫部门认定的检验机构检验合格，方可出厂销售。

运输危险化学品的船舶及其配载的容器，应当按照国家船舶检验规范进行生产，并经海事管理机构认定的船舶检验机构检验合格，方可投入使用。

对重复使用的危险化学品包装物、容器，使用单位在重复使用前应当进行检查；发现存在安全隐患的，应当维修或者更换。使用单位应当对检查情况作出记录，记录的保存期限不得少于2年。

c. 危险标志（包括安全技术说明书和安全标签）。经核对后方可入库、出库，当商品性质未弄清时不准入库。

③ 进入危险化学品储存区域的人员、机动车辆和作业车辆，必须采取防火措施。

进入危险化学品库区的机动车辆应安装防火罩。机动车装卸货物后，不准在库区、库房、货场内停放和修理。

汽车、拖拉机不准进入易燃易爆类物品库房。进入易燃易爆类物品库房的电瓶车、铲车应是防爆型的；进入可燃固体物品库房的电瓶车、铲车，应装有防止火花溅出的安全装置。

④ 装卸、搬运危险化学品时应按照有关规定进行，做到轻装、轻卸。严禁摔、碰、撞击、拖拉、倾倒和滚动。

⑤ 装卸对人身有毒害及腐蚀性物品时，操作人员应根据危险条件，穿戴相应的防护用品。

装卸毒害品人员应具有操作毒品的一般知识。操作时轻拿轻放，不得碰撞、倒置，防止包装破损商品外溢。作业人员应戴上手套和相应的防毒口罩或面具，穿防护服。

作业中不得饮食，不得用手擦嘴、脸、眼睛。每次作业完毕，应及时用肥皂（或专用洗涤剂）洗净面部、手部，用清水漱口，防护用具应及时清洗，集中存放。

装卸腐蚀品人员应穿工作服、戴护目镜、胶皮手套、胶皮围裙等必需的防护用具。操作时，应轻搬、轻放，严禁背负肩扛，防止摩擦、震动和撞击。

⑥ 装卸易燃易爆物料时，装卸人员应穿工作服，戴手套、口罩等必需的防护用具，操作中轻搬轻放、防止摩擦和撞击。

装卸易燃液体须穿防静电工作服。禁止穿带铁钉鞋。大桶不得在水泥地面滚动。桶装各种氧化剂不得在水泥地面滚动。

各项操作不得使用沾染异物和能产生火花的机具，作业现场须远离热源和火源。

⑦ 各类危险化学品分装、改装、开箱（桶）检查等应在库房外进行。

⑧ 不得用同一个车辆运输互为禁忌的物料，包括库内搬倒。

⑨ 在操作各类危险化学品时，企业应在经营店面和仓库，针对各类危险化学品的性质，准备相应的急救药品和制定急救预案。

5. 消防措施

① 根据危险化学品特性和仓库条件，必须配置相应的消防设备、设施和灭火药剂。并配备经过培训的兼职或专职的消防人员。

危险化学品仓库应根据经营规模的大小设置、配备足够的消防设施和器材，应有消防水池、消防管网和消防栓等消防水源设施。大型危险物品仓库应设有专职消防队，并配有消防车。消防器材应当设置在明显和便于取用的地点，周围不准放物品和杂物。仓库的消防设施、器材应当有专人管理，负责检查、保养、更新和添置，确保完好有效。对于各种消防设施、器材严禁圈占、埋压和挪用。

② 储存危险化学品建筑物内应根据仓库条件安装自动监测和火灾报警系统。

③ 储存危险化学品建筑物内，如条件允许，应安装灭火喷淋系统（遇水燃烧危险化学品，不可用水扑救的火灾除外）。

④ 危险化学品储存企业应设有安全保卫组织。危险化学品仓库应有专职或义务消防、警卫队伍。无论专职还是义务消防、警卫队伍都应制定灭火预案并经常进行消防演练。

如图 4-1 所示，为一些危险化学品储存事故的图片。

6. 人员培训

① 仓库工作人员应进行培训，经考核合格后持证上岗。

② 对危险化学品的装卸人员进行必要的教育，使其按照有关规定进行操作。

③ 仓库的消防人员除了具有一般消防知识之外，还应进行在危险化学品库工作的专门培训，使其熟悉各区域储存的危险化学品种类、特性、储存地点、事故的处理程序及方法。

二、储存易燃易爆品的要求

《易燃易爆性商品储藏养护技术条件》（GB 17914—1999）作了明确的规定。

其中储存条件规定如下。

图 4-1 危险化学品储存事故

1. 建筑条件

应符合《建筑设计防火规范》（GB 50016—2006）的要求，库房耐火等级不低于三级。

2. 库房条件

① 储藏易燃易爆商品的库房，应冬暖夏凉、干燥、易于通风、密封和避光。

② 根据各类商品的不同性质、库房条件、灭火方法等进行严格的分区、分类、分库存放。

a. 爆炸品宜储藏于一级轻顶耐火建筑的库房内。

b. 低、中闪点液体、一级易燃固体、自燃物品、压缩气体和液化气体宜储藏于一级耐火建筑的库房内。

c. 遇湿易燃物品、氧化剂和有机过氧化物可储藏于一、二级耐火建筑的库房内。

d. 二级易燃固体、高闪点液体可储藏于耐火等级不低于三级的库房内。

3. 安全条件

① 商品避免阳光直射，远离火源、热源、电源，无产生火花的条件。

② 除按附录规定分类储存外，以下品种应专库储藏。

a. 爆炸品：黑色火药类、爆炸性化合物分别专库储藏。

b. 压缩气体和液化气体：易燃气体、不燃气体和有毒气体分别专库储藏。

c. 易燃液体均可同库储藏；但甲醇、乙醇、丙酮等应专库储存。

d. 易燃固体可同库储藏；但发孔剂需与酸或酸性物品分别储藏；硝酸纤维素酯、安全火柴、红磷及硫化磷、铝粉等金属粉类应分别储藏。

e. 自燃物品：黄磷、烃基金属化合物，浸动、植物油制品须分别专库储藏。

f. 遇湿易燃物品专库储藏。

g. 氧化剂和有机过氧化物一、二级无机氧化剂与一、二级有机氧化剂必须分别储藏，但硝酸铵、氯酸盐类、高锰酸盐、亚硝酸盐、过氧化钠、过氧化氢等必须分别专库储藏。

4. 环境卫生条件

① 库房周围无杂草和易燃物。

② 库房内经常打扫，地面无漏撒商品，保持地面与货垛清洁卫生。

5. 温、湿度条件

易燃易爆危险化学品一般控制在 25℃ 以下；相对湿度一般控制在 75% 以下。根据不同的性质，采取密封、通风和库内吸潮相结合的温度管理办法，严格控制并保持库房内的温湿度。

三、储存毒害品的要求

《毒害性商品储藏养护技术条件》（GB 17916—1999）作了明确的规定。

其中储存条件规定如下。

1. 库房条件

① 库房结构完整、干燥、通风良好。机械通风排毒要有必要的安全防护措施。

② 库房耐火等级不低于二级。

2. 安全条件

① 仓库应远离居民区和水源。

② 商品避免阳光直射、暴晒，远离热源、电源、火源，库内在固定方便的地方配备与毒害品性质适应的消防器材、报警装置和急救药箱。

③ 不同种类毒害品要分开存放，危险程度和灭火方法不同的要分开存放，性质相抵的禁止同库混存。

④ 剧毒品应专库储存或存放在彼此间隔的单间内，执行"五双"制度（双人验收、双人保管、双人发货、双把锁、双本账），安装防盗报警装置。

3. 环境卫生条件

库区和库房内要经常保持整洁。对散落的毒品、易燃、可燃物品和库区的杂草及时清除。用过的工作服、手套等用品必须放在库外安全地点，妥善保管或及时处理。更换储藏毒品品种时，要将库房清扫干净。

4. 温、湿度条件

库区温度不超过 35℃ 为宜，易挥发的毒品应控制在 32℃ 以下；相对湿度应在 85％ 以下，对于易潮解的毒品应控制在 80％ 以下。

四、储存腐蚀性物品的要求

《腐蚀性商品储藏养护技术条件》（GB 17915—1999）作了明确的规定。

其中储存条件规定如下。

1. 库房条件

库房应是阴凉、干燥、通风、避光的防火建筑。建筑材料最好经过防腐蚀处理。

① 储藏发烟硝酸、溴素、高氯酸的库房应是低温、干燥通风的一、二级耐火建筑。

② 溴氢酸、碘氢酸要避光储藏。

2. 货棚、露天货场条件

货棚应阴凉、通风、干燥，露天货场应比地面高、干燥。

3. 安全条件

① 商品避免阳光直射、暴晒，远离热源、电源、火源，库房建筑及各种设备符合《建筑设计防火规范》（GBJ 16—2001）的规定。

② 按不同类别、性质、危险程度、灭火方法等分区分类储藏，性质相抵的禁止同库储藏。

4. 环境卫生条件

① 库房地面、门窗、货架应经常打扫，保持清洁。

② 库区内的杂物、易燃物应及时清理，排水沟保持畅通。

5. 温、湿度条件

库房内设置温度计，按时观测、记录。根据库房条件、商品性质，采用机械、自控、自然通风等方法通风、去湿、保温。

五、废弃物处置

随着科学技术的迅速发展和人类文明的进步，人类对赖以生存的环境保护越来越重视。

（1）《危险化学品安全管理条例》第二十七条规定：生产、储存危险化学品的单位转产、停产、停业或者解散的，应当采取有效措施，及时、妥善处置其危险化学品生产装置、储存设施以及库存的危险化学品，不得丢弃危险化学品；处置方案应当报所在地县级人民政府安全生产监督管理部门、工业和信息化主管部门、环境保护主管部门和公安机关备案。安全生产监督管理部门应当会同环境保护主管部门和公安机关对处置情况进行监督检查，发现未依照规定处置的，应当责令其立即处置。

（2）《常用化学危险品贮存通则》（GB 15603—1995）对危险化学品废弃物处理明确了以下三条规定。

① 禁止在危险化学品储存区域内堆积可燃废弃物品。

② 泄漏或渗漏危险化学品的包装容器应迅速移至安全区域。

③ 按危险化学品特性，用化学的或物理的方法处理废弃物品，不得任意抛弃，污染环境。

六、危险化学品储存发生火灾的主要原因分析

分析研究危险化学品储存发生火灾的原因，对加强危险化学品的安全储存管理是十分有益的。

物质燃烧必须具备三个条件，即可燃物、助燃物、着火源。不论固体、液体或气体物质，凡是与空气中的氧气或其他氧化剂起剧烈化学反应的都是可燃物。帮助和支持燃烧的物质称为助燃物，主要是空气中的氧。凡是能引起可燃物质燃烧的热能都称为着火源。

总结多年的经验和案例，危险化学品储存发生火灾的原因主要有以下九种情况。

（1）着火源控制不严　着火源是指可燃物燃烧的一切热能源，包括明火焰、赤热体、火星和火花、化学能等。在危险化学品的储存过程中的着火源主要有两个方面。

一是外来火种。如烟囱飞火、汽车排气管的火星、库房周围的明火作业、吸烟的烟头等。

二是内部设备不良，操作不当引起的电火花、撞击火花和太阳能、化学能等。如电器设备、装卸机具不防爆或防爆等级不够，装卸作业使用铁质工具碰击打火，露天存放时太阳的暴晒，易燃液体操作不当产生静电放电等。

（2）性质相互抵触的物品混存　出现危险化学品的禁忌物料混存，往往是由于经办人员缺乏知识或者是有些危险化学品出厂时缺少鉴定；也有的企业因储存场地缺少而任意临时混存，造成性质抵触的危险化学品因包装容器渗漏等原因发生化学反应而起火。

（3）产品变质　有些危险化学品已经长期不用，仍废置在仓库中，又不及时处理，往往因变质而引起事故。

（4）养护管理不善　仓库建筑条件差，不适应所存物品的要求，如不采取隔热措施，使物品受热；因保管不善，仓库漏雨进水使物品受潮；盛装的容器破漏，使物品接触空气或易燃物品蒸气扩散和积聚等均会引起着火或爆炸。

（5）包装损坏或不符合要求　危险化学品容器包装损坏，或者出厂的包装不符合安全要求，都会引起事故。

（6）违反操作规程　搬运危险化学品没有轻装、轻卸；或者堆垛过高不稳，发生倒塌；

或在库内改装打包、封焊修理等违反安全操作规程造成事故。

（7）建筑物不符合存放要求　危险品库房的建筑设施不符合要求，造成库内温度过高、通风不良、湿度过大、漏雨进水、阳光直射，有的缺少保温设施，使物品达不到安全储存的要求而发生火灾。

（8）雷击　危险品仓库一般都设在城镇郊外空旷地带的独立的建筑物或是露天的储罐或是堆垛区，十分容易遭雷击。

（9）着火扑救不当　因不熟悉危险化学品的性能和灭火方法，着火时使用不当的灭火器材使火灾扩大，造成更大的危险。

【课后巩固练习】▶▶▶

1. 危险化学品储存对厂址有哪些要求？
2. 简述危险化学品出入仓库时的要求。
3. 简述环境和温度对危险化学品的储存的影响。
4. 简述处理废弃危险化学品的具体措施。

第二节　危险化学品运输危险性分析及安全要求

【学习目标】▶▶▶

知识目标：熟悉危险化学品运输安全技术及要求。

能力目标：能够保证不同危险化学品在运输过程中的安全。

情感价值观目标：培养学生正确的安全价值观和安全意识。

【案例情景】▶▶▶

3月29日18时50分许，山东籍鲁H00099罐式半挂车行至京沪高速公路沂淮江段南行线，左前轮爆胎，车辆方向失控后撞毁中央护栏，冲向对向车道，侧翻在北行线行车道内。对面车紧急避让不及，货车车体左侧与侧翻的罐车顶部发生碰刮，致使位于槽罐顶部的液相阀、气相阀八根螺丝全部断裂，液相阀、气相阀脱落，液氯发生泄漏。

化工生产的原料和产品通常是采用铁路、水路和公路运输的，使用的运输工具是火车、船舶和汽车等。由于运输的物质多数具有易燃、易爆的特征，运输中往往还会受到气候、地形及环境的影响，因此运输安全一般要求较高。

《中华人民共和国安全生产法》（以下简称《安全生产法》）和《危险化学品安全管理条例》对危险化学品运输和包装作出了明确的规定。铁路运输执行《铁路危险货物运输管理规则》（铁路危规）；水路运输执行《水路危险货物运输规则》（水路危规）；现有公路危险货物运输规则包含交通部（现"交通运输部"）颁发《道路危险货物运输管理规定》、《汽车运输危险货物品名表》、国家标准《道路运输危险货物车辆标志》（GB 13392）和行业标准《汽车危险货物运输规则》（JT 3130）等。

一、危险化学品运输资质认定

1. 实行资质制度

《危险化学品安全管理条例》第四十三条规定：从事危险化学品道路运输、水路运输的，应当分别依照有关道路运输、水路运输的法律、行政法规的规定，取得危险货物道路运输许可、危险货物水路运输许可，并向工商行政管理部门办理登记手续。

公路运输企业的资格审查：

依据交通部关于发布《道路危险货物运输管理规定》（2011年1月1日实行）

① 有能保证安全运输危险货物的相应设施设备；

② 具有10辆以上专用车辆的经营规模，5年以上从事运输经营的管理经验，配有相应的专业技术管理人员；

③ 具有较为完善的安全操作规程、岗位责任制、车辆设备保养维修和安全质量教育等规章制度；

④ 从事道路危险货物运输、装卸、维修作业和业务管理人员，应具有经当地地（市）级以上道路运政管理机关考核并颁发的道路危险货物运输操作证；

⑤ 运输危险货物的车辆、容器、装卸机械及工具，应符合交通部《汽车危险货物运输规则》（JT 617—2004）规定的条件，并具有经道路运政管理机关审验，颁发的符合一级车辆标准的合格证。

2. 对危险化学品运输企业人员的要求

危险化学品运输企业，应当对其驾驶员、船员、装卸管理人员、押运人员进行有关安全知识培训；驾驶员、船员、装卸管理人员、押运人员必须掌握危险化学品运输的安全知识，并经所在地设区的市级人民政府交通部门考试合格（船员经海事管理机构考核合格），取得上岗资格证，方可上岗作业。

危险化学品的装卸作业必须在装卸管理人员的现场指挥下进行。运输危险化学品的驾驶员、船员、装卸人员和押运人员必须了解所运载的危险化学品的性质，危害特性、包装容器的使用特性和发生意外时的应急措施。运输危险化学品，必须配备必要的应急处理器材和防护用品。

二、危险化学品运输的一般要求

① 运输、装卸危险化学品，应当依照有关法律、法规、规章的规定和国家标准的要求并按照危险化学品的危险特性，采取必要的安全防护措施。

② 用于化学品运输工具的槽罐以及其他容器，必须依照《危险化学品安全管理条例》的规定。由专业生产企业定点生产，并经检测、检验合格，方可使用。质检部门应当对前款规定的专业生产企业定点生产的槽罐以及其他容器的产品质量进行定期的或者不定期的检查。

③ 运输危险化学品的槽罐以及其他容器必须封口严密，能够承受正常运输条件下产生的内部压力和外部压力，保证危险化学品运输中不因温度、湿度或者压力的变化而发生任何渗（洒）漏。

④ 装运危险货物的罐（槽）应适合所装货物的性能，具有足够的强度，并应根据不同货物的需要配备泄压阀、防波板、遮阳物、压力表，液位计、导除静电等相应的安全装置；罐（槽）外部的附件应有可靠的防护设施，必须保证所装货物不发生"跑、冒、滴、漏"并在阀门口装置积漏器。

⑤ 通过公路运输危险化学品，必须配备押运人员，并随时处于押运人员的监管之下，不得超装、超载，不得进入危险化学品运输车辆禁止通行的区域；确需进入禁止通行区域的，应当事先向当地公安部门报告，由公安部门为其指定行车时间和路线，运输车辆必须遵守公安部门规定的行车时间和路线。危险化学品运输车辆禁止通行区域，由设区

的市级人民政府公安部门划定，并设置明显的标志。危险化学品的运输标志如图 4-2
所示。

图 4-2　危险化学品运输标志

运输危险化学品途中需要停车住宿或者遇有无法正常运输的情况时，应当向当地公安部
门报告。

⑥ 运输危险化学品的车辆应专车专用，并有明显标志，要符合交通管理部门对车辆和
设备的规定。

a. 车厢、底板必须平坦完好，周围栏板必须牢固。

b. 机动车辆排气管必须装有有效的隔热和熄灭火星的装置，电路系统应有切断总电源
和隔离火花的装置。

c. 车辆左前方必须悬挂黄底黑字"危险品"字样的信号旗。

d. 根据所装危险货物的性质，配备相应的消防器材和捆扎、防水、防散失等用具。

⑦ 应定期对装运放射性同位素的专用运输车辆、设备、搬动工具、防护用品进行放射
性污染程度的检查，当污染量超过规定的允许水平时，不得继续使用。

⑧ 装运集装箱、大型气瓶、可移动罐（槽）等的车辆，必须设置有效的紧固装置。

⑨ 各种装卸机械，工属具要有足够的安全系数，装卸易燃、易爆危险货物的机械和工
属具，必须有消除产生火花的措施。

⑩ 三轮机动车、全挂汽车列车、人力三轮车、自行车和摩托车不得装运爆炸品、一级
氧化剂、有机过氧化物；拖拉机不得装运爆炸品，一级氧化剂、有机过氧化物、一级易燃
品；自卸汽车除二级固体危险货物外，不得装运其他危险货物。

⑪ 危险化学品在运输中包装应牢固，各类危险化学品包装应符合 GB 12463 的规定。

⑫ 性质或消防方法相互抵触，以及配装号或类项不同的危险化学品不能装在同一车、
船内运输。

⑬ 易燃、易爆品不能装在铁帮、铁底车、船内运输。

⑭ 易燃品闪点在 28℃ 以下，气温高于 28℃ 时应在夜间运输。

⑮ 运输危险化学品的车辆、船只应有防火安全措施。

⑯ 禁止无关人员搭乘运输危险化学品的车、船和其他运输工具。

⑰ 运输爆炸品和需凭证运输的危险化学品，应有运往地县、市公安部门的《爆炸品准
运证》或《危险化学物品准运证》。

⑱ 通过航空运输危险化学品的，应按照国务院民航部门的有关规定执行。

三、相关要求

1. 基本要求

① 危险货物的装卸应在装卸管理人员的现场指挥下进行。

② 在危险货物装卸作业区应设置警告标志。无关人员不得进入装卸作业区。

③ 进入易燃易爆危险货物装卸作业区应：

a. 禁止随身、携带火种；

b. 关闭随身携带的手机等通信工具和电子设备；

c. 严禁吸烟；

d. 穿着不产生静电的工作服和不带铁钉的工作鞋。

④ 雷雨天气装卸时，应确认避雷电、防湿潮措施有效。

⑤ 运输危险货物的车辆在一般道路上最高车速为 60km/h，在高速公路上最高车速为 80km/h，并应确认有足够的安全车间距离。如遇雨天、雪天、雾天等恶劣天气，最高车速为 20km/h，并打开示警灯，警示后车，防止追尾。

⑥ 运输过程中，应每隔 2h 检查一次。若发现货损（如丢失、泄漏等），应及时联系当地有关部门予以处理。

⑦ 驾驶人员一次连续驾驶 4h 应休息 20min 以上；24h 内实际驾驶车辆时间累计不得超过 8h。

⑧ 运输危险货物的车辆发生故障需修理时，应选择在安全地点和具有相关资质的汽车修理企业进行。

⑨ 禁止在装卸作业区内维修运输危险货物的车辆。

⑩ 对装有易燃易爆的和有易燃易爆残留物的运输车辆，不得动火修理。确需修理的车辆，应向当地公安部门报告，根据所装载的危险货物特性，采取可靠的安全防护措施，并在消防员监控下作业。

⑪ 运输剧毒、爆炸、易燃、放射性危险货物的，应当具备罐式车辆或厢式车辆、专用容器。

⑫ 运输剧毒、爆炸、强腐蚀性危险货物的非罐式专用车辆，核定载量不得超过 10t；运输爆炸、强腐蚀性危险货物的罐式专用车辆的罐体容积不得超过 20m³。

⑬ 运输剧毒品的，必须到公安部门办理剧毒品公里运输通行证，并按规定路线从事运输。

2. 出车前要求

① 运输危险货物车辆的有关证件、标志应齐全有效（车辆道路运输证核定经营范围、车辆标志牌是否与所装运危险货物类别项别相符），技术状况应为良好，并按照有关规定对车辆安全技术状况进行严格检查，发现故障应立即排除。

② 运输危险货物车辆的车厢底板应平坦完好、栏板牢固，对于不同的危险货物，应采取相应的衬垫防护措施（如铺垫木板、胶合板、橡胶板等），车厢或罐体内不得有与所装危险货物性质相抵触的残留物。

③ 检查运输危险货物的车辆配备的消防器材，发现问题应立即更换或修理。

④ 根据所运危险货物特性，应随车携带遮盖、捆扎、防潮、防火、防毒等工、属具和应急处理设备、劳动防护用品。

⑤ 驾驶人员、押运人员应检查随车携带的"道路运输危险货物安全卡"是否与所运危险货物一致。

⑥ 装车完毕后，驾驶员应对货物的堆码、遮盖、捆扎等安全措施及对影响车辆起动的不安全因素进行检查，确认无不安全因素后方可起步。

⑦ 运输危险化学品的驾驶员、押运人员必须了解所运载的危险化学品的性质、危害特性、保障容器的使用特性和发生意外时的应急措施。

3. 运输途中要求

① 驾驶人员应根据道路交通状况控制车速，禁止超速和强行超车、会车。

② 运输途中应尽量避免紧急制动，转弯时车辆应减速。

③ 通过隧道、涵洞、立交桥时，要注意标高、限速。

④ 运输危险货物过程中，押运人员应密切注意车辆所装载的危险货物，根据危险货物性质定时停车检查，发现问题及时会同驾驶人员采取措施妥善处理。驾驶人员、押运人员不得擅自离岗、脱岗。

⑤ 运输过程中如发生事故时，驾驶人员和押运人员应立即向当地公安部门及安全生产管理部门、环境保护部门、质检部门报告，并应看护好车辆、货物，共同配合采取一切可能的警示、救援措施。

⑥ 运输过程中需要停车住宿或遇有无法正常运输的情况时，应向当地公安部门报告。

⑦ 运输过程中遇有天气、道路路面状况发生变化，应根据所载危险货物特性，及时采取安全防护措施。遇有雷雨时，不得在树下、电线杆、高压线、铁塔、高层建筑及容易遭到雷击和产生火花的地点停车。若要避雨时，应选择安全地点停放。遇有泥泞、颠簸、狭窄及山崖等路段时，应低速缓慢行驶，防止车辆侧滑、打滑及危险货物剧烈震荡等，确保运输安全。

4. 运输爆炸品要求

① 运输爆炸品应使用厢式货车。

② 厢式货车的车厢内不得有酸、碱、氧化剂等残留物。

③ 不具备有效的避雷电、防潮湿条件时，雷雨天气应停止对爆炸品的运输、装卸作业。

④ 应按公安部门核发的道路通行证所指定的时间、路线等行驶。

⑤ 施救人员应戴防毒面具。扑救时禁止用沙土等物压盖，不得使用酸碱灭火剂。

⑥ 装卸时严禁接触明火和高温；严禁使用会产生火花的工具、机具。

⑦ 车厢装货总高度不得超过 1.5m。无外包装的金属桶只能单层摆放，以免压力过大或撞击摩擦引起爆炸。

5. 运输压缩气体和液化气体要求

① 车厢内不得有与所装货物性质相抵触的残留物。

② 夏季运输应检查并保证瓶体遮阳、瓶体冷水喷淋降温设施等安全有效。

③ 运输中，低温液化气体的瓶体及设备受损、真空度遭破坏时，驾驶人员、押运人员应站在上风处操作，打开放空阀泄压，注意防止灼伤。一旦出现紧急情况，驾驶人员应将车辆转移到距火源较远的地方。

④ 压缩气体遇燃烧、爆炸等险情时，应向气瓶大量浇水使其冷却，并及时将气瓶移出危险区域。

⑤ 发现气瓶泄露时，应确认拧紧阀门，并根据气体性质做好相应的人身防护：

a. 施救人员应戴上防毒面具，站在上风处抢救；

b. 易燃、助燃气体气瓶泄漏时，严禁靠近火种；

c. 有毒气体气瓶泄漏时，应迅速将所装载车辆转移到空旷安全处。

⑥ 除另有限运规定外，当运输过程中瓶内气体的温度高于 40℃时，应对瓶体实施遮阳、

冷却喷淋降温等措施。

⑦ 装车时要拧紧瓶帽，注意保护气瓶阀门，防止撞坏。车下人员须待车上人员将气瓶放置妥当后，才能继续往车上装瓶。在同一车厢内不准有两人以上同时单独往车上装瓶。

⑧ 气瓶应尽量采用直立运输，直立气瓶高出栏板部分不得大于气瓶高度的1/4。不允许纵向水平装载气瓶。水平放置的气瓶均应横向平放，瓶口朝向应统一；水平放置最上层气瓶不得超过车厢栏板高度。

⑨ 妥善固定瓶体，防止气瓶窜动、滚动，保证装载平衡。

⑩ 卸车时，要在气瓶落地点铺上铅垫或橡皮垫；应逐个卸车，严禁溜放。

⑪ 装卸作业时，不要把阀门对准人身，注意防止气瓶安全帽脱落，气瓶应直立转动，不准脱手滚瓶或传接，气瓶直立放置时应稳妥牢靠。

⑫ 装运大型气瓶（盛装净重0.5t以上的）或气瓶集装架（格）时，气瓶与气瓶、集装架与集装架之间需填牢填充物，在车厢栏板与气瓶空隙处应有固定支撑物，并用紧绳器紧固，严防气瓶滚动，重瓶不准多层装载。

⑬ 装卸有毒气体时，应预先采取相应的防毒措施。

⑭ 装卸氧气瓶时，工作服、手套和装卸工具、机具上不得沾有油脂；装卸氧气瓶的机具应采用氧溶性润滑剂，并应装有防止产生火花的防护装置；不得使用电磁起重机搬运。库内搬运氧气瓶应采用带有橡胶车轮的专用小车，小车上固定氧气瓶的槽、架也要注意不产生静电。

⑮ 配装时应做到如下要求。

a. 易燃气体中除非助燃性的不燃气体、易燃液体、易燃固体、碱性腐蚀品、其他腐蚀品外，不得与其他危险货物配装；

b. 助燃气体（如，空气、氧气及具有氧化性的有毒气体）不得与易燃、易爆物品及酸性腐蚀品配装；

c. 不燃气体不得与爆炸品、酸性腐蚀品配装；

d. 有毒气体不得与易燃易爆物品、氧化剂和有机过氧化物、酸性腐蚀物品配装；

e. 有毒气体液氯与液氨不得配装。

6. 运输易燃液体要求

① 根据所装货物和包装情况（如，化学试剂、油漆等小包装），随车携带好遮盖、捆扎等防散失工具，并检查随车灭火器是否完好，车辆货厢内不得有与易燃液体性质相抵触的残留物。

② 装运易燃液体的车辆不得靠近明火、高温场所。

③ 装卸作业现场应远离火种、热源。操作时货物不准撞击、摩擦、拖拉；装车堆码时桶口、箱盖一律向上，不得倒置；集装货物，堆码整齐；装卸完毕，应罩好网罩，捆扎牢固。

④ 钢桶盛装的易燃液体，不得从高处翻滚溜放卸车。装卸时应采取措施防止产生火花，周围需有人员接应，严防钢桶撞击致损。

⑤ 钢制包装件多层堆码时，层间应采取合适衬垫，并应捆扎牢固。

⑥ 对低沸点或易聚合的易燃气体，若发现其包装容器内装物有膨胀（鼓桶）现象时，不得装车。

7. 运输易燃固体、自燃物品和遇湿易燃物品要求

① 运输危险货物车辆的货厢、随车工、属具不得沾有水、酸类和氧化剂。

② 运输遇湿易燃物品，应采取有效的放水、防潮措施。

③ 运输过程中，应避开热辐射，通风良好，防止受潮。

④ 雨天运输遇湿易燃物品，应保证防雨、防潮湿措施切实、有效。

⑤ 装卸场所及装卸用工、属具应清洁干燥，不得沾有酸类和氧化剂。

⑥ 搬运时应轻装轻卸，不得摩擦、撞击、震动、摔碰。

⑦ 装卸自燃物品时，应避免与空气、氧化剂、酸类等接触；对需用水（如，黄磷）、煤油、石蜡（如，金属钠、钾）、惰性气体（如，三乙基铝等）或其他稳定剂进行防护的包装件，应防止容器受撞击、震动、摔碰、倒置等造成容器破损，避免自燃物品与空气接触发生自燃。

⑧ 遇湿易燃物品，不宜在潮湿的环境下装卸。若不具备防雨、防潮湿的条件，不准进行装卸作业。

⑨ 装卸容易升华、挥发出易燃、有害或刺激性气体的货物时，现场应通风良好、防止中毒；作业时应防止摩擦、撞击，以免引起燃烧、爆炸。

⑩ 装卸钢桶包装的炭化钙（电石）时，应确认包装内有无填充保护气体（氮气）。如未填充的，在装卸前应侧身轻轻地拧开桶上的通气孔放气，防止爆炸、冲击伤人。电石桶不得倒置。

⑪ 装卸对撞击敏感，遇高热、酸易分解、爆炸的自反应物质和有关物质时，应控制温度；且不得与酸性腐蚀品及有毒或易燃脂类危险品配装。

⑫ 配装时还应做到如下要求。

a. 易燃固体不得与明火、水接触，不得与酸类和氧化剂配装。

b. 遇湿易燃物品不得与酸类、氧化剂及含水的液体货物配装。

8. 运输氧化剂和过氧化物要求

① 有机过氧化物应选用控温厢式货车运输；若车厢为铁质底板，需铺有防护衬垫。车厢应隔热、防雨、通风，保持干燥。

② 运输货物的车厢与随车工具不得沾有酸类、煤炭、砂糖、面粉、淀粉、金属粉、油脂、磷、硫、洗涤剂、润滑剂或其他松软、粉状可燃物质。

③ 性质不稳定或由于聚合、分解在运输中能引起剧烈反应的危险货物，应加入稳定剂；有些常温下会加速分解的货物，应控制温度。

④ 运输需要控温的危险货物应做到如下要求。

a. 装车前检查运输车辆、容器及制冷设备；

b. 配备备用制冷系统或备用部件；

c. 驾驶人员和押运人员应具备熟练操作制冷系统的能力。

⑤ 有机过氧化物应加入稳定剂后方可运输。

⑥ 有机过氧化物的混合物按所含最高危险有机过氧化物的规定条件运输，并确认自行加速分解温度（SADT），必要时应采取有效控温措施。

⑦ 运输应控制温度的有机过氧化物时，要定时检查运输组件内的环境温度并记录，及时关注温度变化，必要时采取有效控温措施。

⑧ 运输过程中，环境温度超过控制温度时，应采取相应补救措施；环境温度超过应急温度，应启动有关应急程序。

⑨ 对加入稳定剂或需控温运输的氧化剂和有机氧化物，作业时应认真检查包装，密切注意包装有无渗漏及膨胀（鼓桶）情况，发现异常应拒绝装运。

⑩ 装卸时，禁止摩擦、震动、摔碰、拖拉、翻滚、冲击。防止包装及容器损坏。

⑪ 装卸时发现包装破损，不能自行将破损件改换包装，不得将撒漏物装入原包装内，

而应另行处理。操作时，不得踩踏、碾压撒漏物，禁止使用金属和可燃物（如，纸木等）处理撒漏物。

⑫ 外包装为金属容器的货物，应单层摆放。需要堆码时，包装物之间应有性质与所运货物相容的不燃材料衬垫并加固。

⑬ 有机过氧化物装卸时严禁混有杂质，特别是酸类、重金属氧化物、胺类等物质。

⑭ 配装时还应做到如下要求。

a. 氧化剂不能和易燃物质配装运输，尤其不能与酸、碱、硫黄、粉尘类（炭粉、糖粉、面粉、洗涤剂、润滑剂、淀粉）及油脂类货物配装；

b. 漂白粉及无机氧化物中的亚硝酸盐、亚氯酸盐、次亚氯酸盐不得与其他氧化剂配装。

9. 运输毒害品要求

① 毒害品除有特殊包装要求的剧毒品采用化工物品专业罐车运输外，毒害品应采用厢式货车运输。

② 运输毒害品过程中，押运人员要严密监视，防止货物丢失、撒漏。行车时要避开高温、明火场所。

③ 装卸作业前，对刚开启的仓库、集装箱、封闭式车厢要先通风排气，驱除积聚的有毒气体。当装卸场所的各种毒害品浓度低于最高容许浓度时方可作业。

④ 作业人员应根据不同货物的危险特性，穿戴好相应的防护服装、手套、防毒口罩、防毒面具和护目镜等。

⑤ 认真检查毒害品的包装，应特别注意剧毒品、粉状的毒害品的包装，外包装表面应无残留物。发现包装破损、渗漏等现象，则拒绝装运。

⑥ 装卸作业时，作业人员尽量站在上风处，不能停留在低洼处。

⑦ 避免易碎包装件、纸质包装件的包装损坏，防止毒害品撒漏。

⑧ 对刺激性较强的和散发异臭的毒害品，装卸人员应采取轮班作业。

⑨ 在夏季高温期，尽量安排在早晚气温较低时作业；晚间作业应采用防爆式或封闭式安全照明。

⑩ 忌水的毒害品（如，磷化铝、磷化锌等），应防止受潮。装运毒害品之后的车辆及工、属具要严格清洗、消毒，未经安全管理人员检验批准，不得装运食用、药用的危险货物。

⑪ 配装时应做到如下要求。

a. 无机毒害品不得与酸性腐蚀品、易感染性物品配装；

b. 有机毒害品不得与爆炸品、助燃气体、氧化剂、有机过氧化物及酸性腐蚀物品配装；

c. 毒害品严禁与食用、药用的危险货物同车配装。

10. 运输腐蚀品要求

① 运输过程中发现货物撒漏时，要立即用干砂、干土覆盖吸收；货物大量溢出时，应立即向当地公安、环保等部门报告，并采取一切可能的警示和消除危害措施。

② 运输过程中发现货物着火时，不得用水柱直接喷射，以防腐蚀品飞溅，应用水柱向高空喷射形成雾状覆盖火区；对遇水发生剧烈反应，能燃烧、爆炸或放出有毒气体的货物，不得用水扑救；着火货物是强酸时，应尽可能抢出货物，以防止高温爆炸、酸液飞溅；无法抢出货物时，可用大量水降低容器温度。

③ 扑救易散发腐蚀性蒸汽或有毒气体的货物时，应穿戴防毒面具和相应的防护用品。扑救人员应站在上风处施救。如果被腐蚀物品灼伤，应立即用流动自来水或清水冲洗创面15～30min，之后送医院救治。

④ 装卸作业前应穿戴具有防腐蚀的防护用品，并穿戴带有面罩的安全帽。对易散发有

毒蒸气或烟雾的，应配备防毒面具；并认真检查包装、封口是否完好，要严防渗漏，特别要防止内包装破损。

⑤ 装卸作业时，应轻装、轻卸，防止容器受损。液体腐蚀品不得肩扛、背负；忌震动、摩擦；易碎容器包装的货物，不得拖拉、翻滚、撞击；外包装没有封盖的组合包装件不得堆码装运。

⑥ 具有氧化性的腐蚀品不得接触可燃物和还原剂。

⑦ 有机腐蚀品严禁接触明火、高温或氧化剂。

⑧ 配装时应做到如下要求。

a. 特别注意，腐蚀品不得与普通货物配装；

b. 酸性腐蚀品不得与碱性腐蚀品配装；

c. 有机酸性腐蚀品不得与有氧化性的无机酸性腐蚀品配装；

d. 浓硫酸不得与任何其他物质配装。

11. 罐车运输液体、气体要求

① 出车前根据所装危险货物的性质选择罐体。与罐壳材料、垫圈、装卸设备及任何防护衬料接触可能发生反应而形成危险产物、或明显减损材料强度的货物，不得装车。

② 装卸前应对罐体进行检查，罐体应符合下列要求。

a. 罐体无渗漏现象；

b. 罐体内应无与待装货物性质相抵触的残留物；

c. 阀门应能关紧，且无渗漏现象；

d. 罐体与车身应紧固，罐体盖应严密；

e. 装卸料导管状况应良好，无渗漏；

f. 装运易燃易爆的货物，导除静电装置应良好；

g. 罐体改装其他液体时，应经过清洗和安全处理，检验合格后方可使用。清洗罐体的污水经处理后，按指定地点排放。

③ 装卸作业可采用泵送或自流灌装。

④ 作业环境温度要适应该液体的储存和运输安全的理化性质要求。

⑤ 作业中要密切注视货物动态，防止液体泄漏、溢出。需要换罐时，应先开空罐，后关满罐。

⑥ 易燃液体装卸始末，管道内流速不得超过 1m/s，正常作业流速不宜超 3m/s。其他液体产品可采用经济流速。

⑦ 装卸料管应专管专用。

⑧ 装卸作业现场应通风良好。装卸人员应站在上风处作业。

⑨ 装卸前要连接好防静电装置。易燃易爆品的装卸工具要有防止产生火花的性能。装卸时应开、轻关孔盖，密切注视进出料情况，防止溢出。

⑩ 装料时，认真核对货物品名后按车辆核定吨位装载，并应按规定留有膨胀余位，严禁超载。装料后，关紧罐体进料口，将导管中的残留液体或残留气体排放到指定地点。

⑪ 在运输过程中罐体应采取防护措施，防止罐体受到横向、纵向的碰撞及翻倒时导致罐壳及其装卸设备损坏。

⑫ 化学性质不稳定的物质，须采取必要的措施后方可运输，以防止运输途中发生危险性的分解、化学变化或聚合反应。

⑬ 运输过程中，罐壳（不包括开口及其封闭装置）或隔热层外表面的温度不应超过 70℃。

⑭ 卸料时，储罐所标货名应与所卸货物相符；卸料导管应支撑固定，保证卸料导管与阀门的连接牢固；要逐渐缓慢开启阀门。

⑮ 卸料时，装卸人员不得擅离操作岗位。卸料后应收好卸料导管、支撑架及防静电设施等。

⑯ 装卸作业结束后，应将装卸管道内剩余的液体清扫干净；可采用泵吸或氮气清扫易燃液体装卸管道。

12. 罐车运输非冷冻液化气体要求

① 非冷冻液化气体的单位体积最大质量（kg/L）不得超过 50℃时该液化气体密度的0.95 倍；罐体在 60℃时不得充满液化气体。

② 装载后的罐体不得超过最大允许总重，并且不得超过所运各种气体的最大允许载重。

13. 罐车运输冷冻液化气体要求

① 不可使用保温效果变差的罐体。

② 充灌度不超过 92%，且不得超重。

③ 装卸作业时，装卸人员应穿戴防冻伤的防护用品（如，防冻手套），并穿戴带有面罩的安全帽。

14. 罐车运输腐蚀品要求

① 运输腐蚀品的罐体材料和附属设施应具有防腐性能。

② 运输腐蚀品的罐车应专车专运。

③ 装卸操作时应注意如下事项。

a. 作业时，装卸人员应站在上风处；

b. 出车前或灌装前，应检查卸料阀门是否关闭，防止上放下漏；

c. 卸货前，应让收货人确认卸货储槽无误，防止放错储槽引发货物化学反应酿成事故；

d. 灌装和卸货后，应将进料口盖严盖紧，防止行驶中车辆的晃动导致腐蚀品溅出；

e. 卸料时，应保证导管与阀门的连接牢固后，逐渐缓慢开启阀门。

【课后巩固练习】 ▶▶▶

1. 危险化学品的运输对从业人员有哪些要求？

2. 简述运输腐蚀品要求。

3. 简述运输毒害品要求。

4. 简述运输易燃固体、自燃物品和遇湿易燃物品要求。

5. 简述运输爆炸品要求。

6. 简述罐车运输非冷冻液化气体要求。

第三节　危险化学品的登记与注册

【学习目标】 ▶▶▶

知识目标：熟悉危险化学品储存安全技术及要求。

能力目标：能够保证不同危险化学品在储存过程中的安全。

情感价值观目标：培养学生正确的安全价值观和安全意识。

【案例情景】 ▶▶▶

2007年6月8日17时30分左右，九龙镇金龙工业区某企业树脂生产车间发生一起雷击引起的火灾事故，烧毁反应釜2套、控制台2套、控制柜等电路设施，无人员伤亡。

化学品的登记注册就是化学品的生产企业和经营企业对其生产和经营的化学品到指定的部门进行申报，明确其职责和义务，制订化学危害预防和控制的措施，领取登记注册证书；同时，有关主管部门对申报企业的生产、经营和管理条件进行审查，指导并规范其化学品的安全管理。

化学品登记注册制度是化学品安全管理工作的核心和有效手段，通过登记注册，对化学品进行危险性评估和分类，有针对性地制订预防和防护措施；同时，通过"安全标签"和"安全技术说明书"将其危害公开，使接触者明了所接触的化学危害和安全使用的注意事项，达到自主防护和安全使用的目的；企业申报的登记材料《安全技术说明书》可建立化学事故应急响应信息系统，通过应急网络为用户提供及时的应急信息服务，以减少和控制化学事故造成的损失；通过登记注册，可明确生产企业和经营企业的责任，促进和强化化学品的管理。

一、危险化学品登记注册的范围

化学品登记注册是一件经常性的工作，可分为现有化学品登记和新化学品登记。国家颁布了《现有化学品名录》，目录上有的为现有化学品，目录上没有的为新化学品。现有化学品和新化学品的登记，其侧重有所不同，对于现有化学品登记其重点是普查，建立规范的登记注册的运行体系；新化学品和混合物主要是危险性鉴别与分类，制订危害预防和控制的措施。

1. 登记注册范围

① 列入国家标准《危险货物品名表》（GB 12268—2005）中的危险化学品。

② 由国家安全生产监督管理局会同国务院公安、环境保护、卫生、质检、交通部门确定并公布的未列入《危险货物名表》的其他危险化学品。

③ 国家安全生产监督管理局根据第①、第②项内容确定的危险化学品，汇总公布《危险化学品名录》上的化学品。

2. 登记单位

生产和储存危险化学品的单位（以下分别简称生产单位、储存单位）、使用剧毒化学品和使用其他危险化学品数量构成重大危险源的单位（以下简称使用单位）。

生产单位、储存单位、使用单位是指在工商行政管理机关进行了登记的法人或非法人单位。

国家安全生产监督管理局负责全国危险化学品登记的监督管理工作。

各省、自治区、直辖市安全生产监督管理机构负责本行政区内危险化学品登记的监督管理工作。

二、危险化学品登记注册的组织机构

1. 组织机构

① 国家设立国家化学品登记注册中心（以下简称登记中心），承办全国危险化学品登记的具体工作和技术管理工作。

省、自治区、直辖市设立化学品登记注册办公室（以下简称登记办公室），承办所在地区危险化学品登记的具体工作和技术管理工作。

② 国家安全生产监督管理局对登记中心实施监督管理；自治区、直辖市安全生产监督管理机构对本辖区登记办公室实施监督管理。

2. 登记中心履行下列职责

① 组织、协调和指导全国危险化学品登记工作。

② 负责全国危险化学品登记证书颁发与登记编号的管理工作。

③ 建立并维护全国危险化学品登记管理数据库和动态统计分析信息系统。

④ 设立国家化学事故应急咨询电话，与各地登记办公室共同建立全国化学事故应急救援登记信息网络，提供化学事故应急咨询服务。

⑤ 组织对新化学品进行危险性评估；对未分类的化学品统一进行危险性分类。

⑥ 负责全国危险化学品登记人员的培训工作。

3. 登记办公室履行下列职责

① 组织本地区危险化学品登记工作。

② 核查登记单位申报登记的内容。

③ 对生产单位编制的化学品安全技术说明书和化学品安全标签的规范性、内容一致性进行审查。

④ 建立本地区危险化学品登记管理数据库和动态统计分析信息系统。

⑤ 提供化学事故应急咨询服务。

三、危险化学品登记的时间、内容和程序

1. 登记的时间

登记单位应在《危险化学品名录》发布之日起6个月内办理危险化学登记手续。

对危险性不明的化学品，生产单位应在本办法实施之日起1年内，委托国家安全生产监督管理局认可的专业技术机构对其危险性进行鉴别和评估，持鉴别和评估报告办理登记手续。

对新化学品，生产单位应在新化学品投产前1年内，委托国家安全生产监督管理局认可的专业技术机构对其危险性进行鉴别和评估，持鉴别和评估报告办理登记手续。

新建的生产单位应在投产前办理危险化学品登记手续。

已登记的单位在生产规模或产品种及理化特性发生重大变化时，应当在3个月内对发生重大变化的内容办理重新登记手续。

2. 登记的内容

（1）生产单位应登记的内容

① 生产单位的基本情况。

② 危险化学品的生产能力、年需要量、最大储量。

③ 危险化学品的产品标准。

④ 新化学品和危险性不明化学品的危险性鉴别和评估报告。

⑤ 化学品安全技术说明书和化学品安全标签。

⑥ 应急咨询服务电话。

（2）储存单位、使用单位应登记的内容

① 储存单位、使用单位的基本情况。

② 储存或使用的危险化学品品种及数量。

③ 储存或使用的危险化学品安全技术说明书和安全标签。

3. 办理登记的程序

① 登记单位向所在省、自治区、直辖市登记办公室领取《危险化学品登记表》，并按要求如实填写。

② 登记单位用书面文件和电子文件向登记办公室提供登记材料。

③ 登记办公室在登记单位提交危险化学品登记材料后的 20 个工作日内对其进行审查，必要时可进行现场核查，对符合要求的危险化学品和登记单位进行登记，将相关数据录入本地区危险化学品管理数据库，向登记中心报送登记材料。

④ 登记中心在接到登记办公室报送的登记材料之日起 10 个工作日内，进行必要的审查并将相关数据录入国家危险化学品管理数据库后，通过登记办公室向单位发放危险化学品登记证和登记编号。

⑤ 登记办公室在接到登记证和登记编号之日起 5 个工作日内，将危险化学品登记证和登记编号送达登记单位或通知登记单位领取。

4. 办理登记的必备材料

生产单位办理登记时，应向所在省、自治区、直辖市登记办公室报送以下主要材料。

①《危险化学品登记表》一式 3 份和电子版 1 份。

② 营业执照复印件 2 份。

③ 危险性不明或新化学品的危险性鉴别、分类和评估报告各 3 份。

④ 危险化学品安全技术说明书和安全标签各 3 份和电子版 1 份。

⑤ 应急咨询服务电话号码。委托有关机构设立应急咨询服务电话的，需提供应急服务委托书。

⑥ 办理登记的危险化学品产品标准（采用国家标准或行业标准的，提供所采用的标准编号）。

储存单位、使用单位应报送上述第①、第②、第④项规定的材料。

5. 登记证书的管理

危险化学品登记证书有效期为 3 年。登记单位应在有效期满前 3 个月，到所在省、自治区、直辖市登记办公室进行复核。复核的主要内容为：生产、储存、使用单位基本情况的变更情况，安全技术说明书和安全标签的更新情况等。

生产单位终止生产危险化学品时，应当在终止生产后的 3 个月内办理注销登记手续。

使用单位终止使用危险化学品时，应当在终止使用后的 3 个月内办理注销登记手续。

6. 登记单位履行下列义务

① 对本单位的危险化学品进行普查，建立危险化学品管理档案。

② 如实填报危险化学品登记材料。

③ 对本单位生产的危险性不明的化学品或新化学品进行危险性鉴别、分类和评估。

④ 生产单位应按照国家标准正确编制并向用户提供化学品安全技术说明书，在产品包装上挂或粘贴化学品安全标签，所提供的数据应保证准确可行，并对其数据的真实性负责。

⑤ 危险化学品储存单位、使用单位应当向供货单位索取安全技术说明书。

⑥ 生产单位必须向用户提供化学事故咨询服务，为化学事故应急救援提供技术指导和必要的协助。

⑦ 配合登记人员在必要时对本单位危险化学品登记内容进行核查。

四、登记注册的基本条件

化学品的生产企业，在申请登记时，应具备以下条件。

① 所登记的化学品应具有质量标准。

② 化学品的生产应具有工艺技术规程，其生产岗位有岗位操作规程。

③ 进入市场流通的危险化学品应具有"安全标签"和"安全技术说明书"。

④ 化学品岗位的操作职工应经过严格的培训教育，考试检验合格后持证上岗。

⑤ 化学品的生产须具有可靠的安全卫生防护措施和符合要求的个体防护用品。

⑥ 设立 24 小时化学事故应急咨询电话或委托 24 小时应急救援服务电话。

【课后巩固练习】 ▶▶▶

1. 简述危险化学品登记的时间、内容和程序。

2. 简述危险化学品登记注册的基本条件。

第四节　危险化学品经营安全技术与要求

【学习目标】 ▶▶▶

知识目标：熟悉危险化学品储存安全技术及要求。

能力目标：能够保证不同危险化学品在储存过程中的安全。

情感价值观目标：培养学生正确的安全价值观和安全意识。

【案例情景】 ▶▶▶

2008 年 8 月 2 日，贵州兴化化工有限责任公司甲醇储罐发生爆炸燃烧事故，事故造成在现场的施工人员 3 人死亡，2 人受伤（其中 1 人严重烧伤），6 个储罐被摧毁。事故发生后，省安监局分管负责人立即率有关有关处室人员和专家组成的工作组赶赴事故现场，指导事故救援和调查处理。初步调查分析，此次事故是一起因严重违规违章施工作业引发的责任事故。为防范类似事故发生，现将事故情况和下一步工作要求通报如下：2008 年 8 月 2 日上午 10 时 2 分，贵州兴化化工有限责任公司甲醇储罐区一精甲醇储罐发生爆炸燃烧，引发该罐区内其他 5 个储罐相继发生爆炸燃烧。该储罐区共有 8 个储罐，其中粗甲醇储罐 2 个（各为 $1000m^3$）、精甲醇储罐 5 个（3 个为 $1000m^3$、2 个为 $250m^3$）、杂醇油储罐 1 个 $250m^3$，事故造成 5 个精甲醇储罐和杂醇油储罐爆炸燃烧（爆炸燃烧的精甲醇约 240t、杂醇油约 30t）。2 个粗甲醇储罐未发生爆炸、泄漏。

一、从业人员的技术要求

依据《危险化学品经营企业开业条件和技术要求》（GB 18265—2000）的规定，危险化学品经营企业的从业人员必须符合以下技术要求。

① 危险化学品经营企业的法定代表人或经理应经过国家授权部门的专业培训，取得合格证书方能从事经营活动。

② 企业业务经营人员应经国家授权部门的专业培训，取得合格证书方能上岗。

③ 经营剧毒物品企业的人员，除满足第①、第②要求外，还应经过县级以上（含县级）

公安部门的专门培训，取得合格证书方可上岗。

二、危险化学品经营条件

危险化学品经营企业的经营条件必须满足以下要求。

① 危险化学品经营企业的经营场所应坐落在交通便利、便于疏散处。

② 危险化学品经营企业的经营场所的建筑物应符合 GB 18265—2000 的要求。

③ 从事危险化学品批发业务的企业，应具备经县级以上（含县级）公安、消防部门批准的专用危险品仓库（自有或租用）。所经营的危险化学品不得放在业务经营场所。

④ 零售业务只许经营除爆炸品、放射性物品、剧毒物品以外的危险化学品。零售业务的店面要求如下。

a. 零售业务的店面应与繁华商业区或居住人口稠密区保持 500m 以上距离。

b. 零售业务的店面经营面积（不含库房）应不小于 60m²，其店面内不得设有生活设施。

c. 零售业务的店面内只许存放民用小包装的危险化学品，其存放总质量不得超过 1t。

d. 零售业务的店面内危险化学品的摆放应布局合理，禁忌物料不能混放。综合性商场（含建材市场）所经营的危险化学品应有专柜存放。

e. 零售业务的店面内显著位置应设有"禁止明火"等警示标志。

f. 零售业务的店面应放置有效的消防、急救安全设施。

g. 零售业务的店面与存放危险化学品的库房（或罩棚）应有实墙相隔。单一品种存量不能超过 500kg，总质量不能超过 2t。

h. 零售店面备货库房应根据危险化学品的性质与禁忌分别采用隔离储存或隔开储存或分离储存等不同方式进行储存。

i. 零售业务的店面备货应报公安、消防部门批准。

⑤ 经营易燃易爆品的企业，应向县级以上（含县级）公安、消防部门申领易燃易爆品消防安全经营许可证。

⑥ 危险化学品经营企业，应向供货方索取并向用户提供《化学品安全资料表》（GB/T 17519—1998）第 5 章 SDS 的内容和一般形式所规定的 16 个项目的有关信息。

三、危险化学品经营企业安全管理

经营企业新建或改建、扩建剧毒化学品、危险化学品储存装置，应分别向省、自治区、直辖市或者设区的高级安全生产监督管理部门办理报批手续，取得批准证书。

储存危险化学品的库房设置的监测、通风、防晒、防火、灭火、防爆、泄漏、泄压、防毒、消毒、中和、防潮、防雷、防静电、防腐、防渗漏、防护围堤或者隔离操作等安全设施、设备，应按照国家有关规定和国家标准进行维护、保养，保证符合安全运行要求。

危险化学品储存场所设置的通信、报警装置，必须保证在任何情况下处于正常适用状态。

危险化学品储存在专用仓库、专用场地或者专用储存室（以下称专用仓库），储存方式、方法与储存数量必须符合国家标准，并由专人管理，危险化学品出入库，必须登记。库存数量应定期检查。

经营销售的剧毒化学品必须对进货量、储存量、销售量如实记录，每天核对销售情况，并采取必要的保安措施，防止被盗、丢失或者误售，发现剧毒化学品被盗、丢失或误售时，必须立即向当地公安部门、安全生产监督管理部门报告。

剧毒化学品以及储存数量构成重大危险源的其他危险化学品，必须在专用仓库单独存放。实行"五双"制度。经营企业应将专用储存剧毒化学品以及构成重大危险源的其他化学品的数量、地点以及管理人员的情况，报当地公安部门和安全生产监督管理部门备案。

专用仓库的储存设备、安全及消防设施应当定期检测，保证处于正常状态。

储存剧毒化学品和其他危险化学品的装置，应当分别一年、两年进行一次安全评价。安全评价报告应对储存装置存在的问题提出整改方案。安全评价中发现现实危险的应当立即停用，予以更换或者修复，并采取相应的安全措施。安全评价报告应当报所在地区的市级安全生产监督管理部门备案。

另外，经营企业在经营过程中应遵章守法，不得有下列行为。

① 从未取得《危险化学品生产许可证》或者《危险化学品经营许可证》的企业，采购危险化学品。

② 经营国家明令禁止的危险化学品和用剧毒化学品生产的灭鼠药以及其他可能进入人民日常生活的化学品和日用品。

③ 销售没有化学品安全技术说明书和化学品安全标签的危险化学品。

危险化学品经营商店只能存放民用小包装的危险化学品，其总量不得超过国家规定的限量。销售剧毒化学品时，应当记录购买单位的名称、地址和购买人员的姓名、身份证号码及买到剧毒化学品的品名、数量、用途。记录应当至少保存一年。对生产、科研、医疗等单位经常使用的剧毒化学品，应凭购买所在地区的市级公安部门出具的准购证、才能销售。不得向个人或无购买凭证、准购证的单位，销售除农药、灭鼠药、灭虫药以外的剧毒化学品。

【课后巩固练习】▶▶▶

  1. 危险化学品的运输对从业人员有哪些要求？
  2. 对于危险化学品如何才能做到安全管理？

第五节   案例分析与讨论

【案例】山西晋城化工厂火灾事故

一、事故概况及经过

1960 年 1 月 13 日 4 时 40 分，武汉铁路局第一工程处晋城化工厂发生火灾，烧死烧伤26 人，其中烧死 14 人，烧伤 12 人。

1 月 12 日，晋城化工厂引线车间晚班工作到 13 日 4 时 30 分左右，有西工房女工徐某等人，因寒冷去宿舍烤火后，返回西工房继续工作，随即该女工附近着火。西工房起火后，因是黑火药炸燃，且东、西工房门窗相对，相距只有 3 米，故火苗由门窗燃烧进东工房，立即引起东工房也着火，东、西两个工房当时在岗的 26 人全部置身火海。到 4 时 50 分左右把火扑灭，发现当场烧死 9 人，17 人受伤，立即送往医院急救，因伤势过重，治疗无效死亡5 人。

二、事故原因分析

(1) 根据调查分析，火源是由于女工徐某烤火燃着衣袖或鞋带，未被发觉而带入车间，接触黑火药后，引起的火灾。

(2) 新迁厂址的化工厂，处在晋城一处空旷的山脚下，系利用原工程队工棚宿舍。房屋密集，宿舍、车间相距近在 10m，车间与车间相距 3m，而且门、窗相对，车间内设备过密，无良好的安全措施和设施。

（3）迁新厂址后把安全检查员抽到车间参加生产，安全工作无人管理。并把三班倒改为两班倒，每班工作长达 12 小时，危害了工人的身体健康。

（4）平时缺乏安全防火知识教育，火灾发生后救火不及时，措施又不当扩大伤亡范围。

三、防范措施

（1）制定完善的安全生产责任制、安全生产管理制度、安全操作规程，并严格落实和执行。

（2）深入开展作业过程的风险分析工作，加强现场安全管理；制定完善的检维修作业方案。

（3）作业现场配备必要的检测仪器和救援防护设备，对有危害的场所要检测，查明真相，正确选择、带好个人防护用具并加强监护。

（4）加强员工的安全教育培训，全面提高员工的安全意识和技术水平。

（5）制定事故应急救援预案，并定期培训和演练。

【课后巩固练习】▶▶▶

1. 如何认识危险化学品安全生产的重要性？

2. 按照《危险化学品安全管理条例》，危险化学品分为哪几类？

3. 危险化学品储存的基本要求有哪些？

4. 危险化学品运输的基本要求有哪些？

5. 危险化学品包装的基本安全要求有哪些？

6. 处置危险化学品的基本安全要求有哪些？

第五章
化工检修安全技术与管理

第一节　化工安全检修概述

【学习目标】▶▶▶

　　知识目标：掌握化工检修的分类和特点。

　　能力目标：能根据检修作业场所状况，辨识检修的危险性。

　　情感价值观目标：让学生意识到安全检修的重要性。

【案例情景】▶▶▶

　　2011 年 7 月 31 日下午 5 时许，云南省某化工精制有限公司在检修过程中发生窒息事故。当天下午张某和田某进入化工车间检修设备，田大勇首先进入车间。由于车间设备出了故障，导致空气被排出，所在车间内缺氧，发生窒息事故，田大勇从楼梯上摔了下去。得知田大勇出事后，工友张林飞就冲进去想救人，结果人也摔倒在地。后面两个工友又冲进去救人，一到车间的通气管子门口就发现里面氧气不够，立马往回撤，才避免了悲剧再次发生。

　　化工生产具有高温、高压、易腐蚀等特点，化工生产装置在长期运行中，由于外部负荷、内部应力和相互磨损、腐蚀、疲劳以及自然侵蚀等因素的影响，使个别部件或整体改变原有尺寸、形状，机械性能下降、强度降低，造成事故隐患和设备缺陷，威胁安全生产。为了实现安全生产，提高设备效率，降低能耗，保证产品质量，要对装置、设备定期进行计划检修，及时消除设备缺陷和事故隐患，使生产装置能够"安、稳、长、满、优"进行。

一、化工生产装置检修的分类

　　根据化工生产中机械设备的实际运转和使用情况，化工生产装置和设备的检修可分为计划检修和计划外检修。

　　计划检修指企业根据设备管理、使用经验和生产规律，对设备进行有组织、有准备、有安排、按计划进行的检修。根据检修内容、周期和要求的不同，计划检修又可分为大修、中修、小修。由于装置为设备、机器、公用工程的综合体，因此装置检修比单台设备（或机器）检修要复杂得多。

　　计划外检修是指在生产过程中机械设备突然发生故障或事故，必须进行不停车或临时停车检修。这种检修事先难以预料，无法安排检修计划，而且要求检修时间短，检修质量高，检修的环境及工况复杂，故难度相当大。当然，这种计划外检修随着日常的保养、检测管理技术和预测技术的不断完善和发展，必然会日趋减少，但在目前的化工生产中，仍然是不可避免的。

二、化工生产装置检修的特点

化工生产装置检修与其他行业的检修相比，具有频繁、复杂、危险性大的特点。

1. 化工检修的频繁性

所谓频繁是指计划检修、计划外检修的次数多；化工生产的复杂性，决定了化工设备及管道的故障和事故的频繁性，因而也决定了检修的复杂性。

2. 化工检修的复杂性

由于化工生产装置中使用的化工设备、机械、仪表、管道、阀门等，种类多，数量大，结构和性能各异，这就要求从事检修作业的人员具有丰富的知识和技术，熟悉和掌握不同设备的结构、性能和特点。检修中由于受到环境、气候、场地的限制，有些要在露天作业，有些要在设备内作业，有些要在地坑或井下作业，有时还要上、中、下立体交叉作业。同时检修内容多、工期紧、工种多，加上临时人员进入检修现场机会多，对作业现场环境又不熟悉，从而决定了化工生产装置检修的复杂性。

3. 化工检修的危险性

化工生产的危险性决定了化工检修的危险性。加之化工生产装置和设备复杂，设备和管道中的易燃、易爆、有毒物质尽管在检修前做过充分的吹扫置换，但是易燃、易爆、有毒物质仍有可能存在。检修作业又离不开动火、动土、限定空间等作业，客观上具备了发生火灾、爆炸、中毒、化学灼伤、高处坠落、物体打击等事故的条件。实践证明，生产装置在停车、检修施工、复工过程中最容易发生事故。据统计资料显示，在中石化总公司发生的重大事故中，装置检修过程的事故占事故总起数的42.63%。

综上所述，不难看出化工安全检修的重要性。实现化工安全检修不仅确保在检修工作中的安全，防止各种事故的发生，保护职工的安全和健康，而且还可以使检修工作保质保量按时完成，为安全生产创造良好的条件。

【课后巩固练习】 ▶▶▶

1. 化工生产装置检修可分为：＿＿＿＿＿＿和＿＿＿＿＿＿。
2. 化工生产装置检修的特点有：（　　　）。

A. 化工检修的频繁程度比较高　　　B. 化工检修的时间持续性比较长

C. 化工检修的复杂程度比较高　　　D. 化工检修的危险程度比较大

3. 某离心泵在运行过程中突然出现叶轮不能旋转的情况，请辨识该离心泵检修的危险性。

第二节　化工装置检修流程及安全要求

【学习目标】 ▶▶▶

知识目标：熟悉化工装置检修流程，掌握检修作业一般安全要求。

能力目标：能根据作业场所危险、有害因素，正确选择适合的劳动防护用品。

情感价值观目标：培养学生正确的安全价值观和安全意识。

【案例情景】▶▶▶

2008年2月23日上午8时左右，河南某化肥公司委托山东某安装建设有限公司对其30万吨甲醇气化装置的煤灰过滤器（S1504）内部进行除锈作业。山东该公司在没有对作业设备进行有效隔离、没有对作业容器内氧含量进行分析、没有办理进入受限空间作业许可证的情况下，安排作业人员进入煤灰过滤器进行作业，约10时30分，1名作业人员窒息晕倒坠落作业容器底部，在施救过程中另外3名作业人员相继窒息晕倒在作业容器内。随后赶来的救援人员在向该煤灰过滤器中注入空气后，将4名受伤人员救出，其中3人经抢救无效死亡，1人经抢救脱离生命危险。

一、化工装置的安全停车

化工生产装置在停车过程中，要进行降温、降压、降低进料量，一直到切断所有的进料，然后进行设备倒空、吹扫、置换等工作。各工序和各岗位之间联系密切，如果组织不好、指挥不当、联系不周或操作失误都容易发生事故。停车和吹扫置换工作进行的好坏，直接关系到装置的安全检修，因此，装置的停车和处理对于安全检修工作有着特殊的意义。

1. 停车前的准备工作

（1）编写停车方案　在装置停车过程中，操作人员要在较短的时间内开关很多阀门和仪表，密切注意各部位的温度、压力、流量、液位的变化，因此劳动强度大，精神紧张。虽然有操作规程，但为了避免差错，还应结合停车检修的特点和要求，制定出"停车方案"。其主要内容应包括：停车时间、步骤、设备管线倒空及吹扫流程、抽堵盲板系统图。还要根据具体情况制订防堵、防冻措施。对每一步骤都要有时间要求、达到的指标，并有专人负责。

（2）作好检修期间的劳动组织及分工　根据每次检修工作的内容，合理调配人员，分工明确。在检修期间，除派专人与施工单位配合检修外，各岗位、控制室均应有人坚守岗位。

（3）进行大修动员　在停车检修前要进行一次大修动员，使每个职工都明确检修的任务、进度，熟悉停车、开车方案，重温有关安全制度和规定，以提高认识，为安全检修打下扎实的思想基础。

2. 停车操作注意事项

停车方案一经确定，应严格按照停车方案确定的时间、停车步骤、工艺变化幅度，以及确认的停车操作顺序表，有秩序地进行。停车操作应注意下列事项。

① 把握好降温、降量的速度。在停车过程中，降温降量的速度不宜过快，尤其在高温条件下。温度的骤变会引起设备和管道的变形、破裂和泄漏。易燃易爆介质的泄漏会引起着火爆炸，有毒物质泄漏会引起中毒。

② 开关阀门的操作一般要缓慢进行，尤其是在开阀门时，打开头两扣后要停片刻，使物料少量通过，观察物料畅通情况（对热物料来说，可以有一个对设备和管道的预热过程），然后再逐渐开大，直至达到要求为止。开水蒸气阀门时，开阀门前应先打开排凝阀，将设备或管道内的凝液排净，关闭排凝阀后再由小到大逐渐把蒸汽阀打开，以防止蒸汽遇水造成水锤现象，产生振动而损坏设备和管道。

③ 加热炉的停炉操作，应按工艺规程中规定的降温曲线逐渐减少烧嘴，并考虑到各部位火嘴熄火对炉膛降温的均匀性。

加热炉未全部熄灭或炉膛温度很高时，有引燃可燃气体的危险性。此时装置不得进行排空和低点排放凝液，以免有可燃气体飘进炉膛引起爆炸。

④ 高温真空设备的停车，必须先破真空，待设备内的介质温度降到自燃点以下，方可与大气相通，以防空气进入引起介质的燃爆。

⑤ 装置停车时，设备及管道内的液体物料应尽可能倒空，送出装置，可燃、有毒气体应排至火炬烧掉。对残存物料的排放，应采取相应措施，不得就地排放或排入下水道中。

主要设备停车操作注意事项如下。

① 制定停车和物料处理方案，并经车间主管领导批准认可，停车操作前，要向操作人员进行技术交底，告之注意事项和应采取的防范措施。

② 停车操作时，车间技术负责人要在现场监视指挥，有条不紊，忙而不乱，严防误操作。

③ 停车过程中，对发生的异常情况和处理方法，要随时做好记录。

④ 对关键性操作，要采取监护制度。

二、抽堵盲板

化工生产，特别是大型石油化工联合企业，厂际之间、装置之间、设备与设备都有管道相连通。停车检修的设备必须与运行系统或有物料系统进行隔离，而这种隔离只靠阀门是不行的。因为阀门经过长期的介质冲刷、腐蚀、结垢或杂质的积存，很难严密，一旦易燃易爆、有毒、有腐蚀、高温、窒息性介质窜入检修设备中，易于造成事故。最保险的办法是将与检修设备相连的管道用盲板相隔离，装置开车前再将盲板抽掉。抽堵盲板工作既有很大的危险性，又有较复杂的技术性，必须有熟悉生产工艺的人员负责，严加管理（盲板抽堵作业安全要求下一节进行介绍）。

三、置换、吹扫和清洗

为了保证检修动火和罐内作业的安全，检修前要对设备内的易燃易爆、有毒气体进行置换；对易燃、有毒液体要在倒空后，用惰性气体吹扫；积附在器壁上的易燃、有毒介质的残渣、油垢或沉积物要进行认真的清理，必要时要人工刮铲、热水煮洗等；对酸碱等腐蚀性液体及经过酸洗或碱洗过的设备，则应进行中和处理。

1. 置换

对易燃、有毒气体的置换，大多采用蒸汽、氮气等惰性气体为置换介质，也可采用注水排气法，将易燃、有毒气体排出。对用惰性气体置换过的设备，若需进罐作业，还必须用空气将惰性气体置换掉，以防止窒息。根据置换和被置换介质密度的不同，选择确定置换和被置换介质的进出口和取样部位。若置换介质的密度大于被置换介质的密度，应由设备和管道的最低点进入置换介质，由最高点排出被置换介质，取样点宜设置在顶部及易产生死角的部位。反之，则改变其方向，以免置换不彻底。

用注水排气法置换气体时，一定要保证设备内充满水，以确保将被置换气体全部排出。置换出的易燃、有毒气体，应排至火炬或安全场所。置换后应对设备内的气体进行分析，测定易燃易爆气体浓度和含氧量，至合格为止，氧含量不小于 18%，可燃气体浓度不大于 0.2% 为合格。

2. 吹扫

对设备和管道内没有排净的易燃有毒液体，一般采用蒸汽或惰性气体进行吹扫，以清除易燃有毒液体，这种方法也称为扫线。

吹扫作业时的注意事项如下。

① 吹扫时要注意选择吹扫介质。炼油装置的瓦斯线、高温管线以及闪点低于 130℃ 的油

管线和装置内物料接近爆炸下限的设备、管线，不得用压缩空气吹扫。空气容易与这类物料混合形成爆炸性混合物，吹扫过程中易产生静电火花或其他明火，发生着火爆炸事故。

② 吹扫时阀门开度应小（一般为 2 扣）。稍停片刻，使吹扫介质少量通过，注意观察畅通情况。采用蒸汽作为吹扫介质时，有时需用胶皮软管，胶皮软管要绑牢，同时要检查胶皮软管承受压力情况，禁止这类临时性吹扫作业使用的胶管用于中压蒸汽。

③ 设有流量计的管线，为防止吹扫蒸汽流速过大及管内带有铁渣、铁锈、污垢，损坏计量仪表内部构件，一般经由副线吹扫。

④ 机泵出口管线上的压力表阀门要全部关闭，防止吹扫时发生水击把压力表震坏。压缩机系统倒空置换原则，以低压到中压再到高压的次序进行，先倒净一段，如未达到目的而压力不足时，可由二、三段补压倒空，然后依次倒空，最后将高压气体排入火炬。

⑤ 管壳式换热器、冷凝器在用蒸汽吹扫时，必须分段处理，并要放空泄压，防止液体汽化，造成设备超压损坏。

⑥ 吹扫时，要按系统依次进行，再把所有管线（包括支路）都吹到，不能留死角。吹扫完应先关闭吹扫管线阀门，后停汽，防止被吹扫介质倒流。

⑦ 精馏塔系统倒空吹扫，应先从塔顶回流罐、回流泵倒液、关阀，然后倒塔釜、再沸器、中间再沸器液体，保持塔压一段时间，待盘板积存的液体全部流净后，由塔釜再次倒空放压。塔、容器及换热设备吹扫之后，还要通过蒸汽在最低点排空，直到蒸汽中不带油为止，最后停汽，打开低点放空阀排空，要保证设备打开后无油、无瓦斯，确保检修动火安全。

⑧ 对低温生产装置，考虑到复工开车系统内对露点指标控制很严格，所以不采用蒸汽吹扫，而要用氮气分片集中吹扫，最好用干燥后的氮气进行吹扫置换。

⑨ 吹扫采用本装置自产蒸汽，应首先检查蒸汽中是否带油。装置内油、汽、水等有互窜的可能，一旦发现互窜，蒸汽就不能用来灭火或吹扫。吹扫作业应该根据停车方案中规定的吹扫流程图，按管段号和设备位号逐一进行，并填写登记表。在登记表上注明管段号，设备位号、吹扫压力、进气点、排放点、负责人等。吹扫结束时应先关闭物料阀，再停气，以防止管路系统介质倒回。设备和管道吹扫完毕并分析合格后，应及时加盲板与运行系统隔离。

3. 清洗

对置换和吹扫都无法清除的油垢和沉积物，应用蒸汽、热水、溶剂、洗涤剂或酸、碱清洗，有的还需人工铲除。这些油垢和残渣如铲除不彻底，即使在动火前分析设备内可燃气体含量合格，动火时由于油垢、残渣受热分解出易燃气体，也可能导致着火爆炸。清洗的方法和注意事项如下。

① 水洗。水洗适用于水溶性物质的清洗。常用的方法是将设备内罐满水，浸渍一段时间。如有搅拌或循环泵则更好，使水在设备内流动，这样既可节省时间，又能清洗彻底。

② 水煮。冷水难溶的物质可加满水后用蒸汽煮。此法可以把吸附在垫圈中的物料清洗干净，防止垫圈中的吸附物在动火时受热挥发，造成燃爆。有些不溶于水的油类物质，经热水煮后，可能化成小液滴而悬浮在热水中，随水放出。此法可以重复多次，也可在水中放入适量的碱或洗涤剂，开动搅拌器加热清洗。搪玻璃设备不可用碱液清洗。金属设备也应注意减少腐蚀。

③ 蒸汽冲。对不溶于水、常温下不易汽化的黏稠物料，可以用蒸汽冲的办法进行清洗。要注意蒸汽压力不宜过高，喷射速度不宜太快，防止高速摩擦产生静电。蒸汽冲过的设备还应用热水煮洗。

④ 化学清洗。对设备、管道内不溶于水的油垢、水垢、铁锈及盐类沉积物，可用化学清洗的方法除去。常用的碱洗法，除了用氢氧化钠液外，还可以用磷酸氢钠、碳酸氢钠并加适量的表面活性剂，在适当的温度下进行。酸洗法是用盐酸加缓蚀剂清洗，对不锈钢及其他合金钢则用柠檬酸等有机酸清洗。有些物料的残渣可用溶剂（例如乙醇、甲醇等）清洗。

4. 装置环境安全标准

通过各种处理工作，生产车间在设备交付检修前，必须对装置环境进行分析，达到下列标准。

① 在设备内检修、动火时，氧含量应为 19%～21%，燃烧爆炸物质浓度应低于安全值，有毒物质浓度应低于最高容许浓度。

② 对设备外壁检修、动火时，设备内部的可燃气体含量应低于安全值。

③ 检修场地水井、沟，应清理干净，加盖砂封，设备管道内无余压、无灼烫物、无沉淀物。

④ 设备、管道物料排空后，加水冲洗、再用氮气、空气置换至设备内可燃物含量合格，氧含量在 19%～21%。

四、实施检修

设备使用单位负责设备的隔离、置换和清洗工作，经检查合格后方可交给检修施工单位进行检修作业。

1. 研读检修方案，识别检修风险

检修作业前，参加检修作业相关人员应根据检修方案的要求，对作业现场危险有害因素进行识别，对检修的风险进行评估。

2. 隔离检修现场

检维修作业区域现场施工应实施安全隔离，设置安全警示标志及警戒线。易燃易爆生产区、储罐区、仓库区内或附近的路段，应设立警示标志牌，标明警示事项。检修现场的坑、井、洼、沟、陡坡等场所应设置围栏和警示灯。夜间施工时，应装设亮度足够的照明灯。

3. 配备劳动防护及应急措施

检维修作业人员应按规定穿戴个人防护用品、器具，正确使用工具、工装。危险作业现场应配备相应的消防设施和应急器材。

4. 遵章操作

检维修作业负责人应严格按照规定要求科学指挥；作业人员应严格执行操作规程，不违章作业，不违反劳动纪律。检维修作业人员发现安全防范措施不落实或不具备检维修作业安全条件，有权拒绝检维修作业；发现异常情况或紧急情况时，有权停止作业并撤离作业场所。

5. 加强检修协调

多工种、多层次交叉作业时，应统一协调，采取相应的防护措施。

企业同一检维修作业区域内有两个以上检修实施单位进行生产经营活动，可能危及对方生产安全时，应组织并监督承包商之间签订安全生产协议，明确各自的安全生产管理职责和应当采取的安全措施，并指定专职安全生产管理人员进行安全检查与协调。

6. 保持检修现场整齐、清洁

检维修时使用的备品配件、机具、材料，应按指定地点存放，堆放应整齐。检维修结束后，企业应组织对检维修现场清理，拆除的盖板、围栏扶手以及避雷装置等应恢复原来状态；清扫管线，确保无任何物件（如，未拆除的盲板或垫圈）阻塞；清除设备上、房屋顶上、厂房内外地面上的杂物垃圾；清出现场检维修所用的工机具、脚手架、临时电线、临时用的警告标志等。

五、化工生产装置的开车

1. 工程验收

在新建装置竣工后或大修竣工后，要对有关的装置进行工程验收。工程验收包括工程项目和工程质量的验收。工程项目验收要按施工计划检查所有工程项目是否完成。工程质量验收要依据技术规范对基建质量或检修项目逐项检查；运转设备要经试运转合格，有的还要进行超速试验；高压设备和容器必须有主管部门压力容器验收合格证，如有焊缝和弯过的管道，应对焊、弯部位进行磁力探伤或 X 光拍片；所有阀门、仪表要灵活、可靠，密封无泄漏，螺丝无松动；技术文件和检修记录必须齐全，如缺陷记录，耐压、气密试验记录，安全附件检验报告等。

2. 投运准备

投运准备是新建或大修的生产装置，在投入运行前所进行的设备检验、试车等一系列准备工作，主要工作项目有以下几项，如图 5-1 所示。

图 5-1　投运准备阶段的工作

（1）全系统检查　工程验收后，要对整个系统进行全面、细致的检查，检查重点有以下四点。

① 检查原料和辅助材料是否备齐，原料质量是否合格，水、电、汽、暖、冷等公用工程是否准备好。

② 检查辅助设施是否具备开工条件。具体包括：了解厂化验室是否做好准备，现场中控分析仪器、药品是否备齐；仪表及自动控制是否灵敏可靠；电器照明及通信设备是否好用；各岗位的工器具是否备齐。

③ 检查安全措施。如消防器材是否齐全、好用，个人防护用具是否备齐，控制按钮与阀门是否方便，扶梯、平台是否符合安全要求，现场环境是否洁净，有无遗留的易燃物料或其他安全隐患。

④ 检查环境保护措施。

（2）吹扫　工序对吹扫的组织应分两步进行：第一步，将设备与管道内的杂物清理干净；第二步，用洁净的空气进行吹除，一般用风机或空气压缩机吹入空气。所用吹净气体的压力和延续时间视生产工艺的具体情况而定。工序要严格检查吹扫的质量。吹扫的标准是气体出口处蒙的白纱布上没有杂质方为合格。重要的设备要打开人孔进行检查。

（3）试压　试压也称为耐压试验。试压的目的是在开车前检查设备能否承受工艺要求的压力，以确保开车之后安全运行。工序在试压中要做好以下几项工作。

① 试压前应认真检查各安全附件是否合格，设备内部是否吹除干净。

② 按照工作压力，依据试验规程，选用适当介质。如果没有特殊要求一般用水做介质，以水做介质的试压称作水压试验。

③ 按照有关规定，低压设备的试验压力为工作压力的 1.5 倍，较高压力设备的试验压力为工作压力的 1.25 倍。

④ 试压过程中，分几步进行检查：缓慢升压，根据具体情况确定几个保压阶段，在保压阶段内，检查各焊缝、密封点有无泄漏，压力表有无降压显示，然后缓慢升至工作压力，检查确认无泄露后，继续升压到规定的试验压力；在试验压力下，保压 10～20min，检查稳压情况；降至工作压力，再进行全面检查，检查期间压力保持不变，无渗漏即为合格；试压时如发现问题，不得带压处理，应予以详细记录，卸压后再处理。

(4) 气密试验 气密试验的目的是检查设备、管道在充满气体后有无泄漏情况。工序在气密试验中要做好以下几项工作。

① 试验介质一般用干燥洁净的空气。如生产工艺有特殊要求，不宜用空气，可用生产气体作试验，但在试验前必须用氮气置换。

② 用生产气体试验的程序为：在系统内用氮气置换，经化验合格后，再通入新鲜的生产气体；如为常压，将压力升至工作压力的 1.05 倍；如为高压，应根据操作压力的具体情况，分几次升压，最后一次升至工作压力；在升压过程中，及时对设备、管道进行检查，如发现有漏气处，立即停止升压，准备修理；升压至工作压力后，停止升压并对系统作详细检查，先用耳听手摸的方法检查判断，对可疑处涂肥皂液检查；检查无泄漏应保压一定时间，常压设备保压时间为 30min，若操作压力在 15MPa 以上，一般应保压 24h。

③ 检查如有泄漏，要卸压后处理，处理完后再进行气密试验，再检查，确实已确认整个系统没有泄漏，方可结束。

④ 原始开车一般要做两次气密试验。第一次试验是在单机试车和联动试车以前，可用空气作为介质；第二次试验是在系统置换之后，即在系统开车前，通入生产气体进行气密试验。

(5) 单机试车 单机试车的目的是为了确认转动设备和待动设备是否合格好用，是否符合有关技术规范。如空气压缩机、制冷用氨压缩机、离心式水泵和带搅拌设备等。

单机试车是在不带物料和无载荷的情况下进行的。首先断开连轴节，单独开动电机，运转 48h，观察电机是否发热、振动、有无杂音，转动方向是否正确等。当电机试验合格后，再和设备联接在一起进行试验，一般也运转 48h（此项试验应以设备说明书或设计要求为依据）。在运动过程中，经过细心观察和仪表检测，均达到设计要求时（如温度、压力、转速等）即为合格。如在试车过程中发现问题，应会同施工单位有关人员及时检修，修好后重新试车，直到合格为止，试车时间不准累计。

(6) 联动试车 联动试车是用水、空气或者和生产物料相似的其他介质，代替生产物料所进行的一种模拟生产的试车。目的是为了检验生产装置连续通过物料的性能（当不能用水试车时，可改用介质如煤油代替）。联动试车也可以给水进行加热或降温，观察仪表是否能准确地指示出通过的流量、温度和压力等数据，以及设备的运转是否正常等情况。

联动试车能暴露设计和安装中的一些问题，在这些问题解决以后，再进行联动试车，直至认为流程畅通为止。联动试车后要把水或煤油放空，并清洗干净。

(7) 系统置换 物料不能与空气接触的生产装置，在投入运行前必须将系统内的空气驱除。置换的方法是向系统输入惰性气体（一般为氮气）将其中的空气置换出来，使置换的氧含量不大于 0.5%。

此外，有的装置投运准备还要增加一些特殊项目，如各种窑炉在开车前要烘炉，废热锅炉应进行烘炉与煮炉，催化反应器需要装填催化剂，有些液体催化剂需事先配制等。

(8) 系统开车 投运准备进行到符合开车条件时，才能通知开车。

3. 装置开车

装置开车要在开车指挥部的领导下，统一安排，并由装置所属的车间领导负责指挥开车。岗位操作工作要严格按工艺卡片的要求和操作规程操作。

（1）贯通流程　用蒸汽、氮气通入装置系统，一方面扫去装置检修时可能残留的焊渣、焊条头、铁屑、氧化皮、破布等，防止这些杂物堵塞管线；另一方面验证流程是否贯通。这时应按工艺流程逐个检查，确认无误，做到开车时不窜料、不憋压。按规定用蒸汽、氮气对装置系统置换。分析系统氧含量达到安全值以下的标准。

（2）装置进料　进料前，在升温、预冷等工艺调整操作中，检修工与操作工配合做好螺栓紧固部位的热把、冷把工作，防止物料泄漏。岗位应备有防毒面具。油系统要加强脱水操作，深冷系统要加强干燥操作，为投料奠定基础。

装置投料前，要关闭所有的放空、排污等阀门，然后按规定流程，经操作工、班长、车间值班领导检查无误，启动机泵进料。进料过程中，操作工沿管线进行检查，防止物料泄漏或物料走错流程；装置开车过程中，严禁乱放各种物料。装置升温、升压、加量，按规定缓慢进行；操作调整阶段，应注意检查阀门开度是否合适，逐步提高处理量，直至达到正常生产。

【课后巩固练习】 ▶▶▶

1. 简述化工装置检修的流程。

2. 耐压试验，照有关规定，低压设备的试验压力为工作压力的_____倍，较高压力设备的试验压力为工作压力的_____倍。

3. 在设备内检修、动火时，氧含量应为_____，燃烧爆炸物质浓度应低于安全值，有毒物质浓度应低于最高容许浓度。

4. 用注水排气法置换气体时，合格标准为：氧含量_____，可燃气体浓度_____为合格。

5. 简述化工装置耐压试验的流程。

6. 简述化工装置气密性检验的流程。

第三节　化工检修作业安全技术

【学习目标】 ▶▶▶

知识目标：掌握化工装置检修作业的安全技术及管理要求。

能力目标：初步具备编制化工装置安全检修方案的能力。

情感价值观目标：培养学生正确的安全价值观和安全意识。

【案例情景】 ▶▶▶

2011 年 11 月 19 日 7 时左右，山东某化工股份有限公司操作人员发现作为装置换热载体的道生油储罐内压力偏高，怀疑位于四楼平台的道生油冷凝器泄漏。7 时 30 分左右，三聚氰胺装置停车、道生油降温、在冷凝器气相入口和液相出口加装盲板后，由设备制造厂家对漏点进行焊接并经水压试验合格。为尽快完成维修任务，车间组织 19 人在现场同时进行拆除冷凝器气相入口盲板和冷凝器封头复位作业。14 时左右，维修人员在拆除盲板时发生爆燃，事故共造成 15 人死亡，4 人受伤。

事故直接原因：该公司在对三聚氰胺装置冷凝系统的道生油冷凝器进行紧急维修时，操作不当引起该事故。

一、检修前的安全要求

化工生产装置停车检修前的准备工作是保证装置停好、修好、开好的主要前提条件，必须做到集中领导、统筹规划、统一安排，并做好"四定"（定项目、定质量、定进度、定人员）和"八落实"（组织、思想、任务、物资包括材料与备品备件、劳动力、工器具、施工方案、安全措施落实）工作。除此之外，准备工作还应做到以下几点。

（1）签订协议，明确责任　根据设备检修项目的要求，结合企业检修作业规章制度的要求，检修施工单位负责制定设备检修方案，检修方案应经设备使用单位审核。检修施工单位应指定专人负责整个检修作业过程的具体安全工作。

如果检修作业涉及外来检修施工单位，外来检修施工单位应具有国家规定的相应资质，并在其等级许可范围内开展检修施工业务。在签订设备检修协议（合同）时，应同时签订安全管理协议。

（2）设置检修指挥部　为了加强停车检修工作的集中领导和统一计划、统一指挥，形成一个信息灵、决策迅速的指挥核心，以确保停车检修的安全顺利进行。检修前要成立以厂长（经理）为总指挥，主管设备、生产技术、人事保卫、物资供应及后勤服务等的副厂长（副经理）为副总指挥，机动、生产、劳资、供应、安全、环保、后勤等部门参加的指挥部。检修指挥部下设施工检修组、质量验收组、停开车组、物资供应组、安全保卫组、政工宣传组、后勤服务组。针对装置检修项目及特点，明确分工，分片包干，各司其职，各负其责。

（3）制定安全检修方案　装置停车检修必须编制停车、检修、开车方案及其安全措施。安全检修方案由检修单位的机械员或施工技术员负责编制。

安全检修方案，按设备检修任务书中的规定格式认真填写齐全，其主要内容应包括检修时间、检修内容、质量标准、工作程序、施工方法、起重方案、采取的安全技术措施，并明确施工负责人、检修项目安全员、安全措施的落实人等。方案中还应包括设备的置换、吹洗、盲板流程示意图；尤其要确定合理工期，确保检修质量。

方案编制后，编制人经检查确认无误并签字，经检修单位的设备主任审查并签字，然后送设备使用单位、机动、生产、调度、消防队和安技部门，逐级审批，经补充修改使方案进一步完善。重大项目或危险性较大项目的检修方案、安全措施，由主管厂长或总工程师批准，书面公布，严格执行。

（4）制订检修安全措施　除了已制订的动火、动土、罐内空间作业、登高、电气、起重等安全措施外，应针对检修作业的内容、范围，制订相应的安全措施；安全部门还应制定教育、检查、奖罚的管理办法。

（5）进行技术交底，做好安全教育　检修前，安全检修方案的编制人员负责向参加检修的全体人员进行检修方案技术交底，使其明确检修内容、步骤、方法、质量标准、人员分工、注意事项、存在的危险因素和由此而采取的安全技术措施等，达到分工明确、责任到人。同时还要组织检修人员到检修现场，了解和熟悉现场环境，进一步核实安全措施的可靠性。

技术交底工作结束后，由检修单位的安全负责人或安全员，根据本次检修的难易程度、存在的危险因素、可能出现的问题和工作中容易疏忽的地方，结合典型事故案例，进行系统全面的安全技术和安全思想教育，以提高执行各种规章制度的自觉性和落实安全技术措施重要性的认识，使其从思想上、劳动组织上、规章制度上、安全技术措施上进一步落实，从而为安全检修创造必要的条件。安全教育的内容包括化工厂检修的安全制度和检修现场必须遵守的有关规定。

① 有关检修作业的安全规章制度。这些制度包括：停工检修的有关规定；进入设备作业的有关规定；动火的有关规定；动土的有关规定；科学文明检修的有关规定等。

② 检修作业现场和检修过程中存在的危险因素和可能出现的问题及相应对策：对检修设备上的电器电源，应采取可靠的断电措施，确认无电后在电源开关处设置安全警示标牌或加锁；检修现场应设立相应的安全标志；临时用电应办理用电手续，并按规定安装和架设；对检修作业使用的气体防护器材、消防器材、通信设备、照明设备等应安排专人检查，并保证完好；对检修现场的梯子、栏杆、平台、箅子板、盖板等进行检查，确保安全；对有腐蚀性介质的检修场所应备有人员应急用冲洗水源和相应防护用品；对检修现场存在的可能危及安全的坑、井、沟、孔洞等应采取有效防护措施，设置警告标志，夜间应设警示红灯；应将检修现场影响检修安全的物品清理干净；检修场所涉及的放射源，应事先采取相应的处置措施，使其处于安全状态。

③ 检修作业过程中所使用的个体防护器具的使用方法及使用注意事项。

④ 相关事故案例和经验、教训。

⑤ 动火作业现场，应配备消防器材，并检查、清理检修现场的消防通道、行车通道，保证畅通。

⑥ 当设备检修涉及高处、动火、动土、断路、吊装、抽堵盲板、受限空间等作业时，须按相关作业安全规范的规定执行。

⑦ 应对检修作业使用的脚手架、起重机械、电气焊用具、手持电动工具等各种工器具进行检查；手持式、移动式电气工器具应配有漏电保护装置。凡不符合作业安全要求的工器具不得使用。

同时，还要学习和贯彻检修现场的十大禁令，具体内容如下。

① 不戴安全帽、不穿工作服者禁止进入现场。

② 穿凉鞋、高跟鞋者禁止进入现场。

③ 上班前饮酒者禁止进入现场。

④ 在作业中禁止打闹或其他有碍作业的行为。

⑤ 检修现场禁止吸烟。

⑥ 禁止用汽油或其他化工溶剂清洗设备、机具和衣物。

⑦ 禁止随意泼洒油品、化学危险品、电石废渣等。

⑧ 禁止堵塞消防通道。

⑨ 禁止挪用或损坏消防工具和设备。

⑩ 现场器材禁止为私活所用。

对各类参加检修人员，都必须进行安全教育，并经考试合格后才能准许参加检修。

（6）检修前安全检查　安全检查包括对检修项目的检查、检修机具的检查、劳动防护用品的检查和应急设施的检查。特别是重要的检修项目，在编写检修方案时，就要制订安全技术措施，没有安全技术措施的项目，不准检修。

检修所用的机具，特别是起重机具、电焊设备、手持电动工具等，都要进行安全检查，检查合格后由主管部门审定并发给合格证，合格证贴在设备醒目处，以便安全检查人员现场检查。没有检查合格证的设备、机具不准进入检修现场和使用。

检修前，应对检修人员所佩戴的劳动防护用品和应急设施等进行一次全面的安全检查，确保劳动防护用品和应急救援设施安全、可靠。

（7）加强检修作业审批　化工生产装置停车检修，尽管经过全面吹扫、蒸煮水洗、置换、抽加盲板等工作，但检修前仍需对装置系统内部进行取样分析、测爆，进一步核实空气中可燃或有毒物质是否符合安全标准，再加上因检修设备类型各异，出现的故障类型也不一样。在检修过程中，难免需要进行高处作业、盲板抽堵作业、吊装作业、动火作业、受限空间作业等，这些容易导致事故发生的作业过程，危险性相对较大，因此在检修过程中，应加强检修过程作业的审批，严格执行安全检修作业票证制度。

二、检修作业中的安全要求

检修作业中，各类人员要各司其职，各负其责，确保检修作业安全、圆满完成。

① 参加检修作业的人员应按规定正确穿戴劳动保护用品。

② 检修作业人员应遵守本工种安全技术操作规程。

③ 从事特种作业的检修人员应持有特种作业操作证。

④ 多工种、多层次交叉作业时，应统一协调，采取相应的防护措施。

⑤ 从事有放射性物质的检修作业时，应通知现场有关操作、检修人员避让，确认好安全防护间距，按照国家有关规定设置明显的警示标志，并设专人监护。

⑥ 夜间检修作业及特殊天气的检修作业，须安排专人进行安全监护。

⑦ 当生产装置出现异常情况可能危及检修人员安全时，设备使用单位应立即通知检修人员停止作业，迅速撤离作业场所。经处理，异常情况排除且确认安全后，检修人员方可恢复作业。

⑧ 检修现场的巡回检查。在检修过程中，要组织安全检查人员到现场巡回检查，检查各检修现场是否认真执行安全检修的各项规定，发现问题及时纠正、解决。如有严重违章者，安全检查人员有权令其停止作业，并用统计表的形式公布各单位安全工作的情况、违章次数，进行安全检修评比。

三、检修结束后的安全要求

检修结束后，检修项目负责人应会同有关检修人员检查检修项目是否有遗漏，经检验合格后，应将检修作业现场恢复原貌，并做到清洁卫生。

① 因检修需要而拆移的盖板、箅子板、扶手、栏杆、防护罩等安全设施应恢复其安全使用功能。

② 检修所用的工器具、脚手架、临时电源、临时照明设备等应及时撤离现场。

③ 检修完工后所留下的废料、杂物、垃圾、油污等应清理干净。

【课后巩固练习】 ▶▶▶

1. 化工生产装置停车检修前，要充分做好准备工作，并做好"四定"（定项目、_____、_____、定人员）和"八落实"（组织、思想、任务、物资、劳动力、工器具、_____、_____）等工作。

2. 简述检修现场十大禁令。

3. 简述检修作业现场和检修过程中可能存在的危险因素及应采取的措施。

4. 判断题

（1）从事特种作业的检修人员应持有特种作业操作证。（　　　）

（2）动火检修作业，不需要进行作业审批。（　　　）

（3）对于一个小修，只要两个人就能完成，谁负责都行。（　　　）

第四节 化工检修作业安全规范

【学习目标】▶▶▶

知识目标：熟悉动火、受限空间、吊装、盲板抽堵、高处作业等安全规范要求。

能力目标：具备化工检修作业申请与管理的能力。

情感价值观目标：培养学生正确的安全价值观和安全意识。

【案例情景】▶▶▶

2014 年 1 月 9 日 9 时，亳州市谯城区安徽康达化工有限责任公司下属承包车间一名技术人员在维修公司地下管道时发生中毒症状，在施救过程中，3 名工人因施救不当，也发生中毒症状，4 人经送医院抢救无效后死亡。本次事故共造成 4 人死亡，2 人轻度中毒。

一、盲板抽堵作业

化工生产，特别是大型石油化工联合企业，厂际之间、装置之间、设备与设备都有管道相连通。停车检修的设备必须与运行系统或有物料系统进行隔离，而这种隔离只靠阀门是不行的。因为阀门经过长期的介质冲刷、腐蚀、结垢或杂质的积存，很难严密，一旦易燃易爆、有毒、有腐蚀、高温、窒息性介质窜入检修设备中，易于造成事故。最保险的办法是将与检修设备相连的管道用盲板相隔离，装置开车前再将盲板抽掉。抽堵盲板应注意以下几点。

① 盲板抽堵作业实施作业证管理，作业前应办理《盲板抽堵安全作业证》，样例见表 5-1。

表 5-1　盲板抽堵安全作业证

车间或部门：　　　　　　　　　　　　　　　　　　　　　　　编号：

设备、管线名称	介质	温度	压力	盲板		
				材质	规格	编号

实施时间		作业人		监护人	
装	拆	装	拆	装	拆

盲板位置示意图： 　　　　　　　　　　　　　编制人：　　　　年　　月　　日
安全措施： 　　　　　　　　　　生产车间负责人：　　　　年　　月　　日

作业单位确认意见 负责人(签字)： 　　　　　　　年　　月　　日	安全部门确认意见 负责人(签字)： 　　　　　　　年　　月　　日

② 盲板抽堵工作既有很大的危险性，又有较复杂的技术性，必须有熟悉生产工艺的人员负责，严加管理。盲板抽堵作业人员应经过安全教育和专门的安全培训，并经考核合格。盲板抽堵作应设专人监护。

③ 作业前，作业人员应对现场作业环境进行有害因素辨识并制订相应的安全措施，高处作业要搭设脚手架，系安全带。在强腐蚀性介质的管道、设备上进行抽堵盲板作业时，作业人员应采取防止酸碱灼伤的措施。在介质温度较高、可能对作业人员造成烫伤的情况下，作业人员应采取防烫措施。当系统中存在有毒介质时要戴防毒面具。在易燃、易爆场所进行盲板抽堵作业时，作业人员应穿防静电工作服、工作鞋；距作业地点 30m 内不得有动火作业；工作照明应使用防爆灯具；作业时应使用防爆工具，禁止用铁器敲打管线、法兰等。在作业复杂、危险性大的场所进行盲板抽堵作业，应制定应急预案。

④ 根据装置的检修计划，绘制抽堵盲板流程图，对需要抽堵的盲板要统一编号，注明抽堵盲板的部位和盲板的规格。作业过程中要做好抽堵盲板的检查登记工作，对抽堵的盲板分别逐一进行登记，防止漏堵或漏抽。

⑤ 要根据管道的口径、系统压力及介质的特性，制造有足够强度的盲板和盲板垫片。盲板应留有手柄，并于明显处挂牌标记，便于抽堵和检查。有的把盲板做成∞字型，一端为盲板，另一端是开孔的，抽堵操作方便，标志明显。

⑥ 拆除法兰螺栓时要逐步缓慢松开，防止管道内余压或残余物料喷出，发生意外事故。加盲板的位置，应加在有物料来源的阀门后部法兰处，盲板两侧均应有垫片，并用螺栓把紧，以保持其严密性。

⑦ 不得在同一管道上同时进行两处及两处以上的盲板抽堵作业。

⑧ 生产系统如有紧急或异常情况，应立即停止盲板抽堵作业。

⑨ 作业完成后，要检查、清理现场，经确认无误后方可离开现场。

二、动火作业

1. 基本概念

（1）动火作业　能直接或间接产生明火的工艺设置以外的非常规作业，如使用电焊、气焊（割）、喷灯、电钻、砂轮等进行可能产生火焰、火花和炽热表面的非常规作业，都称为动火作业。

（2）禁火区和动火区　在生产正常或不正常情况下都有可能形成爆炸性混合物的场所和存在易燃、可燃物质的场所都应划为禁火区。

在化工企业里，为了正常的设备维修需要，在禁火区外，可在符合安全条件的地域设立固定动火区，在固定动火区内可进行动火作业。

设立固定动火区的条件如下。

① 固定动火区距可燃、易爆物质的堆场、仓库、储罐及设备的距离应符合防火规范的规定。

② 在任何气象条件下，固定动火区域内的可燃气体含量都在允许范围以内。生产装置在正常运行时，可燃气体应扩散不到动火区内。一旦装置出现异常情况且可能危及动火区时，应立即通知动火区停止一切动火。

③ 动火区若设在室内，应与防爆区隔开，不准有门窗串通。允许开的窗、门都要向外开，各种通道必须畅通。

④ 固定动火区周围不得存放易燃易爆及其他可燃物质。少量的有盖桶装电石、乙炔气瓶等在采取可靠措施后，可以存放。

⑤ 固定动火区应备有适用的、足够数量的灭火器材。

⑥ 动火区要有明显的标志。

2. 动火作业分级

动火作业分为特殊动火作业、一级动火作业和二级动火作业三个等级。

（1）特殊动火作业　在生产运行状态下的易燃易爆生产装置、输送管道、储罐、容器等部位上及其他特殊危险场所进行的动火作业。带压不置换动火作业按特殊动火作业管理。

（2）一级动火作业　在易燃易爆场所进行的除特殊动火作业以外的动火作业。厂区管廊上的动火作业按一级动火作业管理。

（3）二级动火作业　除特殊动火作业和一级动火作业以外的禁火区的动火作业。凡生产装置或系统全部停车，装置经清洗、置换、取样分析合格并采取安全隔离措施后，可根据其火灾、爆炸危险性大小，经厂安全（防火）部门批准，动火作业可按二级动火作业管理。

遇节日、假日或其他特殊情况时，动火作业应升级管理。

3. 动火作业安全要点

（1）审批　在禁火区内动火应办理《动火安全作业证》的申请、审核和批准手续，明确动火地点、时间、动火方案、安全措施等。审批动火应考虑两个问题：一是动火设备本身；二是动火的周围环境。《动火安全作业证》样例见表 5-2。

（2）专人监护　动火作业应有专人监火，监护人不在现场不动火。

（3）消除危险因素　动火作业前应清除动火现场及周围的易燃物品；凡在盛有或盛过危险化学品的容器、设备、管道等生产、储存装置及处于甲、乙类区域的生产设备上动火作业，应将其与生产系统彻底隔离，并进行清洗、置换，因条件限制无法进行清洗、置换而确需动火作业时按特殊动火作业要求执行；甲、乙类区域的动火作业，地面如有可燃物、空洞、窨井、地沟、水封等，应检查分析，距用火点 15m 以内的，应采取清理或封盖等措施；对于用火点周围有可能泄漏易燃、可燃物料的设备，应采取有效的空间隔离措施。

（4）动火分析　动火作业前应进行安全分析，动火分析的取样点要有代表性。取样与动火间隔不得超过 30min，如超过此间隔或动火作业中断时间超过 30min，应重新取样分析。特殊动火作业期间还应随时进行监测。

动火分析合格判定：当被测气体或蒸气的爆炸下限大于等于 4% 时，其被测浓度应不大于 0.5%（体积百分数）；当被测气体或蒸气的爆炸下限小于 4% 时，其被测浓度应不大于 0.2%（体积百分数）。

（5）灭火措施　动火作业要配备足够适用的消防器材，必要时可请专职消防队到现场监护。

（6）工器具　动火作业前，应检查电焊、气焊、手持电动工具等动火工器具本质安全程度，保证安全可靠；使用气焊、气割动火作业时，乙炔瓶应直立放置；氧气瓶与乙炔气瓶间距不应小于 5m，二者与动火作业地点不应小于 10m，并不得在烈日下暴晒。

（7）动火　在生产、使用、储存氧气的设备上进行动火作业，氧含量不得超过 21%；动火期间距动火点 30m 内不得排放各类可燃气体；距动火点 15m 内不得排放各类可燃液体；不得在动火点 10m 范围内及用火点下方同时进行可燃溶剂清洗或喷漆等作业；在生产不稳定的情况下不得进行带压不置换动火作业；在生产运行状态下的易燃易爆生产装置、输送管道、储罐、容器等部位上的动火作业，应使系统保持正压，严禁负压动火作业；动火作业现场的通排风应良好，以便使泄漏的气体能顺畅排走。

（8）清理现场　动火作业完毕，动火人和监火人以及参与动火作业的人员应清理现场，监火人确认无残留火种后方可离开。

表 5-2　动火安全作业证

动火作业级别：特殊□　一级□　二级□　　　　　　　　　　　　　　编号：

动火类型		申请人		监火人	
动火装置、设施 部位及内容					
动火人			特殊工种类别及编号		
采样检测时间		采样点	分析结果	分析人	
采样检测时间		采样点	分析结果	分析人	
采样检测时间		采样点	分析结果	分析人	
动火时间		年　月　日　时　分至　　年　月　日　时　分			

序号	动火主要安全措施	确认签字
1	动火设备内部构件清理干净,蒸汽吹扫或水洗合格,达到动火条件	
2	断开与动火设备相连接的所有管线,加盲板	
3	动火点周围(最小半径 15m)的下水井、地漏、地沟、电缆沟等已清除易燃物,并已采取覆盖、铺沙、水封等手段进行隔离	
4	高处作业应采取防火花飞溅措施	
5	清除动火点周围易燃物	
6	电焊回路线应接在焊件上,把线不得穿过下水井或与其他设备搭接	
7	乙炔气瓶(禁止卧放)、氧气瓶与火源间的距离不得少于 10m	
8	现场配备消防带、灭火器具、铁锹、石棉布	
9	其他安全措施	

危害识别及安全措施：

申请用火单位意见	动火部门意见	安全部门意见	当班班长验票
   签名： 　　年　月　日	 签名： 　　年　月　日	 签名： 　　年　月　日	 签名： 　　年　月　日

完工验收：　　年　月　日　时　分　　　　签名：

（9）其他　特殊动火作业应事先编写安全施工方案，落实安全防火措施；动火作业前，应通知生产调度部门及有关单位，使之在异常情况下能及时采取相应的应急措施。

4. 动火作业"六大禁令"

① 动火证未经批准，禁止动火。

② 不与生产系统可靠隔尽，禁止动火。

③ 不进行清洗、置换分歧格、禁止动火。

④ 不消除四周易燃物，禁止动火。

⑤ 不按时作动火分析，禁止动火。

⑥ 没有消防措施，无人监护，禁止动火。

5. 动火作业安全要求

（1）油罐带油动火　油罐带油动火除了检修动火应做到安全要点外，还应注意：在油面以上不准动火，补焊前应进行壁厚测定，根据测定的壁厚确定合适的焊接方法，动火前用铅或石棉绳等将裂缝塞严，外面用钢板补焊；罐内带油油面下动火补焊作业危险性很大，只在万不得已的情况下才采用，作业时要求稳、准、快，现场监护和补救措施比一般检修动火更应该加强。

（2）油管带油动火　油管带油动火处理的原则与油罐带油动火相同。只是在油管破裂、生产无法进行的情况下，抢修堵漏才用。油管带油动火应注意：测定焊补处管壁厚度，决定焊接电流和焊接方案，防止烧穿；清理周围现场，移去一切可燃物；准备好消防器材，并利用难燃或不燃挡板严格控制火星飞溅方向；降低管内油压，但需保持管内油品的不停流动；对泄漏处周围的空气要进行分析，合乎动火安全要求才能进行；若是高压油管，要降压后再打卡子焊补，动火前与生产部门联系，在动火期间不得卸放易燃物资。

（3）带压不置换动火　带压不置换动火指可燃气体设备、管道在一定的条件下未经置换直接动火补焊。带压不置换动火的危险性极大，一般情况下不主张采用。必须采用带压不置换动火。应注意：整个动火作业必须保持稳定的正压；必须保证系统内的含氧量低于安全标准（除环氧乙烷外一般规定可燃气体中含氧量不得超过 1%）；焊前应测定壁厚，保证焊时不烧穿才能工作；动火焊补前应对泄漏处周围的空气进行分析，防止动火时发生爆炸和中毒；作业人员进入作业地点前穿戴好防护用品，作业时作业人员应选择合适位置，防止火焰外喷烧伤。整个作业过程中，监护人、扑救人员、医务人员及现场指挥都不得离开，直至工作结束。

三、高处作业

1. 基本概念

（1）高处作业　凡距坠落高度基准面2m及其以上，有可能坠落的高处进行的作业，称为高处作业。

（2）坠落基准面　从作业位置到最低坠落着落点的水平面，称为坠落基准面。

（3）坠落高度（作业高度）　从作业位置到坠落基准面的垂直距离，称为坠落高度（也称作业高度）。

2. 高处作业分级

高处作业分为一级、二级、三级和特级高处作业四个等级。

① 作业高度在 $2m \leqslant h < 5m$ 时，称为一级高处作业。

② 作业高度在 $5m \leqslant h < 15m$ 时，称为二级高处作业。

③ 作业高度在 $15m \leqslant h < 30m$ 时，称为三级高处作业。

④ 作业高度在 $h \geqslant 30m$ 时，称为特级高处作业。

3. 高处作业安全要点

（1）辨识危险　进行高处作业前，应针对作业内容，进行危险辨识，编制相应的作业程序及安全措施。不得在不坚固的结构（如彩钢板屋顶、石棉瓦、瓦棱板等轻型材料等）上作业；登不坚固的结构（如彩钢板屋顶、石棉瓦、瓦棱板等轻型材料）作业前，应保证其承重的立柱、梁、框架的受力能满足所承载的负荷，应铺设牢固的脚手板，并加以固定，脚手板上要有防滑措施。

（2）审批　高处作业，应办理《高处安全作业证》。《高处安全作业证》样例见表5-3。

表 5-3　高处安全作业证

车间或部门：　　　　　　　　　　　　　　　　　　　　　　　　编号：

申请单位			申请人		
作业地点			作业内容		
作业高度			作业类别		
作业单位		作业人		监护人	

作业时间:自　年　月　日　时　分至　年　月　日　时　分

危害识别：

安全措施：
1. 作业人员着装符合工作要求
2. 作业人员佩戴安全带,安全带要高挂低用
3. 现场搭设的脚手架、防护网、围栏符合安全规定
4. 作业人员身体条件符合要求
5. 梯子、绳子符合安全规定
6. 垂直分层作业中间有隔离设施
7. 作业人员佩戴:A. 过滤式防毒面具或口罩;B. 空气呼吸器
8. 作业人员携带有工具袋
9. 石棉瓦等轻型棚的承重梁、柱能承重负荷的要求
10. 作业人员佩戴合格的安全帽
11. 作业人员在石棉瓦等不承重物作业所搭设的承重板稳定牢固
12. 采光不足、夜间作业有充足的照明、安装临时灯、防爆灯
13. 30m以上高处作业配备通信、联络工具

补充措施：

　　　　　作业单位现场负责人：　　　　　　　　　　　　　　　　　　年　　月　　日

作业单位负责人意见： 签字：　　　　年 月 日 时 分	车间负责人意见： 签字：　　　　年 月 日 时 分
审核部门意见： 签字：　　　　年 月 日 时 分	完工验收人意见： 签字：　　　　年 月 日 时 分

（3）专人监护　高处作业应有专人监护，监护人不在现场不动火。

（4）技术培训，安全教育　高处作业人员及搭设高处作业安全设施的人员，应经过专业技术培训及专业考试合格，持证上岗，并应定期进行体格检查。作业单位现场负责人应对高处作业人员进行必要的安全教育，交代现场环境和作业安全要求以及作业中可能遇到意外时的处理和救护方法。

（5）检查　高处作业中的安全标志、工具、仪表、电气设施和各种设备，应在作业前加以检查，确认其完好后投入使用。确保高处作业使用的脚手架、梯子、吊笼、围栏等符合国家安全技术要求。

（6）制定应急预案　高处作业前要制定高处作业应急预案。内容包括：作业人员紧急状况时的逃生路线和救护方法，现场应配备的救生设施和灭火器材等。有关人员应熟知应急预案的内容。

（7）劳动防护　作业单位现场负责人应对高处作业人员进行必要的安全教育，交代现场环境和作业安全要求以及作业中可能遇到意外时的处理和救护方法。

（8）遵章守纪　按照作业规程，遵章守纪。

（9）气象条件　雨天和雪天进行高处作业时，应采取可靠的防滑、防寒和防冻措施。凡水、冰、霜、雪均应及时清除。对进行高处作业的高耸建筑物，应事先设置避雷设施。遇有6级以上强风、浓雾等恶劣气候，不得进行特级高处作业、露天攀登与悬空高处作业。暴风雪及台风暴雨后，应对高处作业安全设施逐一加以检查，发现有松动、变形、损坏或脱落等现象，应立即修理完善。

（10）防止中毒和触电　在临近有排放有毒、有害气体、粉尘的放空管线或烟囱的场所进行高处作业时，作业点的有毒物浓度应在允许浓度范围内，并采取有效的防护措施。在应急状态下，按应急预案执行；带电高处作业和临时用电作业，应满足安全距离，并符合用电安全技术要求。

4. 脚手架、器具、设备的安全要求

① 高处作业使用的材料、器具、设备应符合有关安全标准要求。

② 高处作业用的脚手架的搭设应符合国家有关标准。高处作业应根据实际要求配备符合安全要求的吊笼、梯子、防护围栏、挡脚板等。跳板应符合安全要求，两端应捆绑牢固。作业前，应检查所用的安全设施是否坚固、牢靠。夜间高处作业应有充足的照明。

③ 供高处作业人员上下用的梯道、电梯、吊笼固定式钢直梯、钢斜梯、便携式木梯和便携式金属梯等要符合有关标准要求。

④ 便携式木梯和便携式金属梯梯脚底部应坚实，不得垫高使用。踏板不得有缺档。梯子的上端应有固定措施。立梯工作角度以 $75°±5°$ 为宜。梯子如需接长使用，应有可靠的连接措施，且接头不得超过 1 处。连接后梯梁的强度，不应低于单梯梯梁的强度。折梯使用时上部夹角以 $35°\sim45°$ 为宜，铰链应牢固，并应有可靠的拉撑措施。

四、受限空间作业

1. 基本概念

（1）受限空间　化学品生产单位的各类塔、釜、槽、罐、炉膛、锅筒、管道、容器以及地下室、窨井、坑（池）、下水道或其他封闭、半封闭场所。

（2）受限空间作业　进入或探入化学品生产单位的受限空间进行的作业。

2. 受限空间作业安全要点

（1）审批　受限空间作业实施作业证管理，作业前应办理《受限空间安全作业证》,《受限空间安全作业证》样例见表 5-4。

（2）安全隔绝　受限空间与其他系统连通的可能危及安全作业的管道应采取有效隔离措施。管道安全隔绝可采用插入盲板或拆除一段管道进行隔绝，不能用水封或关闭阀门等代替盲板或拆除管道。与受限空间相连通的可能危及安全作业的孔、洞应进行严密封堵。受限空间带有搅拌器等用电设备时，应在停机后切断电源，上锁并加挂警示牌。

（3）清洗或置换　受限空间作业前，应根据受限空间盛装（过）的物料的特性，对受限空间进行清洗或置换。

（4）安全分析　受限空间经过清洗或置换后，进入受限空间作业前应对受限空间的作业环境进行安全分，并达到下列要求：

① 氧含量一般为 $18\%\sim21\%$，在富氧环境下不得大于 23.5%。

② 有毒气体（物质）浓度应符合 GBZ 2.1—2007 和 GBZ 2.2—2007 的规定。

③ 可燃气体浓度：当被测气体或蒸气的爆炸下限大于等于 4% 时，其被测浓度不大于 0.5%（体积百分数）；当被测气体或蒸气的爆炸下限小于 4% 时，其被测浓度不大于 0.2%（体积百分数）。

表 5-4　受限空间安全作业证

车间或部门：　　　　　　　　　　　　　　　　　　　　　　　　　　编号：

	受限空间所在单位：				受限空间名称：		
受限空间所在单位填写	检修作业内容：				受限空间主要介质：		
	作业时间：　年　月　日　时起至　　年　月　日　时止						
	隔绝安全措施： 　　　　　　　　　　　　　确认人签字：　　　　　　　　年　　月　　日						
	负责人意见：　年　月　日 　　　　　　　　　　　　　负责人：　　　　　　　　年　　月　　日						
作业单位填写	作业单位：				作业人：		
	作业监护人：				作业中可能产生的有害物质：		
	作业安全措施（包括抢救后备措施）：						
	负责人意见：　年　月　日 　　　　　　　　　　　　　负责人：　　　　　　　　年　　月　　日						
采样分析	分析项目	有毒有害介质	可燃气	氧含量	取样时间	取样部位	分析人
	分析标准						
	分析数据						
审批意见： 　　　　　　　　　　　　　批准人：　　　　　　　　年　　月　　日							

（5）通风　受限空间出入口应保持畅通，保持受限空间空气良好流通。通风的方式可以采取打开人孔、手孔、料孔、风门、烟门等与大气相通的设施进行自然通风，必要时，可采取强制通风。采用管道送风时，送风前应对管道内介质和风源进行分析确认。并禁止向受限空间充氧气或富氧空气。

（6）监测　作业中应定时监测，至少每 2h 监测一次，如监测分析结果有明显变化，则应加大监测频率；作业中断超过 30min 应重新进行监测分析，对可能释放有害物质的受限空间，应连续监测。情况异常时应立即停止作业，撤离人员，经对现场处理，并取样分析合格后方可恢复作业。涂刷具有挥发性溶剂的涂料时，应实行连续分析监测，并采取强制通风措施。

（7）个体防护措施　受限空间经清洗或置换不能达到要求时，应采取相应的防护措施方可作业。必要时作业人员应拴带救生绳。

（8）照明及用电安全　受限空间照明电压应小于等于 36V，在潮湿容器、狭小容器内作业电压应小于等于 12V；使用超过安全电压的手持电动工具作业或进行电焊作业时，应配备漏电保护器；在潮湿容器中，作业人员应站在绝缘板上，同时保证金属容器接地可靠；临时用电应办理用电手续，并按规定架设和拆除。

（9）监护　受限空间作业，在受限空间外应设有专人监护。

（10）其他要求　在受限空间作业时应在受限空间外设置安全警示标志；受限空间外应备有空气呼吸器（氧气呼吸器）、消防器材和清水等相应的应急用品；作业人员不得携带与作业无关的物品进入受限空间，并保证工具安全可靠；作业前后应清点作业人员和作业工器具。

五、吊装作业

1. 基本概念

（1）吊装作业　在检维修过程中利用各种吊装机具将设备、工件、器具、材料等吊起，使其发生位置变化的作业过程称为吊装作业。

（2）吊装机具　吊装机具是指指桥式起重机、门式起重机、装卸机、缆索起重机、汽车起重机、轮胎起重机、履带起重机、铁路起重机、塔式起重机、门座起重机、桅杆起重机、升降机、电葫芦及简易起重设备和辅助用具。

2. 吊装作业分级

吊装作业按吊装重物的质量分为三级：

① 一级吊装作业吊装重物的质量大于 100t；

② 二级吊装作业吊装重物的质量大于等于 40t 至小于等于 100t；

③ 三级吊装作业吊装重物的质量小于 40t。

3. 吊装作业安全要点

（1）持证上岗　吊装作业人员（指挥人员、起重工）应持有有效的《特种作业人员操作证》，方可从事吊装作业指挥和操作。

（2）危险辨识　吊装作业前应辨识吊装作业中的危险因素，并提出安全措施。

（3）编制吊装方案和预案　吊装质量大于等于 40t 的重物和土建工程主体结构，应编制吊装作业方案。吊装物体虽不足 40t，但形状复杂、刚度小、长径比大、精密贵重，以及在作业条件特殊的情况下，也应编制吊装作业方案、施工安全措施和应急救援预案。

（4）审批　吊装质量大于 10t 的重物应办理《吊装安全作业证》。《吊装安全作业证》样例见表 5-5。

（5）作业前的安全检查

① 对从事指挥和操作的人员进行资质确认。

② 对安全措施落实情况进行确认。

③ 实施吊装作业单位的有关人员应对起重吊装机械和吊具进行安全检查确认，确保处于完好状态。

④ 实施吊装作业单位使用汽车吊装机械，要确认安装有汽车防火罩。

⑤ 实施吊装作业单位的有关人员应对吊装区域内的安全状况进行检查（包括吊装区域的划定、标识、障碍）。警戒区域及吊装现场应设置安全警戒标志，并设专人监护，非作业人员禁止入内。

表 5-5　吊装安全作业证

车间（部门）：　　　　　　　　　　　　　　　　　　　　　　　　　　　　编号：

吊装地点		吊装工具名称	
重物质量/t		吊装分级	
吊装人员		特殊工种作业证号	
安全监护人		吊装指挥（负责人）	
作业时间	自　　年　月　日　时　分至　　年　月　日　时　分		
吊装内容：			
危害辨识：			
安全措施(执行背面)：			
项目单位审批 负责人（签字）： 日期：　　年　月　日	项目单位审批 负责人（签字）： 日期：　　年　月　日	有关管理部门审批 负责人（签字）： 日期：　　年　月　日	

表 5-5（续）　吊装安全作业证背面的安全措施

序号	安全措施	打√
1	作业前对作业人员进行安全教育	
2	吊装质量大于等于 40t 的重物和土建工程主体结构；吊装物体虽不足 40t，但形状复杂、刚度小、长径比大、精密贵重，作业条件特殊，需编制吊装作业方案	
3	指派专人监护，并坚守岗位，非作业人员禁止入内	

序号	安全措施	打√
4	作业人员已按规定佩戴防护器具和个体防护用品	
5	应事先与分厂(车间)负责人取得联系,建立联系信号	
6	在吊装现场设置安全警戒标志,无关人员不许进入作业现场	
7	夜间作业要有足够的照明	
8	室外作业遇到大雪、暴雨、大雾及6级以上大风,停止作业	
9	检查起重吊装设备、钢丝绳、链条、吊钩等各种机具,保证安全可靠	
10	应分工明确、坚守岗位,并按规定的联络信号,统一指挥	
11	将建筑物、构筑物作为锚点,须经工程处审查核算并批准	
12	吊装绳索、揽风绳、拖拉绳等避免同带电线路接触,并保持安全距离	
13	人员随同吊装重物或吊装机械升降,应采取可靠的安全措施,并经过现场指挥人员批准	
14	利用管道、管架、电杆、机电设备等作吊装锚点,不准吊装	
15	悬吊重物下方站人、通行和工作,不准吊装	
16	超负荷或重物质量不明,不准吊装	
17	斜拉重物、重物埋在地下或重物坚固不牢,绳打结、绳不齐,不准吊装	
18	棱角重物没有衬垫措施,不准吊装	
19	安全装置失灵,不准吊装的操作规程	
20	用定型起重吊装机械(履带吊车、轮胎吊车、轿式吊车等)进行吊装作业,遵守该定型机械	
21	作业过程中应先用低高度、短行程试吊	
22	作业现场出现危险品泄漏,立即停止作业,撤离人员	
23	作业完成后清理现场杂物	
24	吊装作业人员持有法定的有效的证件	
25	地下通信电(光)缆、局域网络电(光)缆、排水沟的盖板,承重吊装机械的负重量已确认,保护措施已落实	
26	起吊物的质量(t)经确认,在吊装机械的承重范围	
27	在吊装高度的管线、电缆桥架已做好防护措施	
28	作业现场围栏、警戒线、警告牌、夜间警示灯已按要求设置	
29	作业高度和转臂范围内,无架空线路	
30	人员出入口和撤离安全措施已落实:A. 指示牌;B. 指示灯	
31	在爆炸危险生产区域内作业,机动车排气管已装火星熄灭器	
32	现场夜间有充足照明:①36V、24V、12V防水型灯;②36V、24V、12V防爆型灯	
33	作业人员已佩戴防护器具	
34	补充措施	

(6) 作业中安全措施

① 应明确指挥人员,统一指挥,指挥人员应佩戴明显的标志,并戴安全帽。吊装过程中,没有指挥令,任何人不得擅自离开岗位。不许解开吊装索具。

② 正式起吊前应进行试吊。

③ 选择合适的吊装锚点。严禁利用管道、管架、电杆、机电设备等作为吊装锚点。未经有关部门审查核算，不得将建筑物、构筑物作为锚点。

④ 吊装作业中，夜间应有足够的照明。室外作业遇到大雪、暴雨、大雾及 6 级以上大风时，应停止作业。

⑤ 利用两台或多台起重机械吊运同一重物时，升降、运行应保持同步；各台起重机械所承受地载荷不得超过各自额定起重能力的 80%。

⑥ 当起重臂吊钩或吊物下面有人，吊物上有人或浮置物时，不得进行起重操作。

⑦ 严禁起吊超负荷或重物质量不明和埋置物体或与其他物体冻结在一起的重物。

⑧ 防触电。在输电线路近旁作业时，应按规定保持足够的安全距离，不能满足时，应停电后再进行起重作业。

⑨ 停工和休息时，不得将吊物、吊笼、吊具和吊索吊在空中。

⑩ 不得利用极限位置限制器停车。

（7）作业完毕后安全措施

① 将起重臂和吊钩收放到规定的位置，所有控制手柄均应放到零位，使用电气控制的起重机械，应断开电源开关。

② 对在轨道上作业的起重机，应将起重机停放在指定位置有效锚定。

③ 吊索、吊具应收回放置到规定的地方，并对其进行检查、维护、保养。

【课后巩固练习】▶▶▶

1. 简述动火作业的安全要点。

2. 简述盲板抽堵作业的安全要点。

3. 简述高处作业的安全要点。

4. 简述受限空间作业的安全要点。

5. 简述吊装作业的安全要点。

6. 根据动火作业、盲板抽堵作业、高处作业、受限空间作业和吊装作业的安全要点和注意事项，请尝试编制这些作业的安全作业证。

第五节　案例分析与讨论

【案例一】动火作业事故案例

某化学品生产公司利用全厂停车机会进行检修，其中一个检修项目是用气割割断煤气总管后加装阀门。为此，公司专门制定了停车检修方案。检修当天对室外煤气总管（距地面高度约 6m）及相关设备先进行氮气置换处理，约 1h 后从煤气总管与煤气气柜间管道的最低取样口取样分析，合格后就关闭氮气阀门，认为氮气置换结束，分析报告上写着"氢气+一氧化碳<7%，不爆"。接着按停车检修方案对煤气总管进行空气置换，2h 后空气置换结束。车间主任开始开《动火安全作业证》（简称《动火证》），独自编制了安全措施后，监火人、动火负责人、动火人、动火前岗位当班班长、动火作业的审批人（未到现场）先后在《动火证》上签字，约 20min 后（距分析时间已间隔 3h 左右），焊工开始用气割枪对煤气总管进行切割（检修现场没有专人进行安全管理），在割穿的瞬间煤气总管内的气体发生爆炸，其冲击波顺着煤气总管冲出，击中距动火点 50m 外正在管架上已完成另一检修作业准备下架

的一名包机工，使其从管架上坠落死亡。

分析与讨论

《中华人民共和国安全生产法》（以下简称《安全生产法》）第四十条规定：生产经营单位进行爆破、吊装以及国务院安全生产监督管理部门会同国务院有关部门规定的其他危险作业，应当安排专门人员进行现场安全管理，确保操作规程的遵守和安全措施的落实。该公司在进行动火危险作业时未安排专人进行现场安全管理，动火作业过程中未严格执行《化学品生产单位动火作业安全规范》（AQ 3022—2008），在选取动火分析的取样点、确定动火分析的合格判定标准、分析时间与动火时间的间隔、《动火证》的办理过程中都存在着严重违章行为，致使煤气总管中残留的易燃易爆性气体，在煤气管道被割穿的瞬间遇点火源而引发管内气体爆炸，导致一名作业人员高处坠落后死亡。

【案例二】 受限空间作业事故案例

某市化工原料厂碳酸钙车间计划对碳化塔塔内进行清理作业。在车间办公室，车间主任安排 3 名操作人员进行清理，只强调等他本人到现场后方准作业（车间主任在该公司工作时间较长，以往此种作业都凭其经验处理），其中 1 人先到碳化塔旁，为提前完成任务，冒险进入碳化塔进行清理，窒息昏倒，待其余 2 人与车间主任到时，佩戴呼吸器将其救出，但因窒息时间过长已死亡。经检查发现，该公司未制定有关受限空间作业的安全制度。

分析与讨论

《安全生产法》第十八条规定：生产经营单位的主要负责人应组织制定本单位的安全生产规章制度和操作规程。该厂制定的危险作业管理制度不全，受限空间作业仅凭经验进行，作业人员为赶进度在未采取任何安全措施的前提下，进入塔内作业，引起了事故的发生。

【案例三】 设备检修作业事故案例

某公司净化工段变压吸附岗位气动切断球阀出现异常情况（管道内输送介质为一氧化碳），当班操作工打开旁路，切断变压吸附系统，随后电话通知仪表工段，一名仪表工来变压吸附岗位询问情况后，独自一人到现场去查找问题，操作人员在操作室操作开关配合，过了一会，仪表工告诉操作人员说阀门出现故障，需要维修。十几分钟后，操作人员到外面看，没有看到人，以为仪表工回去了，便没有在意。大约 3h 后，仪表工段当班的另一名仪表工发现去变压吸附岗位维修的仪表工还未回来，就立即赶到维修现场寻找，发现他躺在变压吸附平台上，随后立即将他送往医院抢救，经诊断确认已死亡。事故发生后经过对其他仪表维修人员的询问发现，维修人员对吸附岗位存在的危险因素和应采取的防范措施都不清楚，也未有人告知。

分析与讨论

《安全生产法》第四十一条规定：生产经营单位应当向从业人员如实告知作业场所和工作岗位存在的危险因素、防范措施以及事故应急措施。该公司未向仪表维修人员告知在变压吸附岗位维修仪表时存在的危险因素、防范措施，造成仪表维修人员的安全防范意识不强，事故发生时虽然系统已紧急切断，但系统内仍有压力，由于切断球阀阀杆密封垫片密封不严，造成高浓度的一氧化碳泄露，致使正在现场维修又未采取任何防范措施的仪表维修人员中毒死亡。

【案例四】 外单位检修作业事故案例

某化学工业公司委托无资质人员对本公司循环槽（循环槽储存介质挥发物中含有煤气）

槽体外壁进行除锈防腐。当时有 3 名工人在循环槽槽盖上用小铁榔头敲打槽盖上的铁锈，几分钟后循环槽突然发生剧烈爆炸，将 3 名工人抛上空中后摔落地面，均当场死亡。

分析与讨论

《安全生产法》第四十六条规定：生产经营单位不得将生产经营项目、场所、设备发包或者出租给不具备安全生产条件或者相应资质的单位或者个人。该公司违反规定将除锈防腐工程发包给不具备相应资质的个人，由于施工过程中使用铁榔头除锈，在敲打槽盖钢板时产生火花，引爆了循环槽中煤气与空气的混合性爆炸气体，最终导致 3 人死亡。

第六章

防火防爆电气安全技术

第一节　防火防爆安全技术

【学习目标】▶▶▶

　　知识目标：熟悉燃烧及其特性；掌握爆炸及其特性。
　　能力目标：掌握火灾爆炸事故预防措施。
　　情感价值观目标：培养学生正确的安全价值观和安全意识。

【案例情景】▶▶▶

　　2010年7月6日15时35分左右，某化工公司四氟乙烯单体装置在生产过程中，精馏工段2号精馏塔突然发生爆炸。发生爆炸的2号精馏塔高47m，分16级，每级之间采用法兰连接。爆炸导致该塔自第13级法兰（从下向上数）连接处以上（距四氟乙烯出料口4m左右）全部（14~16级）与塔体分离，第13级法兰从中断裂，一半法兰受爆炸冲击力作用飞向装置的东南方向，另一半仍连接在精馏塔上。事故未造成人员伤亡，直接经济损失约30万元。

一、燃烧及其特性

　　燃烧是一种伴有发光、发热的激烈的氧化反应。它具有发光、发热、生成新物质三个特征。例如，氢气在氯气中的反应属于燃烧；而铜与稀硝酸反应生成氧化铜，灯泡通电后灯丝发光发热则不属于燃烧。

　　1. 燃烧条件
　　燃烧必须同时具备下列三个条件。
　　（1）有可燃物存在　凡能与空气中的氧或氧化剂起剧烈反应的物质均称为可燃物。可燃物包括可燃固体，如煤、木材、纸张、棉花等；可燃液体，如汽油、酒精、甲醇等；可燃气体，如氢气、一氧化碳、液化石油气等。在化工生产中很多原料、中间体、半成品和成品是可燃物质。
　　（2）有助燃物存在　凡能帮助和维持燃烧的物质，均称为助燃物。常见的助燃物是空气和氧气以及氯气和氯酸钾等氧化剂。
　　（3）有点火源存在　凡能引起可燃物质燃烧的能源，统称为点火源，如明火、撞击、摩擦、高温表面、电火花、光和射线、化学反应等。

可燃物、助燃物和点火源是构成燃烧的三个要素，缺少其中任何一个，燃烧便不能发生。另外，燃烧反应在温度、压力、组成和点为源能量等方面都存在极限值。在某些条件下，如可燃物未达到一定的浓度、助燃物数量不够、点火源不具备足够的温度或热量，即使具备了三个条件，燃烧也不会发生。例如，氢气在空气中的浓度小于 4% 时就不能点燃；而一般可燃物质在空气中氧气浓度低于 14% 时也不会发生燃烧。对于已经进行着的燃烧，若消除其中一个条件，燃烧便会终止，这就是灭火的基本原理。

2. 燃烧过程

可燃物质的燃烧都有一个过程，这个过程随着可燃物的状态不同，其燃烧的特点也不同。气体最容易燃烧，只要达到其本身氧化分解所需的热量便能迅速燃烧，在极短的时间内全部烧光。液体在火源的作用下，首先蒸发，然后蒸气氧化分解进行燃烧。固体的燃烧，如果固体是简单物质，如硫、磷等，受热时先熔化，然后蒸发燃烧，没有分解过程；如果固体是复杂物质，在受热时，首先分解成气态或液态产物，然后气态产物或液态产物蒸气着火燃烧。各种物质燃烧过程都经过氧化分解、着火和燃烧等阶段。

物质在燃烧时，其温度变化也很复杂。$T_初$ 为可燃物开始加热的温度。最初一段时间，加热的大部分热量用于熔化或分解，故可燃物温度上升较缓慢。之后到温度 $T_氧$（氧化开始温度）时，可燃物开始氧化。由于温度尚低，故氧化速度不快，氧化所产生的热量尚不足以克服系统向外放热。若此时停止加热，仍不能引起燃烧。如继续加热，则温度上升很快，到 $T_自$ 时，氧化产生的热量和系统向外界散失的热量相等。若温度再稍升高，超过这种平衡状态，即使停止加热，温度亦能自行升高，到 $T'_自$ 就出现火焰并燃烧起来。因此，$T_自$ 为理论上的自燃点。$T'_自$ 为开始出现火焰的温度，即是通常测得的自燃点。$T_燃$ 为物质的燃烧温度。$T_自$ 到 $T'_自$ 这一段延滞时间称诱导期。诱导期在安全上有实际意义。

3. 燃烧类型

根据燃烧起因的不同，燃烧可分为闪燃、着火和自燃三类。

（1）闪燃和闪点　可燃液体的蒸气（包括可升华固体的蒸气）与空气混合后，遇到明火而引起瞬间燃烧，称为闪燃。液体能发生闪燃的最低温度，称为该液体的闪点。闪燃往往是着火先兆，可燃液体的闪点越低，越易着火，火灾危险性越大。某些可燃液体的闪点见表 6-1。

表 6-1　某些可燃液体的闪点

液体名称	闪点/℃	液体名称	闪点/℃
戊烷	<−40	丁醇	29
己烷	−21.7	乙酸	40
庚烷	−4	乙酸酐	49
甲醇	11	甲酸甲酯	<−20
乙醇	11.1	乙酸甲酯	−10
丙醇	15	乙酸乙酯	−4.4
乙酸丁酯	22	氯苯	28
丙酮	−19	二氯苯	66
乙醚	−45	二硫化碳	−30
苯	−11.1	氰化氢	−17.8
甲苯	4.4	汽油	−42.8
二甲苯	30		

（2）着火与燃点　可燃物质在有足够助燃物（如充足的空气、氧气）的情况下，由点火源作用引起的持续燃烧现象，称为着火。使可燃物质发生持续燃烧的最低温度，称为燃点。燃点越低，越容易着火。一些可燃物质的燃点见表6-2。

表 6-2　一些可燃物质的燃点

物质名称	燃点/℃	物质名称	燃点/℃
赤磷	160	聚乙烯	400
石蜡	150~195	聚氯乙烯	400
硝酸纤维	180	吡啶	482
硫磺	255	有机玻璃	260
聚丙烯	400	松香	216
醋酸纤维	482	樟脑	70

（3）自燃和自燃点　可燃物质被加热或由于缓慢氧化分解等自行发热达到一定的温度，即使不与明火接触也能自行着火燃烧的现象，称为受热自燃。可燃物发生自燃的最低温度，称为自燃点。

化工生产中，由于可燃物质靠近蒸汽管道，加热或烘烤过度，化学反应的局部过热，在密闭容器中加热温度高于自燃点的可燃物一旦泄漏，均可发生可燃物质自燃。一些可燃物质的自燃点见表6-3。

表 6-3　一些可燃物质的自燃点

物质名称	自燃点/℃	物质名称	自燃点/℃
二硫化碳	102	萘	540
乙醚	170	汽油	280
甲醇	455	煤油	380~425
乙醇	422	重油	380~420
丙醇	405	原油	380~530
丁醇	340	乌洛托品	685
乙酸	485	甲烷	537
乙酸酐	315	乙烷	515
乙酸甲酯	475	丙烷	466
乙酸戊酯	375	丁烷	365
丙酮	537	水煤气	550~650
甲胺	430	天然气	550~650
苯	555	一氧化碳	605
甲苯	535	硫化氢	260
乙苯	430	焦炉气	640
二甲苯	465	氨	630

二、爆炸及其特性

1. 爆炸及其分类

物质发生的一种极为迅速的物理或化学变化，并在瞬间放出大量能量，同时产生巨大声响的现象称为爆炸。其特点是具有破坏力，产生爆炸声和冲击波。化学工业中常见的爆炸可分为物理性爆炸与化学性爆炸两类。

（1）物理性爆炸　由物理因素（如状态、温度、压力等）变化而引起的爆炸现象称为物理性爆炸。物理性爆炸前后物质的性质和化学成分均不改变。如容器内液体过热气化而引起的爆炸等。

（2）化学性爆炸　由于物质发生激烈的化学反应，使压力急剧上升而引起的爆炸称为化学性爆炸。爆炸前后物质的性质和化学成分均发生了根本的变化。化学性爆炸按爆炸时所发生的化学变化可分为简单分解爆炸、复杂分解爆炸和爆炸性混合物爆炸。简单分解爆炸物引起的简单分解爆炸，并不发生燃烧反应，这类爆炸物大多是具有不稳定结构的化合物，如迭氮化铅、乙炔铜、三氯化氮、重氮盐、酚铁盐等，这类爆炸物是危险的，受轻微震动或受热即能引起爆炸。复杂分解物爆炸时伴随有燃烧反应，燃烧所需要的氧气由本身分解时供给，所有炸药均属此类。爆炸性混合物的爆炸过程指可燃气体、蒸气及粉尘与空气混合物遇明火发生的爆炸，爆炸混合物的爆炸需要一定的条件，如可燃物质的含量、氧气的含量及激发能源等，其危险性较前两类低，但极普遍，危害性较大。

爆炸对化工生产具有很大的破坏力，其破坏形式主要包括震荡作用、冲击波、碎片冲击、造成火灾等。震荡作用在遍及破坏作用范围内，会造成物体的震荡和松散；爆炸产生的冲击波向四周扩散，会造成附近建筑物的破坏；爆炸后产生的热量，将会点燃由爆炸引起的泄漏中的可燃物，引发火灾，加重危害。

2. 爆炸极限

（1）爆炸极限　可燃性气体、蒸气或粉尘与空气组成的混合物，并不是在任何浓度下都会发生燃烧或爆炸。可燃性气体、蒸气（含薄雾）或粉尘（含纤维状物质）与空气形成的混合物，遇着火源即能发生爆炸的最低浓度，称为该气体、蒸气或粉尘的爆炸下限；同样，可燃性气体、蒸气或粉尘与空气形成的混合物遇点火源即能发生爆炸的最高浓度，称为爆炸上限。混合物浓度低于爆炸下限时，因含有过量的空气，空气的冷却作用阻止了火焰的传播；同样，混合物浓度高于爆炸上限时，空气量不足，火焰也不能传播。

气体混合物的爆炸极限一般是用可燃气体或蒸气在混合中的体积百分比来表示。一些气体和液体的爆炸极限见表 6-4。

表 6-4　一些气体和液体的爆炸极限

物质名称	爆炸极限/%		物质名称	爆炸极限/%	
	下限	上限		下限	上限
氢	4.0	75.6	丁醇	1.4	10.0
氨	15.0	28.0	甲烷	5.0	15.0
一氧化碳	12.5	74.0	乙烷	3.0	15.5
二硫化碳	1.0	60.0	丙烷	2.1	9.5
乙炔	1.5	82.0	丁烷	1.5	8.5
氰化氢	5.6	41.0	甲醛	7.0	73.0
乙烯	2.7	34.0	乙醚	1.7	48.0
苯	1.2	8.0	丙酮	2.5	13.0

物质名称	爆炸极限/%		物质名称	爆炸极限/%	
	下限	上限		下限	上限
甲苯	1.2	7.0	汽油	1.4	7.6
邻二甲苯	1.0	7.6	煤油	0.7	5.0
氯苯	1.3	11.0	乙酸	4.0	17.0
甲醇	5.5	36.0	乙酸乙酯	2.1	11.5
乙醇	3.5	19.0	乙酸丁酯	1.2	7.6
丙醇	1.7	48.0	硫化氢	4.3	45.0

（2）爆炸极限的影响因素　爆炸极限不是一个固定值，影响因素主要有以下几点。

① 原始温度。爆炸性混合物的原始温度越高，爆炸极限范围越大，所以温度升高会使爆炸的危险性增大。

② 原始压力。一般情况下压力越高，爆炸极限范围越宽；压力降低，爆炸极限范围缩小。因此，减压操作有利于减小爆炸的危险性。

③ 惰性介质及杂质。惰性介质的加入可以缩小爆炸极限范围，当其浓度高到一定数值可使混合物不发生爆炸。杂质的存在会使某些气体反应过程发生爆炸，如少量硫化氢的存在会降低水煤气在空气混合物中的燃点，并因此促进其爆炸。

④ 容器。容器的材质、尺寸对物质的爆炸极限均有影响。实践证明，容器或管道直径越小，爆炸极限范围越小。

⑤ 点火源。点火源的能量、热表面的面积、点火源与混合物接触时间等，均对爆炸极限有影响。

⑥ 其他因素。如在黑暗中氯气与氢气的反应十分缓慢，而在强光照射下会发生爆炸。

3. 粉尘爆炸

（1）粉尘爆炸　粉尘在空气中达到一定浓度，遇明火会发生爆炸，粉尘爆炸是粉尘粒子表面和氧作用的结果。其过程是热能加在粒子表面，粒子表面温度逐渐升高，使粉尘表面的分子热分解或引起干馏作用，在粒子周围产生气体。这些气体在与空气形成爆炸性混合物的同时发生燃烧，燃烧产生的热量又进一步促使粉尘粒子分解，不断放出可燃气体和空气混合而使火焰蔓延。因此，粉尘爆炸的实质是气体爆炸，但引起爆炸的能量来源于热辐射面不是热传导。

（2）影响粉尘爆炸的因素

① 粉尘的物理化学性质。粉尘的燃烧热越大越易引起爆炸，氧化速度越快越易引起爆炸，挥发性越大越易引起爆炸，越易带电越易引起爆炸。

② 颗粒大小。一般粉尘越细，燃点越低，爆炸下限越小。粉尘粒子越干燥，燃点越低，危险性越大。

③ 粉尘的浮游性。粉尘在空气中停留时间越长，其危险性越大。

④ 粉尘与空气混合的浓度。与可燃气体相似。粉尘爆炸也有一定的浓度范围，也有上下限之分。粉尘混合物达到爆炸下限时，所含粉尘量已相当多，像云一样的形态存在，这样大的浓度通常只有在设备内部或在它的扬尘点附近者能达到。故一般以下限表示。注意！生成粉尘爆炸并不一定要在场所整个空间都形成爆炸危险浓度。一般情况下，只要粉尘成层地附着于墙壁、屋顶、设备上就可能引起爆炸。表 6-5 列出了一些粉尘的爆炸下限。

表 6-5　一些粉尘的爆炸下限　　　　　　　　　　单位：g/m³

粉尘名称	雾状粉尘	云状粉尘	粉尘名称	雾状粉尘	粉状粉尘
铝	35～40	37～50	聚氯乙烯		63～86
铁粉	120	135～204	聚丙烯	20	25～35
镁	44～59	44～59	有机玻璃	20	
锌	35	214～284	酚醛树脂	25	36～49
硫黄	35		脲醛树脂	70	
红磷		48～64	甲基纤维素	25	
萘	2.5	28～38	硬沥青	20	
松香	12.6		煤粉	35～45	
聚乙烯	26～35		煤焦炭粉		37～50
聚苯乙烯	27～37		炭黑		36～45

三、火灾、爆炸事故预防措施

发现易燃易爆物质泄漏，要迅速采取有效措施，消除或减少泄漏的危害。处理泄漏应从以下几个方面考虑。

1. 止漏

一旦发现泄漏，要立即查明泄漏点，根据泄漏的物料、部位、形式及程度，采取具体措施制止泄漏，减少泄漏量。经常采用的方法包括：关闭断气法；注水升液法；手钳夹管法；卡箍夹管法；用物堵塞法；冻结制漏法；法兰加垫法；罐口加盖法；泄气减压法。

如果在堵漏时需要动火，按特殊动火对待，立即请示厂有关领导，在采取可靠安全措施前提下，并按特殊规定办理完动火证后方可进行。

2. 应对泄漏采取的措施

如果泄漏时间较长或泄漏无法制止，则有着火和爆炸的危险，要立即向厂、公司有关部门报告。根据当时的情况采取以下措施。

（1）停止输料及向其他罐转移输送　正在输入的物料应立即停止输入，将泄露储罐内的易燃易爆物料输送到其他罐时，应调查清楚泄露罐及收料罐的储存能力等因素。

（2）确认防液堤的排水阀已经关闭　立即检查或派人检查防液堤上的排水阀、水闸是否关闭。

（3）防止跑泄范围扩大　为防止泄漏范围扩大，需要注意以下几点。

① 易燃液体在防液堤内发生积滞时，检查防液堤有无破损部位，以防漏出。

② 易燃易爆物质流出防液堤后，用土袋、沙袋或堤等方法围住，限制跑泄范围。

③ 如果泄漏物质难以收容，并有流入江河湖泊及大海的可能，要及时在其要流经的路线设立障碍，防止造成污染和其他危害。

（4）防止着火　为防止着火要采取以下措施。

① 切断着火源：

a. 立即停止泄漏区周围一切可以产生明火或火花的作业；

b. 如果易燃易爆物质扩散到非防爆场所，此时严禁启闭任何电气设备或设施；

c. 严禁处理人员将移动通信设备、摄像机、闪光灯带入泄漏区；

d. 处理人员必须穿防静电工作服，不带铁钉的鞋，使用防爆工具；

e. 严格控制机动车辆进入泄漏区。

② 液面覆盖。泄漏液体闪点低时，应采用泡沫覆盖液体表面，使其与空气隔绝。

③ 气体检测。气体检测重点需放在下风侧，检测位置应接近地面。在防液堤内测定时，应在下风侧的围墙以及两角为测定点。

④ 用惰性材料进行稀释、吸附和混合。对于泄漏的液体物料，如果现场通风良好可用氮气稀释混合，防止形成爆炸性混合物。

⑤ 冲洗。对能溶于水或能与水混合的物质，可用大水冲洗，但要适当控制水的流速和压力，并尽可能地收集废水，使之流入污水处理系统；对于不溶于水的物质，可以用分散剂冲刷。

⑥ 抽排或强力通风。为了防止气体或易挥发液体的蒸汽在空间形成爆炸性混合物，应利用现场的通风设施，加强通风。注意通风用电机应为防爆型。

⑦ 如果可燃气体或液体蒸气扩散到非防爆场所，此时不能开关电气设备，要保持其原状。

（5）处理人员的个体防护　泄漏作为一种紧急事态，防护要求比较严格。尤其是泄漏的易燃易爆物料同时又具有毒害和腐蚀性时，处理人员要根据物料的物化性质选择穿戴适当的呼吸器具和防护服装（包括手、足、面部的防护）。

① 使用防护器具。处理对人体有害的物质泄漏时，要使用空气呼吸器、氧气呼吸器、橡胶长筒靴、胶皮手套等防护用品进行防护。

② 液面覆盖。用泡沫覆盖液体表面不仅对防火有益，同时能减少有害物质的挥发。

③ 利用化学反应降低毒性。根据泄漏物的特性可加入某种物质，利用中和、沉淀、氧化-还原反应处理泄漏物。但此时要注意产生的次生污染。

（6）回收工作　回收跑漏物料时，要注意以下几点。

① 提前准备好用于回收的器材（如槽车、桶、泵等）。

② 用泵进行回收时，电气部分必须用防爆型或用气动等不产生火花的泵。槽车要加装车用阻火器。

③ 回收时，注意蒸汽扩散，加强气体检测。

（7）紧急停车　如果泄漏危及整个装置，视具体情况还可以采取紧急停车措施，如停止反应，把物料退出装置区，送至罐区或火炬。

（8）报警及监护　如果火灾爆炸危险性较大，立即向消防队报警并要求派消防车监护，消防车辆的阻火器必须完好。

（9）人员撤离　如果泄漏对临近装置或工厂、居民有威胁，要通知人员撤离，转移至安全地带。

四、常用灭火剂的选择

1. 常用灭火剂及其适用性

灭火剂的种类很多，但常用的不过十几种，现简述如下。

① 水。最常用的灭火剂，主要作用是冷却降温，也有隔离、窒息的作用。

② 水蒸气。它的灭火原理在于降低燃烧区的氧含量。

③ 化学泡沫。化学泡沫是由化学药剂混合发生化学反应产生的泡沫。气泡内主要是二氧化碳，它的灭火原理主要是泡沫覆盖了易燃液面，起隔离与窒息的作用。

④ 空气机械泡沫。是由发泡液，经过水流的机械作用互相混合而形成的。气泡内主要是空气。它的灭火原理同样是隔离和窒息作用。

⑤ 二氧化碳和其他惰性气体。加压的二氧化碳气从钢瓶喷出时即成固体雪花状二氧化碳（干冰），干冰的温度是−78.5℃，能起冷却燃烧物及冲淡燃烧区空气中氧含量的作用。

其他不燃烧也不助燃的惰性气体，如氮气也可用来灭火。

⑥ 四氯化碳及其他易气化的液体。四氯化碳是不可燃液体，沸点较低，遇热能迅速蒸发成气体，夺取燃烧物热量，并笼罩在燃烧区，使其与空气隔绝，从而使燃烧停止。其他易气化的液体有二氧化碳和乙基溴的混合物。

⑦ 化学干粉：干粉灭火剂是由碳酸氢钠、细砂、硅藻土或石粉等组成的细颗粒固体混合物。它依靠压缩氮气的压力被喷射到燃烧物表面，起到覆盖隔离和窒息的作用。

⑧ 黄沙、土等覆盖物。

常用灭火剂的适用性，见表 6-6 灭火剂适用范围。

表 6-6　灭火剂适用范围

灭火剂种类	灭火种类				
	木材等一般火灾	可燃液体火灾		带电设备火灾	金属火灾
		非水溶性	水溶性		
直流水	○	×	×	×	
二氧化碳泡沫	○	○	×	×	×
7510 灭火剂	×	×	×	×	○
二氧化碳、氮气	△	○	○	○	
钠盐、钾盐 Monnex 干粉	△	○	○	○	×
碳酸盐干粉	○	○	○	○	×
金属火灾用干粉	×	×	×	×	○

注：○——适用；△——一般不用；×——不适用。

2. 忌用灭火剂

不同的物质所发生的火灾需要使用相应的灭火剂，前面已经讲到了常用灭火剂的适用性，下面要特别强调一下忌用的灭火剂。

① 乙烯、乙炔忌用四氯化碳灭火剂。

② 金属，如钾、钠、钙、镁、铝、钛、锂等忌用水、泡沫、酸碱，四氯化碳灭火剂。其中镁还忌用砂。

③ 电石、发烟硫酸、过氧化钠（钾）、过氧化钡、无水氯化铝、五氧化二磷等忌用水、泡沫、酸碱等灭火剂。电石还忌用四氯化碳灭火剂。

3. 初起火灾的扑救

从小到大、由弱到强是大多数火灾的规律。在生产过程，发现并扑救初起火灾，对安全生产及国家财产和人身安全有着重大意义。因此，在化工生产中训练有素的操作人员一旦发现火情，除了迅速报告火警之外，应果断运用配备的灭火器材把火灾消灭在初起阶段，或使其得到有效控制，为专业消防队赶到现场扑救赢得时间。

（1）生产装置初起火灾的扑救　当生产装置发生火灾爆炸事故时，在场操作人员应迅速采取如下措施。

① 应迅速查清着火部位、着火物质来源，及时、准确地关闭阀门，切断物料来源及各种加热源；开启冷却水、消防蒸汽等，进行冷却或有效隔离；关闭通风装置，防止风助火势或沿通风管道蔓延。从而有效地控制火势以利于灭火。

② 带有压力的设备物料泄漏引起着火时，应切断进料并及时开启泄压阀门，进行紧急放空，同时将物料排入火炬系统或其他安全部位，以利灭火。

③ 现场当班人员应迅速果断作出是否停车的决定，并及时向厂调度室报告情况和向消防部门报警。在报警时要讲清着火单位、地点、着火部位和着火物质，最后报上自己的姓名。

④ 装置发生火灾后，当班的车间领导或班长应对装置采取准确的工艺措施，并充分利用装置内消防设施及灭火器材进行灭火，若火势一时难以扑灭，则要采取防止火势蔓延的措施，保护要害部位，转移危险物质。

⑤ 在专业消防人员到达火场时，生产装置的负责人应主动向消防指挥人员介绍情况，说明着火部位、物质情况、设备及工艺状态，以及采取的措施等。

（2）易燃可燃液体储罐初起火灾的扑救

① 易燃、可燃液体储罐发生着火、爆炸，特别是罐区中某一罐发生着火、爆炸是很危险的。一旦发现火情应迅速向消防部门报警并向厂调度室报告，报警和报告中须说明罐区的位置、着火罐的位号及储存物料情况，以便消防部门迅速赶赴火场进行扑救。

② 若着火罐尚在进料，必须采取措施迅速切断进料。如无法关闭进料阀，可在消防水枪掩护下进行抢关，或通知送料单位停止送料。

③ 若着火罐区有固定泡沫发生站，则应立即启动泡沫发生装置。开通着火罐的泡沫阀门，利用泡沫灭火。

④ 若着火罐为压力容器，应迅速打开水喷淋设施，对着火罐和邻近储罐进行冷却保护，以防止升温、升压引起爆炸，打开紧急放空阀门进行安全泄压。

⑤ 火场指挥员应根据具体情况，组织人员采取有效措施防止物料流散，避免火势扩大，并注意邻近储罐的保护以及减少人员伤亡和火势的扩大。

（3）电气火灾的扑救

① 电气火灾的特点。电气设备着火时，着火场所的很多电气设备可能是带电的。扑救带电电气设备火灾时应该注意现场周围可能存在着较高的接触电压和跨步电压；同时还有一些设备着火时是绝缘油在燃烧。如电力变压器、多油开关等设备内的绝缘油，受热后可能发生喷油和爆炸事故，进而使火灾范围扩大。

② 扑救时的安全措施。扑救电气火灾时，应首先切断电源。切断电源时应严格按照规程要求操作。

a. 火灾发生后，电气设备绝缘已经受损，应用绝缘良好的工具操作。

b. 选好电源切断点。切断电源地点要选择适当。夜间切断应考虑临时照明问题。

c. 若需剪断电线时，应注意非同相电源应在不同部位剪断，以免造成短路。剪断电线部位应有支撑物支撑电线的地方，避免电线落地造成短路或触电事故。

d. 切断电源时如需电力等部门配合，应迅速联系，报告情况，提出断电要求。

③ 带电扑救时的特殊安全措施。为了争取灭火时间，来不及切断电源或因生产需要不允许断电时，要注意以下几点。

a. 带电体与人体保持必要的安全距离。一般室内应大于 4m，室外不小于 8m。

b. 选用不导电灭火剂对电气设备灭火。机体喷嘴与带电体的最小距离，10kV 以下，大于 0.4m；35kV 及以下，大于 0.6m。

用水枪喷射灭火时，水枪喷嘴处应有接地措施。灭火人员应使用绝缘护具（如绝缘手套、绝缘靴等）并采用均压措施，其喷嘴与带电体的最小距离，110kV 及以下，大于 3m；220kV 及以下，大于 5m。

c. 对架空线路及空中设备灭火时，人体位置与带电体之间的仰角不超过 45º，以防电线断落伤人。如遇带电导体断落地面时要划清警戒区，防止跨步电压伤人。

④ 充油设备的灭火。

a. 充油设备的油品闪点多在 130～140℃ 之间，一旦着火，危险性较大。如果在设备外部着火，可用二氧化碳、1211、干粉等灭火器带电灭火。如油箱破坏，出现喷油燃烧，且火势很大时，除切断电源外，有事故油坑的，应设法将油导入油坑。油坑中和地面上的油火，可用泡沫灭火。要防止油火进入电缆沟。如油火顺沟蔓延，电缆沟内的火，只能用泡沫扑灭。

b. 充油设备灭火时，应先喷射边缘，后喷射中心，以免油火蔓延扩大。

（4）仓库火灾的扑救　仓库内存放的物质可燃品居多，而危险品仓库内储存的各种化学危险品的危险性更大，因此仓库着火时，仓库管理人员应立即向消防部门及厂调度室报警。报警时说明起火仓库地点、库号、着火物资品种及数量。

仓库内存放的物品很多，仓库的初起火灾更需要仓库管理人员利用仓库的灭火器材及时扑救，仓库灭火不可贸然用水枪喷射，应先选用合适的灭火器材进行灭火。否则用水枪一冲，物资损失必然增多，特别是危险品仓库。仓库管理人员应主动向消防指挥人员介绍情况，说明物品位置及相应的灭火器材，以免扩大火势，甚至引起爆炸。

为了防止火场秩序的混乱，应加强警戒，阻止无关人员入内，参加灭火的人员必须听从统一的指挥。

（5）人身着火的扑救　人身着火多数是由于工作场所发生火灾、爆炸事故或扑救火灾引起的。也有因用汽油、苯、酒精、丙酮等易燃油品和溶剂擦洗机械或衣物，遇到明火或静电火花而引起的。当人身着火时应采取如下措施。

若衣服着火又不能及时扑灭，则应迅速脱掉衣服，防止烧坏皮肤。若来不及或无法脱掉应打滚，用身体压灭火种。切记不可跑动，否则风助火势会造成严重后果。用水灭火效果会更好。

如果人身溅上油类而着火，其燃烧速度很快。人体的裸露部分，如手、脸和颈部最易烧伤。此时伤痛难忍，精神紧张，会本能地以跑动逃脱。在场的人应立即制止其跑动，将其推倒，用石棉布、海草、棉衣、棉被等物覆盖，用水浸湿后覆盖效果更好。用灭火器扑救时，注意不要对着面部。

在现场抢救烧伤患者时，应特别注意保护烧伤部位，不要碰破皮肤，以防感染。大面积烧伤患者往往会因伤势过重而休克，此时伤者的舌头易收缩而堵塞咽喉，发生窒息而伤亡。在场人员应将伤者嘴撬开，将舌头拉出，保证呼吸畅通。同时用被褥将伤者轻轻裹起来，送往医院治疗。

五、消防设施

1. 消防站

大中型化工厂及石油联合企业应设立消防站。消防站是专门用于消防火灾的专业性机构，拥有相当数量的灭火设备和经过严格训练的消防队员。消防站的服务范围按行车距离计，不得大于 2.5km，且应确保在接到火警后，消防车到达火场的时间不得超过 5min，超过服务范围的场所，应建立消防分站或设置其他消防设施，如泡沫发生站、手提式灭火机等。属于丁、戊类危险性场所的，消防站的服务范围可加大到 4km。

消防站的规模应根据发生火灾时消防用水量、灭火剂用量、采用灭火设施的类型（固定式或半固定式）、高压或低压消防供水以及消防协作条件等因素综合考虑。

采用半固定或移动式消防设施时，消防车辆应按扑救工厂最大火灾需要的用水量及泡沫、干粉等用量进行配备。当消防车超过6台时，宜设置一辆指挥车。

协作单位可供使用的消防车辆，是指邻近企业或城镇消防站在接到火警后，10min内能对相邻的储罐进行冷却或20min内能对着火储罐进行灭火提供的消防车辆。特殊情况可向政府领导下的消防队报警，报警电话119，报警时应说清以下情况：火灾的单位和详细地址；燃烧物的种类名称；火势程度；附近有无消防给水设施；报警者姓名和单位。

2. 消防给水设施

专门为消防灭火而设置的给水设施，主要有消防给水管道和消火栓两种。

(1) 消防给水管道　简称消防管道，是一种能保证消防所需要用水量的给水管道，一般可与生活用水或生产用水的上水道合并。

消防管道有高压和低压两种。高压消防管道，灭火时所需的水压是由固定的消防泵产生的；低压消防管道，灭火所需的水压是从室外消火栓用消防车或人力移动的水泵产生。

室外消防管道应采用环形，而不用单向管道。地下水管为闭合的系统，水可以在管内朝向各方环流，如管网的任何一段损坏，不致断水。室内消防管道应有通向屋外的支管，其上带有消防速合螺母，以备万一发生故障时，可与移动式消防水泵的水龙带连接。

(2) 消火栓　消火栓可供消防车吸水，也可直接连接水带放水灭火，是消防供水的基本设备。消火栓按其装置地点可分为室外和室内两类。室外消火栓又可分为地上式和地下式两种。

室外消火栓应沿道路设置，距路边不宜小于0.5m，不得大于2m。设置的位置应便于消防车吸水。室外消火栓的数量应按消火栓的保护半径和室外消防用水量确定。室内消火栓的配置，应保证两个相邻消火栓的充实水柱能够在建筑物最高、最远处相遇。室内消火栓一般设置于明显、易于取用的地点，离地面的高度应为1.2m。

(3) 生产装置区消防给水设施

① 消防供水竖管。用于框架式结构的露天生产装置区内，竖管沿梯子一侧安设。每层平台上均设有接口，并就近设有消防水带箱，便于冷却和灭火使用。

② 冷却喷淋设备。高度超过30m的炼制塔、蒸馏塔或容器，设置固定喷淋冷却设备，可用喷水头也可用喷淋管，冷却水的供给强度可采用5L/(min·m²)。

③ 消防水幕。设置于化工露天生产装置区的消防水幕，可对设备或建筑物进行分隔保护，以阻止火势蔓延。

④ 带架水枪。在火灾危险性较大且高度较高的设备四周，应设置固定式带架水枪，并备置移动式带架水枪，保护重点部位金属设备免受火灾辐射热的威胁。

3. 灭火器材

在化工生产装置区，应按规范设置一定数量的移动式灭火器材，以利扑救初起火灾。移动式灭火器材指泡沫灭火机、干粉灭火机、二氧化碳灭火机、1211、1301灭火机等。常用的灭火机的类型及其性能、用途见表6-7。

表6-7　常用灭火机的类型、性能及用途

灭火机类型	泡沫灭火机	二氧化碳灭火机	干粉灭火机	"1211"灭火机
规　格	10L；65～130L	<2kg；2～3kg；5～7kg	8kg；50kg	1kg；2kg；3kg
药　剂	筒内装有碳酸氢钠、发泡剂和硫酸铝溶液	瓶内装有压缩成液体的二氧化碳	钢筒内装有钾盐(或钠盐)干粉并备有盛装压缩气体的小钢瓶	钢筒内充装二氟一氯一溴甲烷，并充填压缩氮气

灭火机类型	泡沫灭火机	二氧化碳灭火机	干粉灭火机	"1211"灭火机
用途	扑救固体物质或其他易燃液体火灾；不能扑救忌水和带电设备火灾	扑救电气、精密仪器、油类和酸类火灾。不能扑救钾、钠、镁、铝等火灾	扑救石油、石油产品、油漆、有机溶剂、天然气设备火灾	扑救油类、电气设备、化工化纤原料等初起火灾
性能	10L 喷射时间 60s,射程 8m；65L 喷射 170s,射程 13.5m	接近着火地点,保持 3m 远	8kg 喷射时间 14～18s,射程 4.5m;50kg 喷射时间 50～55s,射程 6～8m	1kg 喷射时间 6～8s,射程 2～3m
使用方法	倒过来稍加摇动或打开开关,药剂即可喷出	一手拿着喇叭筒对点火源,另一手打开开关即可喷出	提起圈环,干粉即可喷出	拔出铅封或横销,用力压下压把即可喷出
保养和检查	放在使用方便的地方；注意使用期限；防止喷嘴堵塞；冬季防冻夏季防晒；一年一检查,泡沫低于 4 倍应换药	每月检查一次,当小于原量 1/10 应充气	置于干燥通风处,防潮防晒,一年检查一次气压,若质量减少 1/10 应充气	置于干燥处,勿撞碰,每年检查一次质量

化工厂内需用小型灭火机的种类及数量,应根据保护部位的燃烧物料性质、火灾危险性、可燃物数量、厂房和库房的占地面积,以及固定灭火设施对扑救初起火灾的可能性等因素,综合考虑决定。一般情况下,可参照表 6-8 来设置。

表 6-8　小型灭火设置

场　　所	设置数量/(个/m²)	备　　注
甲、乙类露天生产装置	1/150～1/100	①装置占地面积大于 1000m² 时选用小值,小于 1000m² 时选用大值 ②不足一个单位面积,但超过其 50% 时,可按一个单位面积计算
丙类露天生产装置	1/200～1/150	
甲、乙类生产建筑物	1/50	
丙类生产建筑物	1/80	
甲、乙类仓库	1/80	
丙类仓库	1/100	
易燃和可燃液体装卸栈台	按栈台长度每 10～15m 设置 1 个	可设置干粉灭火机
液化石油气、可燃气体罐区	按储罐数量每罐设置两个	可设置干粉灭火机

第二节　灭火器的选择及使用

【学习目标】▶▶▶

知识目标：熟悉和掌握常见灭火器的使用方法。

能力目标：能使用灭火器扑救初起火灾。

情感价值观目标：培养学生正确的安全价值观和安全意识。

【案例情景】▶▶▶

某年,湖南省长沙市岳麓区高叶塘西娜湾宾馆（7 层砖混结构,建筑面积 1350m²,一层为大厅,局部设夹层,为员工用房,二至七层为客房,共 40 间、53 个床位）发生火灾,造成 10 人死亡、4 人受伤,过火面积 150 余平方米,火灾直接财产损失 603645 元。

为了迅速扑灭化工厂中发生的火灾，必须依据现代消防技术水平，生产工艺过程，原材料、产品的性质，建筑结构，选择合适的灭火剂。常用的灭火剂有水、水蒸气、泡沫液、二氧化碳、干粉、1211等。现将这几类灭火剂的性能与应用范围分述如下。

一、清水灭火器

1. 水及水蒸气灭火的原理

水是消防上最普遍应用的灭火剂，由于水在自然界广泛存在，供给量大，取用方便，成本低廉，对人体及物体基本无害，水有很好的灭火效能，主要有下列几方面。

① 热容量大。水是一种吸热性很强的物质，具有很大的热容量。1kg水温度升高1℃，需要4.18kJ的热量；而当1kg水蒸发汽化时，又需要吸收2253.02kJ热量。因此，水就可以从燃烧物上吸收掉很多的热量，使燃烧物的温度迅速降低以致熄灭。

② 隔离空气。当水喷进燃烧区以后，便立即受热汽化成为水蒸气。1kg水全部蒸发时，能够形成1700L体积的水蒸气，当大量的水蒸气笼罩于燃烧物四周时，可以阻止空气进入燃烧区，从而大大减少了空气中氧的百分比含量，使燃烧因缺氧窒息而熄灭。

③ 机械冲击作用。加压的水流（密集水流）能喷射到较远的地方，具有机械冲击作用，能冲进燃烧表面而进入内部，破坏燃烧分解的产物，使未着火的部分隔离燃烧区，防止燃烧物质继续分解而熄灭。

水适用于扑救初起之火，又常用来扑救大面积的火灾。水作为灭火剂是以水、水柱、雾状水和水蒸气四种形态出现，由于形态不同，灭火效果也不同，且都各有特点，因此需要根据燃烧物的性质和燃烧时的实际情况采用不同形态。

2. 水及水蒸气灭火的范围

水能扑救闪点在60℃以上的可燃液体如重油、润滑油等储罐的火灾，以及直径较小的（1～3m）易燃液体储罐的火灾、铁路槽车的火灾等；能扑救流散在地上、面积不大，厚度不超过3cm的易燃液体火灾；扑救小量可燃气体、某些易燃固体如赤磷的火灾。水还能吸收和湿润某些气体、蒸气和烟雾，对消除火场上有毒气体及烟雾起到一定的作用。水蒸气的灭火作用是使火场的氧气量减少，以阻碍燃烧，并且能造成汽幕使火焰和空气隔离，油类和气体着火都可以用水蒸气扑灭。特别是用于扑救气体着火效果最大。空气中所含水蒸气的浓度愈大，灭火的效果也愈大。空气中含水蒸气35％时可以有效灭火，到65％时可以使已燃物质熄灭。

① 遇水燃烧物品不能用水及含水的泡沫灭火，由于有的遇水燃烧物品性质活泼，能置换水中的氢，产生可燃气体，同时放出热量，如金属钾、钠等。有的遇水产生可燃的碳氢化合物同时放出热量引起燃烧、爆炸，如碳化钙、三丁基硼等火灾主要用干砂土扑救。

② 比水轻且不溶于水的易燃液体，如苯、甲苯等，某些芳香族烃类以及溶解或稍溶于水的液体，如醇类（甲醇、乙醇等）、醚类（乙醚等）、酮类（丙酮等）、酯类（乙酸乙酯、乙酸丁酯等）以及丙烯腈等大容量储罐，如用水扑救，因水会沉在液体下面能形成喷溅、漂流而扩大火灾，可用泡沫、干粉、二氧化碳、1211等扑救。但如这些液体着火的数目未几，可用雾状水扑救。硫酸、硝酸等如遇加压水流，会立即沸腾，使酸液四处飞溅，故宜用干砂土、二氧化碳扑救，少量时可用雾状水扑救。

③ 有些化学物品遇水能产生有毒或腐蚀性的气体，如磷化锌、磷化铝、硒化镉等也不能用水，宜用沙土或二氧化碳扑救。

④ 电气火灾未切断电源前不能用水扑救。高温状态的化工设备不能用水扑救，由于水的忽然冷却会使设备爆裂，只能用水蒸气灭火或让其自然冷却。

3. 清水灭火器的组成

清水灭火器是由保险帽、提圈、筒体、二氧化碳气体储气瓶和喷嘴等部件组成。

清水灭火器的筒体中充满的是清洁的水，所以称为清水灭火器。它主要用于扑救固体物质火灾，如木材、棉麻、纺织品等的初起火灾。

清水灭火器有 6L 和 9L 两种规格，6L 的规格是指该灭火器装有 6L 的水，9L 的规格是指装有 9L 的水。

4. 清水灭火器的使用方法

① 将清水灭火器提至火场，在距燃烧物大约 10m 处，将灭火器直立放稳。

注意：灭火器不能放在离燃烧物太远处，这是因为清水灭火器的有效喷射距离在 10m 左右，否则，清水灭火器喷出的水，喷不到燃烧物上。

② 摘下保险帽。用手掌拍击开启杆顶端的凸头，这时，清水便从喷嘴喷出。

③ 当清水从喷嘴喷出时，立即用一只手提起灭火器筒盖上的提圈，另一只手托起灭火器的底圈，将喷射的水流对准燃烧最猛烈处喷射。因为清水灭火器的有效喷水时间仅有 1min 左右，所以，当灭火器有水喷出时，应迅速将灭火器提起，将水流对准燃烧最猛烈处喷射。

④ 随着灭火器喷射距离的缩短，操作者应逐渐向燃烧物靠近，使水流始终喷射在燃烧处，直至将火扑灭。

⑤ 清水灭火器在使用过程中应始终与地面保持大致垂直状态，不能颠倒或横卧；否则，会影响水流的喷出。

5. 清水灭火器的日常维护

对于清水灭火器的维护保养，应注意下列几方面的问题。

① 检查灭火器存放地点温度是否在 0℃以上，以防气温过低而冻结。

② 灭火器应放置在通风、干燥、清洁的地点，以防喷嘴堵塞以及因受潮或受化学腐蚀药品的影响而发生锈蚀。

③ 经常进行外观检查，检查内容如下。

a. 检查灭火器的喷嘴是否畅通，如有堵塞应及时疏通。

b. 检查灭火器的压力表指针是否在绿色区域，如指针在红色区域，表明二氧化碳气体储气瓶的压力不足，已影响灭火器的正常使用；所以，应查明压力不足的原因，检修后重新灌装二氧化碳气体。

c. 检查灭火器有无锈蚀或损坏，表面涂漆有无脱落，轻度脱落的应及时补好，有明显腐蚀的，应送专业维修部门进行检查。

d. 灭火器一经开启使用，必须按规定要求进行再充装，以备下次使用。

e. 每半年拆卸器盖进行一次全面检查。

检查储气瓶的防腐层有无脱落、腐蚀，轻度脱落的应及时补好，明显腐蚀的送专业维修部门进行水压试验；检查灭火器内水的重量是否符合要求，6L 的灭火器应装 6kg 的水，9L 的灭火器应装 9kg 的水，水量不够的要补足；检查器盖密封部分是否完好（图 6-1、图 6-2）。

二、干粉灭火器

1. 干粉灭火器灭火的原理

灭火器内充装的是干粉灭火剂。干粉灭火剂是用于灭火的干燥且易于流动的微细粉末，由具有灭火效能的无机盐和少量的添加剂经干燥、粉碎、混合而成微细固体粉末组成。它是

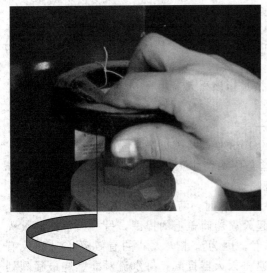

图 6-1　逆时针旋转　　　　　　　　　　图 6-2　对着齿口顺时针旋转

一种在消防中得到广泛应用的灭火剂，且主要用于灭火器中。除扑救金属火灾的专用干粉化学灭火剂外，干粉灭火剂一般分为 BC 干粉灭火剂和 ABC 干粉两大类。干粉灭火剂主要通过在加压气体作用下喷出的粉雾与火焰接触、混合时发生的物理、化学作用灭火。此外，以磷酸铵盐为基料的干粉，当喷射到灼热的燃烧物表面时，产生一系列化学反应，在固体表面生成一玻璃状覆盖层，使燃烧物表面占空气中的氧隔开，从而使燃烧窒息。

2. 干粉灭火器的分类及使用范围

干粉灭火剂按使用范围可分为普通干粉和多用干粉两大类。

（1）普通干粉　普通干粉主要用于扑救可燃液体火灾、可燃气体火灾以及带电设备火灾。主要品种有：

① 以碳酸氢钠为基料的碳酸氢钠干粉；

② 以碳酸氢钠为基料，但又添加增效基料的改性钠盐干粉；

③ 以碳酸氢钾为基料的紫钾盐干粉；

④ 以氯化钾为基料的钾盐干粉；以硫酸钾为基料的钾盐干粉；

⑤ 以尿素与碳酸氢钾（或碳酸氢钠）反应生成物为基料的氨基干粉。

（2）多用干粉　多用干粉不仅适用于扑救可燃液体、可燃气体和带电设备的火灾，还适用于扑救一般固体物质火灾。主要品种有：

① 以磷盐为基料的干粉；

② 以硫酸铵与磷酸铵盐的混合物为基料的干粉；

③ 以聚磷酸铵为基料的干粉。

（3）应用范围　普通干粉（碳酸氢钠干粉）灭火剂一般装于手提式、推车式灭火器及干粉消防车中使用；主要用于扑救各种非水溶性及水溶性可燃、易燃物品的火灾，以及天然气和液化石油气等可燃气体火灾和一般带电设备的火灾。在扑救非水溶性可燃、易燃物品火灾时，可与氟蛋白泡沫联用，以取得更好的灭火效果，并可有效地防止复燃；多用干粉（磷酸铵盐）灭火剂除与普通干粉灭火剂一样，能有效地扑救易燃、可燃液（气）体和电气设备火灾外，还可用于扑救木材、纸张、纤维等 A 类固体可燃物质的火灾。一般装于手提式和推车式灭火器中使用。

3. 干粉灭火器的使用方法

① 使用手提式干粉灭火器时，应手提灭火器的提把，迅速赶到着火处。

② 在距离起火点 5m 左右处，放下灭火器。在室外使用时，应占据上风方向。

③ 使用前，先把灭火器上下颠倒几次，使筒内干粉松动。

④ 如使用的是内装式或储压式干粉灭火器，应先拔下保险销，一只手握住喷嘴，另一只手用力压下压把，干粉便会从喷嘴喷射出来。

⑤ 如使用的是外置式干粉灭火器，则一只手握住喷嘴，另一只手提起提环，握住提柄，干粉便会从喷嘴喷射出来。

⑥ 用干粉灭火器扑救流散液体火灾时，应从火焰侧面。对准火焰根部喷射，并由近而远，左右扫射，快速推进，直至把火焰全部扑灭。

⑦ 用干粉灭火器扑救容器内可燃液体火灾时，亦应从火焰侧面对准火焰根部，左右扫射。当火焰被赶出容器时，应迅速向前，将余火全部扑灭。灭火时应注意不要把喷嘴直接对准液面喷射，以防干粉气流的冲击力使油液飞溅，引起火势扩大，造成灭火困难。

⑧ 用干粉灭火器扑救固体物质火灾时，应使灭火器嘴对准燃烧最猛烈处，左右扫射，并应尽量使干粉灭火剂均匀地喷洒在燃烧物的表面，直至把火全部扑灭。

⑨ 使用干粉灭火器应注意灭火过程中应始终保持直立状态，不得横卧或颠倒使用，否则不能喷粉；同时注意干粉灭火器灭火后防止复燃，因为干粉灭火器的冷却作用甚微，在着火点存在着炽热物的条件下，灭火后易产生复燃。干粉灭火器的使用如图 6-3～图 6-8 所示。

图 6-3　干粉灭火器

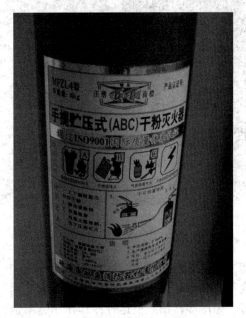

图 6-4　干粉灭火器说明

三、二氧化碳灭火器

1. 二氧化碳灭火器灭火的原理

二氧化碳灭火剂主要灭火作用是窒息作用；此外，对火焰还有一定冷却作用。二氧化碳灭火剂平时以液态的形式储存在灭火器或压力容器中，灭火时从灭火器或设备中喷出，一般情况下 1kg 液态的二氧化碳汽化产生 $0.5m^3$ 的二氧化碳气体，相对密度较大的二氧化碳能够排除燃烧物周围的空气，降低空气中氧的含量。当燃烧区域或空间含氧量低于 12%，或

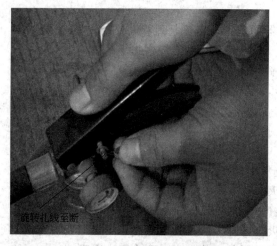

图 6-5　旋转扎线

旋转扎线至断

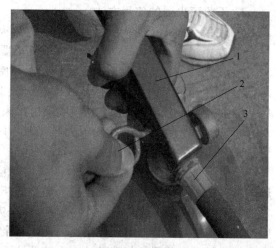

图 6-6　具体操作示意图一
1—压下压把灭火；2—拔出销钉；3—伸展轮管

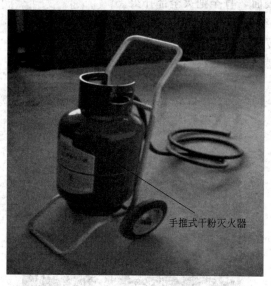

手推式干粉灭火器

图 6-7　手推式干粉灭火器

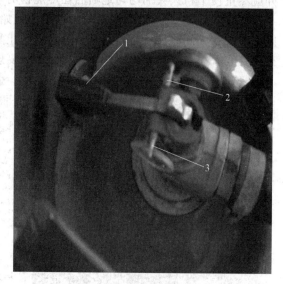

图 6-8　具体操作示意图二
1—拉起保险销；2—拧断轧死；3—拔出销钉

者二氧化碳浓度达到 $30\%\sim35\%$ 时，绝大多数燃烧都会熄灭。当二氧化碳喷出时，汽化吸收本身热量，使部分二氧化碳变为固态的干冰，干冰汽化时要吸收燃烧物的热量，对燃烧物有一定冷却作用，但这种冷却作用远不能扑灭火焰，不是二氧化碳的主要灭火作用。二氧化碳具有较高的密度，约为空气的 1.5 倍。在常压下，液态的二氧化碳会立即汽化，一般 1kg 的液态二氧化碳可产生约 $0.5m^3$ 的气体。因而，灭火时，二氧化碳气体可以排除空气而包围在燃烧物体的表面或分布于较密闭的空间中，降低可燃物周围或防护空间内的氧浓度，产生窒息作用而灭火。二氧化碳灭火器主要用于扑救贵重设备、档案资料、仪器仪表、600V以下电气设备及油类的初起火灾。

2. 使用范围

适用于扑救一般 B 类火灾，如油制品、油脂等火灾，也可适用于 A 类火灾，但不能扑救 B 类火灾中的水溶性可燃、易燃液体的火灾，如醇、酯、醚、酮等物质火灾；也不能扑救带电设备及 C 类和 D 类火灾。二氧化碳来源广泛，无腐蚀性，灭火时不会对火场环境造成污染，灭火后能很快逸散，不留痕迹。它适用于扑救各种易燃液体火灾，以及一些怕污染、损坏的固体火灾。另外，二氧化碳不导电，可用于扑救带电设备的火灾。由于二氧化碳灭火器的压力随温度而变化。温度过低，压力迅速降低，其喷射强度也大大降低，失去灭火作用；温度过高，压力迅速升高，影响安全使用。因此，国家规定，二氧化碳灭火器使用的温度范围为 $-20 \sim 55℃$；二氧化碳液相在汽化时，吸收本身热量使温度很快降到 $-79℃$，使用时应防止冻伤；二氧化碳是一种弱毒气体，主要是对人有窒息作用。空气中含有 $2\% \sim 4\%$ 的二氧化碳时，中毒者呼吸加快，当浓度增加至 $4\% \sim 6\%$ 时，开始出现头痛，耳鸣和剧烈的心跳，呼吸次数明显加快，当空气中含有 20% 的二氧化碳时，人便会死亡。因此，灭火后人员应迅速离开，室内灭火后要打开门窗。

3. 使用方法

在使用时，应首先将灭火器提到起火地点，放下灭火器，拔出保险销，一只手握住喇叭筒根部的手柄，另一只手紧握启闭阀的压把。对没有喷射软管的二氧化碳灭火器，应把喇叭筒往上扳 $70° \sim 90°$。使用时，不能直接用手抓住喇叭筒外壁或金属连接管，防止手被冻伤。在使用二氧化碳灭火器时，在室外使用的，应选择上风方向喷射；在室内窄小空间使用的，灭火后操作者应迅速离开，以防窒息。可手提筒体上部的提环，迅速奔赴火场。这时应注意，不得使灭火器过分倾斜，更不可横拿或颠倒，以免两种药剂混合而提前喷出。当距离着火点 $10m$ 左右，即可将筒体颠倒过来，一只手紧握提环，另一只手扶住筒体的底圈，将射流对准燃烧物。在扑救可燃液体火灾时，如已呈流淌状燃烧，则将泡沫由远而近喷射，使泡沫完全覆盖在燃烧液面上；如在容器内燃烧，应将泡沫射向容器的内壁，使泡沫沿着内壁流淌，逐步覆盖着火液面。切忌直接对准液面喷射，以免由于射流的冲击，反而将燃烧的液体冲散或冲出容器，扩大燃烧范围。在扑救固体物质火灾时，应将射流对准燃烧最猛烈处。灭火时随着有效喷射距离的缩短，使用者应逐渐向燃烧区靠近，并始终将泡沫喷在燃烧物上，直到扑灭。使用时，灭火器应始终保持倒置状态，否则会中断喷射。

四、其他灭火剂

1. 卤代烷灭火剂

卤代烷灭火剂是以卤原子取代烷烃分子中的部分氢原子或全部氢原子后得到的一类有机化合物的总称。一些低级烷烃的卤代物具有不同程度的灭火作用，这些具有灭火作用的低级卤代烷统称为卤代烷灭火剂。通常用作灭火剂的多为甲烷和乙烷的卤代物，分子中的卤素原子为氟、氯、溴。氟原子的存在增加了卤代烷的惰性和稳定性，同时降低了卤代烷的毒性和腐蚀性，氯原子和溴原子的存在，尤其是溴原子，提高了卤代烷的灭火效能。卤代烷灭火剂的命名原则是：用四个阿拉伯数字分别表示卤代烷中碳和卤族元素的原子数，其排列顺序为：碳、氟、氯、溴。如果末尾数字为零则略去，并在代号前面冠以 Halon（哈龙），以区别一些其他化合物。因此，卤代烷灭火剂也称"哈龙"灭火剂。

2. 烟雾灭火剂

烟雾灭火剂是由硝酸钾、木炭、硫黄、三聚氰胺和碳酸氢钾组成，呈深色粉状混合物。它是在发烟火药的基础上加以改进而研制成的一种新型灭火剂。其典型配比为硝酸钾 50.5%、木炭 12.5%、硫黄 3%、三聚氰胺 26% 和碳酸氢钾 8%。烟雾灭火剂的灭火原理主要是窒息作用。烟雾灭火剂的各种组分，可以在密闭系统中持续燃烧，而不需外界供给氧气，燃烧时产生大量气体，其中 85% 以上是二氧化碳、氮气等惰性气体。所谓烟雾，就是灭火剂燃烧反应的气态产物及浮游于其中的固体颗粒。用它扑救油罐火灾时，这些烟雾从发烟器喷嘴喷出，能迅速充满油罐内空间，排挤罐内的其他气体，阻止外界空气流入罐内，大大稀释了罐内的氧气和可燃气体浓度，从而使燃烧窒息。

除窒息作用外，烟雾灭火剂还有以下灭火作用：烟雾灭火剂能阻断燃油蒸气进入燃烧区，将油面封闭，此外烟雾灭火剂颗粒有一定的捕捉活性基团，抑制燃烧连锁反应的作用，没燃完的灭火剂残渣散落在油面上，有一定的覆盖作用。

五、灭火器的配置及使用

近年来，一些火灾事故暴露出在灭火器配置、使用、维护等环节存在亟待改进的问题，主要表现在：一是部分建筑工程未按《建筑灭火器配置设计规范》进行灭火器配置设计，造成配置总量、设置位置不符合规范要求，选择的灭火器类型不适合被保护对象，特别是在应配置 ABC 类干粉灭火器的场所配置 BC 类干粉灭火器的问题较为突出；二是使用单位对灭火器维护保养制度不健全，经常性检查和日常维护措施不落实，造成许多配置的灭火器污损严重，甚至失去效能；三是对员工使用维护灭火器的培训不到位，造成一些初起火灾虽被及时发现，但由于员工不会正确使用灭火器或因灭火器失效，致使小火未被控制而酿成大灾；四是部分消防产品维修单位，特别是不具备维修资质的单位不按维修规程进行灭火器维修，维修后的灭火器质量得不到保证。上述问题在各地都有不同程度的存在，如不采取有效措施切实加以纠正，势必造成严重后果。为了吸取火灾事故教训，确保灭火器完好有效，必须切实加强灭火器配置、使用维护监督管理。

1. 灭火器配置纳入消防监督审核范围

将灭火器配置设计纳入建筑工程消防监督审核范围，并作为建筑工程消防验收的项目之一。民用建筑以及工业厂区内保护对象是固体可燃物的，其场所配置的储压式干粉灭火器必须是 ABC 型。

2. 使用单位建立灭火器使用管理档案

使用单位要建立灭火器维护管理档案，至少每季度对灭火器进行一次状态检查，并将灭火器检查情况制作成状态卡挂在灭火器筒体上明示；使用单位应当至少每 12 个月自行组织或委托维修单位对所有灭火器进行一次功能性检查，对检查发现损坏的、使用过和到维修年限的灭火器必须委托有维修资质的单位进行维修；使用和维修单位必须严格落实灭火器报废制度，凡灭火器达到报废规定年限的均应予以强制报废，重新选配新的灭火器。在用的1211 灭火器则使用到报废年限为止。

3. 使用单位对灭火器使用和维护的培训

使用单位应组织全体员工接受灭火器使用操作和维护的培训。使用单位适时组织灭火器使用维护培训和灭火演练，确保每个员工都会正确使用和维护灭火器，能够有效扑救初起火灾。使用单位应保存培训和演练的记录，使用单位从事灭火器检查、维护、管理的相关人员应掌握灭火器产品的质量识别方法。

【课后巩固练习】▶▶▶

1. 简述干粉灭火器的使用方法及其使用范围。
2. 简述二氧化碳灭火器的使用方法及其使用范围。
3. 简述清水灭火器的使用方法及其使用范围。
4. 简述针对一场火灾事故，应如何正确使用灭火器。

第三节 电气安全技术

【学习目标】▶▶▶

知识目标：熟悉电气安全基础知识；掌握电力系统安全技术。

能力目标：能够根据不同的工作环境进行雷电及其静电危害的防治。

情感价值观目标：培养学生正确的安全价值观和安全意识。

【案例情景】▶▶▶

某酒店服务员使用吸水机，吸水机插头损坏，他把插头卸掉，直接把插头的三条线（一条火线、一条零线、一条接地保护线）错把接地保护线插在二孔插座中的火线上，他一手去开吸水机的开关，一手触到吸水机的金属部分，本身脚下潮湿有水，当场触电身亡。

一、电气安全基础知识

电气事故是职业安全工作中主要防范和管理的对象之一。掌握电气事故的特点、事故的类型及规律等，对搞好职业用电安全技术及管理具有重要的意义。

众所周知，电能的开发和应用给人类的生产和生活带来了巨大的变革，大大促进了社会的进步和文明。在现代社会中，电能已被广泛应用于工农业生产和人民生活等各个领域。然而，在用电的同时，如果对电能可能产生的危害认识不足，控制和管理不当，防护措施不利，在电能的传递和转换过程中，将会发生异常情况，造成电气事故。

1. 电气事故的特点

（1）电气事故危害性大 电气事故的发生伴随着危害和损失，严重的电气事故不仅带来重大的经济损失，而且还可能造成人员伤亡。发生事故时，电能直接作用于人体，会造成电击；电能转换为热能作用于人体，会造成烧伤或烫伤；电能脱离正常的通道，会形成漏电、接地或短路，是造成火灾、爆炸的起因。

电气事故在工伤事故中占有不小的比例，据有关部门统计，我国触电死亡人数占全部事故死亡人数的 5% 左右。

（2）电气事故危险难以直观识别 由于电既看不到、听不见又嗅不着，其本身不具备为人们直观识别的特征。由电所引发的危险不易为人们所察觉、识别和理解。因此，电气事故往往来得猝不及防，给电气事故的防护以及人员的教育和培训带来难度。

（3）电气事故涉及领域广 这个特点主要表现在两个方面：一方面，电气事故并不仅仅局限在用电领域的触电、设备和线路故障，在一些非用电场所，因电能的释放也会造成灾害或伤害。例如，雷电、静电和电磁场危害等，也都属于电气事故的范畴。另一方面，电能的使用极为广泛，不论是生产还是生活，不论是工业还是农业，不论是科研还是教育文化部门，不论是政府机关还是娱乐休闲场所，都广泛使用电。哪里使用电，哪里就有可能发生电气事故，哪里就必须考虑电气事故的问题。

（4）电气事故的防护研究综合性强 一方面，电气事故的机理除了电学之外，还涉及许多学科。因此，电气事故的研究，不光要研究电学，还要同力学、化学、生物学、医学等许多其他学科的知识综合起来进行研究。另一方面，在电气事故的预防上，既有技术上的措施，又有管理上的措施。这两方面是相辅相成、缺一不可的。在技术方面，预防电气事故主要是进一步完善传统的电气安全技术，研究新出现的电气事故及其对策，开发电气安全领域的新技术等。在管理方面，主要是健全和完善各种电气安全组织管理措施。一般来说，电气事故的共同原因是安全组织措施不健全和安全技术措施不完善。实践表明，即使有完善的技术措施，如果没有相适应的组织措施，仍然会发生电气事故。因此，必须重视防止电气事故的综合措施。

电气事故是具有规律性的，且其规律是可以被人们认识和掌握的。在电气事故中，大量的事故都具有重复性、频发性的特点，无法预料、不可抗拒的事故毕竟是极少的。人们在长期的生产和生活实践中，已经积累了同电气事故斗争的丰富经验，各种技术措施和各种安全工作规程及有关电气安全规章制度，都是这些经验的成果，只要依照客观规律办事，不断完善电气安全技术措施和管理措施，电气事故是可以避免的。

2. 电气事故的类型

根据能量转移论的观点，电气事故是由于电能非正常地作用于人体或系统所造成的。根据电能的不同形式，可将电气事故分为触电事故、电气火灾和爆炸、静电危害事故、雷电灾害事故、射频电磁场危害、电气系统故障危害事故等。

（1）触电事故　包括电击和电伤两种情况。

① 电击是电流通过人体，刺激机体组织，使肌肉非自主地发生痉挛性收缩而造成的伤害。严重时会破坏人的心脏、肺部、神经系统的正常工作，形成危及生命的伤害。

电击对人体的效应是由通过的电流决定的。而电流对人体的伤害程度与通过人体电流的强度、种类、持续时间、通过途径及人体状况等多种因素有关。

按照人体触及带电体的方式，电击可分为以下几种情况：单相触电、两相触电、跨步电压触电。

② 电伤是电流的热效应、化学效应、机械效应等对人体所造成的伤害。伤害多见于机体的外部，往往在机体表面留下伤痕。能够形成电伤时的电流通常比较大。

电伤属于局部伤害。其危害程度决定于受伤面积、受伤深度、受伤部位等。

电烧伤是最为常见的电伤，大部分触电事故都含有电烧伤成分。电烧伤可分为电流灼伤和电弧烧伤。

a. 电流灼伤是人体同带电体接触，电流通过人体时，因电能转换成热能引起的伤害。由于人体与带电体的接触面积一般都不大，且皮肤电阻又比较高，因而产生在皮肤与带电体的接触部位的热量就较多。因此，使皮肤受到比体内严重得多的灼伤。电流越大、通电时间越长、电流途径上的电阻越大，电流灼伤越严重。由于接近高压带电体时会发生击穿放电，因此，电流灼伤一般发生在低压电气设备上。因电压较低，形成电流灼伤的电流不太大。但数百毫安的电流即可造成灼伤。数安的电流则会形成严重的灼伤。在高频电流下，因皮肤电容的作用，有可能发生皮肤仅有轻度灼伤而内部组织却被严重灼伤的情况。

b. 电弧烧伤是由弧光放电造成的烧伤。电弧发生在带电体与人体之间，有电流通过人体的烧伤称为直接电弧烧伤；电弧发生在人体附近对人体形成的烧伤很大，电弧温度高达数千度，可造成大面积的深度烧伤，严重时能将机体组织烘干、烧焦。电弧烧伤既可以发生在高压系统，也可以发生在低压系统。在低压系统，带负荷（尤其是感性负荷）拉开裸露的闸刀开关时，产生的电弧会烧伤操作者的手部和面部；因误操作引起短路也会导致电弧烧伤等。在系统中，由于误操作，会产生强烈的电弧，造成严重的烧伤；人体过分接近带电体，其间距小于放电距离时，直接产生强烈的电弧，造成电弧烧伤，严重时会因电弧烧伤而死亡。

在全部电烧伤的事故当中，大部分的事故发生在电气维修人员身上。

电烙印是电流通过人体后，在皮肤表面接触部位留下与接触带电体形状相似的斑痕，如同烙印。斑痕处皮肤呈现硬变，表层坏死，失去知觉。

机械损伤多数是由于电流作用于人体，使肌肉产生非自主的剧烈收缩所造成的。其损伤包括肌腱、皮肤、血管、神经组织断裂以及脱位乃至骨折等。

电光眼表现为角膜和结膜发炎。弧光放电时的红外线、可见光、紫外线都会损伤眼睛。在短暂照射的情况下，引起电光眼的主要原因是紫外线。

（2）电气火灾和爆炸　线路、开关、熔断器、插座、照明器具、电热器具、电动机等均可能构成引燃源引发火灾和爆炸。电力变压器、多油断路器等电气设备不仅有较大的火灾危险，还有爆炸的危险。在火灾和事故中，电气火灾和爆炸事故占有很大的比例。

（3）静电危害事故　静电危害事故是由静电电荷或静电场能量引起的。在生产工艺过程中以及操作人员的操作过程中，某些材料的相对运动、接触与分离导致了相对静止的正电荷和负电荷的积累，即产生了静电。由此产生的静电其能量不大，不会直接使人致命。但是，其电压可能高达数万伏乃至数十万伏，发生放电，产生放电火花。静电事故危害主要有以下几个方面。

在有爆炸和火灾事故危险的场所，静电放电火花会成为可燃性物质的点火源，造成爆炸和火灾事故。

人体因受到静电电击的刺激，可能引发二次事故，如坠落、跌伤等；此外，对静电电击的恐惧心理对工作效率还会对生产不良影响。

某些生产过程中，静电的物理现象会对生产产生妨碍，导致产品质量不良，造成生产故障，乃至停工。

（4）雷电灾害事故　雷电是大气中的一种放电现象。雷电放电具有电流大、电压高的特点。其能量释放出来可能形成极大的破坏力。其破坏作用主要有以下几个方面：直击雷放电、二次放电、雷电流的热量引起火灾和爆炸。

雷电的直接击中、金属的二次放电、跨步电压的作用及火灾与爆炸的间接作用，均会造成人员的伤亡。

强大的雷电流、高电压可导致电气设备被击穿或烧毁。发电机、变压器、电力线路等遭受雷击，可导致大规模停电事故。雷击可直接毁坏建筑物、构筑物。

（5）射频电磁场危害　射频是指无线电波的频率或者相应的电磁振荡频率，泛指100kHz以上的频率。射频伤害是由电磁场的能量造成的。射频电磁场的危害主要如下。

在射频电磁场作用下，人体因吸收辐射能量会受到不同程度的伤害。过量的辐射可能会引起中枢神经系统的机能障碍，出现神经衰弱症候群等临床症状；可造成植物神经紊乱，出现心率或血压异常，如心动过缓、血压下降或心动过速、高血压等；可引起眼睛损伤，造成晶体浑浊，严重时会导致白内障；可使睾丸发生功能失常，造成暂时或永久的不育症，并可能使后代产生疾患；可造成皮肤表层灼伤或深度灼伤等。

在高强度的射频电磁场作用下，可能产生感应放电，会造成电引爆器件发生意外引爆。感应放电对具有爆炸、火灾危险的场所来说是一个不容忽视的危险因素。此外，当受电磁场作用感应出的感应电压较高时，会给人以明显的电击。

（6）电气系统故障危害　电气系统故障是由于电能在传输、分配、转换过程中失去控制而产生的。断线、短路、异常接地、漏电、误合闸、误掉闸、电气设备或电气元件损坏、电子设备受电磁干扰而发生误动作等都属于电路故障。系统中电气线路或电气设备的故障也会导致人员伤亡及重大财产损失。电气系统故障危害主要体现在以下几方面。

① 引起火灾和爆炸。电气系统故障产生的危险温度、电火花、电弧等可能构成引燃源，

引起火灾和爆炸的发生。

② 异常带电。电气系统中，原本不带电的部分因电路故障而异常带电，可导致触电事故发生。例如，电气设备因绝缘不良产生漏电，使其金属外壳带电；高压故障接地时，在接地处附近呈现出较高的跨步电压，形成触电的危险。

③ 异常停电。异常停电在某些特定场合会造成设备损坏或人身伤亡。如正在浇注钢水的吊车，因骤然停电而失控，导致钢水洒出引起人身伤亡事故；手术室可能因异常停电而被迫停止手术，因无法正常施救而危及病人生命；排放有毒气体的风机因异常停电而停转，致使有毒气体超过允许浓度危及人身安全等；公共场所发生异常停电，会引起妨碍公共安全的事故；异常停电还可能引起计算机系统的故障，造成难以挽回的损失。

3. 触电事故的规律

大量的统计资料表明，触电事故的出现是具有规律性的。触电事故的分布规律为我们提供了制订安全措施、最大限度地减少触电事故发生率的有效依据。国内外的触电事故统计资料分析，触电事故的分布具有如下规律。

(1) 触电事故季节性明显 一年之中，二、三季度是事故多发期，尤其在 6～9 月份最为集中。其原因主要是这段时间正值炎热季节，人体穿着单薄且皮肤多汗，相应增大了触电的危险性；另外，这段时间潮湿多雨，电气设备的绝缘性能有所降低；再有，这段时间许多地区处于农忙季节，用电量增加，农村触电事故也随之增加。

(2) 低压设备触电事故多 低压设备触电事故远多于高压触电事故。其原因主要是低压设备远多于高压设备；而且，缺乏电气安全知识的多是与低压设备接触的人员。因此，应当将低压方面作为防止触电事故的重点。

(3) 携带式设备和移动式设备触电事故多 这主要是因为这些设备经常移动，工作条件较差，容易发生故障，另外，在使用时需用手紧握进行操作。

(4) 电气连接部位触电事故多 在电气连接部位机械牢固性较差，电气可靠性也较低，是电气系统的薄弱环节，较易出现故障。

(5) 农村触电事故多 这主要是因为农村用电条件差，如设备简陋、技术水平低、管理不严、电气安全知识缺乏等。

(6) 冶金、矿业、建筑、机械行业触电事故多 这些行业存在工作现场环境复杂、潮湿、高温、移动式和携带式设备多、现场金属设备多等不利因素，使触电事故相对较多。

(7) 青年、中年人以及电工人员触电事故多 这主要是因为这些人员是设备操作人员的主体，他们直接接触电气设备，部分人还缺乏电气安全的知识。

(8) 误操作事故多 这主要是由于防止误操作的技术措施和管理措施不完善造成的。

触电事故的分布规律并不是一成不变的，在一定的条件下，也会发生变化。例如，对电气操作人员来说，高压触电事故反而比低压触电事故多。而且，通过在低压系统推广漏电保护装置，使低压触电事故大大降低，可使低压触电事故与高压触电事故的比例发生变化。上述规律对于电气安全检查、制订电气安全工作计划、实施电气安全措施以及电气设备的设计、安装和管理等工作提供了重要的依据。

4. 电流对人体的伤害

电流通过人体，会引起人体的生理反应及机体的损坏。电流对人体效应的有关数据对于制定防触电技术的标准、鉴定安全型电气设备、设计安全措施、分析电气事故、评价安全水平等是必不可少的。

人体本身就可以看作为一种电气设备，这是因为人体的整个神经系统是以电信号和电化学反应为基础的，但上述电信号和电化学反应所涉及的能量是非常小的。

人体仅仅需要正常功能所必要的电能，这个能量非常小。由此可知，在必要能量以外电能的作用下，系统功能很容易被破坏。

① 电击致命的原因主要有以下三种。

a. 心室颤动。数秒钟至数分钟（6～8min）导致死亡。造成心室颤动的原因有：电流作用于心肌，引起心室颤动；电流作用于中枢神经系统，经中枢神经系统反射作用于心脏。

b. 窒息。电流作用于人体，引起窒息，因缺氧或中枢神经系统反射导致室颤。其特点是致命时间较长（10～20min）。

c. 电休克（昏迷）。由于中枢神经反射造成体内功能障碍，长时间（数十分钟乃至数天）昏迷后死亡。

② 通过人体的电流持续时间越长，越容易引起心室颤动，危险性就越大。主要原因如下。

a. 能量积累。电流持续时间越长，能量积累越多，使心室颤动电流减小，导致危险性增加。

b. 与易损期重合的可能性增大。在心脏周期中，相应于心电图上约0.2s的T波这一特定时间对电流最为敏感，被称为易损期。电流持续时间越长，与易损期重合的可能性就越大，电击的危险性就越大。

c. 人体电阻下降。电流持续时间越长，人体电阻因出汗等原因而降低，使通过人体的电流进一步增加，危险性也随之增加。

③ 电流途径对人体的影响。电流通过心脏会引起心室颤动，电流较大时会使心脏停止跳动，从而导致血液循环中断而死亡。电流通过中枢神经或有关部位，会引起中枢神经严重失调而导致死亡；电流通过头部会使人昏迷，或对脑组织产生严重损坏而导致死亡；电流通过脊髓，会使人截瘫等。

上述伤害中，对心脏伤害的危险性最大。因此，流经心脏的电流多、电流路线短的途径是危险性最大的途径。最危险的途径是：左手到前胸。

判断危险性，既要看电流值，又要看途径。

④ 人体阻抗。人体阻抗是定量分析人体电流的重要参数之一，是处理许多电气安全问题所必须考虑的基本因素。

人体皮肤、血液、肌肉、细胞组织及其结合部等构成了含有电阻和电容的阻抗。其中，皮肤电阻在人体阻抗中占有很大的比例。

皮肤阻抗决定于接触电压、频率、电流持续时间、接触面积、接触压力、皮肤潮湿程度和温度等。

体内电阻基本上可以看作纯电阻，主要决定于电流途径和接触面积。在除去角质层且干燥的情况下，人体电阻为1000～3000Ω；潮湿的情况下，人体电阻为500～800Ω。

接触电压的增大、电流的增大、频率的增加等因素都会导致人体阻抗下降。皮肤表面潮湿、有导电污物、伤痕、破损等也会导致人体阻抗降低。接触压力、接触面积的增大均会降低人体的阻抗。

5. 电击防护

根据事故的原因类型电击被划分为两类：一类是在电气设备或线路正常运行条件下，人体直接触及了设备或线路的带电部分所形成的电击，称为直接接触电击；另一类是在设备或线路的故障状态下，原本正常情况下不带电的设备外露可导电部分或设备以外的可导电部分变成了带电状态，人体与上述故障状态下带电的可导电部分触及而形成的电击，称为间接接触电击。所有电气装置都必须具备防止电击危害的直接接触防护和间接接触防护措施。

直接接触电击的基本防护原则是：应当使危险的带电部分不会被有意或无意地触及。常用的直接接触电击防护措施有绝缘、屏护和间距。这些措施是各种电气设备都必须考虑的通用安全措施。其主要作用是防止人体触及或过分接近带电体造成触电事故以及防止短路、故障接地等电气事故。

（1）绝缘　绝缘是指利用绝缘材料对带电体进行封闭和隔离。长久以来，绝缘一直是防止触电事故的重要措施，良好的绝缘也是保证电气系统正常运行的基本条件。

在电气设备的运行过程中，绝缘材料会由于电场、热、化学、机械、生物等因素的作用，使绝缘性能发生劣化。

当施加于电介质上的电场强度高于临界值时，会使通过电介质的电流突然猛增，这时绝缘材料被破坏，完全失去了绝缘性能，这种现象称为电介质的击穿。发生击穿时的电压称为击穿电压。击穿时的电场强度简称击穿场强。

绝缘损坏是指由于不正确选用绝缘材料、不正确进行电气设备及线路的安装、不合理使用电气设备等，导致绝缘材料受到外界腐蚀性液体、气体、蒸气、潮气、粉尘的污染和侵蚀，或受到外界热源或机械因素的作用，在较短或很短的时间内失去其电气性能或力学性能的现象。另外，动物和植物也可能破坏电气设备和电气线路的绝缘结构。

（2）屏护和间距　屏护和间距是最为常用的电气安全措施之一。从防止电击的角度而言，屏护和间距属于防止直接接触电击的安全措施。此外，屏护和间距还是防止短路、故障接地等电气事故的安全措施之一。

屏护是一种对电击危险因素进行隔离的手段，即采用遮栏、护罩、护盖、箱匣等把危险的带电体同外界隔离开来，以防止人体触及或接近带电体所引起的触电事故。屏护还起到防止电弧伤人、防止弧光短路或便利检修工作的作用。

间距是指带电体与地面之间、带电体与其他设备和设施之间、带电体与带电体之间必要的安全距离。间距的作用是防止人体触及或接近带电体所引起的触电事故；避免车辆或其他器具碰撞或过分接近带电体造成事故；防止火灾、过电压放电及各种短路事故，以及方便操作。

间接接触电击防护是指人体与故障状态下带电的设备或线路可导电部分触及而形成的电击，称为间接接触电击。间接接触电击约占电击死亡事故的一半。防止间接接触电击的技术措施主要有：保护接地、保护接零、加强绝缘、电气隔离、不导电环境、等电位联结、特低电压、漏电保护器等。

接地是指系统某一部分与大地的连接。接地分为正常接地（人为接地）和故障接地。其中，正常接地又分为工作接地（兼作电流回路、保持零电位）和安全接地（只在故障时发挥作用）。

保护接地的实质——通过低电阻接地，将故障电压限制在安全范围内（但应注意，漏电故障并未因保护接地而消失，故障状态未被消除）。

6. 触电急救常识

当我们发现有人触电时，首先要尽快地使触电者脱离电源，然后再根据具体情况，采取相应的急救措施。

触电者的现场急救，是抢救过程的关键。触电后会出现呼吸中断、神经麻痹、心脏停止跳动等症状，外表看起来昏迷不醒，此时应迅速对触电者进行抢救。反之，必然带来不可弥补的后果。

触电后，可能由于失去知觉等原因而紧抓带电体，不能自行摆脱电源，使触电者尽快脱离电源是抢救触电者的第一步，也是最重要的一步，是采取其他急救措施的前提，正确的脱离电源的方法如下。

① 如果电源开关或插头离触电地点很近，可以迅速拉开开关，切断电源，但是要注意一般灯开关或接线开关只控制单线，且不一定是相线，因此还要拉开前一级的闸刀开关。

② 当开关离触电地点较远，不能立即打开时，应视具体情况采取相应措施，如：用绝缘手钳或装有干燥木柄的物件切断电线，断线时要防止被切断的电源线触及人体，或者用干燥的木板等绝缘物插入触电者身下以隔断电流；如果电线是搭在触电者的身下或压在身下，可用干燥的木板、竹竿、木棒或带有绝缘柄的其他工具，迅速把电线挑开，但不能用手、金属及潮湿的物件去挑电线，以防救护人员触电；如果触电者的衣服是干燥的，又不紧缠在身上，救护人可站在干燥的木板上用一只手拉住触电者的衣服将其拖离带电体，这只适于低压触电的急救，并且在拖时要注意不能用两只手，不能触及触电者的皮肤，也不可拉脚；如果是高空触电，还应采取措施，以防触电者从高空摔下。

③ 高压线路触电的脱离。在高压线路或设备上触电应立即通知有关部门停电，为使触电者脱离电源应戴上绝缘手套，穿绝缘靴，使用适合该挡电压的绝缘工具，按顺序打开开关或切断电源。也可用一根合适长度的裸金属软线，先将一端绑在金属棒上打入地下做可靠接地，另一端绑上重物掷到带电体上，使线路短路，迫使保护装置动作，以切断电源。

脱离电源时应注意：救护人员不能直接用手、金属及潮湿的物体作为救护工具，救护人员最好一只手操作，以防自身触电；防止高空触电者脱离电源后发生摔伤事故。即使触电者摔在平地，也要注意触电者脱离电源后倒下的方向，避免触电者头部摔伤；如果事故发生在晚上，应立即解决临时照明，以便触电急救。

当触电者脱离电源后，根据具体情况应就地迅速进行救护，同时赶快派人请医生前来抢救，触电者需要急救的大体有以下几种情况。

① 触电不太严重。触电者神志清醒，但有些心慌，四肢发麻，全身无力，或触电者曾一度昏迷，但已清醒过来，应使触电者安静休息，不要走动，严密观察并请医生诊治。

② 触电较严重。触电者已失去知觉，但有心跳，有呼吸，应使触电者在空气流通的地方舒适、安静地平躺，解开衣扣和腰带以便呼吸；如天气寒冷应注意保温，并迅速请医生诊治或送往医院。如果触电者失去知觉，呼吸困难或停止呼吸，但心脏微有跳动，应立即进行人工呼吸急救。

③ 触电相当严重。触电者已停止呼吸，应立即进行人工呼吸；如果触电者心跳和呼吸都已停止，人完全失去知觉，应进行人工呼吸和心脏挤压进行抢救。

人工呼吸和胸外挤压心脏，应尽可能地进行，即使在送往医院的途中也不能停止急救。在抢救过程中不能乱打强心针，否则会增加对心脏的刺激，加快死亡。人工呼吸是在触电者呼吸停止但有心跳时的急救方法。心脏挤压适用于有呼吸但无心跳的触电者，当人触电后，一旦出现假死现象，应迅速进行人工呼吸或心脏挤压。

人工呼吸和心脏挤压的具体作法有仰卧压胸法、俯卧压背法、口对口吹气法、胸外挤压心脏法等；这里只介绍简便易行的口对口吹气法和胸外挤压心脏法。

口对口吹气法是将触电者移至通风处，仰卧平地上，鼻孔朝天，头后仰并解开衣领、衣服、腰带，头不可垫枕头，以便呼吸道通畅，清理口鼻腔，捏紧鼻孔，紧贴触电者的口吹气2s使其胸部扩张，接着放松鼻孔，使其胸部自然缩回排气约3s，如此不断进行，直至好转，吹气时用力要适当，如果掰不开触电者的嘴可用口对鼻吹气。

胸外挤压心脏法是将触电者仰卧在硬地上，松开领扣，解开衣服，清除口腔内异物，救护人员站在触电者一侧或者跨腰跪在触电者腰部，两手相叠，将下面那只手的手掌根放在触电者心窝稍高一点的地方，也就是两乳头间略下一点，这时的手掌跟部即为正确的压点，自上而下，垂直均衡的向下挤压，压力轻重要适当，然后，突然放松掌根，但手掌不要离开胸部，如此连续不断地进行，成年人一秒一次，儿童每分钟挤压100次左右为宜。挤压时注意挤压位置要准，不可用力过猛，以免将胃中食物挤压出来，堵塞气管，影响呼吸。触电者若是儿童，可只用一只手挤压，用力适中，以免损伤胸骨。

心脏跳动和呼吸是互相关联的，一旦呼吸和心脏跳动都停止，应当及时进行口对口人工呼吸和胸外心脏挤压。心脏挤压法与人工呼吸法同时进行，如有两人救护可同时采用两种方法，如果只有一人救护，可交替采取两种方法。在进行人工呼吸和心脏挤压时，应坚持不懈，直到触电者复苏或医务人员前来救治为止；在救护过程中，应密切观察触电者的反应。

二、电力系统安全技术

1. 电力系统中的危险因素

电力系统中的电气设备及装置在运行中产生的危险温度、电火花和电弧是电气火灾爆炸的主要原因。

形成危险温度的典型原因如下。

① 短路。电流上升为额定电流的数十倍至数百倍，导致过热。

② 接触不良。接头温度上升，沿导线传热引起其他部位温度升高。

③ 严重过载。连续工作时间过长，电动机启动过于频繁引起过热。

④ 铁心短路。涡流增大，引起铁损上升，导致过热。

⑤ 漏电。漏电电流一般不大，不能使熔断器熔丝动作，但当漏电电流集中在某一点时，引起较严重的局部发热，烧坏绝缘，引燃成灾。

⑥ 散热不良或温度过高及电压过高或偏低，导致过热。

⑦ 堵转（机械故障）。轴承损坏，电动机带不动负载而导致电流升高，引起过热。

⑧ 三相电动机缺相运行引起电流升高，导致过热。

⑨ 电热器具和照明器具。电炉电阻丝为800℃；电熨斗为500～600℃；白炽灯灯丝为2000～3000℃；100W白炽灯泡表面为170～220℃。

形成电火花和电弧的原因是电极之间的击穿放电。大量电火花将汇集成电弧，电弧高温可达8000℃，能使金属熔化、飞溅，形成火源。电火花的主要分类如下。

① 工作火花。电气设备正常工作或正常操作时产生的电火花，如开关、断路器、接触器在接通和断开时产生的电火花。

② 事故火花。线路和设备发生故障时产生的电火花，如短路、断线、熔丝熔断时产生的电火花。

③ 其他火花。因雷击、静电放电、电磁感应等原因产生的电火花等。

2. 危险物质及危险环境

对危险物质进行分类、分级和分组，目的在于便于对不同的危险物质，采取有针对性的防范措施。

按爆炸性物质的种类将爆炸性物质分为三类：Ⅰ类为矿井甲烷（CH_4）；Ⅱ类为爆炸性气体、蒸气；Ⅲ类为爆炸性粉尘、纤维。

按爆炸性物质的最大试验安全间隙或最小点燃电流比分级：Ⅱ类爆炸性气体（分三级），即ⅡA、ⅡB、ⅡC；Ⅲ类爆炸性粉尘（分两级），即ⅢA、ⅢB。

爆炸性气体的分类、分级和分组见表6-9；爆炸性粉尘的分级和分组见表6-10。

上述最大试验安全间隙是指两个容器有长为25mm、宽（即间隙）为某值的接合面连通，在规定试验条件下，一个容器内燃爆时，不使另一个容器内燃爆的最大连通间隙。此参数是衡量爆炸性物品传爆能力的性能参数。上述最小点燃电流比是指在规定试验条件下，气体、蒸气、薄雾等爆炸性混合物的最小点燃电流与甲烷爆炸性混合物的最小点燃电流之比。按引燃温度（自燃点）分组（参见表6-9和表6-10）。

Ⅱ类爆炸性气体（分6组）：T1、T2、T3、T4、T5、T6。

Ⅲ类爆炸性粉尘（分3组）：T11、T12、T13。

表 6-9　爆炸性气体的分类、分级和分组

类和级	最大实验安全间隙（MESG）/mm	最小点燃电流比（MICR）	引燃温度(℃)及组别					
			T1	T2	T3	T4	T5	T6
			$T>450$	$300<T\leqslant450$	$200<T\leqslant300$	$135<T\leqslant200$	$100<T\leqslant135$	$85<T\leqslant100$
Ⅰ	1.14	1.0	甲烷					
ⅡA	0.9~1.14	0.8~1.0	乙烷、丙烷、丙酮、氯苯、苯乙烯、氯乙烯、甲苯、苯胺、甲醇、一氯化碳	丁烷、乙醇、丙烯、丁醇、乙酸丁酯、乙酸戊酯	戊烷、己烷、庚烷、癸烷、辛烷、汽油、环己烷	乙醛	—	亚硝酸乙酯
ⅡB	0.5~0.9	0.45~0.8	民用煤油、环丙烷	环氧乙烷、环氧丙烷、丁二烯	异戊二烯	—	—	—
ⅡC	≤0.5	≤0.45	水煤气、氢	乙炔	—	—	二硫化碳	硫酸乙酯

表 6-10　爆炸性粉尘的分级和分组

级别和种类		引燃温度(℃)		
		T11	T12	T13
		$T>270$	$200<T\leqslant270$	$140<T\leqslant200$
ⅢA	非导电性可燃纤维	木棉纤维、烟草纤维、纸纤维、亚硫酸盐纤维、人造毛短纤维、亚麻	木质纤维	
	非导电性爆炸粉尘	小麦、橡胶、染料、聚乙烯	可可	
ⅢB	导电性爆炸粉尘	镁、铝、锌、钛、焦炭、炭黑	铝(含油)、铁、煤	
	火药、炸药粉尘	—	黑火药、TNT	硝化棉、吸收药、黑索金、特屈儿、泰安

为了便于根据危险环境特点正确选用电气设备、电气线路及照明装置等防护措施，对不同危险环境进行分区。根据爆炸性气体混合物出现的频繁程度和持续时间，危险场所分为：0区、1区、2区。

0区（0级危险区域）：正常运行时连续或长时间出现或短时间频繁出现爆炸性气体、蒸气或薄雾的区域，例如油罐内部液面上部空间。

1区（1级危险区域）：正常运行时可能出现（预计周期性出现或偶然出现）爆炸性气体、蒸气或薄雾的区域，例如油罐顶上呼吸阀附近。

2区（2级危险区域）：正常运行时不出现或即使出现也只是短时间偶然出现爆炸性气体、蒸气或薄雾的区域，例如油罐外3m内。

粉尘、纤维爆炸危险区域是指生产设备周围环境中，量足以引起爆炸以及在电气设备表

面形成的层积状粉尘、纤维可能形成自燃或爆炸的环境。

由悬浮粉尘、纤维等物质也可以形成爆炸性气体混合物，根据爆炸性气体混合出现的频繁程度和持续时间，将此类危险环境划分为 10 区和 11 区。

10 区（10 危险区域）：正常运行时连续或长时间或短时间频繁出现爆炸性粉尘、纤维的区域。

11 区（11 级危险区域）：正常运行时不出现爆炸性粉尘、纤维，仅在不正常运行时短时间偶然出现爆炸性粉尘、纤维的区域。

划分粉尘、纤维爆炸危险环境的等级时，应考虑粉尘量的大小、爆炸极限的高低和通风条件。

火灾危险环境分为 21 区、22 区和 23 区。21 区是指有可燃液体的火灾危险环境；22 区是指有可燃粉尘或纤维的火灾危险环境；23 区是指有可燃固体的火灾危险环境。

3. 防爆电气设备和防爆电气线路

按照使用环境，防爆电气设备分为两类：Ⅰ类为煤矿井下用电气设备；Ⅱ类为工厂用电气设备。

按防爆结构类型，防爆电气设备分为以下类型（括弧内字母为该类型标志字母）。

① 隔爆型（d）。具有能承受内部的爆炸性混合物爆炸而不致损坏外壳，而且不致使内部爆炸通过外壳任何结合面或结构孔洞引起外部爆炸性混合物爆炸的电气设备。隔爆型电气设备的外壳用钢板、铸铁、铝合金、灰铸铁等材料制成。

② 增安型（e）。在正常时不产生火花、电弧或高温的设备上采取措施以提高安全程度的电气设备（不正常时，有引燃的可能）。

③ 充油型（o）。将可能产生电火花、电弧或危险温度的带电零部件浸在绝缘油中，使之不能点燃油面上方爆炸性混合物的电气设备。

④ 充砂型（q）。将细粒物料充入设备外壳内，令壳内出现的电弧、火焰、壳壁温度或粒料表面温度不能点燃壳外爆炸性混合物的电气设备。

⑤ 本质安全型（ia、ib）。正常状态下和故障状态下产生的火花或热效应均不能点燃爆炸性混合物的电气设备。分为 ia 级和 ib 级。

a. ia。在正常工作、发生一个故障及发生两个故障时不能点燃爆炸性混合物的电气设备，主要用于 0 区。

b. ib。正常工作及发生一个故障时不能点燃爆炸性混合物的电气设备，主要用于 1 区。

⑥ 正压型（p）。向外壳内充入带正压的清洁空气、惰性气体或连续通入清洁空气，以阻止爆炸性混合物进入外壳内的电气设备，按充气结构分为通风、充气、气密等三种形式。保护气体可以是空气、氮气或其他非可燃气体。这种设备应有联锁装置，保证运行前先通风、充气。运行前通风、充气的总量最少不得小于设备气体容积的 5 倍。

⑦ 无火花型（n）。在防止产生危险温度、外壳防护、防冲击、防机械火花、防电缆事故等方面采取措施，以防止火花、电弧或危险温度的产生来提高安全程度的电气设备。

⑧ 特殊型（s）。上述各种类型以外的或由上述两种以上形式组合成的电气设备。

防爆标志表示法为：防爆结构形式＋类别＋级别＋组别。

例如：dⅡBT3 表示Ⅱ类 B 级 T3 组的隔爆型电气设备；iaⅡAT5 表示Ⅱ类 A 级 T5 组的 ia 级本质安全型电气设备。

如有一种以上复合防爆形式，应先标出主体防爆形式，然后标出其他防爆形式。如 epⅡBT4 表示主体为增安型，并有正压型部件的防爆型电气设备。

爆炸危险环境中电气设备的选用一般原则如下。

① 应根据电气设备使用环境的等级、电气设备的种类和使用条件选择电气设备。

② 选用的防爆电气设备的级别和组别不应低于该环境内爆炸性混合物组别和级别。当存在两种以上的爆炸性物质时，应按混合后的爆炸性混合物的级别组别选用。如无据可查又不可能进行试验时，可按危险程度较高的级别和组别选用。

③ 爆炸危险环境内的电气设备必须是符合现行国家标准并有国家检验部门防爆合格证的产品。

在爆炸危险环境中，电气线路暗转位置、敷设方式、导体材料、连接方法等的选择均应根据环境的危险等级进行。

在选择电气线路的敷设位置时，应当考虑在爆炸危险性较小或距离释放源较远的位置敷设电气线路。电气线路宜沿有爆炸危险的建筑物的外墙敷设。

当电气线路沿输送易燃气体或易燃液体的管道栈桥敷设时，应尽量沿危险程度较低的管道一侧敷设。当易燃气体或易燃液体或蒸气比空气重时，电气线路应在管道上方；当易燃气体或蒸气比空气轻时，电气线路应在管道下方。

电气线路应避开可能受到机械损伤、振动、污染、腐蚀及受热的地方；否则，应采取防护措施。

10kV及其以下的架空线路不得跨越爆炸危险环境；当架空线路与爆炸危险环境邻近时，其间距离不得小于杆塔高度的1.5倍。

爆炸危险环境中，电气线路主要有防爆钢管配线和电缆配线。

固定敷设的电缆应采取铠装电缆。固定敷设的照明、通信、信号和控制电缆可采用铠装电缆和塑料护套电缆。非固定敷设的电缆应采用非燃性橡胶护套电缆。

敷设电气线路的沟道以及保护管、电缆或钢管在穿过爆炸危险环境等级不同的区域之间的隔墙或楼板时，应用非燃性材料严密堵塞。

电缆配线的保护管管口与电缆之间，应使用密封胶泥密封。在两级区域交界处的电缆沟内应采取充砂、填阻火材料或加设防火隔墙。

由于铝导体的机械强度差，易于折断，且连接技术难以保证，铝芯导线和铝芯电缆的安全性能较差，在有爆炸危险环境下应优先采用铜线；在有剧烈振动处应选用多股铜芯软线或多股铜芯电缆；煤矿井危险环境下不得采用铝芯电力电缆。

爆炸危险环境宜采用耐热、阻燃、耐腐蚀绝缘的电线或电缆，不宜采用油浸纸绝缘电缆。在爆炸危险环境中，低压电力、照明线路所用电线和电缆的额定电压不得低于工作电压，并不得低于500V。工作零线应与相线有同样的绝缘能力，并应在同一护套内。

1区和2区的电气线路不允许有中间接头。但若电气线路的连接是在与该危险环境相适应的防护类型的接线盒或接头盒附近的内部，则不属于此种情况。1区宜采用隔爆型接线盒，2区可采用增安型接线盒。

粉尘、纤维爆炸危险环境电气线路的技术要求与相应等级的气体、蒸气爆炸危险环境电气线路的技术要求基本一致，即10区、11区的电气线路可分别按1区、2区考虑。

火灾危险环境的电气线路应避开可燃物。10kV及其以下的架空线路不得跨越爆炸危险环境，邻近时其间距离不得小于杆塔高度的1.5倍。

4. 电气防火防爆措施

正确合理的电气防火防爆措施对于防止电气火灾和爆炸至关重要。

(1) 消除或减少爆炸性混合物　例如采取封闭式作业，防止爆炸性混合物泄漏；清理现场积尘，防止爆炸性混合物积累；设计正压室，防止爆炸性混合物侵入；采取开式作业或通风措施，稀释爆炸性混合物。

（2）采用隔离和间距防止电气火灾和爆炸的发生　隔离是将电气设备分室安装，并在隔墙上采取封堵措施，防止爆炸性混合物进入。

10kV及其以下的变、配电室不得设在爆炸危险环境的正上方或正下方。变电室与各级爆炸危险环境毗连，以及配电室与1区或10区爆炸危险环境毗连时，最多只能有两面相连的墙与危险环境共用。配电室与2区或11区爆炸危险环境毗连时，最多只能有三面相连的墙与危险环境共用。

10kV及其以下的变、配电室也不宜设在火灾危险环境的正上方或正下方，可以与火灾危险环境隔墙毗连。

变、配电室与爆炸危险环境或火灾危险环境毗连时，隔墙应用非燃性材料制成。与1区和10区环境共用的隔墙上，不应有任何管子、沟道穿过；与2区或11区环境共用的隔墙上，只允许穿过与变、配电室有关的管子和沟道，孔洞、沟道应用非燃性材料严密堵塞。

毗连变、配电室的门窗应向外开，并通向无爆炸或火灾危险的环境。

变、配电站是工业企业的动力枢纽，电气设备较多，而且有些设备工作时产生火花和较高温度，其防火、防爆要求比较严格。室外变、配电站与建筑物、堆场、储罐应保持规定的防火间距，必要时可加防火墙。还应当注意，露天变、配电装置不应设置在易于沉积可燃粉尘或可燃纤维的地方。

（3）消除引燃源　应根据爆炸危险环境的特征和危险物的级别和组别选用电气设备和电气线路；保持电气设备和电气线路安全运行，安全运行包括电流、电压、温升和温度等参数不超过允许范围，还包括绝缘良好、连接和接触良好、整体完好无损、清洁、标志清晰等。

在爆炸危险环境中，应尽量少用携带式电气设备，少装插销座和局部照明灯。

为了避免产生火花，在爆炸危险环境更换灯泡应停电操作。在爆炸危险环境内一般不应进行测量操作。

（4）爆炸危险环境的接地和接零　爆炸危险环境的接地、接零比一般环境要求高。除生产上有特殊要求的以外，一般环境不要求接地（或接零）的部分在爆炸危险环境仍应接地（或接零）。例如，安装在已接地金属结构上的电气设备等。

在爆炸危险环境中，必须将所有设备的金属部分、金属管道以及建筑物的金属结构全部接地（或接零）并连接成连续整体，以保持电流途径不中断。接地（或接零）干线宜在爆炸危险环境的不同方向且不少于两处与接地体相连，连接要牢固，以提高可靠性。

单相设备的工作零线应与保护零线分开，相线或工作零线均应装有短路保护元件，并装设双极开关同时操作相线和工作零线。

1区和10区的所有电气设备和2区除照明灯具以外的其他电气设备应使用专门接地（或接零）线，而金属管线、电缆的金属包皮等只能作为辅助接地（或接零）。

2区的照明器具和20区的所有电气设备，允许利用除输送爆炸危险物质的管道以外的连接可靠的金属管线或金属桁架作为接地（或接零）线。

保护导线的最小截面，铜导体不得小于$4mm^2$，钢导体不得小于$6mm^2$。

在不接地配电网中，必须装设一相接地时或严重漏电时能自动切断电源的保护装置或能发出声、光双重信号的报警装置。

在变压器中性点直接接地的配电网中，为了提高可靠性，缩短短路故障持续时间，系统单相短路电流应当大一些。其最小单相短路电流不得小于该段线路熔断器额定电流的5倍或低压熔断器瞬时（或短延时）动作电流脱扣器整定电流的1.5倍。

（5）消防供电　高度超过24m的医院、百货楼、展览楼、财政金融楼、电信楼、省级邮政楼和高度超过50m的可燃物品厂房、库房，以及超过4000个座位的体育馆、超过2500

个座位的会堂等大型公共建筑，其消防设备（如消防控制室、消防水泵、消防电梯、消防排烟设备、火灾报警装置、火灾事故照明、疏散指示标志和电动防火窗、卷帘、阀门等）均应采用一级负荷供电。

户外消防用水量大于 $0.03m^3/s$ 的公共建筑物，应采用 6kV 以上专线供电，并应有两回线路。超过 1500 个座位的影剧院，户外消防用水量大于 $0.03m^3/s$ 的工厂、仓库等，宜采用由终端变电所两台不同变压器供电，且应有两回线路，最末一级配电箱处应自动切换。

对某些电厂、仓库、民用建筑、储罐和堆物，如仅有消防水泵，而采用双电源或双回路供电确有困难，可采用内燃机作为带动消防水泵的动力。

消防用电设备配电线路应设置单独的供电电路，即要求消防用电设备配电线路与其他动力、照明线路（从低压配电室至最末一级配电箱）分开单独设置，以保证消防设备用电。消防配电设备应有明显标志。

在有众多人员聚集的大厅及疏散出口处、高层建筑的疏散走道和出口处、建筑物内封闭楼梯间、防烟楼梯间及其前室，以及消防控制室、消防水泵房等处应设置事故照明。

（6）电气灭火　电气设备或电气线路发生火灾，如果没有及时切断电源，扑救人员身体或所持器械可能接触带电部分而造成触电事故。用导电的灭火剂，如水枪射出的直流水柱、泡沫灭火器射出的泡沫等射至带电部分，也可能造成触电事故。火灾发生后，电气设备可能因绝缘损坏而碰壳短路，电气线路可能因电线断落而接地短路，使正常时不带电的金属构架、地面等部位带电。因此，发现起火后，首先要设法切断电源。

来不及断电或因特殊要求不能断电时则需要带电灭火。带电灭火须注意以下几点：二氧化碳灭火器、干粉灭火器的灭火剂都是不导电的，可用于带电灭火；泡沫灭火器的灭火剂（水溶液）不宜用于带电灭火（因其有一定的导电性，而且对电气设备的绝缘有影响）；用水枪灭火时宜采用喷雾水枪，这种水枪流过水柱的泄露电流小，带电灭火比较安全；用普通直流水枪灭火时，为防止通过水柱的泄露电流通过人体，可以将水枪喷嘴接地，也可以让灭火人员穿戴绝缘手套、绝缘靴或穿戴均压服操作；人体与带电体之间保持必要的安全距离，如对于电压为 10kV 及其以下电路，用水灭火时，水枪喷嘴至带电体的距离不应小于 3m；用二氧化碳等不导电灭火剂灭火时，机体、喷嘴至带电体的最小距离不应小于 0.4m。

（7）充油电气设备的灭火　充油电气设备如果只在该设备外部起火时，可用二氧化碳、干粉灭火器带电灭火。如火势较大，应切断电源，并可用水灭火；如油箱破坏、喷油燃烧，火势很大时，除切断电源外，有事故储油坑的应将油放进储油坑，坑内和地面上的油火可用泡沫扑灭。要防止燃烧着的油流入电缆沟而顺沟蔓延，电缆沟内的油火只能用泡沫覆盖扑灭。

三、静电危害

工艺过程中产生的静电能量虽然不大，但因其电压可能很高，容易发生放电，如果周围存在爆炸性气体混合物、爆炸性粉尘，则可能引发爆炸和火灾。除此之外，静电也可能给人以电击，造成二次事故；静电还可能妨碍生产。由于爆炸或火灾是静电最大的危害和危险，因此，静电防护是以对爆炸和火灾的防护为重点。为了便于正确理解静电防护的机理，首先需要对静电特性有所了解。

1. 静电的起电方式

实验证明，只要两种物质紧密接触而后再分离时，就可能产生静电。静电的起电方式有如下几种。

（1）接触-分离起电　两种物体接触，其间距离小于 $25 \times 10^{-8}cm$ 时，由于不同原子得失电子的能力不同，不同原子外层的能级不同，其间即发生电子的转移。因此，界面两侧会出现大小相等、极性相反的两层电荷，这两层电荷称为双电层，其间的电位差称为接触电位差。根据双电层和接触电位差的理论，可以推知两种物质间紧密接触再分离时，即可能产生静电。

按照两种物质间双电层的极性，把相互接触时带正电的排在前面，带负电的排在后面，依次排列下去，可以排成一个长长的序列，这样的序列被称为静电序列或静电起电序列。

（2）破断起电　材料破断后能在宏观范围内导致正、负电荷的分离，即产生静电，这种起电称为破断起电。固体粉碎、液体分离过程的起电属于破断起电。

（3）感应起电　假设一导体 A 为带有负电荷的带电体，另有一导体 B 与一接地体 C 相连时，在带电体 A 的感应下，B 的端部出现正电荷，但 B 对地电位仍然为零，当 B 离开 C 时，B 成为带正电荷的带电体。

（4）电荷迁移　当一个带电体与一个非带电体接触时，电荷将发生迁移而使非带电体带电。例如，当带电雾滴或粉尘撞击导体时，便会产生电荷迁移；当气体离子流射在不带电的物体上时，也会产生电荷迁移。

2. 静电的种类

橡胶、塑料、纤维等行业工艺过程中的静电高达数万伏，甚至数十万伏，如不采取有效措施，很容易引起火灾。

人体静电引发的放电是酿成静电灾害的重要原因之一。人体静电的产生主要由摩擦、接触-分离和感应所致。人体在日常活动过程中，衣服、鞋以及所携带的用具与其他材料摩擦或接触-分离时，均可能产生静电。例如，当穿着化纤衣料服装的人从人造革面的椅子上起立时，由于衣服与椅面之间摩擦和接触-分离，人体静电可达 1000V 以上。液体或粉体从手持容器中倒出或流出时，带走一种极性的电荷，而持容器的人体上将留下另一种极性的电荷。人体是导体，在静电场中也能够感应起电而成为带电体，乃至引起感应放电。

当粉体物料被研磨、搅拌、筛分或处于高速运动时，由于粉体颗粒与颗粒之间及粉体颗粒与管道壁、容器壁或其他器具之间的碰撞、摩擦，或因粉体破断等都会产生危险的静电。塑料粉、药粉、面粉、麻粉、煤粉和金属粉等各种粉体都可能产生静电。粉体静电电压可高达数万伏。粉体具有分散性和悬浮状态的特点。由于分散性，与空气的接触面积增加，使得材料的稳定度降低。例如，虽然整块的聚乙烯是很稳定的，但粉体聚乙烯却可能发生强烈的爆炸。应当指出，铝粉、镁粉等金属粉体也能产生和积累静电。这是因为悬浮状态的颗粒与大地之间总是通过空气绝缘的，因此，粉体产生和积累静电与组成粉体的材料是否是绝缘材料无关。

液体在流动、过滤、搅拌、喷雾、飞溅、冲刷、灌注和剧烈晃动等过程中，由于静电荷的产生速度高于静电荷的泄露速度，从而积聚静电荷，可能产生十分危险的静电。当积累的静电荷，其放电的能量大于可燃混合物的最小引燃能量，并在放电间隙中爆炸性蒸气混合物处于爆炸极限范围内时，将引起静电事故。由于电渗透、电解、电泳等物理过程，液体与固体的接触面上也会出现双电层。其中：固定电荷层——紧贴分界面的电荷层随液体流动。液体流动时，一种极性的电荷随液体流动，形成流动电流，使管道的终端容器内积累静电电荷。

蒸气和气体在管道内高速流动，以及由阀门、缝隙高速喷出时也会产生危险的静电。类似液体，蒸气产生静电也是由于接触、分离和分裂等原因造成的。完全纯净的气体即使高速流动或高速喷出也不会产生静电，但由于气体内往往含有灰尘、铁末、液滴、蒸气等固体颗粒或液体颗粒，这些颗粒的碰撞、摩擦、分裂等过程产生了静电。例如，喷漆的过程实质上是将含有大量杂质的气体高速喷出，会伴随比较强的静电产生。

3. 静电的消散

中和与泄漏是静电消失的两种主要方式：前者主要是通过空气发生的；后者主要是通过带电体本身与其相连接的其他物体发生的。

空气中自然存在的带电粒子极为有限，中和一般不会被觉察到。带电体上的静电通过空气迅速地中和发生在放电时。

表面泄漏和内部泄漏是绝缘体上静电泄漏的两条途径。在静电表面泄漏过程中其泄漏电流遇到的是表面电阻；在静电内部泄漏过程中其泄漏电流遇到的是体积电阻。应当指出，湿度对泄漏影响很大。这是因为：湿度增加使绝缘体表面电阻大为降低，使得静电泄漏上升。

4. 静电的影响因素

一般情况下，杂质有增加静电的趋势。但如杂质能降低原有材料的电阻率，加入杂质则有利于静电的泄漏。液体内含有高分子材料（如橡胶、沥青）的杂质时，会增加静电的产生。液体内含有水分时，在液体流动、搅拌或喷射过程中会产生静电。液体内水珠的沉降过程也会产生静电。如果油罐或油槽底部积水，经搅动后可能由静电引发爆炸事故。

接触面积越大，产生静电越多。这是因为随接触面增大，双电层正、负电荷就越多，会产生更多的静电。例如：管道内壁越粗糙，接触面积越大，冲击和分离的机会也越多，流动电流就越大；又如对于粉体，颗粒越小者，一定量粉体的表面积越大，产生静电越多。再如，平带与带轮之间的滑动位移比大，导致静电的产生明显增加。过滤器因大大增加接触和分离程度，从而使液体静电电压增加十几倍乃至上百倍。

下列是容易产生和积累静电典型工艺过程举例。

① 纸张与辊轴摩擦、传动带与带轮或辊轴摩擦等，橡胶的碾制、塑料压制、上光等，塑料的挤出、赛璐珞的过滤等。

② 固体物质的粉碎、研磨过程，粉体物料的筛分、过滤、输送、干燥过程，悬浮粉尘的高速运动等。

③ 在混合器中各种高电阻率物质的搅拌。

④ 高电阻率液体在管道中流动且流速超过 1m/s，液体喷出管口，液体注入容器发生冲击、冲刷和飞溅等。

⑤ 液化气体、压缩气体或高压蒸气在管道中流动和由管口喷出，如从气瓶放出压缩气体、喷漆等。

5. 静电防护

为了防止静电的危害，可采取以下控制措施。

（1）环境危险程度的控制　取代易燃介质，例如，用三氯乙烯、四氯化碳、苛性钠或苛性钾代替汽油、煤油作洗涤剂，能够具有良好的防爆效果；降低爆炸性气体、蒸气混合物的浓度，在爆炸和火灾危险环境，采用机械通风装置及时排出爆炸性危险物质；减少氧化剂含量，充填氮、二氧化碳或其他不活泼的气体，减少爆炸性气体、蒸气或爆炸性粉尘中氧的含量，以消除燃烧条件。混合物中氧含量不超过 8% 时即不会引起燃烧。

（2）工艺控制　主要是从工艺上采取适当的措施，限制和避免静电的产生和积累。在存在摩擦而且容易产生静电的工艺环节，生产设备宜使用与生产物料相同的材料。或采用位于静电序列中段的金属材料制成生产设备，以减轻静电的危害。限制物料的运动速度，例如，为了限制产生危险的静电，汽车罐车采用顶部装油时，装油鹤管应深入到槽罐的底部200mm。加大静电消散过程在输送工艺过程中，管道的末端加装一个直径较大的缓和器，可大大降低液体在管道内流动时积累的静电。例如，液体石油产品从精细过滤器出口到储应留有 30s 的缓和时间。

为了防止静电放电，在液体灌装、循环或搅拌过程中不得进行取样、检测或测温操作。进行上述操作前，应使液体静置一定的时间，使静电得到足够的消散或松弛。

（3）静电接地和屏蔽　接地是防静电危害的最基本措施，它的目的是使工艺设备与大地之间构成电气上的泄漏通路，将产生在工艺过程的静电泄漏于大地，防止静电的积聚。对金属导体应直接接地。

凡用来加工、储存、运输各种易燃气体和粉体的设备都必须接地。如果袋形过滤器由纺织品或类似物品制成，可用金属丝穿缝并接地；如果管道由不导电材料制成，应在管外或管内绕以金属丝，并将金属丝接地。

工厂或车间的氧气、乙炔等管道必须连成一个整体，并接地。可能产生静电的管道两端和每隔 $200 \sim 300m$ 处均应接地。平行管道相距 10cm 以内时，每隔 20m 应用连接线互相连接起来。管道与管道或管道与其他金属物件交叉或接近，其间距小于 10cm 时，也应互相连接起来。

注油漏斗、浮动罐顶、工作站台、磅秤和金属检尺等辅助设备均应接地。油壶或油桶装油时，应与注油设备跨接起来，并接地。料斗或其他容器内不得有不接地的孤立导体。

汽车槽车、铁路槽车在装油之前，应与储油设备跨接并接地；装、卸完毕先拆除油管，后拆除跨接线和接地线。

固体和粉体也可能产生和积累静电，因此压延机、上光机及各种辊轴、磨、筛、混合器等工艺设备在作业中均应接地。

因为静电泄漏电流很小，所有单纯为了消除导体上静电的接地，其防静电接地电阻原则上不超过 $1M\Omega$ 即可。但出于检测方便等考虑，规程要求接地电阻不应大于 100Ω。

为了防止人体静电的危害，在气体爆炸危险场所的等级属 0 区及 1 区时，作业人员应穿防静电工作服，防静电工作鞋、袜。

为防止静电危害，人体还可以通过金属腕带和挠性金属连接线予以接地。在有静电危险的场所，工作人员不应戴孤立的金属物件。

导电性地面也是防静电的有效方法。使工作场所地面导电化，目的是使设备和人体上的静电能够通过地面尽快地泄漏于大地。导电性地面是用电阻率为 $1 \times 10^{8}\Omega \cdot m$ 以下的静电导体材料制成的地面。应注意导电性地面上不得附着有绝缘性的油膜、树脂和橡胶等，不要使用绝缘性的地板蜡，导电性地面的泄漏电阻宜每年测量两次，其中一次在旱季测量，将测量结果进行记录并保存。

为了使绝缘体上的静电较快地泄漏，绝缘体宜通过电阻率为 $1 \times 10^{6}\Omega \cdot m$ 或稍大一些的电阻接地。不采用经导体直接接地的方法是因为对高绝缘体来说，即使与接地导体接触，消除静电的效果也不大，而且由于地电位的引入反而增加了火花放电的危险性。

屏蔽是指对带静电体实施屏蔽，以达到降低该物体的电位、防止放电现象发生的目的。具体实现的方法是用接地导体（即起屏蔽作用的屏蔽体）接近或紧密结合于带静电体上，这样做实际上是通过增大带静电体对地的电容，来降低带电体静电电位，以减轻或消除带静电体向屏蔽外部产生放电的危险。

（4）增湿　增湿的作用主要是增强静电沿绝缘体表面的泄漏。增湿并非对绝缘体都有效果，关键是要看其能否在表面形成水膜。只有当随湿度的增加，表面容易形成水膜的绝缘体如醋酸纤维、纸张、橡胶等，才能有效消除静电。

（5）抗静电添加剂　抗静电添加剂是具有良好导电性或较强吸湿性的化学药剂。加入抗静电添加剂之后，材料能降低体积电阻率或表面电阻率。对于固体，若能将其体积电阻率降

低至 $1 \times 10^7 \Omega \cdot m$ 以下，或将其表面电阻率降低至 $1 \times 10^8 \Omega \cdot m$ 以下，即可消除静电的危险。对于液体，其体积电阻率低至 $1 \times 10^6 \Omega \cdot m$ 以下，便无静电的危险。

应注意，对于悬浮粉体和蒸气静电，因其中微颗粒（或小珠）之间都是互相绝缘的，抗静电添加剂对其不起作用。

（6）静电中和器　静电中和器是指将气体分子进行电离，产生消除静电所必要的离子（一般为正、负离子对）的机器，也称为静电消除器。使用静电中和器，让与带电物体上静电荷极性相反的离子去中和带电物体上的静电，以减少物体上的带电量。

根据用于消除静电的离子产生方法的不同，静电消除器可分为多种，如外接电源式静电中和器、自感应式静电中和器和放射线式静电中和器等。

四、雷电保护

雷击会产生极高的过电压（数百万伏至数千万伏）和极大的过电流（数十千安至数百千安）。雷击会造成设施或设备的毁坏，造成大规模停电、火灾或爆炸，还可能直接伤及人身。

带电积云是构成雷电的基本条件。积雨云里的气流，使云滴、冰晶受到冲击而发生剧烈的碰撞和摩擦，因而破裂分离，同时带上电荷。带正电的小冰晶被气流带到云的顶部，而带负电的大冰晶较重，则下沉到云的下层。这样在积雨云的不同部位就聚集着正电荷或负电荷。当云层里的电荷越积越多，达到一定强度时，或带不同电荷的积云互相接近到一定程度，以及带电积云与大地凸出物接近到一定程度时，就会把阻挡它们结合的空气层击穿。由于云中的电流很强，击穿通道上的空气就会被烧得极为炽热，可达 $17000 \sim 28000 \,^\circ\!C$（约为太阳表面温度的 $3 \sim 5$ 倍），发出耀眼的白光——闪电。闪道上的高温，使空气膨胀、水滴汽化膨胀，从而产生冲击波，发出强烈的爆炸般的轰鸣——雷声。

1. 雷电的种类及危害

雷电分为直击雷、感应雷、雷电侵入波和球雷。

① 直击雷。闪电直接击在建筑物、其他物体、大地或防雷装置上产生电效应、热效应和机械效应的现象称为直击雷。

② 感应雷。感应雷又分为雷电感应和静电感应。雷电感应是闪电放电时，在附近导体上产生的静电感应和电磁感应，它可能使金属部件之间产生火花。静电感应是由于雷云的作用，使附近导体上感应出与雷云符号相反的电荷，雷云放电时，放电通道中的电荷迅速中和，导体（如架空线路导线或导电凸出物）中的电荷失去束缚，如不就近泄入地中，就会产生很高的电位。

③ 雷电侵入波。由于雷电对架空线路和金属管道的作用，雷电波可能沿着这些管线侵入屋内，危及人身安全或损坏设备。直击雷和感应雷都能在架空线路或空中金属管道上产生沿线路或管道的两个方向迅速传播的雷电侵入波。雷电侵入波的传播速度在架空线路中约为 $300m/s$，在电缆中约为 $150m/s$。

④ 球雷。球雷是雷电放电时形成的发红光、橙光、白光或其他颜色光的火球，是一团处在特殊状态下的带电气体。其直径多为 $20cm$ 左右，运动速度约为 $2m/s$，存在时间为数秒到数分。

雷电具有电性质、热性质和机械性质三方面的破坏作用。

① 电性质的破坏作用。表现在破坏高压输电系统、毁坏发电机、电力变压器等电气设备的绝缘，烧断电线或劈裂电杆，造成大规模停电事故，使工业濒临瘫痪。

② 热性质的破坏作用。直击雷放电的高温电弧能直接引燃邻近的可燃物而导致火灾。巨大的雷电流通过导体可烧毁导体，使金属熔化、飞溅，引发火灾或爆炸。球雷侵入可引起

火灾。

③ 机械性质的破坏作用。巨大的雷电流通过被击物，使被击物缝隙中的气体剧烈膨胀，也使缝隙中的水分急剧蒸发汽化为大量气体，致使被击物破坏或爆炸。

雷击时产生的冲击波也有很强的破坏作用。此外，同性电荷之间的静电斥力、同方向电流的电磁作用力也会产生很强的破坏作用。

2. 建筑物防雷级别的分类

建筑物按其重要性、生产性质、遭受雷击的可能性和后果的严重性进行分类，划分方法如下。

第一类防雷建筑物包括：制造、使用或储存炸药、火药、起爆药、火工品等大量危险物品，遇电火花会引起爆炸，从而造成巨大破坏或人身伤亡的建筑物。例如，火药制造车间、乙炔站、电石库、汽油提炼车间等。0 区、10 区及某些 1 区属于第一类防雷建筑物。

第二类防雷建筑物包括：国家级重点文物保护的建筑物；国家级的会堂、办公楼、档案馆、大型展览馆、国际机场、大型火车站、国际港口客运站、国宾馆、大型旅游建筑和大型体育场等；国家级计算中心、通信枢纽，以及对国民经济有重要意义的装有大量电子设备的建筑物；制造、使用和储存爆炸危险物质，但电火花不易引起爆炸，或不致造成巨大破坏和人身伤亡的建筑物，如油漆制造车间、氧气站、易燃品库等。2 区、11 区及某些 1 区属于第二类防雷建筑物；有爆炸危险的露天气罐和油漆；年预计雷击次数大于 0.06 次的部、省级办公楼及其他重要的或人员密集的公共建筑物；年预计雷击次数大于 0.3 次的住宅、办公楼等一般性民用建筑物。

第三类防雷建筑物包括：省级重点文物保护的建筑物和省级档案馆；年预计雷击次数大于等于 0.012 次，小于等于 0.6 次的部、省级办公楼及其他重要的或人员密集的公共建筑物；年预计雷击次数大于等于 0.06 次，小于等于 0.3 次的住宅、办公楼等一般性民用建筑物；年预计雷击次数大于等于 0.06 次的一般性工业建筑物；考虑到雷击后果和周围条件等因素，确定需要防雷的 21 区、22 区、23 区火灾危险环境的建筑物；年平均雷暴日 15d/a 以上的地区，高度为 15m 及其以上的烟囱、水塔等孤立高耸的建筑物；年平均雷暴日 15d/a 及 15d/a 以下的地区，高度为 20m 及 20m 以上的烟囱、水塔等孤立高耸的建筑物。

3. 防雷装置

避雷针、避雷线、避雷网、避雷带、避雷器都是经常采用的防雷装置。一套完整的防雷装置包括接闪器、引下线和接地装置。上述的针、线、网、带都只是接闪器。

接闪器是直接接受雷击的避雷针、避雷带（线）、避雷网以及用作接闪金属构件等。它利用其高出被保护物的地位，把雷电引向自身，通过引下线和接地装置，把雷电流泄入大地，保护被保护物免受雷击。

接闪器所用材料应能满足机械强度和耐腐蚀的要求，并具备足够的热稳定性，以能承受雷电流的热破坏作用。

避雷针宜采用镀锌圆钢或焊接钢管制成。避雷网和避雷带宜采用镀锌圆钢或扁钢制成。

避雷器是用来防护雷电产生的过电压沿线路侵入变配电所或建筑物内，以免危及被保护设备的绝缘。避雷器是并联在被保护设备或设施上，正常时处在不导通的状态。当出现雷击过电压时，避雷器的火花间隙就被击穿，或由高阻变为低阻状态，使过电压对地放电，切断过电压，从而实现设备的保护。过电压终止后，避雷器迅速恢复不导通状态，使线路恢复正常工作。避雷器的形式主要有阀型避雷器和管型避雷器，应用最多的是阀型避雷器，其中包括金属氧化物避雷器。

引下线是连接接闪器与接地装置的金属导体。防雷装置的引下线应满足机械强度、耐腐蚀和热稳定的要求。引下线宜采用圆钢或扁钢，其尺寸和防腐蚀要求与避雷网、避雷带相同。

接地装置是接地体和接地线的总和。接地装置向大地泄放雷电流，限制防雷装置对地电压不致过高，是防雷装置的重要组成部分。

除独立避雷针外，在接地电阻满足要求的前提下，防雷接地装置可以和其他接地装置共用。

防雷接地电阻通常是指冲击接地电阻。冲击接地电阻一般不等于工频接地电阻，这是因为极大的雷电流自接地体流入土壤时，接地体附近形成很强的电场，击穿土壤并产生火花，相当于增大了接地体的泄放电流面积，减小了接地电阻。冲击接地电阻一般都小于工频接地电阻。土壤电阻率越高，雷电流越大，以及接地体和接地线越短，则冲击接地电阻减小越多。就接地电阻值而言，独立避雷针的冲击接地电阻不宜大于 10Ω；附设接闪器每根引下线的冲击接地电阻不应大于 10Ω。

为了防止跨步电压伤人，防直击雷的人工接地体距建筑物出入口和人行道不应小于 3m。

4. 防雷措施

雷电种类、建筑物的防雷类别等直接决定了所应采取的防雷措施及防雷性能参数的要求。

（1）直击雷防护 第一类防雷建筑物、第二类防雷建筑物和第三类防雷建筑物均应采取防直击雷的防护措施；遭受雷击后果比较严重的设施或堆料也应采取防直击雷的措施；高压架空线路、变电站等也应采取防直击雷的措施。直击雷防护的主要措施有装设避雷针、架空避雷线（网）、避雷网（带）。

（2）感应雷防护 第一类防雷建筑物和第二类防雷建筑物均应采取防感应雷的防护措施。感应雷的防护主要有两方面。

① 静电感应防护。为了防止静电感应产生的过电压，应将建筑物内的设备、管道、构架、钢屋架、钢窗、电缆金属外皮等较大金属物和突出屋面的放散管、风管等金属物，均应与防雷电感应的接地装置相连。对第二类防雷建筑物可就近接至防直击雷接地装置或电气设备的保护接地装置上，可不单接地装置。

② 电磁感应防护。为了防止电磁感应，平行敷设的管道、构架和电缆金属外皮等长金属物，其净距小于 100mm 时，交叉处也应用金属线跨接。

（3）雷电侵入波防护 第一类防雷建筑物、第二类防雷建筑物和第三类防雷建筑物均应采取防雷电侵入波的防护措施。属于雷电侵入波造成的雷害事故很多，在低压系统，这种事故占总雷害事故的 70% 以上。就雷电侵入波的防护而言，随防雷建筑物类别和线路的形式不同，措施要求也不一样。主要措施如低压线路全线采用电缆直接埋地敷设，在入户端将电缆的金属外皮、钢管接到防雷电感应的接地装置上；架空金属管道，在进出建筑物处，与防雷电感应的接地装置相连；第三类防雷建筑物当采用架空线供电时，在进户处接设一组低压阀型避雷器并与绝缘子铁脚、金具连在一起接到电气设备的接地装置上。

（4）人身防雷 雷雨天气情况下，室外人身防雷应注意的要点如下。为了防止雷击事故和跨步电压伤人，要远离建筑物的避雷针及其接地引下线；远离各种天线、电线杆、高塔、烟囱、旗杆、孤独的树木和没有防雷装置的孤立的小建筑物等。如有条件应进入宽大金属构架、有防雷设施的建筑物或金属壳的汽车和船只，但是帆布篷车和拖拉机、摩托车等在雷电发生时是比较危险的，应尽快离开。应尽量离开山丘、海滨、河边、池旁；避开铁丝网、金属晒衣绳。减少在户外活动时间，尽量避免在野外逗留。不要在旷野里行走；不要骑在牲畜上或自行车上行走；不要用金属杆的雨伞，不要把带有金属杆的工具如铁锹扛在肩上。人在遭受雷击前，会突然有头发竖起或皮肤颤动的感觉，这时应立刻躺倒在地，或选择低洼处蹲下，双脚并拢，双臂抱膝，头部下俯，尽量缩小暴露面即可。

雷雨天气情况下，室内人身防雷应注意的要点有：电视机的室外天线应与电视机脱离，而与接地线连接；关好门窗，防止球形雷窜入室内造成危害；人体最好离开可能传来雷电侵入波的照明线、动力线、电话线、广播线、收音机和电视机天线，以及与其相连的各种金属设备 1.5m 以上，尽量暂时不用电气设备，最好拔掉电源插头；不要靠近室内的金属设备，如暖气片、自来水管、下水管，以防止这些线路和设备对人体的二次放电；避免靠近潮湿的墙壁。

五、案例分析与讨论

【案例一】 郑州市标准石化有限公司商城路加油站重大爆炸火灾事故

2001 年 7 月 23 日下午 3 时 15 分左右位于郑州市商城路与北顺城街交叉口郑州市标准石化有限公司商城路加油站突然发生爆炸，随即，加油站巨幅顶棚应声斜插地下，在场的工作人员被砸倒在地，加油站营业室也随即陷入地下。爆炸发生后，加油站的顶棚南半部倒塌，地下室上方的地面被掀开，有两辆面包车和一辆三轮车陷入地下，另外有一辆桑塔纳轿车被掀到了倒塌下来的顶棚上，随地面塌陷下去的还有 4 部加油机。在地下室内建有两个汽油库和一个柴油库，3 个油罐内储存有大约 20t 油料。大火熊熊燃烧，地下室内一片狼藉，如果油罐长期处于高温状态下将会引发更大的爆炸，后果不堪设想。在这次事故中共造成 4 人死亡，12 人受伤。

事故原因

加油站东南侧加油机下方输油竖管环形焊缝裂缝漏油，渗入地下室内，产生大量汽油蒸气与空气混合，混合气体达到爆炸极限。地下室设备是普通非防爆型的，操作人员进入地下室内，操作电灯开关产生的电火花是这声爆炸火灾事故的直接原因。

该加油站重生产经营，严重忽视安全，安全制度不健全，管理混乱，且职工素质差，未经培训合格擅自上岗，以及发现大量汽油泄漏未采取有效的安全措施，是造成这场事故的主要原因。

【案例二】 深圳清水河危险化学品仓库"8.5" 特大爆炸火灾事故

1993 年 8 月 5 日 13 时 10 分，该仓库保安员王×发现火情，先拨火警电话没拨通即就近找一名司机开车到 10km 外的笋岗中队报警，13 时 26 分，发生了特大爆炸事故，爆炸引起大火，1h 后，着火区又发生第二次强烈爆炸，造成更大范围的破坏和火灾。深圳市政府立即组织数千名消防、公安、武警、解放军指战员及医务人员参加了抢险救灾工作，于 8 月 6 日凌晨 5 时，终于扑灭了历时 16 个小时的大火。在这声事故中共有 15 人死亡，25 人受重伤，101 人住院治疗，直接经济损失超过 2 亿元。

事故原因

① 干杂仓库被违章改作危险化学品仓库及仓内危险化学品存放严重违章是造成"8.5"特大爆炸火灾事故的主要原因。

② 干杂仓库 4 号仓内混存氧化剂与还原剂，发生接触发热燃烧，是"8.5"特大爆炸火灾事故的直接原因。

事故性质

"8.5"特大爆炸火灾事故是一起严重的责任事故。

【课后巩固练习】 ▶▶▶

1. 论述燃烧的条件。
2. 燃烧速度和哪些因素有关？
3. 什么叫化学爆炸？化学爆炸分几类？
4. 什么是爆炸极限？
5. 论述危险化学品的火灾、爆炸危险性。
6. 分析典型化学反应过程的火灾爆炸危险性。
7. 控制火灾爆炸危险性物质和能量的技术措施有哪些？
8. 点火源有几类？控制点火源的技术措施有哪些？
9. 防火防爆安全装置主要有哪些？
10. 灭火的方法有几类？
11. 常用的灭火剂有哪几种？
12. 触电事故可分为哪几类？各有何特点？
13. 电流对人体的作用与哪些因素有关？
14. 触电急救的要点是什么？如何使触电者尽快脱离电源？且应注意哪些问题？
15. 防止触电事故的措施有哪些？
16. 绝缘破坏的形式有哪些？各有何特点？
17. 如何扑救带电火灾？
18. 为何要进行重复接地？
19. 雷电是如何产生的？它有何危害？防雷措施有哪些？
20. 爆炸性物质如何进行分类、分级和分组？
21. 危险场所如何进行分区？如何判断场所危险程度和确定危险场所范围？
22. 电气火灾和爆炸的原因有哪些？
23. 电气防火防爆措施主要有哪些？
24. 防爆电气设备主要有哪些类型？
25. 电气火灾有何特点？扑灭电气火灾应注意什么事项？
26. 静电是如何产生的？影响静电产生的因素有哪些？
27. 静电有何特点？其危害有哪些？
28. 人化工生产中，静电造成的最大危害是什么？防止静电危害有哪些主要措施？

第七章

危险化学品设备安全技术

第一节　锅炉安全技术与管理

【学习目标】▶▶▶

　　知识目标：掌握锅炉安全使用的技术要点。

　　能力目标：能认识锅炉的主要安全附件。

　　情感价值观目标：培养学生独立思考的能力和安全意识。

【案例情景】▶▶▶

　　1988年10月21日3时40分，郑州卷烟厂一台锅炉发生严重烧干锅事故，造成对流管、水冷壁管全部烧坏，上、下锅筒严重脱碳，过渡烟道烧化，空气预热器损坏225根管，这几部分失去使用价值而报废。这次事故的直接损失95000元，间接损失150000元。

　　事故原因：10月20日晚，当班司炉工未认真检查水位的情况下，错误地将缺水判断为满水而关闭给水泵。当发现汽压下降，炉膛出现正压现象时，又错误地判断为车间用汽量大而增大了锅炉的给煤量。当发现上锅筒、下锅筒均已烧红，炉顶烧塌，炉膛内听到倒塌声音后才布置停炉。此后虽采取了一系列措施，但锅炉已严重损坏。

一、锅炉的基础知识

　　锅炉是使用燃烧产生的热能把水加热或变成蒸汽的热力设备，尽管锅炉的种类繁多，结构各异，但都是由"锅"和"炉"以及为保证"锅"和"炉"正常运行必要的附件、仪表及附属设备三大（部分）组成。

　　"锅"是指锅炉中盛放水和蒸汽的密封部分，是锅炉的吸热部分，主要包括汽包、对流管、水冷壁、联箱、过热器、省煤器等。"锅"再加上给水设备就组成锅炉的汽水系统。

　　"炉"是指锅炉中燃料进行燃烧、放出热能的部分，是锅炉的放热部分，主要包括燃烧设备、炉墙、炉拱、钢架和烟道及排烟除尘设备等。

　　锅炉的附件和仪表很多，如安全阀、压力表、水位表及高低水位报警器、排污装置、汽水管道及阀门、燃烧自动调节装置、测量仪表等。

　　锅炉的附属设备也很多，一般包括给水系统的设备（如水处理装置，给水泵）；燃料供给及制备系统的设备（如供煤、磨粉、供油、供气等装置）；通风系统设备（如鼓、引风机）和除灰排渣系统设备（除尘器、出渣机、出灰机）。

总之，锅炉是一个复杂的组合体。尤其是在化工企业中使用的大、中容量锅炉，除了锅炉本体庞大、复杂外，还有众多的辅机、附件和仪表，运行是需要各个部分、各个环节密切协调，任何一个环节发生了故障，都会影响锅炉的正常运行。所以，作为特种设备的锅炉的安全监督应特别给予重视。

二、锅炉运行的安全管理

1. 水质处理

锅炉给水，不管是地面或地下水，都含有各种杂质，这些含有杂质的水如不经过处理就进入锅炉，就会威胁锅炉的安全运行。例如，结成坚硬的水垢，使受热面传热不良，浪费燃料，使锅炉壁温升高，强度显著下降；另外，一些溶解的盐类分解出氢氧根，氢氧根的浓度过高，会致锅炉某些部位发生苛性脆化；溶解在水中的氧气和二氧化碳会导致金属的腐蚀，从而缩短锅炉的寿命。所以，为了确保锅炉的安全，使其经济可靠地运行，就必须对锅炉给水进行必要的处理。

因为各地水质不同，锅炉炉型较多，因此水处理方法也各不相同。在选择水处理方法时要因炉、因水而定。目前水处理方法主要有两种：一种是炉内水处理；另一种是炉外水处理。

（1）炉内水处理　也叫锅内水处理，就是将自来水或经过沉淀的天然水直接加入，向汽包内加入适当的药剂，使之与锅水中的钙、镁盐类生成松散的泥渣沉降，然后通过排污装置排除。这种方法较适于小型锅炉使用，也可作为高、中压锅炉的炉外水处理补充，以调整炉水质量。常用的几种药剂有：碳酸钠、氢氧化钠、磷酸钠、六偏磷酸钠、磷酸氢二钠和一些新的有机防垢剂。

（2）炉外水处理　就是在给水进入锅炉前，通过各种物理和化学的方法，把水中对锅炉运行有害的杂质除去，使给水达到标准，从而避免锅炉结垢和腐蚀。常用的方法有：离子交换法，能除去水中的钙、镁离子，使水软化（除去硬度），可防止炉壁结垢，中小型锅炉已普遍使用；阴阳离子交换法，能除去水中的盐类，生产脱盐水（俗称纯水），高压锅炉均使用脱盐水，直流锅炉和超高压锅炉的用水要经二级除盐；电渗析法，能除去水中的盐类，常作为离子交换法的前级处理。有些水在软化前要经机械过滤。

（3）除气　溶解在锅炉给水中的氧气、二氧化碳，会使锅炉的给水管道和锅炉本体腐蚀，尤其当氧气和二氧化碳同时存在时，金属腐蚀会更加严重。除氧的方法有喷雾式热力除氧、真空除氧和化学除氧。使用最普遍的是热力除氧。

2. 锅炉启动的安全要点

由于锅炉是一个复杂的装置，包括一系列部件、辅机，锅炉的正常运行包含着燃烧、传热、工质流动等过程，因而启动一台锅炉要进行多项操作，要用较长的时间，各个环节协调动作，逐步达到正常的工作状态。

锅炉启动的过程中，其部件、附件等由冷态（常温后室温）变为受热状态，由不承受压转变为承压，其物理状态、受力情况等产生很大变化，最容易产生各种事故。据统计，锅炉事故约有半数是在启动过程中发生的。因而对锅炉启动必须进行认真的准备。

（1）全面检查　锅炉启动之前一定要进行全面检查，符合启动要求后才能进行下一步的操作。启动前的检查应按照锅炉运行规程的规定，逐项进行。主要内容有：检查汽水系统、燃烧系统、风烟系统、锅炉本体和辅机是否完好；检查人孔、手孔、看火门、防爆门及各类阀门、接板是否正常；检查安全附件是否齐全、完好并使之处于启动所要求的位置；检查各种测量仪表是否完好等。

（2）上水　为防止产生过大热应力，上水水温最高不应超过 90～100℃；上水速度要缓慢，全部上水时间在夏季不小于 1h，在冬季不小于 2h。冷炉上水至安全水位时应停止上水，以防受热膨胀后水位过高。

（3）烘炉和煮炉　新装、大修或长期停用的锅炉，其炉膛和烟道的墙壁非常潮湿，一旦骤然接触高温烟气，就会产生裂纹、变形甚至发生倒塌事故。为了防止出现这种情况，锅炉在上水后启动前要先进行烘炉。烘炉就是在炉膛中用文火缓慢加热锅炉，使炉墙中的水分逐渐蒸发掉。烘炉应根据事先制订的烘炉生温曲线进行，整个烘炉时间根据锅炉大小、型号不同而定，一般为 3～14d。烘炉后期可以同时进行煮炉。煮炉的目的是清除锅炉蒸发受热面中的铁锈、油污和其他污物，减少受热面腐蚀，提高锅水和蒸汽的品质。煮炉时，在锅水中加入碱性药剂，如 NaOH、Na_3PO_4 或 Na_2CO_3 等。步骤为：上水至最高水位；加入适量药剂（2～4kg/t）；燃烧加热锅水至沸腾但不升压（开启空气阀或抬起安全阀排气），维持 10～12h；减弱燃烧，排污之后适当放水；加强燃烧并使锅炉升压到 25%～100% 工作压力，运行 12～14h；停炉冷却，排除锅水并清洗受热面。烘炉和煮炉虽不是正常启动，但锅炉燃烧系统和汽水系统已经部分或大部分处于工作状态，锅炉已经开始承受温度和压力，所以必须认真进行。

（4）点火与升压　一般锅炉上水后即可点火升压；进行烘炉煮炉的锅炉，待煮炉完毕、排水清洗后再重新上水，然后点火升压。从锅炉点火到锅炉蒸汽压力上升到工作压力，这是锅炉启动中的关键环节，需要注意以下问题。

防止炉膛内爆炸，即点火前应开动引风机数分钟给炉膛通风，分析炉膛内可燃物的含量，低于爆炸下限时，才可以点火。

防止热应力和热膨胀造成的破坏。为了防止产生过大的热应力，锅炉的升压过程一定要缓慢进行。如：水管锅炉在夏季点火升压需要 2～4h，在冬季点火升压需要 2～6h；立式锅壳锅炉和快装锅炉需要的时间较短，为 1～2h。

监视和调整各种变化。点火升压过程中，锅炉的蒸汽参数、水位及各部件的工作状况在不断变化。为了防止异常情况及事故出现，要严密监视各种仪表指示的变化。另外，也要注意观察各受热面，使各部位冷热交换温度变化均匀，防止局部过热，烧坏设备。

（5）暖管与并汽　所谓暖管，即用蒸汽缓慢加热管道、阀门、法兰等软件，使其温度缓慢上升，避免向冷态或较低温度的管道突然供入蒸汽，以防止热应力过大而损坏管道、阀门等元件；同时将管道中的冷凝水驱出，防止在供汽时发生水击。冷态蒸汽管道的暖管时间一般不少于 2h，热态蒸汽管一般为 0.5～1h。并汽也叫并炉、并列，即投入运行的锅炉向共用的蒸汽总管供汽。并汽时应燃烧稳定、运行正常、蒸汽品质合格以及蒸汽压力稍低于蒸汽总管内气压（低压锅炉 0.02～0.05MPa；中压锅炉 0.1～0.2MPa）。

3. 锅炉运行中的安全要点

锅炉运行中，保护装置与连锁不得停用。需要检验和维修时，应经有关主要领导批准。锅炉在运行中，安全阀每人为排汽试验一次。电磁安全阀电气回路试验每月应进行一次。安全阀排汽试验后、回座压力、阀瓣开启高度应符合规定，并记录。锅炉运行中，应定期进行排污试验。

4. 锅炉停炉时的安全要点

锅炉停炉分正常停炉和紧急停炉（事故停炉）两种。

（1）正常停炉　正常停炉是计划内停炉。停炉中应该注意的主要问题是：防止降压降温过快，以避免锅炉元件因降温收缩不均匀而产生过大的热应力。停炉操作应按规定的次序进行。锅炉正常停炉时先停燃料供应，随之停止送风，降低引风。与此同时，逐渐降低锅炉负荷，相应地减少锅炉上水，但应维持锅炉水位稍高于正常水位。锅炉停止供汽后，应隔绝与蒸汽的主管连接，排汽降压。待锅内无气压时，开启空气阀，以免因降温形成真空。为防止锅炉降温过快，在正常停炉的 4～6h 内，应紧闭炉门和烟道接板。之后打开烟道接板，缓慢加强通风，适当放水。停炉 18～24h，在锅水温度降至 70℃ 以下时，方可全部放水。

（2）紧急停炉　紧急停炉是指锅炉运行中出现：水位低于表的下部可见边缘；不断加大向锅炉给水及采取其他措施，但水位仍继续下降；水位超过最高可见水位（满水），经放水仍不能见到水位；给水泵全部失效后给水系统故障，不能向锅炉进水；水位表及安全阀全部失效；炉元件损坏等严重威胁锅炉安全运行的情况，则应立即停炉。

紧急停炉的操作次序是，立即停止添加燃料和送风，减弱引风。与此同时，设法熄灭炉膛内的燃料，对于一般层燃炉可以用砂土或湿土灭火，链条炉可以开快挡使炉排快速运转，把红火送入灰坑。灭火或即把炉门灰门及烟道接板打开，以加强通风冷却。锅内可以较快降压并更换锅水，锅水冷却至 70℃ 左右允许排水。但因缺水紧急停炉时，严禁给炉上水，并不得开启空气阀及安全阀快速降压。

三、锅炉的安全附件

1. 安全阀

安全阀是锅炉设备中的重要的安全附件之一，它能自动开启排汽以防止压力超过规定限度。安全阀通常应该具有的功能：当锅炉中介质压力超过允许压力时，安全阀自动开启，排汽降压，同时发出鸣叫声向工作人员报警；当介质降到允许工作压力之后，自动"回座"关闭，使锅炉能够维持运行；在锅炉正常运行中，安全阀保持密封不漏。

安全阀应该在什么压力之下开启排汽，是根据锅炉受压元件的承压能力认为规定的。一般来说，在锅炉正常工作压力下安全阀处于闭合状态，在锅炉压力超过正常工作压力时安全阀才应开启排汽。但安全阀的开启压力不允许超过锅炉的正常工作压力太多，以保证锅炉受压元件有足够的安全裕度，安全阀的开启压力也不应太接近锅炉正常工作压力，以免安全阀频繁开启，损坏安全阀并影响锅炉的正常运行。

安全阀必须有足够的排放能力，在开启排气后才能起到降压作用；否则，即使安全阀排气，锅炉内的压力仍会继续不断上升。因此，为保证在锅炉用汽单位全部停用蒸汽时也不致锅炉超压，锅炉上所有安全阀总排汽量，必须大于锅炉的最大连续蒸发量。

安全阀应该垂直地装在汽包、联箱的最高位置。在安全阀和汽包、安全阀和联箱之间应装设取用蒸汽的出气管和阀门。并且安装安全阀时应该装设排汽管，防止排汽时伤人。排汽管应尽量直通室外，并有足够的截面积，以减少阻力，保证排汽畅通。安全阀排汽管底部应该接到地面的泄水管，在排汽管和泄水管上都不允许装设阀门。安全阀每年至少做一次定期检验，每天人为排放一次，排放压力最好在规定压力的 80% 以上。

2. 压力表

压力表是测量和显示锅炉汽水系统压力大小的仪表。严密监视锅炉各受压元件实际承受的压力，将它控制在安全限度之内，是锅炉实现安全运行的基本条件和基本要求，因而压力表是运行操作人员必不可少的耳目。锅炉没有压力表、压力表损坏或装设不符合要求，都不得投入运行或继续运行。

锅炉中应用最广泛的压力表是弹簧管式压力表，它具有结果简单、使用方便、准确可靠、测量范围大等优点。

压力表的量程与锅炉工作压力相适应，通常为锅炉工作压力的 1.5～3 倍，最好为 2 倍。

压力表度盘上应该划红线，指出最高该允许工作压力。压力表每半年至少校验一次，校验后应该铅封。压力表的连接管不应有漏汽现象，否则会降低压力表的指示值。

压力表应该装设在便于观察和吹洗的位置，应防止受到高温、冰冻和振动的影响。为避免蒸汽直接进入弹簧弯管影响其弹性，压力表下边应装设存水弯管。

3. 水位表

水位表是用来显示汽包内水位高低的仪表。操作人员可以通过水位表观察和调节水位，防止发生锅炉缺水或满水事故，保证锅炉安全运行。

水位表是按照连通器内液柱高度相等的原理装设的。水位表的水连管和气连管分别与汽包的水空间和气空间相连，水位表和汽包构成连通器，水位表显示的水位既是汽包内的水位。

锅炉上常用的水位表，有玻璃管式和玻璃板式两种。玻璃管式水位表结构简单，价格低廉，在低压小型锅炉上应用十分广泛；但玻璃管的耐压能力有限，使用工作压力不宜超过1.6MPa。为防止玻璃管破碎喷水伤人，玻璃管通常装设有耐热的玻璃防护罩。玻璃板水位表比起玻璃管式水位表，能耐更高的压力和温度，不易泄漏，但结构较为复杂，多用于高压锅炉。

水位表应装在便于观察、冲洗的位置，并有充足的照明；水连管和气连管应水平布置，以防造成假水位；连接管的内径不得小于18mm。连接管尽可能的短；如长度超过500mm或有弯曲时，内径应适当放大；汽水连接管上应避免装设阀门，如装有阀门，则在正常运行时必将阀门全开；水位表应设放水旋塞和接到安全地点放水管，其汽旋塞、水旋塞、放水塞的内径，以及水位表玻璃管的内径不得小于8mm。水位表应有指示最高最低安全水位的明显标志。水位表玻璃板（管）的最低可见边缘应比最低安全水位底25mm，最高可见边缘比最高安全水位高5mm。

水位报警器用于在锅炉水位异常（高于最高安全水位或最低安全水位）时发生警报，提醒运行人员采取措施，消除险情。额定蒸发量不小于2t/h的锅炉，必须装设高低水位报警器，警报信号应能区分高低水位。

【课后巩固练习】 ▶▶▶

1. 锅炉停炉分为 _____ 和 _____ 。
2. 水管锅炉在夏季点火升压需要____h，在冬季点火升压需要____h。
3. 简述锅炉运行安全要点。
4. 锅炉水质处理的要点有哪些？
5. 判断题
玻璃管水位表比起玻璃板式水位表，能耐更高的压力和温度。（   ）

第二节　压力容器安全技术

【学习目标】 ▶▶▶

知识目标：熟悉压力容器分类；掌握压力容器检验和安全附件的要求。

能力目标：能判断压力容器安全附件安装、检验是否符合要求。

情感价值观目标：培养学生认真、细心的工作态度。

【案例情景】 ▶▶▶

2013 年 4 月 23 日 11 时 20 分许，马鞍山市当涂县经济开发区某新型墙体材料公司第 14 号蒸压釜发生爆炸事故，当场造成 3 人死亡，9 人受伤。伤者分别送往八六医院、当涂县人民医院全力抢救，其中 1 人抢救无效死亡，共造成 4 死 8 伤。

在化工生产过程中需要用容器来储存和处理大量的物料。由于物料的状态、物料的物理及化学性质不同以及采用的工艺方法不同，所用的容器也是多种多样的。在化工生产过程中使用的容器的数量多，工作条件复杂，危险性很大，因此，压力容器状况的好坏对实现化工安全生产至关重要。所以必须加强压力容器的安全管理，并设有专门机构进行监察。压力容器的设计、制造、安装、维修、改造、检验或使用都必须遵照执行原劳动部颁布的《压力容器安全技术检察规程》。

一、压力容器的分类

在化工生产过程中，为有利于安全技术监督和管理，根据容器的压力高低、介质的危害程度以及在生产中的重要作用，将压力容器进行分类。

1. 按工作压力分类

按压力容器的设计压力分为低压、中压、高压、超高压 4 个等级。

低压（代号 L）　　　　0.1MPa≤p<1.6MPa

中压（代号 M）　　　　1.6MPa≤p<10MPa

高压（代号 H）　　　　10MPa≤p<100MPa

超高压（代号 U）　　　100MPa≤p≤1000MPa

2. 按用途分类

按压力容器在生产工艺过程中的作用原理分为反应容器、换热容器、分离容器、储存容器。

（1）反应容器（代号 R）　主要用于完成介质的物理、化学反应的压力容器。如反应器、反应釜、分解锅、分解塔、聚合釜、高压釜、超高压釜、合成塔、铜洗塔、变换炉、蒸煮锅、蒸球、蒸压釜、煤气发生炉等。

（2）换热容器（代号 E）　主要用于完成介质的热量交换的压力容器。如管壳式废热锅、热交换器、冷却器、冷凝器、蒸发器、加热器、消毒锅、染色器、蒸炒锅、预热锅、蒸脱机、电热蒸气发生器、煤气发生炉水夹套等。

（3）分离容器（代号 S）　主要用于完成介质的流体压力平衡和气体净化分离等的压力容器。如分离器、过滤器、集油器、缓冲器、洗涤器、吸收塔、干燥塔、汽提塔、分汽缸、除氧器等。

（4）储存容器（代号 C，其中球罐代号 B）　主要是盛装生产的原料气体、液体、液化气体等的压力容器。如各种类型的储罐。

在一种压力容器中，如同时具备两个以上的工艺作用原理时，应按工艺工程中的主要作用来划分。

3. 按危险性和危害性分类

（1）一类压力容器　非易燃且无毒介质的低压容器；易燃或有毒介质的低压分离容器和热交换容器。

（2）二类压力容器　任何介质的中压容器；易燃介质或有毒程度为中度危害介质的低压

反应容器和储存容器；有毒程度为极度和高度危害介质的低压容器；低压管壳式余热锅炉；搪瓷玻璃压力容器。

（3）三类压力容器 毒性程度为极度和高度危害介质的中压容器和 pV（设计压力×容积）≥0.2MPa·m³ 的低压容器；易燃或毒性程度为中度危害介质且 pV≥0.5MPa·m³ 的中压反应容器；pV≥10MPa·m³ 的中压储存容器；高压、中压管壳式余热锅炉；高压容器。

二、压力容器的定期检验

压力容器的定期检验是指在压力容器使用的过程中，每隔一定期限采用各种适当而有效的方法，对容器的各个承压部件和安全装置进行检查和必要的实验。通过实验，发现容器存在的缺陷，使它们还没有危及容器安全之前即被消除或采取适当的措施进行特殊监护，以防压力容器在运行中发生事故。压力容器在生产中不仅长期承受压力，而且还受到介质的腐蚀或高温流体的冲刷磨损，以及操作压力、温度波动的影响。因此，在使用过程中会产生缺陷。有些压力容器在设计、制造和安装过程中存在着一些原有的缺陷，这些缺陷将会在使用中进一步扩展。显然，无论是原有缺陷，还是在使用过程中产生的缺陷，如果不能及早发现和消除，任其发展扩大，势必在使用过程中导致严重爆炸事故。压力容器实行定期检查，是及时发现缺陷、消除隐患、保证压力容器安全运行的重要的必不可少的措施。

1. 定期检查的要求

压力容器的使用单位，必须认真安排压力容器的定期检验工作，按照《在用压力容器检验规程》的规定，又取得检验资格的单位和人员进行检验；并将年检计划报主管部门和当地的锅炉压力容器安全监督机构。

定期检验的内容如下。

（1）外部检查 指专业人员在压力容器运行中定期的在线检查。检查的主要内容包括：压力容器及其管道的保温层、防腐层、设备铭牌是否完好；外表面有无裂痕、变形、腐蚀和局部鼓包；所有焊缝、承压元件及连接部位有无泄漏；安全附件是否齐全、可靠、灵活好用；承压设备的基础有无下沉、倾斜，地脚螺丝、螺母是否齐全完好；有无松动和摩擦；运行参数是否符合安全操作的规程；运行日志与检修记录是否保存完整。

（2）内外部检验 指专业检验人员在压力容器停机时检验。检验内容除外部检验的全部内容外，还包括以下内容的检验：腐蚀、磨损、裂纹、衬里情况、壁厚测量、金相检查、化学成分分析和硬度测定。

（3）全面检查 全面检查除内、外部检验的全部内容外，还包括焊缝无损探伤和耐压试验。焊缝无损探伤长度一般为容器焊缝总长的 20%。耐压试验是承压设备定期检验的主要项目之一，目的是检验设备的整体和致密性。绝大多数承压设备进行耐压试验时用水作介质，故常常把耐压试验称为水压试验。外部检查和内部检验内容及安全状况等级确定的评定，见《在用压力容器检验规程》。

2. 定期检验的周期

压力容器的检验周期应根据容器的制造和安装质量、使用条件、维护保养等情况，由企业自行确定。一般情况下，压力容器每年至少一次外部检查，每年三次内部检查，每六年进行一次全面检查。装有催化剂的反应容器以及装有充填物的大型压力容器，其检验周期由使用单位根据设计图纸和实际使用情况确定。检验周期根据具体情况可适当延长或缩短。

① 有下列情况之一的，内外部检验期限适当缩短。

介质对压力容器材料的腐蚀情况不明，介质对材料的腐蚀速率大于 0.25mm/a，以及设计所确定的腐蚀数据严重不准确；材料焊接性能差，制造时曾多次返修；首次检验；使用条件差，管理水平低；使用期超过 15 年，经技术鉴定确认不能按正常检验周期使用，检验员认为因该缩短。

② 有下列情况之一的，内外部检验周期可以适当延长。

非金属衬里层完好，但其检验周期不应超过 9 年；介质对材料腐蚀速率低于 0.1mm/a，或有可靠的耐腐蚀金属衬里，通过 1～2 次内外部检验，确认符合原要求，但不应超过 10 年。

③ 有下列情况之一的，内外检验合格后，必须进行耐压实验。

用焊接方法修理或更换主要受压元件；改变使用条件且超过原设计参数；更换新衬里前；停止使用两年重新使用；新安装或移装；无法进行内部检验；使用单位对压力容器的安全性能有怀疑。因特殊情况，不得按期进行内外部检验或耐压试验的使用单位必须申明理由，提前 3 个月提出申报，经单位技术负责人批准，由原检验单位提出处理意见，省级主管部门审查同意，发放《压力容器使用证》的锅炉压力容器安全监察机构备案后，方可延长，但一般不应超过 12 个月。

三、压力容器的安全附件

安全附件是承压设备安全、经济运行不可缺少的一个组成部分。根据容器的用途、工作条件、介质性质等具体情况选用必要的安全附件，可提高压力容器的可靠性和安全性。

1. 压力容器安全泄放量

压力容器的安全泄放量是指压力容器在超压时为保证容器内压力不再升高，在单位时间内必须泄放的介质的量。压力容器的安全泄放量按下列方法计算。

（1）压缩气体或水蒸气压力容器的安全泄放量　对于压缩机储气罐和气包等压力容器的安全泄放量，应取设备的最大生产能力（产气量）。气体储罐等压力容器的安全泄放量，按式（7-1）计算：

$$G' = 2.838 \times 10^{-3} \rho \gamma d^2 \tag{7-1}$$

式中　G'——压力容器的安全泄放量，kg/h；

ρ——泄放压力下的气体密度，kg/m^3；

d——压力容器进口管的内经，mm；

γ——压力容器进口管内气体的流量，m/s。

（2）液化气体压力容器的安全泄放量　介质为易燃液化气体或装设在有在可能发生火灾的环境下工作的非易燃液化气体。对无绝热材料保温层的压力容器

$$G' = 2.55 \times 10^5 FA^{0.82}/r \tag{7-2}$$

式中　G'——压力容器的安全泄放量，kg/h；

r——在泄放压力下液化气体的汽化潜热，kJ/kg；

F——系数，压力容器装在地面以下，用沙土覆盖时，取 $F=0.3$；压力容器在地面上时，取 $F=1$；对设置在大于 $10t/(m^2 \cdot min)$ 喷淋装置下时，取 $F=0.6$。

压力容器的受热面积 $A(m^2)$，按下列公式计算：

对半球形封头的卧式压力容器　　　$A = \pi D_0 L$

对椭圆形封头的卧式压力容器　　　$A = \pi D(L + 0.3D_0)$

对立式压力容器　　　　　　　　　$A = \pi D_0 L'$

对球形压力容器　　　　　　　　　$A = 1/2 \pi D_0^2$

或从地平面起到 7.5m 高度以下所包括的外表面积，取二者中较大的值。

式中　D_0——压力容器直径，m；

　　　L——压力容器总长，m；

　　　L'——压力容器内最高液位，m。

对有完善的绝热材料保温层的液化气体压力容器，按以下公式计算：

$$G' = 2.61 \times (650 - t)\lambda A^{0.82}/\delta r \tag{7-3}$$

式中　G'——压力容器的安全泄放量，kg/h；

　　　t——泄放压力下的饱和温度，℃；

　　　λ——常温下绝热材料的热导率，W/(m·K)；

　　　A——压力容器的受热面积，m^2；

　　　δ——保温层厚度，m；

　　　r——泄放压力下液化气体的汽化潜热，kJ/kg。

介质为非易燃液化气体的压力容器，而且装设在无火灾危险的环境下工作时，安全泄放量可根据其有无保温层分别选用不低于相应公式计算值的30%。由于化学反应使气体体积增大的压力容器，其安全泄放量，应根据压力容器内化学反应生成的最大气量以及反应时所需的时间来决定。

2. 安全泄压装置

压力容器在运行过程中，由于种种原因，可能会出现器内压力超过其最高许用压力（一般为设计压力）的情况。为了防止超压，确保压力容器安全运行，一般都装有安全泄压装置，以自动、迅速地排出容器内的介质，使容器内压力不超过其最高许用压力。压力容器常见的安全泄压装置有安全阀和防爆片。

（1）安全阀　压力容器在正常工作压力运行时，安全阀保持严密不漏；当压力超过设定值时，安全阀在压力作用下自行开启，使容器泄压，以防止容器或管线的破坏；当容器压力泄至正常值时，它又能自行关闭，停止泄放。

① 安全阀的种类。安全阀按其整体结构及加载机构形式来分，常用的有杠杆式和弹簧式两种。它们是利用杠杆与重锤或弹簧力的作用，压住容器的介质，当介质压力超过杠杆与重锤或弹簧力所能维持的压力时，阀芯被顶起，介质向外排放，器内压力迅速降低；当器内压力小于杠杆与重锤或弹簧力后，阀芯再次与阀座闭合。

弹簧式安全阀的加载装置是一个弹簧，通过调节螺母，可以改变弹簧的压缩量，调整阀瓣对阀座的紧压力，从而确定其开启压力的代销弹簧式安全阀结构紧凑，体积小，动作灵敏，对震动不太敏感，可以装在移动式容器上；缺点是阀内弹簧受高温影响时，弹性有所降低。

杠杆式安全阀靠移动重锤的位置或改变重锤的质量来调节安全阀的开启压力。它具有结构简单、调整方便、比较准确以及使用较高温度的优点。但杠杆式安全阀结构比较笨重，难以用于高压容器上。

② 安全阀的选用。《压力容器安全技术监督规程》规定，安全阀的制造单位，必须有国家相关主管部门颁发的制造许可证才可制造。产品出厂应有合格证，合格证上应有质量检查部门的印章及检验日期。

安全阀的选用应根据容器的工艺条件及工作介质的特性从安全阀的安全泄放量、加载机构、封闭机构、气体排放方式、工作压力范围等方面考虑。安全阀的排放量是选用安全阀的关键因素，安全阀的排量必须不小于容器的安全泄放量。从气体的排放方式来看，对盛装有毒、易燃或污染环境的介质容器应选用封闭式安全阀。选用安全阀时，要注意它的工作压力范围，要与容器的工作压力范围相匹配。

③ 安全阀的安装。安全阀应垂直向上安装在压力容器本体的液面以上气相空间部位，或与连接在压力容器气相空间上的管道相连接。安全阀确实不便装在容器本体上，而用短管与容器连接时，则接管的直径必须大于安全阀门的进口直径，接管上一般禁止装设阀门或其他引出管。压力容器一个连接口上装设数个安全阀时，则该连接口入口的面积，至少要等于数个安全阀的面积的总和。压力容器与安全阀之间，一般不应该装设中间截止阀门，对于盛装易燃、毒性程度为极度、高度、中高度危害或黏性介质的容器，为便于安全阀更换、清洗，可装截止阀，但截止阀的流通面积不得小于安全阀的最小流通面积，并且要有可靠的措施和严格的制度，以保证在运行中截止阀保持全开状态并加铅封。选择安装位置时，应考虑到安全阀的日常检查、维护和检修的方便。安装在室外露天的安全阀要有防止冬季阀内水分结冰的可靠措施。装有排气管的安全阀排气管的最小截面积应大于安全阀内的出口截面积，排气管应尽可能短而直，并且不得装阀。安装杠杆式安全阀时，必须使它的阀杆保持在铅垂的位置。所有进气管、排气管连接法兰的螺栓必须均匀上紧，以免阀体产生附加应力，破坏阀体的同心度影响安全阀的正常工作。

④ 安全阀的维护和检验。安全阀在安装前应由专业人员进行水压实验和气密性实验，经实验合格后进行调整校正。安全阀的开启压力不得超过容器的设计压力。校正调整后的安全阀应进行铅封。要使安全阀动作灵敏可靠和密封性能良好，必须加强日常维护检查。安全阀应经常保持清洁，防止阀体弹簧等被油垢脏物所粘住或被腐蚀。还应经常检查安全阀的铅封是否完好。气温过低时，有无冻结的可能性，检查安全阀是否有泄漏。对杠杆式安全阀，要检查其重锤是否松动或被移动等。如发现缺陷，要及时校正或更换。安全阀要定期检验，每年至少校验一次。定期检验工作包括清洗、研磨、实验和校正。

(2) 防爆片　防爆片又称防爆膜、防爆板，是一种断裂的安全泄压装置。防爆片具有密封性能好，反应动作快以及不易受介质中黏污物的影响等优点。但它是通过膜片的断裂来卸压的，所以卸压后不能继续使用，容器也被迫停止运行。因此，它只在不易安装安全阀的压力容器上使用。例如：存在爆燃或异常反应而压力倍增、安全阀由于惯性来不及动作；介质昂贵且有剧毒，不允许任何泄漏；运行中会产生大量沉淀或粉状黏附物，妨碍安全阀动作。

防爆片的结构比较简单。它的主零件是一块很薄的金属板，用一副特殊的管法兰夹持着装入容器引出的导管中，也有把膜片直接与密封垫片一起放入接管法兰的。容器在正常运行时，防爆片虽可能有较大的变形，但它能保持严密不漏。当容器超压时，膜片即断裂排泄介质，避免容器应超压而爆炸。

防爆片的设计压力一般为工作压力的 1.25 倍，对波动幅度较大的容器，其设计破裂压力还要相应大一些。但在任何情况下，防爆片的爆破压力都不得大于容器设计压力。一般防爆片材料的选择，膜片的厚度以及采用的结构形式，均是经过专门的理论计算和实验测试而定的。

运行中应经常检查爆破片法兰连接出有无泄漏，防爆片有无变形。通常情况下，防爆片应每年更换一次，发生超压而未爆破的爆破片应立即更换。

(3) 防爆帽　防爆帽又称爆破帽，也是一种断裂型安全泄压装置。它的样式较多，但基本作用原理一样。它的主要元件是一个一端封闭、中间具有一薄弱断面的厚壁短管。当容器的压力超过规定时，防爆帽即从薄弱断面处断裂，气体从管孔中排出。为了防止防爆帽断裂飞出伤人，在它的外面应装有保护装置。

(4) 压力表　压力表是测量压力容器中介质压力的一种计量仪表。压力表的种类较多，按它的作用原理和结构，可分为液柱式、弹性元件式、活塞式和电量式四大类。压力容器大多使用弹性元件式和单弹簧管压力表。

① 压力表的选用。压力表应该根据被测压力的大小、安装位置的高低、介质的性质（如温度、腐蚀性等）来选择精度等级、最大量程、表盘大小以及隔离装置。装在压力容器上的压力表，其表盘刻度极限应为容器最高工作压力的 1.5～3 倍，最好为 2 倍。压力表量程越大，允许误差的绝对值也越大，视觉误差也越大。按容器的压力等级要求，低压容器一般不低于 2.5 级，中压及高压容器不应低于 1.5 级。为便于操作人员能清楚准确地看出压力指示，压力表盘直径不能太小，在一般情况下，表盘直径不应小于 100mm。如果压力表距离观察地点远，表盘直径增大，距离超过 2m 时，表盘直径最好不小于 150mm；距越过 5m 时，不要小于 250mm。超高压容器压力表的表盘直径应不小于 150mm。

② 压力表的安装。安装压力表时，为便于操作人员观察，应将压力表安装在最醒目的地方，并要求充足的照明，同时要注意避免受辐射热、低温及震动的影响。装在高处的压力表应稍微向前倾斜，但倾斜角不要超过 30°。压力表接管应直接与容器本体相接。为了便于卸换和校验压力表，压力表与容器之间应装设三通旋塞。旋塞应装在垂直的管段上，并要有开启标志，以便核对与更换。蒸汽容器，在压力表和容器之间应装有存水弯管。盛装高温、强腐蚀及凝结性介质的容器，在压力表与容器连接管路上应装有隔离缓冲装置，使高温或腐蚀介质不和弹簧弯管直接接触，依据液体的腐蚀性选择隔离液。

③ 压力表的使用。使用中的压力表应根据设备的最高工作压力，在它的刻度盘上划明警戒红线，但注意不要涂画在表盘玻璃上，一则会产生很大的视差，二则玻璃转动导致红线位置发生变化使操作人员产生错觉，造成事故。压力表应保持洁净，表盘上玻璃要明亮透明，使表内指针指示的压力值能清楚易见。压力表的接管要定期吹洗。在容器运行期间，如发现压力表指示失灵，刻度不清，表盘玻璃破裂，泄压后指针不回零位，铅封损坏等情况，应立即校正或更换。压力表的维护和校验应符合国家计量部门的有关规定。一般 6 个月校验一次。通常压力表上应有校验标记，注明下次校验日期或校验有效期。校验后的压力表应加铅封，未经检验合格和无铅封的压力表均不准安装使用。

（5）液面计　液面计是压力容器的安全附件。一般压力容器的液面显示多用玻璃板液面计。石油化工生产装置的压力容器，如各类液化石油气的储存压力容器，选用各种不同作用原理、结构和性能的液位指示仪表。介质为粉体物料的压力容器，多数选用放射性同位素位仪表，指示粉体的粉位高度。不论选用何种类型的液面计或仪表，均符合《压力容器安全技术监督规程》规定的安全要求，主要有以下几方面。

① 应根据压力容器的介质、最高工作压力和温度正确选用。

在安装使用前，低、中压容器液面计，应进行 1.5 倍液面计公称压力的水压试验；高压容器液面计，应进行 1.25 倍液面计公称压力的水压试验。

盛装 0℃ 以下介质的压力容器，应选用防霜液面计。

寒冷地区室外使用的液面计，应选用夹套型或保温型结构的液面计。

易燃、毒性程度为极度、高度危害介质的液化气体压力容器，应采用板式或自动液面指示计，并应有防止泄漏的保护装置。

要求液面指示平稳的，不应采取浮子（标）式液面计。

② 液面计应安装在便于观察的位置。如液面计的安装位置不便于观察，则增加其他辅助设施。大型压力容器还应有集中控制的设施和报警装置。液面计的最高和最低安全液位，应做出明显的标记。

③ 压力容器操作人员，应加强液面计的维护管理，经常保持完好和清晰。应对液面计实行定期检修制度，使用单位可根据运行实际情况，在管理制度中具体规定。液面计有下列情况之一的，应停止使用：超过检验周期；玻璃管（板）有裂纹、破碎；阀件固死；经常出

现假液位。

④ 使用放射性同位素料位检测仪表，应严格执行国务院颁布的《放射性同位素与射线装置放射防护条例》的规定，采取有效保护措施，防止使用现场放射危害。

另外，化工生产过程中，有些反应压力容器和储存压力容器还装有液位检测报警、温度检测报警、压力检测报警及联锁等，既是生产监控仪表，也是压力容器的安全附件，都应该按有关规定的要求，加强管理。

【课后巩固练习】 ▶▶▶

1. 压力容器上的压力表的量程通常为压力容器最高工作压力的（　　）倍。
A. 1～2　　　　　　B. 1.5～3　　　　　　C. 2～3　　　　　　D. 2～4
2. 工作压力为 5MPa 的压力容器属于_____。
3. 压力容器上的安全附件必须进行定期检验，安全阀一般每_____年至少做一次定期检验，压力表一般每_____年至少校验一次。
4. 弹簧式安全阀和重锤式安全阀有哪些区别？
5. 简述安全阀的安装、使用和检验的要求。
6. 简述压力表的安装、使用和检验的要求。

第三节　气瓶安全技术与管理

【学习目标】 ▶▶▶

知识目标：掌握气瓶的颜色标志；熟悉气瓶安全管理的要求。
能力目标：能根据气瓶颜色判断里面的物质；初步具备能对气瓶安全管理的能力。
情感价值观目标：培养学生正确的安全价值观和安全意识。

【案例情景】 ▶▶▶

2006 年 11 月 1 日，天津某气体有限公司氧气充装车间操作人员杨某等四人当班进行氧气充装作业，崔某在氧气车间外对气瓶进行维修。上午 10 时左右，对 50 只气瓶开始进行氧气充装。在上午 10 时 37 分左右，在氧气充装线上进行充装的东排西侧第七只气瓶发生爆炸，造成氧气充装车间屋顶塌落，氧气充装回流排倒塌，操作人员杨某当场死亡，郭某受重伤，冯某、苗某受轻伤。郭某经抢救无效于 11 月 4 日死亡。

事故主要原因之一是：违反气瓶充装作业技术要求，违规将低压气瓶用于高压氧气充装。

一般情况下，我们所说的气瓶是指正常环境温度（−40～60℃）下使用的、公称工作压力大于或等于 0.2MPa（表压）且压力与容积的乘积大于或等于 1.0MPa·L 的盛装气体、液化气体和标准沸点等于或低于 60℃ 的液体的气瓶（不含仅在灭火时承受压力、储存时不承受压力的灭火用气瓶）。但不包括军事装备、核设施、航空航天器、铁路机车、船舶和海上设施使用的气瓶。

一、气瓶的分类

1. 按充装介质的性质分类
（1）压缩气体气瓶　压缩气体（压缩气瓶）因其临界温度低于 −10℃，常温下成气态，所以称为压缩气体，如氢、氧、氮、空气、煤气及氩、氦、氖、氙等。这类气瓶一般都以较高的压力充装气体，目的是增加单位容积允气量，提高气瓶利用率和运输效率。常见的充装压力为15MPa，也有充装20～30MPa的。

（2）液化气体气瓶 液化气体气瓶充装时都以低温液态罐装，有些液化气体的临界温度较低。装入瓶内后受环境的影响而全部汽化。有些液化气体的临界温度较高，装瓶后在瓶内始终保持气液平衡状态，因此，可分为高压液化气体和低压液化气体。

① 高压液化气体。临界温度高于或等于－10℃，且低于或等于70℃。常见的有乙烯、乙烷、二氧化碳、氧化亚氮、六氟化硫、氯化氢、三氟氯甲烷（F-23）、六氟乙烷（F-116）、氟乙烯等。常见的充装压力有15MPa和2.5MPa等。

② 低压液化气体。临界温度高于70℃，如溴化氢、硫化氢、氨、丙烷、丙烯、异丁烯、1,3-丁二烯、1-丁烯、环氧乙烷、液化石油气等。《气瓶安全检查规程》规定，液化气体气瓶的最高工作温度为60℃。低压液化气体在60℃时的饱和蒸气压都在10MPa以下，所以这类气体的充装压力都不高于10MPa。

（3）溶解气体气瓶 是专门用于盛装乙炔的气瓶。由于乙炔气体极不稳定，故必须把它溶解在溶剂（常见的为丙酮）中。气瓶内装满多孔性材料，以吸收溶剂。乙炔瓶充装乙炔气，一般要求分两次进行，第一次充气后静置8h以上，再第二次充气。

2. 按制造方法分类

钢制无缝气瓶以钢坯为原料，经冲压拉伸制造，或以无缝钢管为材料，经热旋压收口底制造的钢瓶。瓶底材料为采用碱性平炉、电炉或吹氧碱性转炉冶炼的镇静钢，如优质碳钢、锰钢、铬钼钢或其他合金钢。这类气瓶用于盛装压缩气体和高压液化气体。

钢制焊接气瓶以钢板为原料，经冲压卷焊制造的钢瓶。瓶底及受压元件材料为采用平炉、电炉或氧化转炉冶炼的镇静钢，要求良好的冲压和焊接性能。这类气瓶用于盛装低压液化气体。

缠绕玻璃纤维气瓶是以玻璃纤维加黏结剂缠绕或碳纤维制造的气瓶。一般有一个铝制内筒，其作用是保证气瓶的气密性，承压强度则依靠玻璃纤维缠绕的外筒。这类气瓶由于绝热性能好、质量轻，多用于盛装呼吸用压缩空气，供消防、毒区或缺氧地区域作业人员随身背挎并配以面罩使用。一般容积较小（1～10L），充气压力15～30MPa。

3. 按公称工作压力分类

气瓶按公称工作压力分为高压气瓶和低压气瓶。

高压气瓶公称工作压力/MPa	30	20	15	12.5	8
低压气瓶公称工作压力/MPa	5	3	2	1.6	1

钢瓶公称容积和公称直径见表7-1。

表7-1 钢瓶公称容积和公称直径

公称容积 VG/L	10 16 25	40 50	60 80 100	150 200	400 600	800 1000
公称直径 DN/mm	200	250	300 (350)*	400	600 (700)*	800 (900)*

注：* 括号内数值不推荐采用。

二、气瓶的安全附件

1. 安全泄压装置

气瓶的安全泄压装置，是为了防止气瓶在遇到火灾等高温时，瓶内气体受热膨胀而发生破裂爆炸。气瓶常见的泄压附件有爆破片和易熔塞。爆破片装在瓶阀上，其爆破压力略高于瓶内气体的最高温升压力。爆破片多用于高压气瓶上，有的气瓶不装爆破片。《气瓶安全监察规定》对是否必须装设爆破片，未作明确规定。气瓶装设爆破片有利有弊，一些国家的气瓶不采用爆破片这种安全泄压装置。

易熔塞装在低压气瓶的瓶肩上，当周围环境温度超过气瓶的最高使用温度时，易熔塞的易熔合金熔化，瓶内气体排出，避免气瓶爆炸。

2. 其他附件（防震圈、瓶帽、瓶阀）

气瓶装有两个防震圈是气瓶瓶体的保护装置。气瓶在充装、使用、搬运过程中，常常会因滚动、震动、碰撞而损坏瓶壁，以致发生脆性破坏。这是气瓶发生爆炸事故常见的一种直接原因。

瓶帽是瓶阀的保护装置，它可避免气瓶在搬运过程中因碰撞而损坏瓶阀，保护出气口螺纹不被损坏，防止灰尘、水分或油脂等杂物落入阀内。

瓶阀是控制气体出入的装置，一般是用黄铜和钢制造。充装可燃气体的钢瓶的瓶阀，其出气口螺纹为左旋，盛装助燃气体的气瓶；其出气口螺纹为右旋，瓶阀的这种结构可有效地防止可燃气体与非可燃气体的错装。

三、气瓶的颜色和标志

国家标准《气瓶颜色标志》对气瓶的颜色、字样和色环作了严格规定。常见气瓶的颜色见表 7-2。

表 7-2　常见气瓶的颜色

序号	充装气体名称	化学式	瓶色	字样	字色	色环
1	氢	H_2	淡绿	氢	大红	$p=20MPa$ 淡黄色单环 $p=30MPa$ 淡黄色双环
2	氧	O_2	淡蓝	氧	黑	$p=20MPa$ 白色单环 $p=30MPa$ 白色双环
3	氨	NH_3	淡黄	液氨	黑	
4	氯	Cl_2	深绿	液氯	白	
5	空气		黑	空气	白	$p=20MPa$ 白色单环 $p=30MPa$ 白色双环
6	氮	N_2	黑	氮	淡黄	$p=20MPa$ 白色单环 $p=30MPa$ 白色双环
7	二氧化碳	CO_2	铝白	液化二氧化碳	黑	$p=20MPa$ 黑色单环
8	乙烯	C_2H_4	棕	液化乙烯	淡黄	$p=15MPa$ 白色单环 $p=20MPa$ 白色双环

四、气瓶的安全管理

1. 充装安全

为了保证气瓶在使用或充装过程中不因环境温度升高而处于超压状态，必须对气瓶的充装量严格控制。确定压缩气体及高压液体气体气瓶的充装量时，要求瓶内气体在最高使用温度（60℃）下的压力，不超过气瓶的最高许用压力。对低压液化气体气瓶，则要求瓶内液体在最高使用温度下，不会膨胀至瓶内满液，即要求瓶内始终保留有一定气相空间。

（1）气瓶充装过量　是气瓶破裂爆炸的常见原因之一。因此必须加强管理，严格执行

《气瓶安全监察规程》的安全要求，防止充装过量。充装压缩气体的气瓶，要按不同温度下的最高允许充装压力进行充装，防止气瓶在最高使用温度下的压力超过气瓶的最高使用压力。充装液化气体的气瓶，必须严格按规定的充装系数充装，不得超量，如发现超装时，应设法将超装量卸出。

（2）防止不同性质的气体混装　气体混装是指在同一气瓶内灌装两种气体（或液体）。如果这两种介质在瓶内发生反应，将会造成气瓶爆炸事故，如装过可燃气体（如氢气等）的气瓶，未经置换、清洗等处理，甚至瓶内还有一定量余气，又灌装氧气，结果瓶内氢气与氧气发生化学反应，产生大量反应热，瓶内压力急剧升高，气瓶爆炸，酿成严重事故。

属下列情况之一的，应先进行处理，否则严禁充装。

① 钢印标记、颜色标记不符规定及无法判定瓶内气体的。

② 改装不符合规定或用户自行改装的。

③ 附件不全、损坏或不符合规定的。

④ 瓶内无剩余压力的。

⑤ 超过检验期的。

⑥ 外观检查存在明显损伤，需进一步进行检查的。

⑦ 氧化或强氧化性气体沾有油脂的。

⑧ 易燃气体气瓶的首次充装，事先未经置换和抽空的。

2. 储存安全

① 气瓶的储存应有专人负责管理。管理人员、操作人员、消防人员应经过安全技术培训，了解气瓶、气体的安全知识。

② 气瓶的储存，空瓶、实瓶应分开（分室储存）。如氧气瓶、液化石油气瓶，乙炔瓶与氧气瓶、氯气瓶不能同储一室。

③ 气瓶库（储存间）应符合《建筑设计防火规范》，应采用二级以上防火建筑。与明火或其他建筑物应有符合规定的安全距离。易燃、易爆、有毒、腐蚀性气体气瓶库的安全距离不得小于15m。

④ 气瓶库应通风、干燥、防止雨（雪）淋、水浸，避免阳光直射，要有便于装卸、运输的设施。库内不得有暖气、水、煤气等管道通过，也不准有地下管道或暗沟。照明灯具及电器设备是防爆的。

⑤ 地下室或半地下室不能储存气瓶。

⑥ 瓶库有明显的"禁止烟火"、"当心爆炸"等各类必要的安全标志。

⑦ 储气的气瓶应戴好瓶帽，最好戴固定瓶帽。

⑧ 实瓶一般应立放储存。卧放时，应防止滚动，瓶头（有阀端）应朝向一方。垛放不得超过5层，并妥善固定。气瓶排放应整齐，固定牢靠。数量、号位的标志要明显。要留有通道。

⑨ 瓶库就有运输和消防通道，设置消防栓和消防水池。在固定地点备有专用灭火器、灭火工具和防毒用具。

⑩ 实瓶的储存数量应有限制，在满足当天使用量和周转量的情况下，应尽量减少储存量。

⑪ 容易起聚合反应的气体的气瓶，必须规定储存限期。

⑫ 瓶库账目清楚，数量准确，按时盘点，账物相符。

⑬ 建立并执行气瓶进出库制度。

3. 使用安全

① 使用气瓶者应学习气体与气瓶的安全技术知识，在技术熟练人员的指导监督下进行操作练习，合格后才能独立使用。

② 进行检查，确认气瓶和瓶内气体质量完好，方可使用。如发现气瓶颜色、钢印等辨别不清，检验超期，气瓶损坏（变形、划伤、腐蚀），气体质量与标准规定不符等现象，应拒绝使用并妥善处理。

③ 按照规定，正确、可靠地连接调压器、回火防止器、输气、橡胶软管、缓冲器、汽化器、焊割炬等，检查、确认没有漏气现象。连接上述器具前，应微开瓶阀吹除瓶出口的灰尘、杂物。

④ 气瓶使用时，一般应立放（乙炔瓶严禁卧放使用），不得靠近热源。与明火、可燃助燃气体气瓶之间的距离不得小于 10m。

⑤ 使用易起聚合反应的气体的气瓶，应远离射线、电磁波、振动源。

⑥ 防止日光暴晒、雨淋、水浸。

⑦ 移动气瓶应手扳瓶肩转动瓶底，移动距离较远时可用轻便的小车运送，严禁抛、滚、滑、翻和肩扛、脚踹。

⑧ 禁止敲击、碰撞气瓶。绝对禁止在气瓶上焊接、引弧。不准用气瓶做支架和铁砧。

⑨ 注意操作顺序。开启瓶阀应轻缓，操作者应站在阀出口的侧后；关闭瓶阀应轻而严，不能用力过大，避免关得太紧、太死。

⑩ 瓶阀冻结时，不准用火烤。可把瓶移入室内或温度较高的地方或用 40℃ 以下的温水浇淋解冻。

⑪ 注意保持气瓶及附件清洁、干燥，禁止沾染油脂、腐蚀性介质、灰尘等。

⑫ 瓶内气体不得用尽，应留有剩余压力（余压）。余压不应低于 0.05MPa。

⑬ 保护瓶外油漆防护层，既可防止瓶体腐蚀，也是识别标志，可以防止误用和混装。瓶帽、防震圈、瓶阀等附件都要妥善维护、合理使用。

⑭ 气瓶使用完毕，要送回瓶库或妥善保管。气瓶的定期检验，应由取得检验资格的专门单位负责进行。未取得资格的单位和个人，不得从事气瓶的定期检验。各类气瓶的检验周期如下。

a. 盛装腐蚀性气体的气瓶，每二年检验一次。

b. 盛装一般气体的气瓶，每三年检验一次。

c. 盛装惰性气体的气瓶，每五年检验一次。

d. 液化石油气气瓶，对在用的 YSP118 和 YSP118-Ⅱ型钢瓶，自钢瓶钢印制造日期起，每三年检验一次；其余型号的钢瓶自制造日期起至第三次检验的检验周期均为 4 年，第三次检验的有效期为 3 年。

e. 低温绝热气瓶，每三年检验一次。

f. 车用液化石油气钢瓶每五年检验一次，车用压缩天然气钢瓶，每三年检验一次。

气瓶在使用过程中，发现有严重腐蚀、损伤或对其安全可靠性有怀疑时，应提前进行检验。库存和使用时间超过一个检验周期的气瓶，起用前应进行检验。

气瓶检验单位，对要检验的气瓶，逐只进行检验，并按规定出具检验报告。未经检验和检验不合格的气瓶不得使用。

【课后巩固练习】▶▶▶

1. 国家标准《气瓶颜色标志》对气瓶的颜色、字样作了严格的规定，其中氢气瓶的颜色规定为（　　）色，液氨瓶的颜色规定为（　　）色，氧气瓶的颜色规定为（　　）色。选项应为（　　）。

    A. 草绿　　黄　　天蓝　　　B. 深绿　　黄　　天蓝

    C. 草绿　　铝白　　蓝灰　　D. 深绿　　铝白　　蓝灰

2. 各种气瓶的存放，必须距离明火_____米以上，避免阳光暴晒，搬运时不得碰撞。

3. 判断题

气瓶可以完全充满。（　　）

4. 简述气瓶储存的安全管理要点。

5. 盛装腐蚀性气体的气瓶，每_____年检验一次。

第四节　工业管道安全技术与管理

【学习目标】▶▶▶

    知识目标：掌握工业管道常见的分类和分级方法。

    能力目标：能达到对工业管道进行安全技术和安全管理的能力。

    情感价值观目标：培养学生正确的安全价值观和安全意识。

【案例情景】▶▶▶

    2013 年 11 月 22 日 10 时 25 分，位于山东省青岛经济技术开发区的中国石油化工股份有限公司管道储运分公司东黄输油管道泄漏原油进入市政排水暗渠，在形成密闭空间的暗渠内油气积聚遇火花发生爆炸，造成 62 人死亡、136 人受伤，直接经济损失 75172 万元。

一、工业管道的分类和分级

    工业管道通常按介质的压力、温度、性质分类，亦可按管道材质、温度和压力、危害和安全等级进行分类。分别见表 7-3、表 7-4、表 7-5、表 7-6、表 7-7 和表 7-8。

表 7-3　工业管道按介质压力分类

序号	分类名称	压力值 PN/MPa
1	低压管道	$PN \leqslant 2.5$
2	中压管道	$PN = 4 \sim 6.4$
3	高压管道	$PN = 10 \sim 100$
4	超高压管道	$PN > 100$

表 7-4　工业管道按介质温度分类

序号	分类名称	介质温度 $t/℃$
1	常温管道	工作温度为 $-40 \sim 120$
2	低温管道	工作温度为 -40 以下
3	中温管道	工作温度在 $121 \sim 450$
4	高温管道	工作温度超过 450

表 7-5　工业管道按介质性质分类

序号	分类名称	介质种类	对管道的要求
1	汽水介质管道	过热水蒸气,饱和水蒸气和冷热水	根据工作压力和温度进行选材,保证管道有足够的机械强度和耐热的稳定性
2	腐蚀性介质管道	硫酸、硝酸、盐酸、磷酸、苛性碱、氯化物、硫化物等	所用管材必须具有耐腐蚀的化学稳定性
3	化学危险品介质管道	毒性介质(氯、氰化物、氮、沥青、煤焦油等)、可燃与易燃易爆介质(油品油气、水煤气、氢气、乙炔、乙烯等),以及窒息性、刺激性、腐蚀性、易挥发性介质	输送这类介质的管道,除必须保证足够的机械强度外,还应满足以下要求: 1. 密封性好; 2. 安全性好; 3. 放空与排泄性好
4	易凝固、易沉淀介质管道	重油、沥青、苯、尿素溶液	输送这类介质的管道应采取以下特殊措施:用管外绝热和外加件加热办法来保持介质温度,并采用蒸汽吹扫的办法进行扫线
5	粉粒介质管道	一些固体物料、粉粒介质	选用合适的输送速度;管道的受阴部件和黑心弯处应做成便于介质流动形状,并敷设耐磨材料

表 7-6　管道材质、介质温度和压力分类

材质	工作温度 $t/℃$	工作压力 p/MPa				
		Ⅰ	Ⅱ	Ⅲ	Ⅳ	Ⅴ
碳钢	≤370	>32	>10~32	>4~10	>1.6~4	≤1.6
	>370	>10	>40~10	>1.6~4	≤1.6	
合金钢	≤-70 或≥450	任意	—	—	—	—
不锈钢	-70~450	>10	>4~10	>1.6~4	≤1.6	—
铝及铝合金	任意	—	—	—	≤1.6	—
铜及铜合金	任意	>10	>4~10	>1.6~4	≤1.6	—

注:1. 剧毒介质的管道按Ⅰ类管道。

2. 有毒介质及甲、乙类火灾危险物质的管道均应升一类。

表 7-7　管道按操作压力与操作温度分级

级别	操作压力 p/MPa	操作温度 $t/℃$
Ⅰ	>6.4	>450 -140~-45
Ⅱ	4~6.4	350~450 -45~-30
Ⅲ	1.6~4	200~350 -30~-20
Ⅳ	≤1.6	-20~200

注:1. 本表适用于公称压力不大于 10MPa、工作温度为-140~800℃的管道。

2. 根据操作压力(工作压力)和操作温度(工作温度)的最高参数决定管道的级别,若两个参数都较高的管道,应按操作压力和温度换算为公称压力套用压力等级。

3. 剧毒介质为Ⅰ级管道。

4. 易燃、易爆介质、有毒腐蚀介质均升一级。

5. 空气、惰性气体、水及其他不燃液体应降一级。

二、管道的管理与维修

投入生产运行的管道,应按下述要求,进行管理、检查和维修。

表 7-8　工业管道安全等级划分

级别	分级条件
GC1	1. 输送下列有毒介质的压力管道： a)极度危害介质； b)高度危害气体介质； c)工作温度高于标准沸点的高度危害液体介质。 2. 输送下列可燃、易爆介质且设计压力大于或等于 4.0MPa 的压力管道： a)甲、乙类可燃气体； b)液化烃； c)甲 B 类可燃液体。 3. 设计压力大于或等于 10.0MPa 的压力管道和设计压力大于或等于 4.0MPa 且设计温度大于或等于 400℃的压力管道
GC2	除 GC3 级管道外,介质毒性危害程度、火灾危险(可燃性)、设计压力和设计温度低于 GC1 级的管道
GC3	输送无毒、非可燃流体介质,设计压力小于或等于 1.0MPa 且设计温度大于−20℃但不大于 186℃的压力管道

1. 管道管理

（1）应将全厂工艺及动力管道按工艺流程和各单元分布情况划分区域，明确分工，以进行维修和检修。

（2）企业的有关职能部门应组织管道所属单位高压管道（包括管路附件）、Ⅰ类、Ⅱ类、Ⅲ类管道和厂定重要管道按系统、管段进行编号、登记，建立技术档案。

（3）管道的技术档案应包括下列资料：

① 管道及其附件的质量证明书。

② 安装质量验收报告和安装记录。

③ 管道的竣工图。

④ 按系统的系段、管件、紧固件、阀门等的登记表。

⑤ 管道的使用、改造、检验、事故、缺陷和修理等的记录。

（4）按管道分管范围做好管道的日常检查工作，并应定期组织有关人员对管道、管件、紧固件和阀门等进行维护检查。检查项目为：

① 防腐层、保温层是否完好。

② 管道振动情况。

③ 吊卡的紧固、管道支架的腐蚀和支承情况。

④ 管道之间、管道与相邻物件的摩擦情况。

⑤ 管道接头及阀门填料有无泄漏。

⑥ 阀门操作机构的润滑是否良好。

⑦ 安全阀是否灵敏可靠。

⑧ 其他缺陷。

⑨ 记录检查结果，并采取措施及处理。

（5）输送易燃、易爆介质的管道，每年测量、检查一次防静电接地线。法兰之间的接触电阻应小于 0.03Ω，否则应在两法兰间用导线跨接。静电装置的接地电阻不得大于 100Ω。

2. 管道的检查

（1）重点检查

① 重点检查结合年度设备检修同时进行，一般应每年一次。

② 管道重点检查的内容：

a. 对重点部位和薄弱环节选择若干有代表性的管段进行仪器检查；选择腐蚀、冲刷严重的部位定点测厚（可用钻孔法或超声波测厚仪）。

b. 检查管道焊缝有无裂纹及渗漏。

c. 检查总管的阀门及各管的第一道阀门的严密性、腐蚀情况；检查、校检并调整管道上的安全阀、减压阀、压力表、温度计等附件。

（2）全面检查

① 将管道按压力、温度、介质进行分类。在重点检查的基础上，确定每类管道全面检查的间隔期。对于高压管道及Ⅰ、Ⅱ、Ⅲ类管道，全面检查间隔期一般不得超过六年。可将全部管道分为六部分，每年轮换检查其中的一部分。

② 全面检查前应将管子表面彻底清理除锈，然后进行以下检查。

a. 对高压管道做磁粉探伤和超声波抽查，并应用灯光和窥探仪配合检查管道内表面；其材质为奥氏体不锈钢的管道用荧光。

超声波检查的质量应符合《高压无缝钢管超声波探伤》（JB 1151—73）的规定。

b. 检查管内、外壁腐蚀情况并测厚。

c. 检查管端丝扣和密封面，检查法兰密封面。

d. 用超声波或射线探伤抽查管道和焊缝部分。

e. 清洗并检查联接螺栓、螺母、透镜垫圈、垫片和管件的腐蚀、磨损、变形情况；对于高压管道及Ⅰ、Ⅱ、Ⅲ类管道的双头螺栓应进行磁粉探伤。

f. 管道在使用中产生超温、超压、经无损擦伤发现异常现象时，应做破坏性检验。检验项目：机械性能；切片酸洗宏观检查；金相组织检查；内表面金属的化学成分。试件应力应包括焊缝。对温度大于375℃的高压管道、Ⅰ、Ⅱ类管道应检查材料的蠕变情况。

g. 水压试验（包括管件及阀门）。水压试验压力，水压试验要求，"强度及严密性试验"。

h. 对管道、管件结构薄弱、应力较高的部位（如弯管、三通和阀门），以及在使用中腐蚀、冲蚀速度特别快的部位，则应根据具体情况缩短检查的间隔期。

（3）非定期检查 当管道发生超温、超压或其他异常情况时，应进行非定期检查，其检查内容可根据情况参照检修方法和要求进行。

三、试压、吹洗

管道安装完毕后投入生产以前应进行系统压力试验，常简称为试压，它包括强度试验、严密性试验、真空度试验和泄漏试验，对于埋地压力管道，还应进行渗水量检查，通过压力试验检查管道的强度、严密性、接口或接头的质量、管道焊接质量。在强度试验之后严密性试验之前，尚需对管道进行吹扫或清洗，以清除管内杂物。对规模较大、较复杂的管网系统进行试压、吹洗，事先应制定专门的工作计划，并绘制试压及吹洗的线路图，明确规定如何分段，各段试验压力、吹洗介质和方向、先后次序等具体要求，以便顺利进行工作。

1. 试压

管道系统的强度与精密性试验，一般应采用液压，如因设计结构或其他原因液压强度试验确有困难时，也可采用气压试验代替，但必须有相应的安全措施并经有关主管部门批准。

液压强度试验应缓慢升压，在试验压力下停压10min，无泄漏、无目测变形、压力不下降为合格。如系高压管道，在试验压力下停压10min，然后降至工作压力检查；液压严密性试验，一般在强度试验合格后进行，在试验压力下进行检查，以无泄漏为合格。

气压强度试验应分级缓慢升压，首选升至试验压力的50%，如无泄漏及异常现象，继续按试验压力的10%逐级升压，直至强度试验压力，各级均稳压3min，在试验压力下稳压

5min，无泄漏、无目测变形、压力不下降为合格；气压严密性试验，一般在强度试验合格后降至工作压力，用涂刷肥皂水（铝管应用中性肥皂）方法检查，如无泄漏，稳压半小时压力不下降则为合格。

试压的几点说明如下。

（1）管道系统压力试验用的压力表不得少于两个，并经校验合格，其精度等级不低于1.5级，表面刻度值为最大被测压力的1.5～2倍。

（2）位差较大的管道系统在作液压试验时，应考虑液压介质的静压影响。液体管道以最高点压力为准，但最低点压力不得超过管道附件及阀门的承压能力。液压试验宜在环境温度5℃以上进行，否则需防冻措施。

（3）有冷脆倾向的管道，应根据的冷脆温度确定试压介质的最低温度，以防脆裂。奥氏体不锈钢管道或与奥氏体不锈钢设备连通的管道（无论管材是否为奥氏体不锈钢）作水压试验时，试压用水的氯离子含量不得超过25ppm。

（4）铸铁管道系统或带有铸铁管道附件的管道系统，如用气压代替液压进行强度试验时，其余管子和应预先经单件液压强度试验合格。铸铁管子或在进行气压试验的过程中不得敲击。

（5）管道系统压力试验过程中，无论是液压或气压（特别是气压试验），如发现泄漏，不得带压修理，以免发生危险。缺陷排除之后，应重新试验。

2. 吹扫与清洗

管道在系统试验合格后，或在气压严密性试验前应进行管内清理，以保证管道系统的内部清洁。采用气体或蒸汽进行清理称为吹扫，采用液体介质进行清理称为清洗，吹扫与清洗也可以简称为吹洗。

吹洗工作一般按主管、支管、疏排管的秩序，根据编制的吹洗方案、按系统分段进行。吹洗方法应根据管道的使用要求、工作介质及管道内表面的脏污程度确定。吹洗前，应将系统内的登记表加以保护，不允许吹洗的管件，如孔板、调节阀、节流阀、过滤器的滤网或滤芯、喷嘴、止回阀芯等，应拆下或临时用短管代替，待吹洗之后再复位。吹洗时，管道脏物不得进入设备，设备内吹出的脏物也不得进入管道，不允许吹洗的设备、管道应加盲板隔断。对未能吹洗或吹洗后仍可能留存脏污、杂物的管道、设备，应采用其他方法补充清理。除有色金属管道外，水冲洗、气体吹扫及油清洗时，应用锤子（不锈钢管道用木锤）敲打管子，对焊缝、死角和管底等部位应重点敲打，但不得损伤管子。应考虑管道支架、吊架的牢固程度，必要时应在吹洗之前进行加固。

管道吹扫应有足够的流量，吹扫压力一般不超过工作压力，流速不低于工作流速，且不小于20m/s（中、代压管道）。

管道系统最终封闭前，应进行检查，以确保吹洗质量。

（1）工作介质为液体的管道，一般可用水冲洗。只有在不能用水冲洗或水冲洗不能达到清洁要求时，才采用空气或蒸汽吹扫，但应采取必要措施。

水冲洗后，应用压缩空气将管道吹干，条件不具备时也可将水排尽，自然干燥，或采取其他保护措施。

（2）工作介质为气体的管道，一般采用空气吹扫。忌油管道的吹扫空气不得含油。

空气吹扫时，在排出口用白布或涂有白漆的靶板检查，5min内其上无铁锈、尘土、水分或其他脏物为合格。高、中压管道的空气吹扫，在系统入口处的压力不宜低于10kgf/cm²。

（3）蒸汽吹扫。工作介质为蒸汽的管道应采用蒸汽吹扫，对用空气吹扫达不到清洁要求的非蒸汽管道也可用蒸汽吹扫。蒸汽吹扫前应检查管道的固定支架是否牢固，管道的伸缩能否满足膨胀要求，管道系统的结构是否能承受高温和热膨胀的影响，特别是对于非蒸汽管道系统。

蒸汽吹扫应进行升温暖管，升温过程应缓慢，恒温至少 1 小时后才能开始吹扫损伤，然后自然降温至环境温度，再升温、暖管、恒温，进行第二次吹扫，如此反复一般不少于三次。如系保温管道，吹扫工作宜在保温后进行。

蒸汽吹扫的排放管应引至室外，管口倾斜朝上，并加以明显标示以保证安全。排汽管应有牢固的支承，以承受排放时的反作用力和排空可能引起的振动。排汽管直径不宜小于被吹扫管道的直径，长度也不宜过长。

（4）润滑、密封及控制油系统，必须在设备及管道吹洗合格后，系统试运转前进行油清洗。清洗用油采用适合于设备的优质油。油清洗以循环方式连续进行，循环过程中每 8 小时宜在 40～70℃ 的范围反复升降油温 2～3 次。当设备说明书或设计无要求时，管道油清洗的标准用滤网检查，质量符合有关标准规定为合格。油清洗合格的管道应采取有效的保护措施，在设备和管道系统试运转后，方可换上合格的正式油。

（5）管道脱脂。忌油管道，如氧气管道、富氧管道，应按设计要求在气密性试验前进行脱脂处理，根据工作介质、管材、管径、脏污情况等选择脱脂方法和溶剂。油污或锈蚀严重的管子，应先进行蒸汽吹扫、喷砂或其他方法清除油迹、锈迹后，再进行脱脂。

管道脱脂可采用有机溶剂，如二氯乙烷、三氯乙烯、四氯化碳、工业酒精、浓硝酸或碱液。脱脂用的有机溶剂，应按有关规定选用。管道脱脂后应将溶剂排放干净。

（6）酸洗与钝化。酸洗工作应是消除管道内壁的锈迹、锈斑而又不损坏金属未被锈蚀的表面。管道的酸洗与钝化，有槽浸法与循环法两种，应根据现场具体条件采用，如采用系统循环法，管道系统应先经试漏。当管道内壁有明显油斑时，无论采用何种方法酸洗，酸洗前均应将管道进行脱脂处理。

酸洗、钝化工作的一般程序为：试漏→脱脂→冲洗→酸洗→中和→钝化→冲洗→干燥→复位。如系油管道，复位前管道内壁可涂油。

酸洗液、中和液和钝化液的配方及处理时间应按设计规定和相关标准。经过酸洗的管道以目测检查，内壁呈金属光泽为合格。酸洗、钝化处理的管道应及时封闭或加以保护。

四、验收

管道施工完毕，现场复查合格后，进行验收。管道验收应提交以下技术文件。

1. 中、低压管道系统

（1）材料合格证及材料复查记录。

（2）设计修改通知及材料代用记录。

（3）补偿器预拉（预压）记录。

（4）管道系统试验（强度、严密性及其他试验）记录。

（5）管道吹洗及封闭记录。

（6）重要管道焊接、热处理及焊缝探伤记录。

（7）安全阀（爆破板）调试或试验记录。

（8）绝热工程记录。

（9）隐蔽工程记录和封闭系统记录。

（10）其他有关文件。

（11）竣工图。

2. 高压管道系统

（1）高压管子制造厂家的全部证明书。

（2）高压管子、管件验收检查记录及校验报告单。

（3）高压管子加工（探伤、弯管、螺纹加工及有关工作）记录。

（4）高压管件、紧固件及阀门制造厂家的全部证明书及紧固件的校验报告单。

（5）高压阀门试验报告。

（6）设计修改通知及材料代用记录。

（7）Ⅰ、Ⅱ类焊缝的焊接工作记录，Ⅰ类焊缝位置单线图。

（8）热处理记录及探伤报告单。

（9）高压管道系统压力试验记录。

（10）高压管道系统吹洗、检查记录。

（11）高压系统封闭及保护记录。

（12）系统单线图。

（13）其他有关文件。

（14）竣工图。

五、安全防护

1. 采取安全防护措施时，应考虑以下因素：

（1）由流体性质以及操作压力和操作温度确定的流体危险性；

（2）由管道材料、结构、连接形式及其安全运行经验确定的管道安全性；

（3）管道一旦发生损坏或泄漏，导致流体的泄漏量及其对周围环境、设备造成的危害程度；

（4）管道事故对操作人员、维修人员和一切可能接触人员的危害程度。

2. 工厂布置中的安全防护

（1）露天化的设备布置应符合以下规定：

① 生产区和居民区之间、装置之间，建、构筑物之间以及设备之间应保持一定的安全距离；

② 装置内的主要行车道，消防通道以及安全疏散通道的设置应符合 GB 50187、GB 50160 和 GB 50016 的规定；

③ 应对接近生产装置的人员予以控制；

④ 应设置必要的坡度、排放沟、防火堤和隔堤。

（2）可燃、有毒流体应排入封闭系统内，不得直接排入下水道及大气。

（3）密度比环境空气大的可燃气体应排入火炬系统，密度比环境空气小的可燃气体，在不允许设置火炬及符合卫生标准的情况下，可排入大气。

（4）可燃气体管道的放空管管口及安全泄放装置的排放位置应符合 GB 50160 以及 GB/T 3840的规定。

（5）架空管道穿过道路、铁路及人行道等的净空高度，以及外管廊的管架边缘至建筑物或其他设施的水平距离应符合 GB 50160、GB 50016 及 GB 50187 的规定，管道与高压电力线路间交叉净距应符合架空线路相关标准的规定。

（6）位于通道、道路和铁路上方的管道不应安装阀门、法兰、螺纹接头以及带有填料的补偿器等可能发生泄漏的管道组成件。

（7）在可通行管沟内不得布置 GC1 级管道。

3. 生产管理中的安全防护

（1）应建立各项安全生产管理制度，包括生产责任制，安全生产和维修人员教育和培训制度，有危险性工作的操作许可制度（如动火规程等），安全生产检查制度，事故调查、报告和责任制度以及安全监察制度等。

（2）应制定安全可靠的开、停车和正常操作的规程，以及停水、停电等情况下事故停车的程序，以尽可能减少对管道的损害和减少操作人员、维修人员及其他人员接触危险性管道的可能性。

（3）建立管道管理系统数据库，包括管道目录库、管道故障记录库、管道检测报告库以及管道检修报告库等。

4. 安全防护设施和措施

（1）灭火消防系统和喷淋设施应包括：建构筑物的防火结构（防火墙、防爆墙等），去除有毒、腐蚀性或可燃性蒸汽的通风装置、遥测和遥控装置以及紧急处理有害物质的设施（储存或回收装置、火炬或焚烧炉等）。

（2）在脆性材料管道系统或法兰、接头、阀盖、仪表或视镜处应设置保护罩，以限制和减少泄漏的危害程度。

（3）应采用自动或遥控的紧急切断、过流量阀、附加的切断阀、限流孔板或自动关闭压力源等方法限制流体泄漏的数量和速度。

（4）处理事故用的阀门（如紧急放空、事故隔离、消防蒸汽、消火栓等），应布置在安全、明显、方便操作的地方。

（5）对于进出装置的可燃、有毒物料管道，应在界区边界处设置切断阀，并在装置侧设"8"字盲板，以防止发生火灾时相互影响。

（6）应设置必要的防护面罩、防毒面具、应急呼吸系统、专用药剂、便携式可燃和有毒气体检测报警系统等卫生安全设备，在可能造成人体意外伤害的排放点或泄漏点附近应设置紧急淋浴和洗眼器。

（7）对于有辐射性的流体管道，应设置屏蔽保护和自动报警系统，并应配备专用的面具、手套和防护服等。

（8）对爆炸、火灾危险场所内可能产生静电危险的管道系统，均应采取静电接地措施，如可通过设备、管道及土建结构的接地网接地，其他防静电要求应符合 GB 12158 的规定。

（9）盲板设置应符合以下规定：

① 当装置停运维修时，对装置外可能或要求继续运行的管道，在装置边界处除设置切断阀外，还应在阀门靠装置一侧的法兰处设置盲板。

② 当运行中的设备需切断检修时，应在阀门与设备之间法兰接头处设置盲板。当有毒、可燃流体管道、阀门与盲板之间装有放空阀时，对于放空阀后的管道，应保证其出口位于安全范围之内。

（10）公用工程（蒸汽、空气、氮气等）管道与 GC1 级、GC2 级管道连接时，应符合以下规定：

① 在连续使用的公用工程管道上应设止回阀，并在其根部设切断阀；

② 在间歇使用的公用工程管道上应设两道切断阀，并在两阀间设检查阀。

【课后巩固练习】 ▶▶▶

1. 工作压力为 5MPa 的工业管道属于（　　）管道。

A. 低压　　　　　　B. 中压　　　　　　C. 高压　　　　　　D. 超高压

2. 简述工业管道的耐压检验的基本要求。

3. 简述生产场所工业管道的安全防护措施要求有哪些？

4. 根据工业管道的安全等级划分要求，哪些管道可划分为 GC1 级工业管道？

第五节　起重机械安全技术与管理

【学习目标】▶▶▶

　　知识目标：了解起重机械的主要参数。

　　能力目标：能达到对起重机械进行安全技术和安全管理的能力。

　　情感价值观目标：培养学生正确的安全价值观和安全意识。

【案例情景】▶▶▶

　　2000 年 11 月 3 日，某乙烯项目裂解炉施工现场。原第七工程公司某起重班指挥 30 吨塔吊，吊装 F 型炉管。因吊点选择在管段中心线以下，同时未采取防滑措施，造成起吊后钢丝绳滑动，管段急速下沉 900 毫米，在强大外力作用下，使钢丝绳在卡环处断裂，钢管坠落。将刚从裂解炉直爬梯下到地面准备换氧气的电焊工付某挤压致伤。

一、起重机械的分类

　　起重机械是机械、冶金、化工、矿山、林业等企业，以及在人类生活、生产活动中以间歇、重复的工作方式，通过吊钩或其他吊具起升，搬运物料的一种危险因素较大的特种机械设备。起重运输机械形式多样，种类繁多，按标准 JB/Z 127—78《类组划分与主参数系列》共分 13 类，42 组，216 型。按一般分类方法，把起重机械分为：轻小型起重设备，起重机和升降机。轻小型起重设备包括：千斤顶、滑车、起重葫芦（手动葫芦和电动葫芦）、绞车和悬挂单轨系统；起重机包括：桥架型起重机、缆索型起重机和臂架型起重机。

　　按照不同的取物装置和用途可分类为：吊钩起重机、抓斗起重机、冶金起重机、电磁起重机、堆垛起重机、集装箱起重机、救援起重机、安装起重机、两用和三用起重机等。

二、起重机的基本参数

　　起重机的基本参数是表征起重机特性的，它包括：起重量、起重力矩、起升高度、跨度、工作速度、幅度、起重臂倾角、轮压等。

1. 起重量 G

　　起重机允许起升物料的最大重量称为额定起重量 G_n。对于幅度可变的起重机，根据幅度规定起重机的额定起重量。起重机的取物装置本身的重量（除吊钩组以外），一般应包括在额定起重量之中。如抓斗、起重电磁铁、挂梁、翻钢机以及各种辅助吊具的重量。

2. 起重力矩

　　起重量 G 与幅度 L 的乘积称为起重力矩（载荷力矩）。额定起重力矩为额定起重量 G_n 与幅度 L 的乘积。

3. 起升高度

　　起重机吊具最高和最低工作位置之间的垂直距离称起重机的起升范围，用 D 表示。

　　起重机吊具的最高工作位置与起重机的水准地平面之间的垂直距离称起重机的起升高

度，用 H 表示。

$D=H+h$，当无下降深度的使用场合，起升范围 D 等于起升高度 H。

对起重高度和下降深度的测量（h），以吊钩钩腔中心作为测量基准点，对其他吊具（如抓斗等）以闭合状态的最低点为基准。

4. 跨度 S

桥架起重机两端梁车轮踏面中心线间的距离称为起重机的跨度。起重机的跨度，由安装起重机的厂房跨度而定。其关系如下：

$$S=L-2d$$

式中　L——厂房跨度；

　　　d——厂房两侧柱子纵向定位轴线与起重机轨道中心线之间的距离。

起重机跨度值应符合表 7-9 的规定。

表 7-9　电动桥式起重机跨度系列　　　　　　单位：m

	厂房跨度 L	9	12	15	18	21	24	27	30	33	36
起重机跨度 S	起重量 3~50t	7.5	10.5	13.5	16.5	19.5	22.5	25.5	28.5	31.5	
		7	10	13	16	19	22	25	28	31	
	起重量 80~250t				16	19	22	25	28	31	34

注：1. 表内起重机跨度 S 值，也适用于露天起重机。

2. 3~50t 起重机两种跨度的选用，当厂房梁上需设安全通道时，跨度 S 值按 7~31m 系列选用，否则按 7.5~31.5m 系列选用。

3. 特殊情况时也可采用本表以外的非标准跨度值。

5. 工作速度

（1）额定起升速度 V_n：是指起升机构电动机在额定转速时取物装置的上升速度（m/min）。

（2）起重机（大车）运行速度 V_k：是指大车运行机构电动机在额定转速时，起重机的运行速度（m/min）。

（3）小车运行速度 V_t：是指小车运行机构电动机在额定转速时，小车的运行速度（m/min）。

（4）变幅速度 V_r：在稳定状态下，额定载荷在变幅平面内水平位移的平均速度。规定为离地平面 10m 高度处，风速小于 3m/s 时，起重机在水平地面上，幅度从最大值至最小值的平均速度（m/min）。

（5）起重臂伸缩速度：起重臂伸出（或回缩）时，其尖部沿臂架纵向中心线移动的速度（m/min）。

（6）行驶速度 V_v：在道路行驶状态下，起重机由自身动力驱动的最大运行速度（km/h）。

（7）回转速度 n：在旋转机构电动机为额定转速时，起重机转动部分的回转角速度（最大幅度、带额定载荷）（r/min）。

6. 幅度 L

起重机置于水平场地时，空载吊具垂直中心线至回转中心线之间的水平距离。

7. 起重臂倾角

在起升平面内，起重臂纵向中心线与水平线间的夹角称为起重臂倾角，一般在 $25°\sim75°$

之间变化。

8. 轮压

起重机的轮压是小车处在极限位置时，起重机自重和额定起重量作用下在大车车轮上的最大垂直压力。

三、起重机特定参数

起重机特定参数与起重机安全运行关系密切。起重机特定参数主要是起重机工作类型、工作级别、利用等级、机构载荷状态等。

1. 起重机工作类型

起重机工作类型是指起重机工作忙闲程度和载荷变化程度的参数。

（1）起重机工作忙闲程度。对整个起重机来说，起重机实际运转时数与总时数（一年按8700小时计算）之比，称为起重机工作忙闲程度。起重机某一个机构在一年内实际运转时数与总时数之比，则是该机构的工作忙闲程度。在起重机的一个工作循环中，机构实际运转时间所占的百分比，称为该机构的负载持续率或机构运转时间率，用 JC 表示。

$$JC = \frac{t}{T}$$

式中　JC——机构运转时间率，%；

　　　t——起重机一个工作循环中机构的实际运转时间，h；

　　　T——起重机一个工作循环的总时间，h。

（2）载荷变化程度。按额定起重量设计的起重机在实际作业中所起吊的载荷往往小于额定起重量，载荷是变化的，这种载荷的变化程度用起重量利用系数来表示。

$$K_{利} = \frac{Q_{均}}{Q_{额}}$$

式中　$K_{利}$——起重量利用系数，%；

　　　$Q_{均}$——起重机全年实际重量的平均值，t；

　　　$Q_{额}$——起重机额定起重量，t。

（3）工作类型划分。根据起重机工作忙闲程度和载荷的变化程度，起重机工作类型划分为轻级、中级、重级和特重级四级。整个起重机及其金属结构的工作类型是按其主起升机构的工作类型而定的。同一台起重机各机构的工作类型可以各不相同。

起重机的工作类型和起重量是两个不同的概念，起重量大，不一定是重级；起重量小，也不一定是轻级。比如化工厂货场用的龙门起重机等，起重量一般为 10～20t，非常繁忙，起重量不大，但却属重级工作类型。起重量、跨度、起升高度相同的起重机，如果工作类型不同，在设计制造时，所采取的安全系数就不相同，零部件型号、尺寸就各不相同。比如钢丝绳的安全系数不同，对不同工作类型的起重机来说，选出的型号就不同，轻级起重机钢丝绳安全系数可选得小一些，重级起重机钢丝绳安全系数要选得大一些。再比如 10t 桥式起重机中级工作类型（$JC = 25\%$），其起升电动机功率为 16kW，而重级工作类型的起重机就受到影响，甚至常出故障，影响安全操作。起重机工作类型与工作条件相符合，这是对起重机进行安全检查的内容之一。

起重机工作类型划分见表 7-10。

2. 起重机的工作级别

起重机工作级别是根据起重机利用等级和载荷状态决定的。

（1）起重机利用等级。起重机利用等级是表示起重机在其有效寿命期间的使用频繁程度，

表 7-10　起重机工作类型划分

工作类型	工作忙闲程度		载荷变化程度	
	起重机年工作时间	机构运转时间率 $JC/\%$	机构载荷变化范围	每小时工作循环数
轻级	1000h	15	机构载荷的 33%	5
中级	2000h	25	经常起吊额定载荷的 33%~50%	10
重级	4000h	40	经常起吊额定载荷	20
特重级	7000h	60	起吊额定载荷机会较多	40

用总的循环次数 N 表示，起重机利用等级分为 10 级，即 $U_0 \sim U_9$。起重机利用等级划分见表 7-11。

(2) 起重机载荷状态。起重机载荷状态与两个因素有关：一个是实际起升载荷与最大载荷的比；另一个是起重载荷作用次数与总的工作循环次数的比。起重机的载荷状态分为 Q1-轻、Q2-中、Q3-重、Q4-特重 4 种，它所对应的名义载荷谱系数如表 7-12 所示。

(3) 起重机工作级别划分。起重机工作级别的划分是依起重机金属结构受力情况为依据的。根据起重机利用等级和载荷状态把起重机分为 8 个工作级别，即从 A1~A8。起重机工作级别与载荷状态、利用等级对照情况见表 7-13。

表 7-11　起重机利用等级划分

利用等级	总的工作循环次数 N	忙闲程度与繁忙状态
U_0	1.6×10^4	不经常使用
U_1	3.2×10^4	
U_2	6.3×10^4	
U_3	1.25×10^5	
U_4	2.5×10^5	经常轻闲地使用
U_5	5×10^5	经常中等地使用
U_6	1×10^5	不经常繁忙地使用
U_7	2×10^5	
U_8	4×10^5	繁忙使用
U_9	$>4 \times 10^5$	

表 7-12　起重机载荷及名义载荷谱系数

载荷状态	名义载荷谱系数	起重机工作状况
Q1-轻	0.125	很少起升额定载荷，一般起升轻型载荷
Q2-中	0.25	有时起升额定载荷，一般起升中等载荷
Q3-重	0.5	经常起升额定载荷，一般起升较重的载荷
Q4-特重	1.0	频繁地起升额定载荷

起重机金属结构和其他机构的工作级别是进行起重机设计时的设计依据，这里不加讨论了。

表 7-13　起重机工作级别与载荷状态、利用等级对照

载荷状态	名义载荷谱系数	利用等级									
		U_0	U_1	U_2	U_3	U_4	U_5	U_6	U_7	U_8	U_9
Q1-轻	0.125			A1	A2	A3	A4	A5	A6	A7	A8
Q2-中	0.25		A1	A2	A3	A4	A5	A6	A7	A8	
Q3-重	0.5	A1	A2	A3	A4	A5	A6	A7	A8		
Q4-特重	1.0	A2	A3	A4	A5	A6	A7	A8			

四、起重事故的综合分析

1. 起重事故概况

起重搬运机械不仅是减轻体力劳动强度的重要手段，也是现代化生产不可缺少的机械，它在国民经济各个部门起着重要作用。由于起重搬运机械的作业特点是将物品在一定的空间范围内进行提升和搬运，因而如果在设计、制造、安装、使用、维修等环节上稍有疏忽，就可能造成人身或设备事故。起重搬运机械不仅使用量大，而且直接影响着生产的发展，以铸造起重机为例，停车一个小时，一般要少出 50 吨钢。在港口，如果由于起重设备故障压船一天，万吨级国轮损失一万元；租船压船一天，损失一万美元。经济损失是巨大的，但更令人感到震惊的是起重搬运机械的人员伤亡状况。

目前，全国每年起重事故死亡人数占事故总死亡人数的比重较大，在工业城市中起重事故死亡人数占全产业死亡人数的 7%～15%，有的地方和部门高达 20%。

据统计，在发生事故较多的特殊工种中，起重作业事故的起数占 34.7%，事故死亡人数占 19.53%。把属于物料搬运系统的事故合计在一起，事故的起数占 63.14%，死亡人数占 48.21%。据统计，某些地区在国家规定的 20 种事故类别中，起重事故死亡人数所占名次在上升。城市 1980 年起重死亡人数在 20 种事故中占第二位（第一位是高空坠落）；1981 年是第四位（前三位是物体打击、车辆伤害、高空坠落）；1982 年是第三位（前两位是车辆伤害、高空坠落）；1983 年、1984 年起重事故死亡人数在各类工伤事故跃升第一位。国外工业发达国家，起重搬运事故也比较多。日本在 20 世纪 70 年代起重机械伤亡人数占全产业伤亡人数的 2%～3%，而死亡人数占全产业事故死亡人数的 7% 左右。随着工业的飞速发展，各行各业机械化程度提高很快，起重搬运机械的数量日益增加，从事这方面工作的人员亦相应增加。为了防止起重事故的发生，加强安全管理是十分必要的。

2. 按行业分析起重事故

分析 200 起事故案例，从行业角度来看，机械行业事故最多，占各行业事故总数的 41%；其次是冶金行业，占各行业事故总数的 33%；再次是建筑行业，占 18%。

3. 按机型分析起重事故

从机型角度来分析，桥式起重机事故占总数的 67%，汽车式起重机和塔式起重机的事故数各占总数的 10.5%。综合来看，机械行业中桥式起重机事故占本行业各类起重机事故总数的 90.24%，冶金行业桥式起重机事故占该行业各种起重机事故总数的 87.88%。由此可知，机械、冶金行业中桥式起重机的事故数最多。究其原因，从全国的生产工作情况看，桥式起重机数量最多、分布最广，再加上机械、冶金的行业特点，桥式起重机的工作量最大，因此事故比例较高。

4. 按时间分析起重事故

从时间的角度分析起重事故，据有关资料分析，多发生于下班前、加班时、节日前后及

夏季和冬季。事故与疲劳有密切关系，而疲劳在工作时间内也是有规律的。根据疲劳研究的标准曲线可知，人在早上上班后的半小时内，兴奋程度较低，然后上升，保持较高的水平，持续 2.5 小时，然后兴奋程度波动下降，陷于疲劳状态。也就是事故多发生在 10 时以后，11～12 时为高峰期。下午 3～4 时（15～16 时）又是一个高峰期。夜班人员的意外事故多发生在两段时间内，一般是凌晨 2～6 时，这是因为经过午夜后，人体防卫能力降低应急能力差；另一段时间是接班后头两个小时，这是由于精神不集中的缘故。

例如 1978 年 12 月 26 日至 1988 年 12 月 26 日统计 34 起夜班事故，其中 60％发生在夜间 2～5 时。在节假日前后，人们极易出现情绪失调和纪律松弛的现象，起重司机也不例外。情绪能主宰人的身体及活动状况。人的情绪状态如果发展到能引起人体意识范围变狭窄、判断力降低、失去理智和自制力等，出现情绪失调病态时，极易导致发生不安全行为。在夏季，高温环境不仅使人血压增高，且由于大量饮水，使胃液酸度下降，极易引起食欲不振，从而对中枢神经系统产生不良影响，严重时会出现头晕、恶心、疲劳乃至虚脱等症状。而大量出汗必然导致水分和盐分的大量丧失。当温度达 32℃以上时，工作注意力就会受到影响。据英国科学家研究发现，夏季里装有通风设备的工厂生产量较春季降低 3％，而缺少通风设备的同类工厂，在夏季的生产量降低 13％。美国在研究了三个兵工厂里工人的工作效率与气温的关系后发现，意外事故出现率最低的是 20℃左右，温度高过 28℃或降到 10℃以下时，意外事故增加 30％。而人体在低温下，皮肤血管收缩，体表温度降低。手的操作效率与手部皮肤温度、手温有密切关系。手的触觉敏感性的临界皮温是 10℃，操作灵巧度的临界皮肤温度是 12～16℃。若人手长时间暴露于 10℃以下，手的操作效率就会明显降低。因此，起重司机要特别注意冬季人手的保温工作，以保证操作效率和安全生产。

5. 按职工年龄分析起重事故

我国青年职工占全体职工的大部分，年轻工人发生事故的比例也很大。某企业有几万名职工，年轻人占整个事故人数的 63.6％。青年人精力旺盛，热情勇敢，但他们缺乏生产技术知识和熟练的技术。因此，反复深入地对青年工人进行安全生产技术及思想教育，是搞好安全生产的一项重要工作。对青年人进行安全生产技术教育，既要注意组织系统地学习，又要注意结合实际存在的问题进行有效的指导。另外，应把以往发生的典型的、伤亡惨重的、损失巨大的事故案例，多说给青年工人听，组织他们分析事故原因，并提出如遇类似情况如何采取切实可行的有效的措施进行处理。总之，通过学习，应使起重司机对起重设备、技术、操作知识达到应知应会，对于设备、工具等的工作原理和使用性能应做到心中有数，使自己在工作时有一个正常的心理状态。还有一点，青年工人往往普遍存在着一种逞能心理。人是可以自我表现的，正常的自我表现能促进个人的进步，推动社会的发展。而逞能是过度的自我表现。逞能，就是因对主观及客观的认识不足，而产生的盲目行为。青年工人精力充沛，好胜心和好奇心强，可知识、技能的深度和广度不够，偶尔受逞能心理的驱使，就会发生意外的事故。由于青年工人的年龄较小，他们有时会出现过于自负的心理状态。这种人对于出现的违章行为，认为长期以来都是这么做的，习以为常，思想麻痹，满不在乎，存有侥幸心理。这是一种危险的心理状态，也算是一种事故隐患，对于安全生产极为不利。因此，加强对青年工人的思想教育就显得格外重要。从北京市 1978 年至 1988 年的 86 起从事贸易起重事故中分析职工年龄与工伤事故的关系。在 86 起案例中总伤亡 97 人，最小年龄为 19 岁，最大年龄 58 岁，把他们按年龄组统计见表 7-14。

从表中可知，35 岁以下占 63.9％，其中，21～25 岁发生事故最多。随年龄的增长而发生事故在减少，36～40 岁年龄段最小，而 40 岁以后又有增加的趋势，而且 45 岁以上者事故增加得很快。这主要是因为随年龄的增长反应比较慢，特别是 50 岁左右的人不宜再做起

表 7-14　起重事故与年龄分析表

<20 岁	21～25 岁	26～30 岁	31～35 岁	36～40 岁	41～45 岁	>45 岁
3	25	22	12	6	10	19
3.1%	25.3%	22.6%	12.45	6.2%	10.3%	19.6

重作业工作。不仅反应慢，视力也明显减弱，受伤的治愈时间也比较长。从上述分析中，可以看出中年人比较稳健。应加强对 21～25 岁青年的安全技术教育，45 岁以上应调离起重作业岗位。

6. 按事故类别分析起重事故

起重事故按事故类别分，一般有脱钩、断绳、制动器失效、安全装置失效、夹挤、断梁、倒塔、翻车、触电等。将所掌握的 41 起桥式起重机事故中各种类别事故所占比例列于表 7-15。

表 7-15　41 起桥式起重机事故类别分析

事故类别	夹挤	脱钩	物体打击	吊物坠落	断绳	机器伤害	触电
事故数	11	8	7	6	5	3	1
所占比例/%	26.83	19.15	17.07	14.63	12.20	7.32	2.44

从表 7-15 中可以看出，几种类别的事故数所占比例相差并不大，这充分说明事故种类的随机性，同时也告诉起重司机，要从各个方面预防，全面地检查事故隐患，因为任何一个方面的隐患都可能导致事故的发生。

7. 按人为因素和设备失效分析起重事故

任何事情的发生都有原因的，起重事故的发生也不例外。表 7-16 是 200 起起重事故原因分析表。

从表 7-16 中看到，发生起重事故的主要原因可分为 10 种，其中由于违章作业所造成的事故最多，占总起数的 60.5%，死伤人数占总死伤人数的 51.6%；操作不当的事故占总起数的 8.5%；无证操作所导致的事故占总起数的 8.0%；无安全装置或安全装置失灵造成的事故占总起数的 7.0%。

表 7-16　200 起起重事故原因分析表

| 项目 | 小计 | 操作者差错 | | | | | | | | | 设备缺陷 | | | | 合计 |
| | | 小计 | 个人差错 | | | | | 集体差错 | | | 小计 | 无安全装置或失灵 | 吊具不良 | 设计制造安装不良 | |
			小计	违章操作	无证操作	操作不当	缺乏检修	其他	小计	管理不善	指挥不当					
起数	175	166	121	16	17	9	3	9	6	3	25	14	7	4	200
死亡人数	131	111	80	10	11	7	3	20	18	2	19	10	4	5	150
重伤人数	79	69	48	5	11	5		10	9	1	19	15	4		98
百分比/%	84.7	72.6	51.6	6	8.9	4.8	2.4	12	10.8	1.2	3.2	10	3.2	2	100

表 7-16 中所列的 10 种起重事故可归纳为两大类：一类是操作者的差错，包括违章作业、无证、操作不当、检修不良、管理不善、指挥不当等；另一类是设备的缺陷，包括无安全装置或安全装置失灵，设计、制造、安装不良，吊具不良。在这 200 起起重事故中，由操

作者差错引起的事故 175 起，占总起数的 87.50%；由设备缺陷引起的事故 25 起，占总起数的 12.50%。由此可见，操作者的差错是事故的主要原因。

进一步分析，操作者的差错为个人差错和集体差错。表 7-16 中的 175 起由于操作者差错造成的事故中，竟有 166 起属于个人差错，占事故总数的 83.0%；集体差错造成的事故 9 起，占总起数的 4.5%。因此，从事故预防的角度出发，分析由于人的操作失误等引起的伤亡事故，研究人在操作中的心理状态和行为表现是很有必要的。

8. 起重作业典型事故统计

起重作业典型事故统计见表 7-17 所示。

表 7-17　起重作业典型事故统计

事故类型	常见事故情况
脱钩事故	(1)未挂牢脱钩； (2)挂钩脱落
断绳事故	(1)绳扣断开,造成事故； (2)钢丝绳拴在物体棱角上,受力矿断造成事故
安全装置失效事故	(1)起重限位失灵,起重钩过卷扬造成事故； (2)无角度显示装置,造成事故； (3)桅杆翻身造成事故； (4)无高度限位器,过卷断绳； (5)顾此失彼,吊物坠落造成事故； (6)平台吊篮脱槽直立,造成事故； (7)临时工、无证人员擅自开车,造成事故
挤压事故	(1)运行中跳出无车驾驶室被挤； (2)无证人员违章作业,被挤事故
断梁事故	起重设备先天缺陷；起重严重超载
倒塔事故	(1)塔吊超载,造成塔倒事故； (2)吊装塔,塔倒事故
翻车事故	(1)不找正,没固稳支撑腿就开始工作,造成翻车事故； (2)履带吊翻车造成事故
触电事故	高压线下工作,吊臂、吊杆触高压线造成触电事故
制动器失灵	
其他	(1)组装塔吊缺乏安全措施； (2)非磁盘吊司机开车,误断电吊物砸人； (3)违反起重操作规程,造成重大伤亡

五、起重机械安全操作与管理

1. 起重机械安全操作

（1）起重指挥、司索人员一般安全知识。起重指挥、司索人员须熟练地掌握下列安全知识。熟悉起重作业安全技术操作规程，并按其认真操作。按规定穿戴个人防护用品，增强自我保护能力。指挥信号明确并符合规定，两人以上进行捆挂作业时，应由一人负责指挥。吊挂时，吊挂绳之间的夹角宜小于 120°，以免吊挂绳受力过大。指挥物体翻转时，应使重心平稳变化，不宜猛烈翻转。必须进入悬吊重物下方时，应先与起重司机联系，并设置可靠支承装置，采取防范措施后方可进入。运输大型、重型设备时，事先要测量通道是否安全无阻，对通道上空和两侧的高压线架空管道，对建筑物、构筑物及地下隐蔽工程（排水沟、电缆沟、泄洪沟、防空洞、涵洞等）必须采取有效安全措施。起重作业时，起重机具上的所有吊索具、辅具及起重机动臂与架空输电线的安全距离应符合下列要求：当输电线路电压为1~35kV时，安全距离应大于等于3m；当输电线路电压大于60kV时，安全距离应大于等于$0.01(U-50)+3m$，U为输电线路电压值，单位为kV。装运易燃易爆物品时，严禁吸烟和动用明火。要轻装、轻卸，不准猛烈撞击、乱抛乱扔。起重作业人员配合其他作业时，必须执行有关工种的安全技术规程。起重作业人员在大修现场作业时，必须遵守大修现场的安全规定。

（2）起重司机开停机操作安全要求。起重司机开停机操作及中途停电操作必须符合下列安全要求。

① 起重司机接班时，应对起重机吊索具、装置等进行安全检查，发现异常情况应立即排除。司机开车前，必须鸣铃或报警。操作中接近人员时，应给以铃声或报警。

② 操作应按指挥信号进行。对紧急停车信号，不论何人发出，都应立即执行。

③ 当起重机上或其周围确认无人时，才可以闭合主电源。如电源断路装置上加锁或有牌时，应由有关人员除掉后才可闭合主电源。闭合主电源前，应使所有的控制器手柄置于零位。工作中突然停电，应将所有控制器手柄置于零位，在重新工作前，应检查起重机的工作是否都正常。在轨道上露天作业的起重机，工作结束后，应锁紧防风夹轨钳或将起重机锚定。当风力大于6级时，应停止露天轨道上起重机的作业，并锚定。当风力大于7级时，沿海工作的门座式等起重机一般应停止作业，并安全锚定。司机进行维护保养或检修时，应切断主电源，挂上标志牌或加锁，如有未消除的故障，应通知接班司机。

（3）起重机械操作安全要求。起重司机操作设备时，应符合下列要求。不准利用极限位置限制器停车，不准在有载荷的情况下调整起升、变幅机构的制动器。吊运物体时，不准从人的上空通过，吊臂下严禁站人。起重机工作时，不准进行检查和维护。所吊重量接近或达到起重能力时，吊运前应认真检查制动器，并经小高度、短行程试吊后，再平稳地吊运。无下降极限位置限制器的起重机，吊钩在最低工作位置时，卷筒上的钢丝绳必须保持设计所规定的安全圈数。起重机工作时，吊索具、动臂、辅具等与输电线路的距离必须符合有关规定。对无反接制动性能的起重机，除特殊紧急情况外，不得利用打反车进行制动。有主、副两套起升机构的起重机，主、副钩不应同时开动。两台或两台以上起重机吊运同一重物时，钢丝绳与水平面应保持垂直，各台起重机的升、降执行应保持同步。每台起重机所承受的载荷不得超过各自的起重量。如达不到上述各项要求，应降低额定起重量至80%，或由总工程师根据实际情况确定起重量，吊运时总工程师应在场指挥。

（4）起重作业"十个不准吊"。在起重作业中，起重指挥、司索及起重司机必须按"十个不准吊"（简称十不吊）的要求作业。具体内容是：指挥信号不明或乱指挥不吊；超负荷不吊；光线阴暗看不清重物不吊；没有安全装置或安全装置失灵不吊；钢丝绳斜拉不吊；重物上有人不吊；有棱物体没有防护垫衬措施不吊；捆绑、拴挂不牢，固定不紧的重物不吊；埋在地下的物体不吊；钢（铁）水包过满不吊。

2. 起重机械安全管理

起重机械拥有单位应制定起重机械操作交接班制度、检修保养制度、安全技术操作规程、操作人员培训考核制度、设备安全检查制度、设备档案管理制度等，并认真贯彻执行。对起重机械、专用工具和辅具，应建立设备档案。设备档案内容包括：起重机出厂和技术文件（图纸、质量证明书、安装和使用说明书）；安装位置、使用时间；日常使用、保养、维修、变更、检查和试验记录；人身、设备事故记录；设备存在问题及评价等。起重机械金属标牌必须清晰，固定在起重机械明显位置。标牌应包括下列内容：设备名称、型号；额定起重量；制造厂名；出厂和日期；其他参数与内容。所有起重机械应悬挂明显的额定起重量标示。

3. 起重作业安全施工方案

起重指挥、起重司机、起重司索被国家列为特殊工种，起重作业尤其是大、中型起重机安全作业则是工程施工的关键。起重事故主要是由人的不安全行为和物的不安全状态造成。为了使起重吊装实现安全作业，必须贯彻"预防为主"的方针。对大、中型起重吊装编制作业安全施工方案，这既是起重施工科学管理的重要内容，又是防范起重作业中人身、设备、操作事故的有力措施。

（1）起重作业安全施工方案编制内容。起重作业安全施工方案应根据工程内容、工程性质、工期要求、现场条件、气候特点；起吊设备的数量、重量、高度，起重设备、机具的性能以及作业人员技术力量等进行统筹考虑，综合编制而成。起重作业安全施工方案的主要内容如下。

① 拟定起重吊装方案说明书，说明被吊设备的数量、质量、重心、精密程度、几何尺寸、综合编制而成。

② 起重与搬运方法的选择，起重设备强度校核和稳定性核算。

提供起重吊装作业平面布置图，说明起重机运行路线；吊装的位置；桅杆组立、移动和拆除位置；卷扬机、地锚、缆风绳、千斤顶等布置位置；安全警戒区域的划分等。写出起重吊装所用设备和工具一览表，说明机具的基本状况和性能（包括机具的安全装置情况）。叙述起重作业劳动组织措施，包括：

a. 施工项目总负责人、安全负责人及作业小组负责人或监护人。

b. 施工作业组织形式。

c. 起重作业人员（起重指挥、起重司机、起重司索）安全操作证情况、作业人数、技术等级、健康状况。

d. 施工进度情况。说明施工期间气候特点、天气预报情况及防暑、防台、防雷、防寒、防震、防洪等具体措施。统一现场指挥信号，用报话机指挥时，提供安排预演习的步骤。确定起吊就位顺序及各程序的有机配合措施。提出对起吊工作的质量要求、现场作业人员遵守的岗位责任制及作业全过程中的安全规定。提出其他要求与注意事项。

（2）起重作业安全施工方案技术交底。起重作业安全施工方案编制完成经有关部门审批后，由施工单位项目负责人向参加施工的所有起重作业人员及其他有关人员进行技术交底，使现场作业人员了解方案内容，做到心中有数。

（3）起重作业安全施工方案实施检查。在大、中型起重吊装作业安全技术交底之后，还要组织有关人员进行认真检查，以确保安全施工方案全面贯彻执行。检查内容如下：起重吊装准备工作是否按安全施工方案执行，有哪些地方还要进一步实施。查看起重机具自检与试验记录。了解作业现场连续供电情况，突然停电对施工有无影响。分析吊装作业期间天气情况，气候突变安全措施有无落实。作业人员分工是否合理。详细了解试吊情况、问题及措施。设备找正、就位时，其他工种的配合与措施落实情况。察看施工场地平整及夯实状况等。检查人员检查结束后，应立即向项目负责人报告，对不符合方案要求的地方，项目负责人应迅速进行整改。全部工作准备就绪后，方可下达施工指挥命令，并按起重作业安全施工方案进行全面实施。

【课后巩固练习】 ▶▶▶

1. 简述起重作业"十个不准吊"。

2. 起重机械操作的安全要点有哪些？

第六节 案例分析与讨论

【案例一】

1985年12月14日19时58分，江苏省徐州电解化工厂聚氯乙烯车间压力容器爆炸，死亡5人，重伤1人，轻伤6人，直接经济损失12.06万元。

该厂聚氯乙烯车间共聚工段是生产疏松型聚氯乙烯树脂和氯乙烯、醋酸乙烯共聚树脂的专业化工段。12月14日，车间根据厂生产办公室"生产计划（变更）通知单"的要求，该工段从即日起生产氯乙烯、醋酸乙烯共聚树脂。共聚工段于11时左右开始陆续向5个7m³聚合釜投料。中班接班后，11号釜反应结束，17时加料工滕某按加料通知单程序加料，冷搅拌后开始升温。19时40分左右，看釜工李某和滕某等人在操作室听到聚合釜滋气的啸叫后，即向聚合岗位跑去，打开7号、8号、9号三个釜的冷却水旁路阀，打算处理滋气的聚合釜。因氯乙烯单体喷出的浓度大，无法靠近出事现场，几个人全部返回操作室，滕某即用电话向厂调度姚某报告情况，并请求处理措施。当班班长夏某在去厕所的路上听到滋气的啸叫后，迅速跑到操作室向李某询问情况。这时，厂调度程某、车间调度张某等在车间值班室听到聚合釜滋气的啸声后也立即赶到现场，当班班长下楼跑到无离子水工段与李某等人抬着梯子爬到二楼平台上，关死该工段蒸汽分配盒的蒸汽总阀。此时，程、张二人取来带氧气的防毒面具，由孙某戴上防毒面具进到聚合岗位打开10号釜放空阀，孙某出来后，程某布置撤离现场工作，正当现场人员撤离时，于19时58分发生爆炸。

事故原因

该事故是由于11号人孔盖橡胶密封垫在交接处被高速气流冲出压紧面，并将密封垫冲开两个间隙分别为65mm和75mm的孔洞，釜内压力超过正常压力，安全阀起跳压力调得过高，7m³搪瓷聚合釜人孔盖结构存在一定缺陷。经鉴定：橡胶密封垫质量差，对氯化烃溶剂有显著溶胀，不适用了，导致釜内氯乙烯单体从铰链处的密封垫滋出。并且，一个看釜工同时看三台釜，分工不合理，未能及时发现釜垫被滋。此次事故是静电放电引燃氯乙烯，导致空气爆炸。

【案例二】

1987年4月20日，抚顺石化公司化工塑料厂动力车间尾气锅炉厂房内发生一起空间爆炸事故，造成1人轻伤，直接经济损失4.5万元。

事故原因

尾气锅炉燃烧系统设计设备选型不合理。尾气系统选用了不承压的铸铁阻火器，在承受压力的情况下，发生炉前阻火器破裂，大量燃料气体外泄，与空气混合形成爆炸性混合气体，遇炉内明火发生了空间爆炸。此外，尾气总管线与炉前尾管线间，没有减压稳压装置，在总管线压力波动的情况下，阻火器成为卸压的薄弱环节（经阻火器破坏性试验证明：在0.490MPa压力下，阻火器就已产生裂纹漏气）。

【案例三】

1980年4月，上海某染化厂道生炉发生爆炸，死亡3人，重伤1人，轻伤1人。事故的主要原因是：用生液加热的高压釜，釜底下封头与筒体环向焊缝有漏眼，而且没有严格执行压力容器管理制度，焊缝缺陷未能及时发现，在洗釜时水渗进夹套。加热时水随道生液进入 285℃ 道生炉内，瞬间汽化产生高压，使道生炉发生爆炸。

【案例四】

1993 年 6 月 30 日金陵石化公司炼油厂铂重整车间供气站发生一起氢气钢瓶爆炸伤亡事故。事故主要原因是：在向氢气钢瓶充氢操作前，对充氢系统的气密试验不严格，在充氢时，多个阀门泄漏，致使相当数量的空气被抽入系统，与钢瓶内氢气形成氢气-空气爆炸性混合物，成为这次钢瓶爆炸的充分条件。在拆装盲板紧固法兰的过程中，由于钢瓶进口管的 7 号阀泄漏，喷出的高压氢气-空气混合物产生静电火花，点燃外泄的氢气，并引入系统和钢瓶内，导致钢瓶爆炸。

【案例五】

1984 年 6 月，安庆石化总厂机械厂金工车间东大门外的简易氨瓶砖棚内，某液氨气瓶突然发生爆炸。事故的主要原因是：液氨气瓶充装过量 20%，随着气瓶周围的气温升高，瓶内液态氨汽化膨胀，使气瓶内的压力急剧升高而造成气瓶爆炸。

【案例六】

1989 年 7 月，扬子石油化工公司检修公司运输队在聚乙烯车间安装电机。工作时，班长用钢丝绳拴绑 4 只 5t 滑轮并一只 16t 液化千斤顶及两根两根钢丝绳，然后打手势给吊车司机起吊。当吊车进行抬高吊臂的操作时，一只 5t 的滑轮突然滑落，砸在吊车下的班长头上，经抢救无效死亡。事故的主要原因是：班长在指挥起吊工作前，未按起重安全规程要求对起吊工具进行安全可靠性检查，并且违反"起吊重物下严禁过人"的安全规定。

【案例七】

1993 年 6 月，抚顺石化公司石油二厂发生一起多人伤亡事故。事故的主要原因是：起重班严重违反脚手架塔设标准，立杆间距达 2.3m，小横杆间距达 2.4m，属违章施工作业。且在脚手架塔设完毕后，没有进行质量和安全检查。工作人员高处作业没有系安全带。

【案例八】

1989 年 2 月，抚顺石化公司石油一厂建筑安装工程公司的工人在油库车间清扫火车汽油槽车时，发生窒息死亡。事故的主要原因是：清洗槽车时未戴防毒面具，一人进车作业，作业时无人监护。

【案例九】

1985 年 8 月，荆门炼油厂维修车间一名技术人员在加氢裂化装置新压缩机厂房上清扫压缩机基础时，一脚踩空，从吊装孔掉到楼下，抢救无效死亡。事故的主要原因是：当事人在交叉作业、施工现场复杂的情况下，安全警惕性不高。吊装孔虽采取安全措施，但吊装孔仍留有 0.5m 的空隙，措施落实不得力。

第八章

危险化学品相关法律法规

第一节　中华人民共和国安全生产法

【学习目标】▶▶▶

　　知识目标：掌握我国《安全生产法》的相关内容。

　　能力目标：能根据《安全生产法》的内容在劳动生产中保护个人权利和人身安全。

　　情感价值观目标：培养学生正确的安全价值观和安全意识。

【案例情景】▶▶▶

　　某县花炮厂发生特大爆炸事故，造成30多人死亡，其中在校中小学生10多人，不在校的未成年人2人，还有10多人受伤，其中重伤2人。事故的经过是，2000年初，属于乡镇企业的某县花炮厂，接到一笔大规格爆竹（属国家明令禁止生产的品种）的生产订单。因时间紧、任务重，为完成订单，业主采取增加加工费等方法，吸引一部分未经任何教育、培训的人员到厂务工。事故发生当天，配药工李某违反操作规程，造成火药摩擦起火，引起爆炸。且由于该厂生产的是国家明令禁止生产的大规格爆竹，车间内当日存放的成品和半成品及原料火药量严重超标，直接爆炸源引发周围堆放的成品、半成品和原料接连爆炸，导致严重人员伤亡。

中华人民共和国安全生产法

(2014 年 12 月 1 日起施行)

第一章　总　　则

　　第一条　为了加强安全生产工作，防止和减少生产安全事故，保障人民群众生命和财产安全，促进经济社会持续健康发展，制定本法。

　　第二条　在中华人民共和国领域内从事生产经营活动的单位（以下统称生产经营单位）的安全生产，适用本法；有关法律、行政法规对消防安全和道路交通安全、铁路交通安全、水上交通安全、民用航空安全以及核与辐射安全、特种设备安全另有规定的，适用其规定。

　　第三条　安全生产工作应当以人为本，坚持安

全发展，坚持安全第一、预防为主、综合治理的方针，强化和落实生产经营单位的主体责任，建立生产经营单位负责、职工参与、政府监管、行业自律和社会监督的机制。

　　第四条　生产经营单位必须遵守本法和其他有关安全生产的法律、法规，加强安全生产管理，建立、健全安全生产责任制和安全生产规章制度，改善安全生产条件，推进安全生产标准化建设，提高安全生产水平，确保安全生产。

　　第五条　生产经营单位的主要负责人对本单位的安全生产工作全面负责。

第六条　生产经营单位的从业人员有依法获得安全生产保障的权利，并应当依法履行安全生产方面的义务。

第七条　工会依法对安全生产工作进行监督。

生产经营单位的工会依法组织职工参加本单位安全生产工作的民主管理和民主监督，维护职工在安全生产方面的合法权益。生产经营单位制定或者修改有关安全生产的规章制度，应当听取工会的意见。

第八条　国务院和县级以上地方各级人民政府应当根据国民经济和社会发展规划制定安全生产规划，并组织实施。安全生产规划应当与城乡规划相衔接。

国务院和县级以上地方各级人民政府应当加强对安全生产工作的领导，支持、督促各有关部门依法履行安全生产监督管理职责，建立健全安全生产工作协调机制，及时协调、解决安全生产监督管理中存在的重大问题。

乡、镇人民政府以及街道办事处、开发区管理机构等地方人民政府的派出机关应当按照职责，加强对本行政区域内生产经营单位安全生产状况的监督检查，协助上级人民政府有关部门依法履行安全生产监督管理职责。

第九条　国务院安全生产监督管理部门依照本法，对全国安全生产工作实施综合监督管理；县级以上地方各级人民政府安全生产监督管理部门依照本法，对本行政区域内安全生产工作实施综合监督管理。

国务院有关部门依照本法和其他有关法律、行政法规的规定，在各自的职责范围内对有关行业、领域的安全生产工作实施监督管理；县级以上地方各级人民政府有关部门依照本法和其他有关法律、法规的规定，在各自的职责范围内对有关行业、领域的安全生产工作实施监督管理。

安全生产监督管理部门和对有关行业、领域的安全生产工作实施监督管理的部门，统称负有安全生产监督管理职责的部门。

第十条　国务院有关部门应当按照保障安全生产的要求，依法及时制定有关的国家标准或者行业标准，并根据科技进步和经济发展适时修订。

生产经营单位必须执行依法制定的保障安全生产的国家标准或者行业标准。

第十一条　各级人民政府及其有关部门应当采取多种形式，加强对有关安全生产的法律、法规和安全生产知识的宣传，增强全社会的安全生产意识。

第十二条　有关协会组织依照法律、行政法规和章程，为生产经营单位提供安全生产方面的信息、培训等服务，发挥自律作用，促进生产经营单位加强安全生产管理。

第十三条　依法设立的为安全生产提供技术、管理服务的机构，依照法律、行政法规和执业准则，接受生产经营单位的委托为其安全生产工作提供技术、管理服务。

生产经营单位委托前款规定的机构提供安全生产技术、管理服务的，保证安全生产的责任仍由本单位负责。

第十四条　国家实行生产安全事故责任追究制度，依照本法和有关法律、法规的规定，追究生产安全事故责任人员的法律责任。

第十五条　国家鼓励和支持安全生产科学技术研究和安全生产先进技术的推广应用，提高安全生产水平。

第十六条　国家对在改善安全生产条件、防止生产安全事故、参加抢险救护等方面取得显著成绩的单位和个人，给予奖励。

第二章　生产经营单位的安全生产保障

第十七条　生产经营单位应当具备本法和有关法律、行政法规和国家标准或者行业标准规定的安全生产条件；不具备安全生产条件的，不得从事生产经营活动。

第十八条　生产经营单位的主要负责人对本单位安全生产工作负有下列职责：

（一）建立、健全本单位安全生产责任制；

（二）组织制定本单位安全生产规章制度和操作规程；

（三）组织制定并实施本单位安全生产教育和培训计划；

（四）保证本单位安全生产投入的有效实施；

（五）督促、检查本单位的安全生产工作，及时消除生产安全事故隐患；

（六）组织制定并实施本单位的生产安全事故应急救援预案；

（七）及时、如实报告生产安全事故。

第十九条　生产经营单位的安全生产责任制应当明确各岗位的责任人员、责任范围和考核标准等内容。

生产经营单位应当建立相应的机制，加强对安全生产责任制落实情况的监督考核，保证安全生产责任制的落实。

第二十条　生产经营单位应当具备的安全生产条件所必需的资金投入，由生产经营单位的决策机构、主要负责人或者个人经营的投资人予以保证，并对由于安全生产所必需的资金投入不足导致的后果承担责任。

有关生产经营单位应当按照规定提取和使用安全生产费用，专门用于改善安全生产条件。安全生产费用在成本中据实列支。安全生产费用提取、使用和监督管理的具体办法由国务院财政部门会同国务院安全生产监督管理部门征求国务院有关部门意见后制定。

第二十一条 矿山、金属冶炼、建筑施工、道路运输单位和危险物品的生产、经营、储存单位，应当设置安全生产管理机构或者配备专职安全生产管理人员。

前款规定以外的其他生产经营单位，从业人员超过一百人的，应当设置安全生产管理机构或者配备专职安全生产管理人员；从业人员在一百人以下的，应当配备专职或者兼职的安全生产管理人员。

第二十二条 生产经营单位的安全生产管理机构以及安全生产管理人员履行下列职责：

（一）组织或者参与拟订本单位安全生产规章制度、操作规程和生产安全事故应急救援预案；

（二）组织或者参与本单位安全生产教育和培训，如实记录安全生产教育和培训情况；

（三）督促落实本单位重大危险源的安全管理措施；

（四）组织或者参与本单位应急救援演练；

（五）检查本单位的安全生产状况，及时排查生产安全事故隐患，提出改进安全生产管理的建议；

（六）制止和纠正违章指挥、强令冒险作业、违反操作规程的行为；

（七）督促落实本单位安全生产整改措施。

第二十三条 生产经营单位的安全生产管理机构以及安全生产管理人员应当恪尽职守，依法履行职责。

生产经营单位作出涉及安全生产的经营决策，应当听取安全生产管理机构以及安全生产管理人员的意见。

生产经营单位不得因安全生产管理人员依法履行职责而降低其工资、福利等待遇或者解除与其订立的劳动合同。

危险物品的生产、储存单位以及矿山、金属冶炼单位的安全生产管理人员的任免，应当告知主管的负有安全生产监督管理职责的部门。

第二十四条 生产经营单位的主要负责人和安全生产管理人员必须具备与本单位所从事的生产经营活动相应的安全生产知识和管理能力。

危险物品的生产、经营、储存单位以及矿山、金属冶炼、建筑施工、道路运输单位的主要负责人和安全生产管理人员，应当由主管的负有安全生产监督管理职责的部门对其安全生产知识和管理能力考核合格。考核不得收费。

危险物品的生产、储存单位以及矿山、金属冶炼单位应当有注册安全工程师从事安全生产管理工作。鼓励其他生产经营单位聘用注册安全工程师从事安全生产管理工作。注册安全工程师按专业分类管理，具体办法由国务院人力资源和社会保障部门、国务院安全生产监督管理部门会同国务院有关部门制定。

第二十五条 生产经营单位应当对从业人员进行安全生产教育和培训，保证从业人员具备必要的安全生产知识，熟悉有关的安全生产规章制度和安全操作规程，掌握本岗位的安全操作技能，了解事故应急处理措施，知悉自身在安全生产方面的权利和义务。未经安全生产教育和培训合格的从业人员，不得上岗作业。

生产经营单位使用被派遣劳动者的，应当将被派遣劳动者纳入本单位从业人员统一管理，对被派遣劳动者进行岗位安全操作规程和安全操作技能的教育和培训。劳务派遣单位应当对被派遣劳动者进行必要的安全生产教育和培训。

生产经营单位接收中等职业学校、高等学校学生实习的，应当对实习学生进行相应的安全生产教育和培训，提供必要的劳动防护用品。学校应当协助生产经营单位对实习学生进行安全生产教育和培训。

生产经营单位应当建立安全生产教育和培训档案，如实记录安全生产教育和培训的时间、内容、参加人员以及考核结果等情况。

第二十六条 生产经营单位采用新工艺、新技术、新材料或者使用新设备，必须了解、掌握其安全技术特性，采取有效的安全防护措施，并对从业人员进行专门的安全生产教育和培训。

第二十七条 生产经营单位的特种作业人员必须按照国家有关规定经专门的安全作业培训，取得相应资格，方可上岗作业。

特种作业人员的范围由国务院安全生产监督管理部门会同国务院有关部门确定。

第二十八条 生产经营单位新建、改建、扩建工程项目（以下统称建设项目）的安全设施，必须与主体工程同时设计、同时施工、同时投入生产和使用。安全设施投资应当纳入建设项目概算。

第二十九条 矿山、金属冶炼建设项目和用于生产、储存、装卸危险物品的建设项目，应当按照国家有关规定进行安全评价。

第三十条 建设项目安全设施的设计人、设计单位应当对安全设施设计负责。

矿山、金属冶炼建设项目和用于生产、储存、装卸危险物品的建设项目的安全设施设计应当按照国家有关规定报经有关部门审查，审查部门及其负责审查的人员对审查结果负责。

第三十一条 矿山、金属冶炼建设项目和用于生产、储存、装卸危险物品的建设项目的施工单位必须按照批准的安全设施设计施工，并对安全设施的工程质量负责。

矿山、金属冶炼建设项目和用于生产、储存危险物品的建设项目竣工投入生产或者使用前，应当由建设单位负责组织对安全设施进行验收；验收合格后，方可投入生产和使用。安全生产监督管理部门应当加强对建设单位验收活动和验收结果的监督核查。

第三十二条 生产经营单位应当在有较大危险因素的生产经营场所和有关设施、设备上，设置明显的安全警示标志。

第三十三条 安全设备的设计、制造、安装、使用、检测、维修、改造和报废，应当符合国家标准或者行业标准。

生产经营单位必须对安全设备进行经常性维护、保养，并定期检测，保证正常运转。维护、保养、检测应当做好记录，并由有关人员签字。

第三十四条 生产经营单位使用的危险物品的容器、运输工具，以及涉及人身安全、危险性较大的海洋石油开采特种设备和矿山井下特种设备，必须按照国家有关规定，由专业生产单位生产，并经具有专业资质的检测、检验机构检测、检验合格，取得安全使用证或者安全标志，方可投入使用。检测、检验机构对检测、检验结果负责。

第三十五条 国家对严重危及生产安全的工艺、设备实行淘汰制度，具体目录由国务院安全生产监督管理部门会同国务院有关部门制定并公布。法律、行政法规对目录的制定另有规定的，适用其规定。

省、自治区、直辖市人民政府可以根据本地区实际情况制定并公布具体目录，对前款规定以外的危及生产安全的工艺、设备予以淘汰。

生产经营单位不得使用应当淘汰的危及生产安全的工艺、设备。

第三十六条 生产、经营、运输、储存、使用危险物品或者处置废弃危险物品的，由有关主管部门依照有关法律、法规的规定和国家标准或者行业标准审批并实施监督管理。

生产经营单位生产、经营、运输、储存、使用危险物品或者处置废弃危险物品，必须执行有关法律、法规和国家标准或者行业标准，建立专门的安全管理制度，采取可靠的安全措施，接受有关主管部门依法实施的监督管理。

第三十七条 生产经营单位对重大危险源应当登记建档，进行定期检测、评估、监控，并制定应急预案，告知从业人员和相关人员在紧急情况下应当采取的应急措施。

生产经营单位应当按照国家有关规定将本单位重大危险源及有关安全措施、应急措施报有关地方人民政府安全生产监督管理部门和有关部门备案。

第三十八条 生产经营单位应当建立健全生产安全事故隐患排查治理制度，采取技术、管理措施，及时发现并消除事故隐患。事故隐患排查治理情况应当如实记录，并向从业人员通报。

县级以上地方各级人民政府负有安全生产监督管理职责的部门应当建立健全重大事故隐患治理督办制度，督促生产经营单位消除重大事故隐患。

第三十九条 生产、经营、储存、使用危险物品的车间、商店、仓库不得与员工宿舍在同一座建筑物内，并应当与员工宿舍保持安全距离。

生产经营场所和员工宿舍应当设有符合紧急疏散要求、标志明显、保持畅通的出口。禁止锁闭、封堵生产经营场所或者员工宿舍的出口。

第四十条 生产经营单位进行爆破、吊装以及国务院安全生产监督管理部门会同国务院有关部门规定的其他危险作业，应当安排专门人员进行现场安全管理，确保操作规程的遵守和安全措施的落实。

第四十一条 生产经营单位应当教育和督促从业人员严格执行本单位的安全生产规章制度和安全操作规程；并向从业人员如实告知作业场所和工作岗位存在的危险因素、防范措施以及事故应急措施。

第四十二条 生产经营单位必须为从业人员提供符合国家标准或者行业标准的劳动防护用品，并监督、教育从业人员按照使用规则佩戴、使用。

第四十三条 生产经营单位的安全生产管理人员应当根据本单位的生产经营特点，对安全生产状况进行经常性检查；对检查中发现的安全问题，应当立即处理；不能处理的，应当及时报告本单位有关负责人，有关负责人应当及时处理。检查及处理情况应当如实记录在案。

生产经营单位的安全生产管理人员在检查中发现重大事故隐患，依照前款规定向本单位有关负责人报告，有关负责人不及时处理的，安全生产管理人员可以向主管的负有安全生产监督管理职责的部门报告，接到报告的部门应当依法及时处理。

第四十四条 生产经营单位应当安排用于配备劳动防护用品、进行安全生产培训的经费。

第四十五条 两个以上生产经营单位在同一作业区域内进行生产经营活动，可能危及对方生产安全的，应当签订安全生产管理协议，明确各自的安全生产管理职责和应当采取的安全措施，并指定专职安全生产管理人员进行安全检查与协调。

第四十六条 生产经营单位不得将生产经营项目、场所、设备发包或者出租给不具备安全生产条件或者相应资质的单位或者个人。

生产经营项目、场所发包或者出租给其他单位的，生产经营单位应当与承包单位、承租单位签订专门的安全生产管理协议，或者在承包合同、租赁合同中约定各自的安全生产管理职责；生产经营单位对承包单位、承租单位的安全生产工作统一协调、管理，定期进行安全检查，发现安全问题的，应当及时督促整改。

第四十七条 生产经营单位发生生产安全事故时，单位的主要负责人应当立即组织抢救，并不得在事故调查处理期间擅离职守。

第四十八条 生产经营单位必须依法参加工伤保险，为从业人员缴纳保险费。

国家鼓励生产经营单位投保安全生产责任保险。

第三章 从业人员的安全生产权利和义务

第四十九条 生产经营单位品与从业人员订立的劳动合同，应当载明有关保障从业人员劳动安全、防止职业危害的事项，以及依法为从业人员办理工伤保险的事项。

生产经营单位不得以任何形式与从业人员订立协议，免除或者减轻其对从业人员因生产安全事故伤亡依法应承担的责任。

第五十条 生产经营单位的从业人员有权了解其作业场所和工作岗位存在的危险因素、防范措施及事故应急措施，有权对本单位的安全生产工作提出建议。

第五十一条 从业人员有权对本单位安全生产工作中存在的问题提出批评、检举、控告；有权拒绝违章指挥和强令冒险作业。

生产经营单位不得因从业人员对本单位安全生产工作提出批评、检举、控告或者拒绝违章指挥、强令冒险作业而降低其工资、福利等待遇或者解除与其订立的劳动合同。

第五十二条 从业人员发现直接危及人身安全的紧急情况时，有权停止作业或者在采取可能的应急措施后撤离作业场所。

生产经营单位不得因从业人员在前款紧急情况下停止作业或者采取紧急撤离措施而降低其工资、福利等待遇或者解除与其订立的劳动合同。

第五十三条 因生产安全事故受到损害的从业人员，除依法享有工伤保险外，依照有关民事法律尚有获得赔偿的权利的，有权向本单位提出赔偿要求。

第五十四条 从业人员在作业过程中，应当严格遵守本单位的安全生产规章制度和操作规程，服从管理，正确佩戴和使用劳动防护用品。

第五十五条 从业人员应当接受安全生产教育和培训，掌握本职工作所需的安全生产知识，提高安全生产技能，增强事故预防和应急处理能力。

第五十六条 从业人员发现事故隐患或者其他不安全因素，应当立即向现场安全生产管理人员或者本单位负责人报告；接到报告的人员应当及时予以处理。

第五十七条 工会有权对建设项目的安全设施与主体工程同时设计、同时施工、同时投入生产和使用进行监督，提出意见。

工会对生产经营单位违反安全生产法律、法规，侵犯从业人员合法权益的行为，有权要求纠正；发现生产经营单位违章指挥、强令冒险作业或者发现事故隐患时，有权提出解决的建议，生产经营单位应当及时研究答复；发现危及从业人员生命安全的情况时，有权向生产经营单位建议组织从业人员撤离危险场所，生产经营单位必须立即作出处理。

工会有权依法参加事故调查，向有关部门提出处理意见，并要求追究有关人员的责任。

第五十八条 生产经营单位使用被派遣劳动者的，被派遣劳动者享有本法规定的从业人员的权利，并应当履行本法规定的从业人员的义务。

第四章 安全生产的监督管理

第五十九条 县级以上地方各级人民政府应当根据本行政区域内的安全生产状况，组织有关部门按照职责分工，对本行政区域内容易发生重大生产安全事故的生产经营单位进行严格检查。

安全生产监督管理部门应当按照分类分级监督管理的要求，制定安全生产年度监督检查计划，并按照年度监督检查计划进行监督检查，发现事故隐患，应当及时处理。

第六十条 负有安全生产监督管理职责的部门依照有关法律、法规的规定，对涉及安全生产的事项需要审查批准（包括批准、核准、许可、注册、认证、颁发证照等，下同）或者验收的，必须严格依照有关法律、法规和国家标准或者行业标准规定的安全生产条件和程序进行审查；不符合有关法律、法规和国家标准或者行业标准规定的安全生产条件的，不得批准或者验收通过。对未依法取得批准或者验收合格的单位擅自从事有关活动的，负责行政审批的部门发现或者接到举报后应当立即予以取缔，并依法予以处理。对已经依法取得批准的单位，负责行政审批的部门发现其不再具备安全生产条件的，应当撤销原批准。

第六十一条 负有安全生产监督管理职责的部门对涉及安全生产的事项进行审查、验收，不得收取费用；不得要求接受审查、验收的单位购买其指定品牌或者指定生产、销售单位的安全设备、器材或者其他产品。

第六十二条 安全生产监督管理部门和其他负有安全生产监督管理职责的部门依法开展安全生产行政执法工作，对生产经营单位执行有关安全生产的法律、法规和国家标准或者行业标准的情况进行监督检查，行使以下职权：

（一）进入生产经营单位进行检查，调阅有关资料，向有关单位和人员了解情况；

（二）对检查中发现的安全生产违法行为，当场予以纠正或者要求限期改正；对依法应当给予行政处罚的行为，依照本法和其他有关法律、行政法规的规定作出行政处罚决定；

（三）对检查中发现的事故隐患，应当责令立即排除；重大事故隐患排除前或者排除过程中无法保证安全的，应当责令从危险区域内撤出作业人员，责令暂时停产停业或者停止使用相关设施、设备；重大事故隐患排除后，经审查同意，方可恢复生产经营和使用；

（四）对有根据认为不符合保障安全生产的国家标准或者行业标准的设施、设备、器材以及违法生产、储存、使用、经营、运输的危险物品予以查封或者扣押，对违法生产、储存、使用、经营危险物品的作业场所予以查封，并依法作出处理决定。

监督检查不得影响被检查单位的正常生产经营活动。

第六十三条 生产经营单位对负有安全生产监督管理职责的部门的监督检查人员（以下统称安全生产监督检查人员）依法履行监督检查职责，应当予以配合，不得拒绝、阻挠。

第六十四条 安全生产监督检查人员应当忠于职守，坚持原则，秉公执法。

安全生产监督检查人员执行监督检查任务时，必须出示有效的监督执法证件；对涉及被检查单位的技术秘密和业务秘密，应当为其保密。

第六十五条 安全生产监督检查人员应当将检查的时间、地点、内容、发现的问题及其处理情况，作出书面记录，并由检查人员和被检查单位的负责人签字；被检查单位的负责人拒绝签字的，检查人员应当将情况记录在案，并向负有安全生产监督管理职责的部门报告。

第六十六条 负有安全生产监督管理职责的部门在监督检查中，应当互相配合，实行联合检查；确需分别进行检查的，应当互通情况，发现存在的安全问题应当由其他有关部门进行处理的，应当及时移送其他有关部门并形成记录备查，接受移送的部门应当及时进行处理。

第六十七条 负有安全生产监督管理职责的部门依法对存在重大事故隐患的生产经营单位作出停产停业、停止施工、停止使用相关设施或者设备的决定，生产经营单位应当依法执行，及时消除事故隐患。生产经营单位拒不执行，有发生生产安全事故的现实危险的，在保证安全的前提下，经本部门主要负责人批准，负有安全生产监督管理职责的部门可以采取通知有关单位停止供电、停止供应民用爆炸物品等措施，强制生产经营单位履行决定。通知应当采用书面形式，有关单位应当予以配合。

负有安全生产监督管理职责的部门依照前款规定采取停止供电措施，除有危及生产安全的紧急情形外，应当提前二十四小时通知生产经营单位。生产经营单位依法履行行政决定、采取相应措施消除事故隐患的，负有安全生产监督管理职责的部门应当及时解除前款规定的措施。

第六十八条 监察机关依照行政监察法的规定，对负有安全生产监督管理职责的部门及其工作人员履行安全生产监督管理职责实施监察。

第六十九条 承担安全评价、认证、检测、检验的机构应当具备国家规定的资质条件，并对其作出的安全评价、认证、检测、检验的结果负责。

第七十条 负有安全生产监督管理职责的部门应当建立举报制度，公开举报电话、信箱或者电子邮件地址，受理有关安全生产的举报；受理的举报事项经调查核实后，应当形成书面材料；需要落实整改措施的，报经有关负责人签字并督促落实。

第七十一条 任何单位或者个人对事故隐患或者安全生产违法行为，均有权向负有安全生产监督管理职责的部门报告或者举报。

第七十二条 居民委员会、村民委员会发现其所在区域内的生产经营单位存在事故隐患或者安全生产违法行为时，应当向当地人民政府或者有关部门报告。

第七十三条 县级以上各级人民政府及其有关部门对报告重大事故隐患或者举报安全生产违法行为的有功人员，给予奖励。具体奖励办法由国务院安全生产监督管理部门会同国务院财政部门制定。

第七十四条 新闻、出版、广播、电影、电视等单位有进行安全生产公益宣传教育的义务，有对违反安全生产法律、法规的行为进行舆论监督的权利。

第七十五条 负有安全生产监督管理职责的部门应当建立安全生产违法行为信息库，如实记录生产经营单位的安全生产违法行为信息；对违法行为情节严重的生产经营单位，应当向社会公告，并通报行业主管部门、投资主管部门、国土资源主管部门、证券监督管理机构以及有关金融机构。

第五章 生产安全事故的应急救援与调查处理

第七十六条 国家加强生产安全事故应急能力建设，在重点行业、领域建立应急救援基地和应急救援队伍，鼓励生产经营单位和其他社会力量建立应急救援队伍，配备相应的应急救援装备和物资，提高应急救援的专业化水平。

国务院安全生产监督管理部门建立全国统一的生产安全事故应急救援信息系统，国务院有关部门建立健全相关行业、领域的生产安全事故应急救援信息系统。

第七十七条 县级以上地方各级人民政府应当组织有关部门制定本行政区域内生产安全事故应急救援预案，建立应急救援体系。

第七十八条 生产经营单位应当制定本单位生产安全事故应急救援预案，与所在地县级以上地方人民政府组织制定的生产安全事故应急救援预案相衔接，并定期组织演练。

第七十九条 危险物品的生产、经营、储存单位以及矿山、金属冶炼、城市轨道交通运营、建筑施工单位应当建立应急救援组织；生产经营规模较小的，可以不建立应急救援组织，但应当指定兼职的应急救援人员。

危险物品的生产、经营、储存、运输单位以及矿山、金属冶炼、城市轨道交通运营、建筑施工单位应当配备必要的应急救援器材、设备和物资，并进行经常性维护、保养，保证正常运转。

第八十条 生产经营单位发生生产安全事故后，事故现场有关人员应当立即报告本单位负责人。

单位负责人接到事故报告后，应当迅速采取有效措施，组织抢救，防止事故扩大，减少人员伤亡和财产损失，并按照国家有关规定立即如实报告当地负有安全生产监督管理职责的部门，不得隐瞒不报、谎报或者迟报，不得故意破坏事故现场、毁灭有关证据。

第八十一条 负有安全生产监督管理职责的部门接到事故报告后，应当立即按照国家有关规定上报事故情况。负有安全生产监督管理职责的部门和有关地方人民政府对事故情况不得隐瞒不报、谎报或者迟报。

第八十二条 有关地方人民政府和负有安全生产监督管理职责的部门的负责人接到生产安全事故报告后，应当按照生产安全事故应急救援预案的要求立即赶到事故现场，组织事故抢救。

参与事故抢救的部门和单位应当服从统一指挥，加强协同联动，采取有效的应急救援措施，并根据事故救援的需要采取警戒、疏散等措施，防止事故扩大和次生灾害的发生，减少人员伤亡和财产损失。

事故抢救过程中应当采取必要措施，避免或者减少对环境造成的危害。

任何单位和个人都应当支持、配合事故抢救，并提供一切便利条件。

第八十三条 事故调查处理应当按照科学严谨、依法依规、实事求是、注重实效的原则，及时、准确地查清事故原因，查明事故性质和责任，总结事故教训，提出整改措施，并对事故责任者提出处理意见。事故调查报告应当依法及时向社会公布。事故调查和处理的具体办法由国务院制定。

事故发生单位应当及时全面落实整改措施，负有安全生产监督管理职责的部门应当加强监督检查。

第八十四条 生产经营单位发生生产安全事故，经调查确定为责任事故的，除了应当查明事故单位的责任并依法予以追究外，还应当查明对安全生产的有关事项负有审查批准和监督职责的行政部门的责任，对有失职、渎职行为的，依照本法第八十七条的规定追究法律责任。

第八十五条 任何单位和个人不得阻挠和干涉对事故的依法调查处理。

第八十六条 县级以上地方各级人民政府安全生产监督管理部门应当定期统计分析本行政区域内发生生产安全事故的情况，并定期向社会公布。

第六章 法 律 责 任

第八十七条 负有安全生产监督管理职责的部门的工作人员，有下列行为之一的，给予降级或者撤职的处分；构成犯罪的，依照刑法有关规定追究刑事责任：

（一）对不符合法定安全生产条件的涉及安全生产的事项予以批准或者验收通过的；

（二）发现未依法取得批准、验收的单位擅自从事有关活动或者接到举报后不予取缔或者不依法予以处理的；

（三）对已经依法取得批准的单位不履行监督管理职责，发现其不再具备安全生产条件而不撤销原批准或者发现安全生产违法行为不予查处的；

（四）在监督检查中发现重大事故隐患，不依法及时处理的。

负有安全生产监督管理职责的部门的工作人员有前款规定以外的滥用职权、玩忽职守、徇私舞弊行为的，依法给予处分；构成犯罪的，依照刑法有关规定追究刑事责任。

第八十八条 负有安全生产监督管理职责的部门，要求被审查、验收的单位购买其指定的安全设备、器材或者其他产品的，在对安全生产事项的审查、验收中收取费用的，由其上级机关或者监察机关责令改正，责令退还收取的费用；情节严重的，对直接负责的主管人员和其他直接责任人员依法给予处分。

第八十九条 承担安全评价、认证、检测、检验工作的机构，出具虚假证明的，没收违法所得；违法所得在十万元以上的，并处违法所得二倍以上五倍以下的罚款；没有违法所得或者违法所得不足十万元的，单处或者并处十万元以上二十万元以下的罚款；对其直接负责的主管人员和其他直接责任人员处二万元以上五万元以下的罚款；给他人造成损害的，与生产经营单位承担连带赔偿责任；构成犯罪的，依照刑法有关规定追究刑事责任。

对有前款违法行为的机构，吊销其相应资质。

第九十条 生产经营单位的决策机构、主要负责人或者个人经营的投资人不依照本法规定保证安全生产所必需的资金投入，致使生产经营单位不具备安全生产条件的，责令限期改正，提供必需的资金；逾期未改正的，责令生产经营单位停产停业整顿。

有前款违法行为，导致发生生产安全事故的，对生产经营单位的主要负责人给予撤职处分，对个人经营的投资人处二万元以上二十万元以下的罚款；构成犯罪的，依照刑法有关规定追究刑事责任。

第九十一条 生产经营单位的主要负责人未履行本法规定的安全生产管理职责的，责令限期改正；逾期未改正的，处二万元以上五万元以下的罚款，责令生产经营单位停产停业整顿。

生产经营单位的主要负责人有前款违法行为，导致发生生产安全事故的，给予撤职处分；构成犯罪的，依照刑法有关规定追究刑事责任。

生产经营单位的主要负责人依照前款规定受刑事处罚或者撤职处分的，自刑罚执行完毕或者受处分之日起，五年内不得担任任何生产经营单位的主要负责人；对重大、特别重大生产安全事故负有责任的，终身不得担任本行业生产经营单位的主要负责人。

第九十二条 生产经营单位的主要负责人未履行本法规定的安全生产管理职责，导致发生生产安全事故的，由安全生产监督管理部门依照下列规定处以罚款：

（一）发生一般事故的，处上一年年收入百分之三十的罚款；

（二）发生较大事故的，处上一年年收入百分之四十的罚款；

（三）发生重大事故的，处上一年年收入百分之六十的罚款；

（四）发生特别重大事故的，处上一年年收入百分之八十的罚款。

第九十三条 生产经营单位的安全生产管理人员未履行本法规定的安全生产管理职责的，责令限期改正；导致发生生产安全事故的，暂停或者撤销其与安全生产有关的资格；构成犯罪的，依照刑法有关规定追究刑事责任。

第九十四条 生产经营单位有下列行为之一的，责令限期改正，可以处五万元以下的罚款；逾期未改正的，责令停产停业整顿，并处五万元以上十万元以下的罚款，对其直接负责的主管人员和其他直接责任人员处一万元以上二万元以下的罚款：

（一）未按照规定设置安全生产管理机构或者配备安全生产管理人员的；

（二）危险物品的生产、经营、储存单位以及矿山、金属冶炼、建筑施工、道路运输单位的主要负责人和安全生产管理人员未按照规定经考核合格的；

（三）未按照规定对从业人员、被派遣劳动者、实习学生进行安全生产教育和培训，或者未按照规定如实告知有关的安全生产事项的；

（四）未如实记录安全生产教育和培训情况的；

（五）未将事故隐患排查治理情况如实记录或者未向从业人员通报的；

（六）未按照规定制定生产安全事故应急救援预案或者未定期组织演练的；

（七）特种作业人员未按照规定经专门的安全作业培训并取得相应资格，上岗作业的。

第九十五条 生产经营单位有下列行为之一的，责令停止建设或者停产停业整顿，限期改正；逾期未改正的，处五十万元以上一百万元以下的罚款，

对其直接负责的主管人员和其他直接责任人员处二万元以上五万元以下的罚款；构成犯罪的，依照刑法有关规定追究刑事责任：

（一）未按照规定对矿山、金属冶炼建设项目或者用于生产、储存、装卸危险物品的建设项目进行安全评价的；

（二）矿山、金属冶炼建设项目或者用于生产、储存、装卸危险物品的建设项目没有安全设施设计或者安全设施设计未按照规定报经有关部门审查同意的；

（三）矿山、金属冶炼建设项目或者用于生产、储存、装卸危险物品的建设项目的施工单位未按照批准的安全设施设计施工的；

（四）矿山、金属冶炼建设项目或者用于生产、储存危险物品的建设项目竣工投入生产或者使用前，安全设施未经验收合格的。

第九十六条 生产经营单位有下列行为之一的，责令限期改正，可以处五万元以下的罚款；逾期未改正的，处五万元以上二十万元以下的罚款，其直接负责的主管人员和其他直接责任人员处一万元以上二万元以下的罚款；情节严重的，责令停产停业整顿；构成犯罪的，依照刑法有关规定追究刑事责任：

（一）未在有较大危险因素的生产经营场所和有关设施、设备上设置明显的安全警示标志的；

（二）安全设备的安装、使用、检测、改造和报废不符合国家标准或者行业标准的；

（三）未对安全设备进行经常性维护、保养和定期检测的；

（四）未为从业人员提供符合国家标准或者行业标准的劳动防护用品的；

（五）危险物品的容器、运输工具，以及涉及人身安全、危险性较大的海洋石油开采特种设备和矿山井下特种设备未经具有专业资质的机构检测、检验合格，取得安全使用证或者安全标志，投入使用的；

（六）使用应当淘汰的危及生产安全的工艺、设备的。

第九十七条 未经依法批准，擅自生产、经营、运输、储存、使用危险物品或者处置废弃危险物品的，依照有关危险物品安全管理的法律、行政法规的规定予以处罚；构成犯罪的，依照刑法有关规定追究刑事责任。

第九十八条 生产经营单位有下列行为之一的，责令限期改正，可以处十万元以下的罚款；逾期未改正的，责令停产停业整顿，并处十万元以上二十万元以下的罚款，对其直接负责的主管人员和其他直接责任人员处二万元以上五万元以下的罚款；构成犯罪的，依照刑法有关规定追究刑事责任：

（一）生产、经营、运输、储存、使用危险物品

或者处置废弃危险物品，未建立专门安全管理制度、未采取可靠的安全措施的；

（二）对重大危险源未登记建档，或者未进行评估、监控，或者未制定应急预案的；

（三）进行爆破、吊装以及国务院安全生产监督管理部门会同国务院有关部门规定的其他危险作业，未安排专门人员进行现场安全管理的；

（四）未建立事故隐患排查治理制度的。

第九十九条　生产经营单位未采取措施消除事故隐患的，责令立即消除或者限期消除；生产经营单位拒不执行的，责令停产停业整顿，并处十万元以上五十万元以下的罚款，对其直接负责的主管人员和其他直接责任人员处二万元以上五万元以下的罚款。

第一百条　生产经营单位将生产经营项目、场所、设备发包或者出租给不具备安全生产条件或者相应资质的单位或者个人的，责令限期改正，没收违法所得；违法所得十万元以上的，并处违法所得二倍以上五倍以下的罚款；没有违法所得或者违法所得不足十万元的，单处或者并处十万元以上二十万元以下的罚款；对其直接负责的主管人员和其他直接责任人员处一万元以上二万元以下的罚款；导致发生生产安全事故给他人造成损害的，与承包方、承租方承担连带赔偿责任。

生产经营单位未与承包单位、承租单位签订专门的安全生产管理协议或者未在承包合同、租赁合同中明确各自的安全生产管理职责，或者未对承包单位、承租单位的安全生产统一协调、管理的，责令限期改正，可以处五万元以下的罚款，对其直接负责的主管人员和其他直接责任人员可以处一万元以下的罚款；逾期未改正的，责令停产停业整顿。

第一百零一条　两个以上生产经营单位在同一作业区域内进行可能危及对方安全生产的生产经营活动，未签订安全生产管理协议或者未指定专职安全生产管理人员进行安全检查与协调的，责令限期改正，可以处五万元以下的罚款，对其直接负责的主管人员和其他直接责任人员可以处一万元以下的罚款；逾期未改正的，责令停产停业。

第一百零二条　生产经营单位有下列行为之一的，责令限期改正，可以处五万元以下的罚款，对其直接负责的主管人员和其他直接责任人员可以处一万元以下的罚款；逾期未改正的，责令停产停业整顿；构成犯罪的，依照刑法有关规定追究刑事责任：

（一）生产、经营、储存、使用危险物品的车间、商店、仓库与员工宿舍在同一座建筑内，或者与员工宿舍的距离不符合安全要求的；

（二）生产经营场所和员工宿舍未设有符合紧急疏散需要、标志明显、保持畅通的出口，或者锁闭、封堵生产经营场所或者员工宿舍出口的。

第一百零三条　生产经营单位与从业人员订立协议，免除或者减轻其对从业人员因生产安全事故伤亡依法应承担的责任的，该协议无效；对生产经营单位的主要负责人、个人经营的投资人处二万元以上十万元以下的罚款。

第一百零四条　生产经营单位的从业人员不服从管理，违反安全生产规章制度或者操作规程的，由生产经营单位给予批评教育，依照有关规章制度给予处分；构成犯罪的，依照刑法有关规定追究刑事责任。

第一百零五条　违反本法规定，生产经营单位拒绝、阻碍负有安全生产监督管理职责的部门依法实施监督检查的，责令改正；拒不改正的，处二万元以上二十万元以下的罚款；对其直接负责的主管人员其他直接责任人员处一万元以上二万元以下的罚款；构成犯罪的，依照刑法有关规定追究刑事责任。

第一百零六条　生产经营单位的主要负责人在本单位发生生产安全事故时，不立即组织抢救或者在事故调查处理期间擅离职守或者逃匿的，给予降级、撤职的处分，并由安全生产监督管理部门处上一年年收入百分之六十至百分之一百的罚款；对逃匿的处十五日以下拘留；构成犯罪的，依照刑法有关规定追究刑事责任。

生产经营单位的主要负责人对生产安全事故隐瞒不报、谎报或者迟报的，依照前款规定处罚。

第一百零七条　有关地方人民政府、负有安全生产监督管理职责的部门，对生产安全事故隐瞒不报、谎报或者迟报的，对直接负责的主管人员和其他直接责任人员依法给予处分；构成犯罪的，依照刑法有关规定追究刑事责任。

第一百零八条　生产经营单位不具备本法和其他有关法律、行政法规和国家标准或者行业标准规定的安全生产条件，经停产停业整顿仍不具备安全生产条件的，予以关闭；有关部门应当依法吊销其有关证照。

第一百零九条　发生生产安全事故，对负有责任的生产经营单位除要求其依法承担相应的赔偿等责任外，由安全生产监督管理部门依照下列规定处以罚款：

（一）发生一般事故的，处二十万元以上五十万元以下的罚款；

（二）发生较大事故的，处五十万元以上一百万元以下的罚款；

（三）发生重大事故的，处一百万元以上五百万元以下的罚款；

（四）发生特别重大事故的，处五百万元以上一千万元以下的罚款；情节特别严重的，处一千万元以上二千万元以下的罚款。

第一百一十条　本法规定的行政处罚，由安全生产监督管理部门和其他负有安全生产监督管理职责的部门按照职责分工决定。予以关闭的行政处罚由负有安全生产监督管理职责的部门报请县级以上人民政府按照国务院规定的权限决定；给予拘留的行政处罚由公安机关依照治安管理处罚法的规定决定。

第一百一十一条　生产经营单位发生生产安全事故造成人员伤亡、他人财产损失的，应当依法承担赔偿责任；拒不承担或者其负责人逃匿的，由人民法院依法强制执行。

生产安全事故的责任人未依法承担赔偿责任，经人民法院依法采取执行措施后，仍不能对受害人给予足额赔偿的，应当继续履行赔偿义务；受害人发现责任人有其他财产的，可以随时请求人民法院执行。

第七章　附　　则

第一百一十二条　本法下列用语的含义：

危险物品，是指易燃易爆物品、危险化学品、放射性物品等能够危及人身安全和财产安全的物品。

重大危险源，是指长期地或者临时地生产、搬运、使用或者储存危险物品，且危险物品的数量等于或者超过临界量的单元（包括场所和设施）。

第一百一十三条　本法规定的生产安全一般事故、较大事故、重大事故、特别重大事故的划分标准由国务院规定。

国务院安全生产监督管理部门和其他负有安全生产监督管理职责的部门应当根据各自的职责分工，制定相关行业、领域重大事故隐患的判定标准。

第一百一十四条　本法自2014年12月1日起施行。

【课后巩固练习】▶▶▶

1. 《安全生产法》共有多少章多少条款？
2. 《安全生产法》提出哪三大基本目标？
3. 《安全生产法》以法定的方式，明确规定了我国安全生产的四种监督方式是什么？
4. 安全生产三要素是什么？
5. 人的基本安全素质包括哪些？
6. 生产经营单位发生重大事故应采取什么措施？
7. "三不伤害"是指什么？

第二节　危险化学品安全管理条例

【学习目标】▶▶▶

知识目标：掌握我国《安全生产法》的相关内容。

能力目标：能根据《安全生产法》的内容在劳动生产中保护个人的权利和人身安全。

情感价值观目标：培养学生正确的安全价值观和安全意识。

【案例情景】▶▶▶

某煤矿发生特大瓦斯爆炸事故，造成84人死亡，68人受伤，直接经济损失千万元。事故的大致经过是：事故发生的当天，该煤矿某采区回风巷电缆被挤坏，接地掉闸，停风停电，经三次处理仍未解决问题，致使采区无法送风，瓦斯浓度超限。同时，负责处理的电工，是未经专业考核培训的原采掘工转岗，处理电缆接地时装煤机防爆接线盒未盖，操作线裸露，铜线搭接。发现瓦斯超限，人员撤出时未把控制装煤机开关置于断电位置，风机停转时未把风电闭锁开关和风机开关打到停电位置。在上述情况下，该采区换班时有关人员未向下一班作好情况交接说明，向有关领导汇报后也未及时采取排放瓦斯和处理漏电问题，下一班人上岗后违章送电，形成短路，产生火花，引起瓦斯燃烧爆炸，扬起煤尘，后又发生煤尘传导爆炸。

危险化学品安全管理条例

(2011 年 2 月 16 日国务院第 144 次常务会议修订通过　国务院令第 591 号公布)

第一章　总　则

第一条　为了加强危险化学品的安全管理，预防和减少危险化学品事故，保障人民群众生命财产安全，保护环境，制定本条例。

第二条　危险化学品生产、储存、使用、经营和运输的安全管理，适用本条例。

废弃危险化学品的处置，依照有关环境保护的法律、行政法规和国家有关规定执行。

第三条　本条例所称危险化学品，是指具有毒害、腐蚀、爆炸、燃烧、助燃等性质，对人体、设施、环境具有危害的剧毒化学品和其他化学品。

危险化学品目录，由国务院安全生产监督管理部门会同国务院工业和信息化、公安、环境保护、卫生、质量监督检验检疫、交通运输、铁路、民用航空、农业主管部门，根据化学品危险特性的鉴别和分类标准确定、公布，并适时调整。

第四条　危险化学品安全管理，应当坚持安全第一、预防为主、综合治理的方针，强化和落实企业的主体责任。

生产、储存、使用、经营、运输危险化学品的单位(以下统称危险化学品单位)的主要负责人对本单位的危险化学品安全管理工作全面负责。

危险化学品单位应当具备法律、行政法规规定和国家标准、行业标准要求的安全条件，建立、健全安全管理规章制度和岗位安全责任制度，对从业人员进行安全教育、法制教育和岗位技术培训。从业人员应当接受教育和培训，考核合格后上岗作业；对有资格要求的岗位，应当配备依法取得相应资格的人员。

第五条　任何单位和个人不得生产、经营、使用国家禁止生产、经营、使用的危险化学品。

国家对危险化学品的使用有限制性规定的，任何单位和个人不得违反限制性规定使用危险化学品。

第六条　对危险化学品的生产、储存、使用、经营、运输实施安全监督管理的有关部门(以下统称负有危险化学品安全监督管理职责的部门)，依照下列规定履行职责：

(一)安全生产监督管理部门负责危险化学品安全监督管理综合工作，组织确定、公布、调整危险化学品目录，对新建、改建、扩建生产、储存危险化学品(包括使用长输管道输送危险化学品，下同)的建设项目进行安全条件审查，核发危险化学品安

全生产许可证、危险化学品安全使用许可证和危险化学品经营许可证，并负责危险化学品登记工作。

(二)公安机关负责危险化学品的公共安全管理，核发剧毒化学品购买许可证、剧毒化学品道路运输通行证，并负责危险化学品运输车辆的道路交通安全管理。

(三)质量监督检验检疫部门负责核发危险化学品及其包装物、容器(不包括储存危险化学品的固定式大型储罐，下同)生产企业的工业产品生产许可证，并依法对其产品质量实施监督，负责对进出口危险化学品及其包装实施检验。

(四)环境保护主管部门负责废弃危险化学品处置的监督管理，组织危险化学品的环境危害性鉴定和环境风险程度评估，确定实施重点环境管理的危险化学品，负责危险化学品环境管理登记和新化学物质环境管理登记；依照职责分工调查相关危险化学品环境污染事故和生态破坏事件，负责危险化学品事故现场的应急环境监测。

(五)交通运输主管部门负责危险化学品道路运输、水路运输的许可以及运输工具的安全管理，对危险化学品水路运输安全实施监督，负责危险化学品道路运输企业、水路运输企业驾驶人员、船员、装卸管理人员、押运人员、申报人员、集装箱装箱现场检查员的资格认定。铁路主管部门负责危险化学品铁路运输的安全管理，负责危险化学品铁路运输承运人、托运人的资质审批及其运输工具的安全管理。民用航空主管部门负责危险化学品航空运输以及航空运输企业及其运输工具的安全管理。

(六)卫生主管部门负责危险化学品毒性鉴定的管理，负责组织、协调危险化学品事故受伤人员的医疗卫生救援工作。

(七)工商行政管理部门依据有关部门的许可证件，核发危险化学品生产、储存、经营、运输企业营业执照，查处危险化学品经营企业违法采购危险化学品的行为。

(八)邮政管理部门负责依法查处寄递危险化学品的行为。

第七条　负有危险化学品安全监督管理职责的部门依法进行监督检查，可以采取下列措施：

(一)进入危险化学品作业场所实施现场检查，向有关单位和人员了解情况，查阅、复制有关文件、资料；

（二）发现危险化学品事故隐患，责令立即消除或者限期消除；

（三）对不符合法律、行政法规、规章规定或者国家标准、行业标准要求的设施、设备、装置、器材、运输工具，责令立即停止使用；

（四）经本部门主要负责人批准，查封违法生产、储存、使用、经营危险化学品的场所，扣押违法生产、储存、使用、经营、运输的危险化学品以及用于违法生产、使用、运输危险化学品的原材料、设备、运输工具；

（五）发现影响危险化学品安全的违法行为，当场予以纠正或者责令限期改正。

负有危险化学品安全监督管理职责的部门依法进行监督检查，监督检查人员不得少于 2 人，并应当出示执法证件；有关单位和个人对依法进行的监督检查应当予以配合，不得拒绝、阻碍。

第八条 县级以上人民政府应当建立危险化学品安全监督管理工作协调机制，支持、督促负有危险化学品安全监督管理职责的部门依法履行职责，协调、解决危险化学品安全监督管理工作中的重大问题。

负有危险化学品安全监督管理职责的部门应当相互配合、密切协作，依法加强对危险化学品的安全监督管理。

第九条 任何单位和个人对违反本条例规定的行为，有权向负有危险化学品安全监督管理职责的部门举报。负有危险化学品安全监督管理职责的部门接到举报，应当及时依法处理；对不属于本部门职责的，应当及时移送有关部门处理。

第十条 国家鼓励危险化学品生产企业和使用危险化学品从事生产的企业采用有利于提高安全保障水平的先进技术、工艺、设备以及自动控制系统，鼓励对危险化学品实行专门储存、统一配送、集中销售。

第二章 生产、储存安全

第十一条 国家对危险化学品的生产、储存实行统筹规划、合理布局。

国务院工业和信息化主管部门以及国务院其他有关部门依据各自职责，负责危险化学品生产、储存的行业规划和布局。

地方人民政府组织编制城乡规划，应当根据本地区的实际情况，按照确保安全的原则，规划适当区域专门用于危险化学品的生产、储存。

第十二条 新建、改建、扩建生产、储存危险化学品的建设项目（以下简称建设项目），应当由安全生产监督管理部门进行安全条件审查。

建设单位应当对建设项目进行安全条件论证，委托具备国家规定的资质条件的机构对建设项目进行安全评价，并将安全条件论证和安全评价的情况报告报建设项目所在地设区的市级以上人民政府安全生产监督管理部门；安全生产监督管理部门应当自收到报告之日起 45 日内作出审查决定，并书面通知建设单位。具体办法由国务院安全生产监督管理部门制定。

新建、改建、扩建储存、装卸危险化学品的港口建设项目，由港口行政管理部门按照国务院交通运输主管部门的规定进行安全条件审查。

第十三条 生产、储存危险化学品的单位，应当对其铺设的危险化学品管道设置明显标志，并对危险化学品管道定期检查、检测。

进行可能危及危险化学品管道安全的施工作业，施工单位应当在开工的 7 日前书面通知管道所属单位，并与管道所属单位共同制定应急预案，采取相应的安全防护措施。管道所属单位应当指派专门人员到现场进行管道安全保护指导。

第十四条 危险化学品生产企业进行生产前，应当依照《安全生产许可证条例》的规定，取得危险化学品安全生产许可证。

生产列入国家实行生产许可证制度的工业产品目录的危险化学品的企业，应当依照《中华人民共和国工业产品生产许可证管理条例》的规定，取得工业产品生产许可证。

负责颁发危险化学品安全生产许可证、工业产品生产许可证的部门，应当将其颁发许可证的情况及时向同级工业和信息化主管部门、环境保护主管部门和公安机关通报。

第十五条 危险化学品生产企业应当提供与其生产的危险化学品相符的化学品安全技术说明书，并在危险化学品包装（包括外包装件）上粘贴或者挂挂与包装内危险化学品相符的化学品安全标签。化学品安全技术说明书和化学品安全标签所载明的内容应当符合国家标准的要求。

危险化学品生产企业发现其生产的危险化学品有新的危险特性的，应当立即公告，并及时修订其化学品安全技术说明书和化学品安全标签。

第十六条 生产实施重点环境管理的危险化学品的企业，应当按照国务院环境保护主管部门的规定，将该危险化学品向环境中释放等相关信息向环境保护主管部门报告。环境保护主管部门可以根据情况采取相应的环境风险控制措施。

第十七条 危险化学品的包装应当符合法律、行政法规、规章的规定以及国家标准、行业标准的要求。

危险化学品包装物、容器的材质以及危险化学品包装的型式、规格、方法和单件质量（重量），应当与所包装的危险化学品的性质和用途相适应。

第十八条 生产列入国家实行生产许可证制度的工业产品目录的危险化学品包装物、容器的企业，应当依照《中华人民共和国工业产品生产许可证管理条例》的规定，取得工业产品生产许可证；其生产的危险化学品包装物、容器经国务院质量监督检验检疫部门认定的检验机构检验合格，方可出厂销售。

运输危险化学品的船舶及其配载的容器，应当按照国家船舶检验规范进行生产，并经海事管理机构认定的船舶检验机构检验合格，方可投入使用。

对重复使用的危险化学品包装物、容器，使用单位在重复使用前应当进行检查；发现存在安全隐患的，应当维修或者更换。使用单位应当对检查情况作出记录，记录的保存期限不得少于2年。

第十九条　危险化学品生产装置或者储存数量构成重大危险源的危险化学品储存设施（运输工具加油站、加气站除外），与下列场所、设施、区域的距离应当符合国家有关规定：

（一）居住区以及商业中心、公园等人员密集场所；

（二）学校、医院、影剧院、体育场（馆）等公共设施；

（三）饮用水源、水厂以及水源保护区；

（四）车站、码头（依法经许可可从事危险化学品装卸作业的除外）、机场以及通信干线、通信枢纽、铁路线路、道路交通干线、水路交通干线、地铁风亭以及地铁站出入口；

（五）基本农田保护区、基本草原、畜禽遗传资源保护区、畜禽规模化养殖场（养殖小区）、渔业水域以及种子、种畜禽、水产苗种生产基地；

（六）河流、湖泊、风景名胜区、自然保护区；

（七）军事禁区、军事管理区；

（八）法律、行政法规规定的其他场所、设施、区域。

已建的危险化学品生产装置或者储存数量构成重大危险源的危险化学品储存设施不符合前款规定的，由所在地设区的市级人民政府安全生产监督管理部门会同有关部门监督其所属单位在规定期限内进行整改；需要转产、停产、搬迁、关闭的，由本级人民政府决定并组织实施。

储存数量构成重大危险源的危险化学品储存设施的选址，应当避开地震活动断层和容易发生洪灾、地质灾害的区域。

本条例所称重大危险源，是指生产、储存、使用或者搬运危险化学品，且危险化学品的数量等于或者超过临界量的单元（包括场所和设施）。

第二十条　生产、储存危险化学品的单位，应当根据其生产、储存的危险化学品的种类和危险特性，在作业场所设置相应的监测、监控、通风、防晒、调温、防火、灭火、防爆、泄压、防毒、中和、防潮、防雷、防静电、防腐、防泄漏以及防护围堤或者隔离操作等安全设施、设备，并按照国家标准、行业标准或者国家有关规定对安全设施、设备进行

经常性维护、保养，保证安全设施、设备的正常使用。

生产、储存危险化学品的单位，应当在其作业场所和安全设施、设备上设置明显的安全警示标志。

第二十一条　生产、储存危险化学品的单位，应当在其作业场所设置通信、报警装置，并保证处于适用状态。

第二十二条　生产、储存危险化学品的企业，应当委托具备国家规定的资质条件的机构，对本企业的安全生产条件每3年进行一次安全评价，提出安全评价报告。安全评价报告的内容应当包括对安全生产条件存在的问题进行整改的方案。

生产、储存危险化学品的企业，应当将安全评价报告以及整改方案的落实情况报所在地县级人民政府安全生产监督管理部门备案。在港区内储存危险化学品的企业，应当将安全评价报告以及整改方案的落实情况报港口行政管理部门备案。

第二十三条　生产、储存剧毒化学品或者国务院公安部门规定的可用于制造爆炸物品的危险化学品（以下简称易制爆危险化学品）的单位，应当如实记录其生产、储存的剧毒化学品、易制爆危险化学品的数量、流向，并采取必要的安全防范措施，防止剧毒化学品、易制爆危险化学品丢失或者被盗；发现剧毒化学品、易制爆危险化学品丢失或者被盗的，应当立即向当地公安机关报告。

生产、储存剧毒化学品、易制爆危险化学品的单位，应当设置治安保卫机构，配备专职治安保卫人员。

第二十四条　危险化学品应当储存在专用仓库、专用场地或者专用储存室（以下统称专用仓库）内，并由专人负责管理；剧毒化学品以及储存数量构成重大危险源的其他危险化学品，应当在专用仓库内单独存放，并实行双人收发、双人保管制度。

危险化学品的储存方式、方法以及储存数量应当符合国家标准或者国家有关规定。

第二十五条　储存危险化学品的单位应当建立危险化学品出入库核查、登记制度。

对剧毒化学品以及储存数量构成重大危险源的其他危险化学品，储存单位应当将其储存数量、储存地点以及管理人员的情况，报所在地县级人民政府安全生产监督管理部门（在港区内储存的，报港口行政管理部门）和公安机关备案。

第二十六条　危险化学品专用仓库应当符合国家标准、行业标准的要求，并设置明显的标志。储存剧毒化学品、易制爆危险化学品的专用仓库，应当按照国家有关规定设置相应的技术防范设施。

储存危险化学品的单位应当对其危险化学品专用仓库的安全设施、设备定期进行检测、检验。

第二十七条　生产、储存危险化学品的单位转产、停产、停业或者解散的，应当采取有效措施，

及时、妥善处置其危险化学品生产装置、储存设施以及库存的危险化学品，不得丢弃危险化学品；处置方案应当报所在地县级人民政府安全生产监督管理部门、工业和信息化主管部门、环境保护主管部门和公安机关备案。安全生产监督管理部门应当会同环境保护主管部门和公安机关对处置情况进行监督检查，发现未依照规定处置的，应当责令其立即处置。

第三章　使用安全

第二十八条　使用危险化学品的单位，其使用条件（包括工艺）应当符合法律、行政法规的规定和国家标准、行业标准的要求，并根据所使用的危险化学品的种类、危险特性以及使用量和使用方式，建立、健全使用危险化学品的安全管理规章制度和安全操作规程，保证危险化学品的安全使用。

第二十九条　使用危险化学品从事生产并且使用量达到规定数量的化工企业（属于危险化学品生产企业的除外，下同），应当依照本条例的规定取得危险化学品安全使用许可证。

前款规定的危险化学品使用量的数量标准，由国务院安全生产监督管理部门会同国务院公安部门、农业主管部门确定并公布。

第三十条　申请危险化学品安全使用许可证的化工企业，除应当符合本条例第二十八条的规定外，还应当具备下列条件：

（一）有与所使用的危险化学品相适应的专业技术人员；

（二）有安全管理机构和专职安全管理人员；

（三）有符合国家规定的危险化学品事故应急预案和必要的应急救援器材、设备；

（四）依法进行了安全评价。

第三十一条　申请危险化学品安全使用许可证的化工企业，应当向所在地设区的市级人民政府安全生产监督管理部门提出申请，并提交其符合本条例第三十条规定条件的证明材料。设区的市级人民政府安全生产监督管理部门应当依法进行审查，自收到证明材料之日起45日内作出批准或者不予批准的决定。予以批准的，颁发危险化学品安全使用许可证；不予批准的，书面通知申请人并说明理由。

安全生产监督管理部门应当将其颁发危险化学品安全使用许可证的情况及时向同级环境保护主管部门和公安机关通报。

第三十二条　本条例第十六条关于生产实施重点环境管理的危险化学品的企业的规定，适用于使用实施重点环境管理的危险化学品从事生产的企业；第二十条、第二十一条、第二十三条第一款、第二十七条关于生产、储存危险化学品的单位的规定，适用于使用危险化学品的单位；第二十二条关于生产、储存危险化学品的企业的规定，适用于使用危险化学品从事生产的企业。

第四章　经营安全

第三十三条　国家对危险化学品经营（包括仓储经营，下同）实行许可制度。未经许可，任何单位和个人不得经营危险化学品。

依法设立的危险化学品生产企业在其厂区范围内销售本企业生产的危险化学品，不需要取得危险化学品经营许可。

依照《中华人民共和国港口法》的规定取得港口经营许可证的港口经营人，在港口内从事危险化学品仓储经营，不需要取得危险化学品经营许可。

第三十四条　从事危险化学品经营的企业应当具备下列条件：

（一）有符合国家标准、行业标准的经营场所，储存危险化学品的，还应当有符合国家标准、行业标准的储存设施；

（二）从业人员经过专业技术培训并经考核合格；

（三）有健全的安全管理规章制度；

（四）有专职安全管理人员；

（五）有符合国家规定的危险化学品事故应急预案和必要的应急救援器材、设备；

（六）法律、法规规定的其他条件。

第三十五条　从事剧毒化学品、易制爆危险化学品经营的企业，应当向所在地设区的市级人民政府安全生产监督管理部门提出申请，从事其他危险化学品经营的企业，应当向所在地县级人民政府安全生产监督管理部门提出申请（有储存设施的，应当向所在地设区的市级人民政府安全生产监督管理部门提出申请）。申请人应当提交其符合本条例第三十四条规定条件的证明材料。设区的市级人民政府安全生产监督管理部门或者县级人民政府安全生产监督管理部门应当依法进行审查，并对申请人的经营场所、储存设施进行现场核查，自收到证明材料之日起30日内作出批准或者不予批准的决定。予以批准的，颁发危险化学品经营许可证；不予批准的，书面通知申请人并说明理由。

设区的市级人民政府安全生产监督管理部门和县级人民政府安全生产监督管理部门应当将其颁发危险化学品经营许可证的情况及时向同级环境保护主管部门和公安机关通报。

申请人持危险化学品经营许可证向工商行政管理部门办理登记手续后，方可从事危险化学品经营活动。法律、行政法规或者国务院规定经营危险化学品还需要经其他有关部门许可的，申请人向工商行政管理部门办理登记手续时还应当持相应的许可证件。

第三十六条　危险化学品经营企业储存危险化学品的，应当遵守本条例第二章关于储存危险化品的规定。危险化学品商店内只能存放民用小包装的危险化学品。

第三十七条　危险化学品经营企业不得向未经许可从事危险化学品生产、经营活动的企业采购危险化学品，不得经营没有化学品安全技术说明书或者化学品安全标签的危险化学品。

第三十八条　依法取得危险化学品安全生产许可证、危险化学品安全使用许可证、危险化学品经营许可证的企业，凭相应的许可证件购买剧毒化学品、易制爆危险化学品。民用爆炸物品生产企业凭民用爆炸物品生产许可证购买易制爆危险化学品。

前款规定以外的单位购买剧毒化学品的，应当向所在地县级人民政府公安机关申请取得剧毒化学品购买许可证；购买易制爆危险化学品的，应当持本单位出具的合法用途说明。

个人不得购买剧毒化学品（属于剧毒化学品的农药除外）和易制爆危险化学品。

第三十九条　申请取得剧毒化学品购买许可证，申请人应当向所在地县级人民政府公安机关提交下列材料：

（一）营业执照或者法人证书（登记证书）的复印件；

（二）拟购买的剧毒化学品品种、数量的说明；

（三）购买剧毒化学品用途的说明；

（四）经办人的身份证明。

县级人民政府公安机关应当自收到前款规定的材料之日起 3 日内，作出批准或者不予批准的决定。予以批准的，颁发剧毒化学品购买许可证；不予批准的，书面通知申请人并说明理由。

剧毒化学品购买许可证管理办法由国务院公安部门制定。

第四十条　危险化学品生产企业、经营企业销售剧毒化学品、易制爆危险化学品，应当查验本条例第三十八条第一款、第二款规定的相关许可证件或者证明文件，不得向不具有相关许可证件或者证明文件的单位销售剧毒化学品、易制爆危险化学品。对持剧毒化学品购买许可证购买剧毒化学品的，应当按照许可证载明的品种、数量销售。

禁止向个人销售剧毒化学品（属于剧毒化学品的农药除外）和易制爆危险化学品。

第四十一条　危险化学品生产企业、经营企业销售剧毒化学品、易制爆危险化学品，应当如实记录购买单位的名称、地址、经办人的姓名、身份证号码以及所购买的剧毒化学品、易制爆危险化学品的品种、数量、用途。销售记录以及经办人的身份证明复印件、相关许可证件复印件或者证明文件的保存期限不得少于 1 年。

剧毒化学品、易制爆危险化学品的销售企业、购买单位应当在销售、购买后 5 日内，将所销售、购买的剧毒化学品、易制爆危险化学品的品种、数量以及流向信息报所在地县级人民政府公安机关备案，并输入计算机系统。

第四十二条　使用剧毒化学品、易制爆危险化学品的单位不得出借、转让其购买的剧毒化学品、易制爆危险化学品；因转产、停产、搬迁、关闭等确需转让的，应当向具有本条例第三十八条第一款、第二款规定的相关许可证件或者证明文件的单位转让，并在转让后将有关情况及时向所在地县级人民政府公安机关报告。

第五章　运　输　安　全

第四十三条　从事危险化学品道路运输、水路运输的，应当分别依照有关道路运输、水路运输的法律、行政法规的规定，取得危险货物道路运输许可、危险货物水路运输许可，并向工商行政管理部门办理登记手续。

危险化学品道路运输企业、水路运输企业应当配备专职安全管理人员。

第四十四条　危险化学品道路运输企业、水路运输企业的驾驶人员、船员、装卸管理人员、押运人员、申报人员、集装箱装箱现场检查员应当经交通运输主管部门考核合格，取得从业资格。具体办法由国务院交通运输主管部门制定。

危险化学品的装卸作业应当遵守安全作业标准、规程和制度，并在装卸管理人员的现场指挥或者监控下进行。水路运输危险化学品的集装箱装箱作业应当在集装箱装箱现场检查员的指挥或者监控下进行，并符合积载、隔离的规范和要求；装箱作业完毕后，集装箱装箱现场检查员应当签署装箱证明书。

第四十五条　运输危险化学品，应当根据危险化学品的危险特性采取相应的安全防护措施，并配备必要的防护用品和应急救援器材。

用于运输危险化学品的槽罐以及其他容器应当封口严密，能够防止危险化学品在运输过程中因温度、湿度或者压力的变化发生渗漏、洒漏；槽罐以及其他容器的溢流和泄压装置应当设置准确、起闭灵活。

运输危险化学品的驾驶人员、船员、装卸管理人员、押运人员、申报人员、集装箱装箱现场检查员，应当了解所运输的危险化学品的危险特性及其包装物、容器的使用要求和出现危险情况时的应急处置方法。

第四十六条　通过道路运输危险化学品的，托运人应当委托依法取得危险货物道路运输许可的企业承运。

第四十七条　通过道路运输危险化学品的，应当按照运输车辆的核定载质量装载危险化学品，不得超载。

危险化学品运输车辆应当符合国家标准要求的安全技术条件，并按照国家有关规定定期进行安全技术检验。

危险化学品运输车辆应当悬挂或者喷涂符合国家标准要求的警示标志。

第四十八条 通过道路运输危险化学品的，应当配备押运人员，并保证所运输的危险化学品处于押运人员的监控之下。

运输危险化学品途中因住宿或者发生影响正常运输的情况，需要较长时间停车的，驾驶人员、押运人员应当采取相应的安全防范措施；运输剧毒化学品或者易制爆危险化学品的，还应当向当地公安机关报告。

第四十九条 未经公安机关批准，运输危险化学品的车辆不得进入危险化学品运输车辆限制通行的区域。危险化学品运输车辆限制通行的区域由县级人民政府公安机关划定，并设置明显的标志。

第五十条 通过道路运输剧毒化学品的，托运人应当向运输始发地或者目的地县级人民政府公安机关申请剧毒化学品道路运输通行证。

申请剧毒化学品道路运输通行证，托运人应当向县级人民政府公安机关提交下列材料：

（一）拟运输的剧毒化学品品种、数量的说明；

（二）运输始发地、目的地、运输时间和运输路线的说明；

（三）承运人取得危险货物道路运输许可、运输车辆取得营运证以及驾驶人员、押运人员取得上岗资格的证明文件；

（四）本条例第三十八条第一款、第二款规定的购买剧毒化学品的相关许可证件，或者海关出具的进出口证明文件。

县级人民政府公安机关应当自收到前款规定的材料之日起7日内，作出批准或者不予批准的决定。予以批准的，颁发剧毒化学品道路运输通行证；不予批准的，书面通知申请人并说明理由。

剧毒化学品道路运输通行证管理办法由国务院公安部门制定。

第五十一条 剧毒化学品、易制爆危险化学品在道路运输途中丢失、被盗、被抢或者出现流散、泄漏等情况的，驾驶人员、押运人员应当立即采取相应的警示措施和安全措施，并向当地公安机关报告。公安机关接到报告后，应当根据实际情况立即向安全生产监督管理部门、环境保护主管部门、卫生主管部门通报。有关部门应当采取必要的应急处置措施。

第五十二条 通过水路运输危险化学品的，应当遵守法律、行政法规以及国务院交通运输主管部门关于危险货物水路运输安全的规定。

第五十三条 海事管理机构应当根据危险化学品的种类和危险特性，确定船舶运输危险化学品的相关安全运输条件。

拟交付船舶运输的化学品的相关安全运输条件不明确的，应当经国家海事管理机构认定的机构进行评估，明确相关安全运输条件并经海事管理机构确认后，方可交付船舶运输。

第五十四条 禁止通过内河封闭水域运输剧毒化学品以及国家规定禁止通过内河运输的其他危险化学品。

前款规定以外的内河水域，禁止运输国家规定禁止通过内河运输的剧毒化学品以及其他危险化学品。

禁止通过内河运输的剧毒化学品以及其他危险化学品的范围，由国务院交通运输主管部门会同国务院环境保护主管部门、工业和信息化主管部门、安全生产监督管理部门，根据危险化学品的危险特性、危险化学品对人体和水环境的危害程度以及消除危害后果的难易程度等因素规定并公布。

第五十五条 国务院交通运输主管部门应当根据危险化学品的危险特性，对通过内河运输本条例第五十四条规定以外的危险化学品（以下简称通过内河运输危险化学品）实行分类管理，对各类危险化学品的运输方式、包装规范和安全防护措施等分别作出规定并监督实施。

第五十六条 通过内河运输危险化学品，应当由依法取得危险货物水路运输许可的水路运输企业承运，其他单位和个人不得承运。托运人应当委托依法取得危险货物水路运输许可的水路运输企业承运，不得委托其他单位和个人承运。

第五十七条 通过内河运输危险化学品，应当使用依法取得危险货物适装证书的运输船舶。水路运输企业应当针对所运输的危险化学品的危险特性，制定运输船舶危险化学品事故应急救援预案，并为运输船舶配备充足、有效的应急救援器材和设备。

通过内河运输危险化学品的船舶，其所有人或者经营人应当取得船舶污染损害责任保险证书或者财务担保证明。船舶污染损害责任保险证书或者财务担保证明的副本应当随船携带。

第五十八条 通过内河运输危险化学品，危险化学品包装物的材质、型式、强度以及包装方法应当符合水路运输危险化学品包装规范的要求。国务院交通运输主管部门对单船运输的危险化学品数量有限制性规定的，承运人应当按照规定安排运输数量。

第五十九条 用于危险化学品运输作业的内河码头、泊位应当符合国家有关安全规范，与饮用水取水口保持国家规定的距离。有关管理单位应当制定码头、泊位危险化学品事故应急预案，并为码头、泊位配备充足、有效的应急救援器材和设备。

用于危险化学品运输作业的内河码头、泊位，经交通运输主管部门按照国家有关规定验收合格后方可投入使用。

第六十条 船舶载运危险化学品进出内河港口，

应当将危险化学品的名称、危险特性、包装以及进出港时间等事项，事先报告海事管理机构。海事管理机构接到报告后，应当在国务院交通运输主管部门规定的时间内作出是否同意的决定，通知报告人，同时通报港口行政管理部门。定船舶、定航线、定货种的船舶可以定期报告。

在内河港口内进行危险化学品的装卸、过驳作业，应当将危险化学品的名称、危险特性、包装和作业的时间、地点等事项报告港口行政管理部门。港口行政管理部门接到报告后，应当在国务院交通运输主管部门规定的时间内作出是否同意的决定，通知报告人，同时通报海事管理机构。

载运危险化学品的船舶在内河航行，通过过船建筑物的，应当提前向交通运输主管部门申报，并接受交通运输主管部门的管理。

第六十一条　载运危险化学品的船舶在内河航行、装卸或者停泊，应当悬挂专用的警示标志，按照规定显示专用信号。

载运危险化学品的船舶在内河航行，按照国务院交通运输主管部门的规定需要引航的，应当申请引航。

第六十二条　载运危险化学品的船舶在内河航行，应当遵守法律、行政法规和国家其他有关饮用水水源保护的规定。内河航道发展规划应当与依法经批准的饮用水水源保护区划定方案相协调。

第六十三条　托运危险化学品的，托运人应当向承运人说明所托运的危险化学品的种类、数量、危险特性以及发生危险情况的应急处置措施，并按照国家有关规定对所托运的危险化学品妥善包装，在外包装上设置相应的标志。

运输危险化学品需要添加抑制剂或者稳定剂的，托运人应当添加，并将有关情况告知承运人。

第六十四条　托运人不得在托运的普通货物中夹带危险化学品，不得将危险化学品匿报或者谎报为普通货物托运。

任何单位和个人不得交寄危险化学品或者在邮件、快件内夹带危险化学品，不得将危险化学品匿报或者谎报为普通物品交寄。邮政企业、快递企业不得收寄危险化学品。

对涉嫌违反本条第一款、第二款规定的，交通运输主管部门、邮政管理部门可以依法开拆查验。

第六十五条　通过铁路、航空运输危险化学品的安全管理，依照有关铁路、航空运输的法律、行政法规、规章的规定执行。

第六章　危险化学品登记与事故应急救援

第六十六条　国家实行危险化学品登记制度，为危险化学品安全管理以及危险化学品事故预防和应急救援提供技术、信息支持。

第六十七条　危险化学品生产企业、进口企业，应当向国务院安全生产监督管理部门负责危险化学品登记的机构（以下简称危险化学品登记机构）办理危险化学品登记。

危险化学品登记包括下列内容：

（一）分类和标签信息；

（二）物理、化学性质；

（三）主要用途；

（四）危险特性；

（五）储存、使用、运输的安全要求；

（六）出现危险情况的应急处置措施。

对同一企业生产、进口的同一品种的危险化学品，不进行重复登记。危险化学品生产企业、进口企业发现其生产、进口的危险化学品有新的危险特性的，应当及时向危险化学品登记机构办理登记内容变更手续。

危险化学品登记的具体办法由国务院安全生产监督管理部门制定。

第六十八条　危险化学品登记机构应当定期向工业和信息化、环境保护、公安、卫生、交通运输、铁路、质量监督检验检疫等部门提供危险化学品登记的有关信息和资料。

第六十九条　县级以上地方人民政府安全生产监督管理部门应当会同工业和信息化、环境保护、公安、卫生、交通运输、铁路、质量监督检验检疫等部门，根据本地区实际情况，制定危险化学品事故应急预案，报本级人民政府批准。

第七十条　危险化学品单位应当制定本单位危险化学品事故应急预案，配备应急救援人员和必要的应急救援器材、设备，并定期组织应急救援演练。

危险化学品单位应当将其危险化学品事故应急预案报所在地设区的市级人民政府安全生产监督管理部门备案。

第七十一条　发生危险化学品事故，事故单位主要负责人应当立即按照本单位危险化学品应急预案组织救援，并向当地安全生产监督管理部门和环境保护、公安、卫生主管部门报告；道路运输、水路运输过程中发生危险化学品事故的，驾驶人员、船员或者押运人员还应当向事故发生地交通运输主管部门报告。

第七十二条　发生危险化学品事故，有关地方人民政府应当立即组织安全生产监督管理、环境保护、公安、卫生、交通运输等有关部门，按照本地区危险化学品事故应急预案组织实施救援，不得拖延、推诿。

有关地方人民政府及其有关部门应当按照下列规定，采取必要的应急处置措施，减少事故损失，防止事故蔓延、扩大：

（一）立即组织营救和救治受害人员，疏散、撤离或者采取其他措施保护危害区域内的其他人员；

（二）迅速控制危害源，测定危险化学品的性质、事故的危害区域及危害程度；

（三）针对事故对人体、动植物、土壤、水源、大气造成的现实危害和可能产生的危害，迅速采取封闭、隔离、洗消等措施；

（四）对危险化学品事故造成的环境污染和生态破坏状况进行监测、评估，并采取相应的环境污染治理和生态修复措施。

第七十三条 有关危险化学品单位应当为危险化学品事故应急救援提供技术指导和必要的协助。

第七十四条 危险化学品事故造成环境污染的，由设区的市级以上人民政府环境保护主管部门统一发布有关信息。

第七章 法律责任

第七十五条 生产、经营、使用国家禁止生产、经营、使用的危险化学品的，由安全生产监督管理部门责令停止生产、经营、使用活动，处20万元以上50万元以下的罚款，有违法所得的，没收违法所得；构成犯罪的，依法追究刑事责任。

有前款规定行为的，安全生产监督管理部门还应当责令其对所生产、经营、使用的危险化学品进行无害化处理。

违反国家关于危险化学品使用的限制性规定使用危险化学品的，依照本条第一款的规定处理。

第七十六条 未经安全条件审查，新建、改建、扩建生产、储存危险化学品的建设项目的，由安全生产监督管理部门责令停止建设，限期改正；逾期不改正的，处50万元以上100万元以下的罚款；构成犯罪的，依法追究刑事责任。

未经安全条件审查，新建、改建、扩建储存、装卸危险化学品的港口建设项目的，由港口行政管理部门依照前款规定予以处罚。

第七十七条 未依法取得危险化学品安全生产许可证从事危险化学品生产，或者未依法取得工业产品生产许可证从事危险化学品及其包装物、容器生产的，分别依照《安全生产许可证条例》、《中华人民共和国工业产品生产许可证管理条例》的规定处罚。

违反本条例规定，化工企业未取得危险化学品安全使用许可证，使用危险化学品从事生产的，由安全生产监督管理部门责令限期改正，处10万元以上20万元以下的罚款；逾期不改正的，责令停产整顿。

违反本条例规定，未取得危险化学品经营许可证从事危险化学品经营的，由安全生产监督管理部门责令停止经营活动，没收违法经营的危险化学品以及违法所得，并处10万元以上20万元以下的罚款；构成犯罪的，依法追究刑事责任。

第七十八条 有下列情形之一的，由安全生产监督管理部门责令改正，可以处5万元以下的罚款；

拒不改正的，处5万元以上10万元以下的罚款；情节严重的，责令停产停业整顿：

（一）生产、储存危险化学品的单位未对其铺设的危险化学品管道设置明显的标志，或者未对危险化学品管道定期检查、检测的；

（二）进行可能危及危险化学品管道安全的施工作业，施工单位未按照规定书面通知管道所属单位，或者未与管道所属单位共同制定应急预案、采取相应的安全防护措施，或者管道所属单位未指派专门人员到现场进行管道安全保护指导的；

（三）危险化学品生产企业未提供化学品安全技术说明书，或者未在包装（包括外包装件）上粘贴、拴挂化学品安全标签的；

（四）危险化学品生产企业提供的化学品安全技术说明书与其生产的危险化学品不相符，或者在包装（包括外包装件）粘贴、拴挂的化学品安全标签与包装内危险化学品不相符，或者化学品安全技术说明书、化学品安全标签所载明的内容不符合国家标准要求的；

（五）危险化学品生产企业发现其生产的危险化学品有新的危险特性不立即公告，或者不及时修订其化学品安全技术说明书和化学品安全标签的；

（六）危险化学品经营企业经营没有化学品安全技术说明书和化学品安全标签的危险化学品的；

（七）危险化学品包装物、容器的材质以及包装的型式、规格、方法和单件质量（重量）与所包装的危险化学品的性质和用途不相适应的；

（八）生产、储存危险化学品的单位未在作业场所和安全设施、设备上设置明显的安全警示标志，或者未在作业场所设置通信、报警装置的；

（九）危险化学品专用仓库未设专人负责管理，或者对储存的剧毒化学品以及储存数量构成重大危险源的其他危险化学品未实行双人收发、双人保管制度的；

（十）储存危险化学品的单位未建立危险化学品出入库核查、登记制度的；

（十一）危险化学品专用仓库未设置明显标志的；

（十二）危险化学品生产企业、进口企业不办理危险化学品登记，或者发现其生产、进口的危险化学品有新的危险特性不办理危险化学品登记内容变更手续的。

从事危险化学品仓储经营的港口经营人有前款规定情形的，由港口行政管理部门依照前款规定予以处罚。储存剧毒化学品、易制爆危险化学品的专用仓库未按照国家有关规定设置相应的技术防范设施的，由公安机关依照前款规定予以处罚。

生产、储存剧毒化学品、易制爆危险化学品的单位未设置治安保卫机构、配备专职治安保卫人员的，依照《企业事业单位内部治安保卫条例》的规定处罚。

第七十九条 危险化学品包装物、容器生产企业销售未经检验或者经检验不合格的危险化学品包装物、容器的，由质量监督检验检疫部门责令改正，处 10 万元以上 20 万元以下的罚款，有违法所得的，没收违法所得；拒不改正的，责令停产停业整顿；构成犯罪的，依法追究刑事责任。

将未经检验合格的运输危险化学品的船舶及其配载的容器投入使用的，由海事管理机构依照前款规定予以处罚。

第八十条 生产、储存、使用危险化学品的单位有下列情形之一的，由安全生产监督管理部门责令改正，处 5 万元以上 10 万元以下的罚款；拒不改正的，责令停产停业整顿直至由原发证机关吊销其相关许可证件，并由工商行政管理部门责令其办理经营范围变更登记或者吊销其营业执照；有关责任人员构成犯罪的，依法追究刑事责任：

（一）对重复使用的危险化学品包装物、容器，在重复使用前不进行检查的；

（二）未根据其生产、储存的危险化学品的种类和危险特性，在作业场所设置相关安全设施、设备，或者未按照国家标准、行业标准或者国家有关规定对安全设施、设备进行经常性维护、保养的；

（三）未依照本条例规定对其安全生产条件定期进行安全评价的；

（四）未将危险化学品储存在专用仓库内，或者未将剧毒化学品以及储存数量构成重大危险源的其他危险化学品在专用仓库内单独存放的；

（五）危险化学品的储存方式、方法或者储存数量不符合国家标准或者国家有关规定的；

（六）危险化学品专用仓库不符合国家标准、行业标准的要求的；

（七）未对危险化学品专用仓库的安全设施、设备定期进行检测、检验的。

从事危险化学品仓储经营的港口经营人有前款规定情形的，由港口行政管理部门依照前款规定予以处罚。

第八十一条 有下列情形之一的，由公安机关责令改正，可以处 1 万元以下的罚款；拒不改正的，处 1 万元以上 5 万元以下的罚款：

（一）生产、储存、使用剧毒化学品、易制爆危险化学品的单位不如实记录生产、储存、使用的剧毒化学品、易制爆危险化学品的数量、流向的；

（二）生产、储存、使用剧毒化学品、易制爆危险化学品的单位发现剧毒化学品、易制爆危险化学品丢失或者被盗，不立即向公安机关报告的；

（三）储存剧毒化学品的单位未将剧毒化学品的储存数量、储存地点以及管理人员的情况报所在地县级人民政府公安机关备案的；

（四）危险化学品生产企业、经营企业不如实记录剧毒化学品、易制爆危险化学品购买单位的名称、地址、经办人的姓名、身份证号码以及所购买的剧毒化学品、易制爆危险化学品的品种、数量、用途，或者保存销售记录和相关材料的时间少于 1 年的；

（五）剧毒化学品、易制爆危险化学品的销售企业、购买单位未在规定的时限内将所销售、购买的剧毒化学品、易制爆危险化学品的品种、数量以及流向信息报所在地县级人民政府公安机关备案的；

（六）使用剧毒化学品、易制爆危险化学品的单位依照本条例规定转让其购买的剧毒化学品、易制爆危险化学品，未将有关情况向所在地县级人民政府公安机关报告的。

生产、储存危险化学品的企业或者使用危险化学品从事生产的企业未按照本条例规定将安全评价报告以及整改方案的落实情况报安全生产监督管理部门或者港口行政管理部门备案，或者储存危险化学品的单位未将其剧毒化学品以及储存数量构成重大危险源的其他危险化学品的储存数量、储存地点以及管理人员的情况报安全生产监督管理部门或者港口行政管理部门备案的，分别由安全生产监督管理部门或者港口行政管理部门依照前款规定予以处罚。

生产实施重点环境管理的危险化学品的企业或者使用实施重点环境管理的危险化学品从事生产的企业未按照规定将相关信息向环境保护主管部门报告的，由环境保护主管部门依照本条第一款的规定予以处罚。

第八十二条 生产、储存、使用危险化学品的单位转产、停产、停业或者解散，未采取有效措施及时、妥善处置其危险化学品生产装置、储存设施以及库存的危险化学品，或者丢弃危险化学品的，由安全生产监督管理部门责令改正，处 5 万元以上 10 万元以下的罚款；构成犯罪的，依法追究刑事责任。

生产、储存、使用危险化学品的单位转产、停产、停业或者解散，未依照本条例规定将其危险化学品生产装置、储存设施以及库存危险化学品的处置方案报有关部门备案的，分别由有关部门责令改正，可以处 1 万元以下的罚款；拒不改正的，处 1 万元以上 5 万元以下的罚款。

第八十三条 危险化学品经营企业向未经许可违法从事危险化学品生产、经营活动的企业采购危险化学品的，由工商行政管理部门责令改正，处 10 万元以上 20 万元以下的罚款；拒不改正的，责令停业整顿直至由原发证机关吊销其危险化学品经营许可证，并由工商行政管理部门责令其办理经营范围变更登记或者吊销其营业执照。

第八十四条 危险化学品生产企业、经营企业有下列情形之一的，由安全生产监督管理部门责令改正，没收违法所得，并处 10 万元以上 20 万元以下的罚款；拒不改正的，责令停产停业整顿直至吊

销其危险化学品安全生产许可证、危险化学品经营许可证,并由工商行政管理部门责令其办理经营范围变更登记或者吊销其营业执照:

(一)向不具有本条例第三十八条第一款、第二款规定的相关许可证件或者证明文件的单位销售剧毒化学品、易制爆危险化学品的;

(二)不按照剧毒化学品购买许可证载明的品种、数量销售剧毒化学品的;

(三)向个人销售剧毒化学品(属于剧毒化学品的农药除外)、易制爆危险化学品的。

不具有本条例第三十八条第一款、第二款规定的相关许可证件或者证明文件的单位购买剧毒化学品、易制爆危险化学品,或者个人购买剧毒化学品(属于剧毒化学品的农药除外)、易制爆危险化学品的,由公安机关没收所购买的剧毒化学品、易制爆危险化学品,可以并处 5000 元以下的罚款。

使用剧毒化学品、易制爆危险化学品的单位出借或者向不具有本条例第三十八条第一款、第二款规定的相关许可证件的单位转让其购买的剧毒化学品、易制爆危险化学品,或者向个人转让其购买的剧毒化学品(属于剧毒化学品的农药除外)、易制爆危险化学品的,由公安机关责令改正,处 10 万元以上 20 万元以下的罚款;拒不改正的,责令停产停业整顿。

第八十五条 未依法取得危险货物道路运输许可、危险货物水路运输许可,从事危险化学品道路运输、水路运输的,分别依照有关道路运输、水路运输的法律、行政法规的规定处罚。

第八十六条 有下列情形之一的,由交通运输主管部门责令改正,处 5 万元以上 10 万元以下的罚款;拒不改正的,责令停产停业整顿;构成犯罪的,依法追究刑事责任:

(一)危险化学品道路运输企业、水路运输企业的驾驶人员、船员、装卸管理人员、押运人员、申报人员、集装箱装箱现场检查员未取得从业资格上岗作业的;

(二)运输危险化学品,未根据危险化学品的危险特性采取相应的安全防护措施,或者未配备必要的防护用品和应急救援器材的;

(三)使用未依法取得危险货物适装证书的船舶,通过内河运输危险化学品的;

(四)通过内河运输危险化学品的承运人违反国务院交通运输主管部门对单船运输的危险化学品数量的限制性规定运输危险化学品的;

(五)用于危险化学品运输作业的内河码头、泊位不符合国家有关安全规范,或者未与饮用水取水口保持国家规定的安全距离,或者未经交通运输主管部门验收合格投入使用的;

(六)托运人不向承运人说明所托运的危险化学品的种类、数量、危险特性以及发生危险情况的应急处置措施,或者未按照国家有关规定对所托运

的危险化学品妥善包装并在外包装上设置相应标志的;

(七)运输危险化学品需要添加抑制剂或者稳定剂,托运人未添加或者未将有关情况告知承运人的。

第八十七条 有下列情形之一的,由交通运输主管部门责令改正,处 10 万元以上 20 万元以下的罚款,有违法所得的,没收违法所得;拒不改正的,责令停产停业整顿;构成犯罪的,依法追究刑事责任:

(一)委托未依法取得危险货物道路运输许可、危险货物水路运输许可的企业承运危险化学品的;

(二)通过内河封闭水域运输剧毒化学品以及国家规定禁止通过内河运输的其他危险化学品的;

(三)通过内河运输国家规定禁止通过内河运输的剧毒化学品以及其他危险化学品的;

(四)在托运的普通货物中夹带危险化学品,或者将危险化学品谎报或者匿报为普通货物托运的。

在邮件、快件内夹带危险化学品,或者将危险化学品谎报为普通物品交寄的,依法给予治安管理处罚;构成犯罪的,依法追究刑事责任。

邮政企业、快递企业收寄危险化学品的,依照《中华人民共和国邮政法》的规定处罚。

第八十八条 有下列情形之一的,由公安机关责令改正,处 5 万元以上 10 万元以下的罚款;构成违反治安管理行为的,依法给予治安管理处罚;构成犯罪的,依法追究刑事责任:

(一)超过运输车辆的核定载质量装载危险化学品的;

(二)使用安全技术条件不符合国家标准要求的车辆运输危险化学品的;

(三)运输危险化学品的车辆未经公安机关批准进入危险化学品运输车辆限制通行的区域的;

(四)未取得剧毒化学品道路运输通行证,通过道路运输剧毒化学品的。

第八十九条 有下列情形之一的,由公安机关责令改正,处 1 万元以上 5 万元以下的罚款;构成违反治安管理行为的,依法给予治安管理处罚:

(一)危险化学品运输车辆未悬挂或者喷涂警示标志,或者悬挂或者喷涂的警示标志不符合国家标准要求的;

(二)通过道路运输危险化学品,不配备押运人员的;

(三)运输剧毒化学品或者易制爆危险化学品途中需要较长时间停车,驾驶人员、押运人员不向当地公安机关报告的;

(四)剧毒化学品、易制爆危险化学品在道路运输途中丢失、被盗、被抢或者发生流散、泄露等情况,驾驶人员、押运人员不采取必要的警示措施和安全措施,或者不向当地公安机关报告的。

第九十条　对发生交通事故负有全部责任或者主要责任的危险化学品道路运输企业，由公安机关责令消除安全隐患，未消除安全隐患的危险化学品运输车辆，禁止上道路行驶。

第九十一条　有下列情形之一的，由交通运输主管部门责令改正，可以处1万元以下的罚款；拒不改正的，处1万元以上5万元以下的罚款：

（一）危险化学品道路运输企业、水路运输企业未配备专职安全管理人员的；

（二）用于危险化学品运输作业的内河码头、泊位的管理单位未制定码头、泊位危险化学品事故应急救援预案，或者未为码头、泊位配备充足、有效的应急救援器材和设备的。

第九十二条　有下列情形之一的，依照《中华人民共和国内河交通安全管理条例》的规定处罚：

（一）通过内河运输危险化学品的水路运输企业未制定运输船舶危险化学品事故应急救援预案，或者未为运输船舶配备充足、有效的应急救援器材和设备的；

（二）通过内河运输危险化学品的船舶的所有人或者经营人未取得船舶污染损害责任保险证书或者财务担保证明的；

（三）船舶载运危险化学品进出内河港口，未将有关事项事先报告海事管理机构并经其同意的；

（四）载运危险化学品的船舶在内河航行、装卸或者停泊，未悬挂专用的警示标志，或者未按照规定显示专用信号，或者未按照规定申请引航的。

未向港口行政管理部门报告并经其同意，在港口内进行危险化学品的装卸、过驳作业的，依照《中华人民共和国港口法》的规定处罚。

第九十三条　伪造、变造或者出租、出借、转让危险化学品安全生产许可证、工业产品生产许可证，或者使用伪造、变造的危险化学品安全生产许可证、工业产品生产许可证的，分别依照《安全生产许可证条例》、《中华人民共和国工业产品生产许可证管理条例》的规定处罚。

伪造、变造或者出租、出借、转让本条例规定的其他许可证，或者使用伪造、变造的本条例规定的其他许可证的，分别由相关许可证的颁发管理机关处10万元以上20万元以下的罚款，有违法所得的，没收违法所得；构成违反治安管理行为的，依法给予治安管理处罚；构成犯罪的，依法追究刑事责任。

第九十四条　危险化学品单位发生危险化学品事故，其主要负责人不立即组织救援或者不立即向有关部门报告的，依照《生产安全事故报告和调查处理条例》的规定处罚。

危险化学品单位发生危险化学品事故，造成他人人身伤害或者财产损失的，依法承担赔偿责任。

第九十五条　发生危险化学品事故，有关地方人民政府及其有关部门不立即组织实施救援，或者不采取必要的应急处置措施减少事故损失，防止事故蔓延、扩大的，对直接负责的主管人员和其他直接责任人员依法给予处分；构成犯罪的，依法追究刑事责任。

第九十六条　负有危险化学品安全监督管理职责的部门的工作人员，在危险化学品安全监督管理工作中滥用职权、玩忽职守、徇私舞弊，构成犯罪的，依法追究刑事责任；尚不构成犯罪的，依法给予处分。

第八章　附　　则

第九十七条　监控化学品、属于危险化学品的药品和农药的安全管理，依照本条例的规定执行；法律、行政法规另有规定的，依照其规定。

民用爆炸物品、烟花爆竹、放射性物品、核能物质以及用于国防科研生产的危险化学品的安全管理，不适用本条例。

法律、行政法规对燃气的安全管理另有规定的，依照其规定。

危险化学品容器属于特种设备的，其安全管理依照有关特种设备安全的法律、行政法规的规定执行。

第九十八条　危险化学品的进出口管理，依照有关对外贸易的法律、行政法规、规章的规定执行；进口的危险化学品的储存、使用、经营、运输的安全管理，依照本条例的规定执行。

危险化学品环境管理登记和新化学物质环境管理登记，依照有关环境保护的法律、行政法规、规章的规定执行。危险化学品环境管理登记，按照国家有关规定收取费用。

第九十九条　公众发现、捡拾的无主危险化学品，由公安机关接收。公安机关接收或者有关部门依法没收的危险化学品，需要进行无害化处理的，交由环境保护主管部门组织其认定的专业单位进行处理，或者交由有关危险化学品生产企业进行处理。处理所需费用由国家财政负担。

第一百条　化学品的危险特性尚未确定的，由国务院安全生产监督管理部门、国务院环境保护主管部门、国务院卫生主管部门分别负责组织对该化学品的物理危险性、环境危害性、毒理特性进行鉴定。根据鉴定结果，需要调整危险化学品目录的，依照本条例第三条第二款的规定办理。

第一百零一条　本条例施行前已经使用危险化学品从事生产的化工企业，依照本条例规定需要取得危险化学品安全使用许可证的，应当在国务院安全生产监督管理部门规定的期限内，申请取得危险化学品安全使用许可证。

第一百零二条　本条例自2011年12月1日起施行。

1. 《化学危险物品安全管理条例》的立法目的？
2. 哪些单位叫危险化学品单位？其主要负责人必须保证什么？
3. 《安全生产法》以法定的方式，明确规定了我国安全生产的四种监督方式是什么？
4. 公安部门在对危险化学品安全管理工作实施监督时应肩负什么职责？
5. 交通信号包括哪些？
6. 生产经营单位发生重大事故应采取什么措施？

第三节　中华人民共和国职业病防治法

【学习目标】▶▶▶

知识目标：掌握《中华人民共和国职业病防治法》（以下简称《职业病防治法》）的相关内容。

能力目标：能根据职业病的内容在劳动生产中保护个人的权利和人身安全。

情感价值观目标：培养学生正确的安全价值观和安全意识。

【案例情景】▶▶▶

28岁的小伙子小吴在一家知名的电子制造企业打工，他负责喷涂一种金属材料，每天在车间工作十几个小时。2007年7月，小吴出现了严重的咳嗽、气喘，并伴有持续性的发烧。随即在当地住院进行治疗。CT检查发现，小吴的肺部全是白色的粉尘颗粒。而医生取小吴肺部组织活检寻找病因，发现在患者的肺泡里有像牛奶一样的乳白色液体。医生将从患者肺部找到的白色粉尘颗粒送到南京大学的实验室进行分析检测，检测报告显示，主要成分除了氧化硅和氧化铝外，还有一种重金属元素引起了专家们的注意，那就是"铟"。"铟"是一种稀有金属，是制作液晶显示器和发光二极管的原料，毒性比铅还强。

中华人民共和国职业病防治法

（2001年10月27日九届全国人民代表大会常委会第24次会议通过；
根据2011年12月31日第十一届全国人民代表大会常务委员会第24次会议
《关于修改〈中华人民共和国职业病防治法〉的决定》修正）

第一章　总　则

第一条　为了预防、控制和消除职业病危害，防治职业病，保护劳动者健康及其相关权益，促进经济社会发展，根据宪法，制定本法。

第二条　本法适用于中华人民共和国领域内的职业病防治活动。

本法所称职业病，是指企业、事业单位和个体经济组织等用人单位的劳动者在职业活动中，因接触粉尘、放射性物质和其他有毒、有害物质等因素而引起的疾病。职业病的分类和目录由国务院卫生行政部门会同国务院安全生产监督管理部门、劳动保障行政部门制定、调整并公布。

第三条　职业病防治工作坚持预防为主、防治结合的方针，建立用人单位负责、行政机关监管、行业自律、职工参与和社会监督的机制，实行分类管理、综合治理。

第四条　劳动者依法享有职业卫生保护的权利。

用人单位应当为劳动者创造符合国家职业卫生标准和卫生要求的工作环境和条件，并采取措施保障劳动者获得职业卫生保护。

工会组织依法对职业病防治工作进行监督，维护劳动者合法权益。用人单位制定或者修改有关职业病的规章制度，应当听取工会组织的意见。

第五条 用人单位应当建立、健全职业病防治责任制，加强对职业病防治的管理，提高职业病防治水平，对本单位产生的职业病危害承担责任。

第六条 用人单位的主要负责人对本单位的职业病防治工作全面负责。

第七条 用人单位必须依法参加工伤保险。

国务院和县级以上地方人民政府劳动保障行政部门应当加强对工伤社会保险的监督管理，确保劳动者依法享受工伤社会保险待遇。

第八条 国家鼓励和支持研制、开发、推广、应用有利于职业病防治和保护劳动者健康的新技术、新工艺、新材料，加强对职业病的机理和发生规律的基础研究，提高职业病防治科学技术水平；积极采用有效的职业病防治技术、工艺、材料；限制使用或者淘汰职业病危害严重的技术、工艺、材料。

第九条 国家实行职业卫生监督制度。

国务院安全生产监督管理部门、卫生行政部门、劳动保障行政部门依照本法和国务院确定的职责，负责全国职业病防治的监督管理工作。国务院有关部门在各自的职责范围内负责职业病防治的有关监督管理工作。

县级以上地方人民政府安全生产监督管理部门、卫生行政部门、劳动保障行政部门依据各自职责，负责本行政区域内职业病防治的监督管理工作。县级以上地方人民政府有关部门在各自职责范围内负责职业病防治的有关监督管理工作。

县级以上人民政府安全生产监督管理部门、卫生行政部门、劳动保障行政部门（以下统称职业卫生监督管理部门）应当加强沟通，密切配合，按照各自职责分工，依法行使职权，承担责任。

第十条 国务院和县级以上地方人民政府应当制定职业病防治规划，将其纳入国民经济和社会发展计划，并组织实施。

县级以上地方人民政府统一负责、领导、组织、协调本行政区域的职业病防治工作，建立健全职业病防治工作体制、机制，统一领导、指挥职业卫生突发事件应对工作；加强职业病防治能力建设和服务体系建设，完善、落实职业病防治工作责任制。

乡、民族乡、镇的人民政府应当认真执行本法，支持职业卫生监督管理部门依法履行职责。

第十一条 县级以上人民政府职业卫生监督管理部门应当加强对职业病防治的宣传教育，普及职业病防治的知识，增强用人单位的职业病防治观念，提高劳动者的职业健康意识、自我保护意识和行使职业卫生保护权利的能力。

第十二条 有关防治职业病的国家卫生标准，由国务院卫生行政部门组织制定并公布。

国务院卫生行政部门应当组织开展重点职业病监测和专项调查，对职业健康风险进行评估，为制定职业卫生标准和职业病防治政策提供科学依据。

县级以上地方人民政府卫生行政部门应当定期对本行政区域的职业病防治情况进行统计和调查分析。

第十三条 任何单位和个人有权对违反本法的行为进行检举和控告。有关部门收到相关的检举和控告后，应当及时处理。

对防治职业病成绩显著的单位和个人，给予奖励。

第十四条 用人单位应当依照法律、法规要求，严格遵守国家职业卫生标准，落实职业病预防措施，从源头上控制和消除职业病危害。

第二章 前期预防

第十五条 产生职业病危害的用人单位的设立除应当符合法律、行政法规规定的设立条件外，其工作场所还应当符合下列职业卫生要求：

（一）职业病危害因素的强度或者浓度符合国家职业卫生标准；

（二）有与职业病危害防护相适应的设施；

（三）生产布局合理，符合有害与无害作业分开的原则；

（四）有配套的更衣间、洗浴间、孕妇休息间等卫生设施；

（五）设备、工具、用具等设施符合保护劳动者生理、心理健康的要求；

（六）法律、行政法规和国务院卫生行政部门、安全生产监督管理部门关于保护劳动者健康的其他要求。

第十六条 国家建立职业病危害项目申报制度。

用人单位工作场所存在职业病目录所列职业病的危害因素的，应当及时、如实向所在地安全生产监督管理部门申报危害项目，接受监督。

职业病危害因素分类目录由国务院卫生象征部门会同国务院安全生产监督管理部门制定、调整并公布。职业病危害项目申报的具体办法有国务院安全生产监督管理部门制定。

第十七条 新建、扩建、改建建设项目和技术改造、技术引进项目（以下统称建设项目）可能产生职业病危害的，建设单位在可行性论证阶段应当向安全生产监督管理部门提交职业病危害预评价报告。卫生行政部门应当自收到职业病危害预评价报告之日起三十日内，作出审核决定并书面通知建设单位。未提交预评价报告或者预评价报告未经卫生行政部门审核同意的，有关部门不得批准该建设项目。

职业病危害预评价报告应当对建设项目可能产生的职业病危害因素及其对工作场所和劳动者健康

的影响作出评价，确定危害类别和职业病防护措施。

建设项目职业病危害分类管理办法由国务院安全生产监督管理部门制定。

第十八条　建设项目的职业病防护设施所需费用应当纳入建设项目工程预算，并与主体工程同时设计，同时施工，同时投入生产和使用。

职业病危害严重的建设项目的防护设施设计，应当经安全生产监督管理部门审查，复核国家职业卫生标准和卫生要求的，方可施工。

建设项目在竣工验收前，建设单位应当进行职业病危害控制效果评价。建设项目竣工验收时，其职业病防护设施经安全生产监督管理部门验收合格后，方可投入正式生产和使用。

第十九条　职业病危害预评价、职业病危害控制效果评价由国务院安全生产监督管理部门或者设区的市级以上地方人民政府安全生产监督管理部门按照职责分工给予资质认可的职业卫生技术服务机构进行。职业卫生技术服务机构所作评价应当客观、真实。

第二十条　国家对从事放射性、高毒、高位粉尘等作业实行特殊管理。具体管理办法由国务院制定。

第三章　劳动过程中的防护与管理

第二十一条　用人单位应当采取下列职业病防治管理措施：

（一）设置或者指定职业卫生管理机构或者组织，配备专职或者兼职的职业卫生管理人员，负责本单位的职业病防治工作；

（二）制定职业病防治计划和实施方案；

（三）建立、健全职业卫生管理制度和操作规程；

（四）建立、健全职业卫生档案和劳动者健康监护档案；

（五）建立、健全工作场所职业病危害因素监测及评价制度；

（六）建立、健全职业病危害事故应急救援预案。

第二十二条　用人单位应当保障职业病防治所需的资金投入，不得挤占、挪用，并对因资金投入不足导致的后果承担责任。

第二十三条　用人单位必须采用有效的职业病防护设施，并为劳动者提供个人使用的职业病防护用品。

用人单位为劳动者个人提供的职业病防护用品必须符合防治职业病的要求；不符合要求的，不得使用。

第二十四条　用人单位应当优先采用有利于防治职业病和保护劳动者健康的新科技、新工艺、新技术、新材料，逐步替代职业病危害严重的技术、工艺、设备、材料。

第二十五条　产生职业病危害的用人单位，应当在醒目位置设置公告栏，公布有关职业病防治的规章制度、操作规程、职业病危害事故应急救援措施和工作场所职业病危害因素检测结果。

对产生严重职业病危害的作业岗位，应当在其醒目位置，设置警示标识和中文警示说明。警示说明应当载明产生职业病危害的种类、后果、预防以及应急救治措施等内容。

第二十六条　对可能发生急性职业损伤的有毒、有害工作场所，用人单位应当设置报警装置，配置现场急救用品、冲洗设备、应急撤离通道和必要的泄险区。对放射工作场所和放射性同位素的运输、贮存，用人单位必须配置防护设备和报警装置，保证接触放射线的工作人员佩戴个人剂量计。

对职业病防护设备、应急救援设施和个人使用的职业病防护用品，用人单位应当进行经常性的维护、检修，定期检测其性能和效果，确保其处于正常状态，不得擅自拆除或者停止使用。

第二十七条　用人单位应当实施由专人负责的职业病危害因素日常监测，并确保监测系统处于正常运行状态。

用人单位应当按照国务院卫安全生产监督管理部门的规定，定期对工作场所进行职业病危害因素检测、评价。检测、评价结果存入用人单位职业卫生档案，定期向所在地安全生产监督管理部门报告并向劳动者公布。

职业病危害因素检测、评价由国务院安全生产监督管理部门或者设区的市级以上地方人民政府安全生产监督管理部门按照职责分工给予资质认可的职业卫生技术服务机构进行。职业卫生技术服务机构所作检测、评价应当客观、真实。

发现工作场所职业病危害因素不符合国家职业卫生标准和卫生要求时，用人单位应当立即采取相应治理措施，仍然达不到国家职业卫生标准和卫生要求的，必须停止存在职业病危害因素的作业；职业病危害因素经治理后，符合国家职业卫生标准和卫生要求的，方可重新作业。

第二十八条　职业卫生技术服务机构依法从事职业病危害因素检测、评价工作，接受安全生产监督管理部门的监督检查。安全生产监督管理部门应当依法履行监督职责。

第二十九条　向用人单位提供可能产生职业病危害的设备的，应当提供中文说明书，并在设备的醒目位置设置警示标识和中文警示说明。警示说明应当载明设备性能、可能产生的职业病危害、安全操作和维护注意事项、职业病防护以及应急救治措施等内容。

第三十条　向用人单位提供可能产生职业病危害的化学品、放射性同位素和含有放射性物质的材料的，应当提供中文说明书。说明书应当载明产品特性、主要成分、存在的有害因素、可能产生的危害后果、安全使用注意事项、职业病防护以及应急救治措施等内容。产品包装应当有醒目的警示标识和中文警示说明。储存上述材料的场所应当在规定的部位设置危险物品标识或者放射性警示标识。

国内首次使用或者首次进口与职业病危害有关的化学材料，使用单位或者进口单位按照国家规定经国务院有关部门批准后，应当向国务院卫生行政部门报送该化学材料的毒性鉴定以及经有关部门登记注册或者批准进口的文件等资料。

进口放射性同位素、射线装置和含有放射性物质的物品的，按照国家有关规定办理。

第三十一条 任何单位和个人不得生产、经营、进口和使用国家明令禁止使用的可能产生职业病危害的设备或者材料。

第三十二条 任何单位和个人不得将产生职业病危害的作业转移给不具备职业病防护条件的单位和个人。不具备职业病防护条件的单位和个人不得接受产生职业病危害的作业。

第三十三条 用人单位对采用的技术、工艺、设备、材料，应当知悉其产生的职业病危害，对有职业病危害的技术、工艺、材料隐瞒其危害而采用的，对所造成的职业病危害后果承担责任。

第三十四条 用人单位与劳动者订立劳动合同（含聘用合同，下同）时，应当将工作过程中可能产生的职业病危害及其后果、职业病防护措施和待遇等如实告知劳动者，并在劳动合同中写明，不得隐瞒或者欺骗。

劳动者在已订立劳动合同期间因工作岗位或者工作内容变更，从事与所订立劳动合同中未告知的存在职业病危害的作业时，用人单位应当依照前款规定，向劳动者履行如实告知的义务，并协商变更原劳动合同相关条款。

用人单位违反前两款规定的，劳动者有权拒绝从事存在职业病危害的作业，用人单位不得因此解除或者终止（删除）与劳动者所订立的劳动合同。

第三十五条 用人单位的主要负责人和职业卫生管理人员应当接受职业卫生培训，遵守职业卫生防治法律、法规，依法组织本单位的职业病防治工作。

用人单位应当对劳动者进行上岗前的职业卫生培训和在岗期间的定期职业卫生培训，普及职业卫生知识，督促劳动者遵守职业病防治法律、法规、规章和操作规程，指导劳动者正确使用职业病防护设备和个人使用的职业病防护用品。

劳动者应当学习和掌握相关的职业卫生知识，增强职业病防范意识，遵守职业病防治法律、法规、规章和操作规程，正确使用、维护职业病防护设备和个人使用的职业病防护用品，发现职业病危害事

故隐患应当及时报告。

劳动者不履行前款规定义务的，用人单位应当对其进行教育。

第三十六条 对从事接触职业病危害的作业的劳动者，用人单位应当按照国务院安全生产监督管理部门、卫生行政部门的规定组织上岗前、在岗期间和离岗时的职业健康检查，并将检查结果书面告知劳动者。职业健康检查费用由用人单位承担。

用人单位不得安排未经上岗前职业健康检查的劳动者从事接触职业病危害的作业；不得安排有职业禁忌的劳动者从事其所禁忌的作业；对在职业健康检查中发现有与所从事的职业相关的健康损害的劳动者，应当调离原工作岗位，并妥善安置；对未进行离岗前职业健康检查的劳动者不得解除或者终止与其订立的劳动合同。

职业健康检查应当由省级以上人民政府卫生行政部门批准的医疗卫生机构承担。

第三十七条 用人单位应当为劳动者建立职业健康监护档案，并按照规定的期限妥善保存。

职业健康监护档案应当包括劳动者的职业史、职业病危害接触史、职业健康检查结果和职业病诊疗等有关个人健康资料。

劳动者离开用人单位时，有权索取本人职业健康监护档案复印件，用人单位应当如实、无偿提供，并在所提供的复印件上签章。

第三十八条 发生或者可能发生急性职业病危害事故时，用人单位应当立即采取应急救援和控制措施，并及时报告所在地安全生产监督管理部门的有关部门。安全生产监督管理部门接到报告后，应当及时会同有关部门组织调查处理；必要时，可以采取临时控制措施。卫生行政部门应当组织做好医疗救治工作。

对遭受或者可能遭受急性职业病危害的劳动者，用人单位应当及时组织救治、进行健康检查和医学观察，所需费用由用人单位承担。

第三十九条 用人单位不得安排未成年工从事接触职业病危害的作业；不得安排孕期、哺乳期的女职工从事对本人和胎儿、婴儿有危害的作业。

第四十条 劳动者享有下列职业卫生保护权利：

（一）获得职业卫生教育、培训；

（二）获得职业健康检查、职业病诊疗、康复等职业病防治服务；

（三）了解工作场所产生或者可能产生的职业病危害因素、危害后果和应当采取的职业病防护措施；

（四）要求用人单位提供符合防治职业病要求的职业病防护设施和个人使用的职业病防护用品，改善工作条件；

（五）对违反职业病防治法律、法规以及危及生命健康的行为提出批评、检举和控告；

（六）拒绝违章指挥和强令进行没有职业病防护

措施的作业；

（七）参与用人单位职业卫生工作的民主管理，对职业病防治工作提出意见和建议。

用人单位应当保障劳动者行使前款所列权利。因劳动者依法行使正当权利而降低其工资、福利等待遇或者解除、终止与其订立的劳动合同的，其行为无效。

第四十一条　工会组织应当督促并协助用人单位开展职业卫生宣传教育和培训，有权对用人单位的职业病防治工作提出意见和建议，依法代表劳动者与用人单位签订劳动安全卫生专项集体合同，与用人单位就劳动者反映的有关职业病防治的问题进行协调并督促解决。

工会组织对用人单位违反职业病防治法律、法规，侵犯劳动者合法权益的行为，有权要求纠正；产生严重职业病危害时，有权要求采取防护措施，或者向政府有关部门建议采取强制性措施；发生职业病危害事故时，有权参与事故调查处理；发现危及劳动者生命健康的情形时，有权向用人单位建议组织劳动者撤离危险现场，用人单位应当立即作出处理。

第四十二条　用人单位按照职业病防治要求，用于预防和治理职业病危害、工作场所卫生检测、健康监护和职业卫生培训等费用，按照国家有关规定，在生产成本中据实列支。

第四章　职业病诊断与职业病病人保障

第四十三条　职业卫生监督管理部门应当按照职责分工，加强对用人单位落实落实职业病防护管理措施情况的监督检查，依法行使职权，承担责任。

第四十四条　职业病诊断应当由省级以上人民政府卫生行政部门批准的医疗卫生机构承担。

医疗卫生机构承担职业病诊断，应当经省、自治区、直辖市人民政府卫生行政部门批准。省、自治区、直辖市人民政府卫生行政部门应当向社会公布本行政区域内承担职业病诊断的医疗卫生机构的名单。

承担职业病诊断的医疗卫生机构应当具备下列条件：

（一）持有《医疗机构执业许可证》。

（二）具有与开展职业病诊断相适应的仪器、设备。

（三）具有与开展职业病诊断相适应的医疗卫生技术人员。

（四）具有健全的职业病诊断质量管理制度。

承担职业病诊断的医疗卫生机构不得拒绝劳动者进行职业病诊断的要求。

第四十五条　劳动者可在用人单位所在地、本人户籍所在地或者经常居住地依法承担职业病诊断的医疗机构进行职业病诊断。

第四十六条　职业病诊断标准和职业病诊断、鉴定办法由国务院卫生行政部门制定。职业病伤残等级的鉴定办法由国务院劳动保障行政部门会同国务院卫生行政部门制定。

第四十七条　职业病诊断，应当综合分析下列因素：

（一）病人的职业史；

（二）职业病危害接触史和工作场所职业病危害因素情况；

（三）临床表现以及辅助检查结果等。

没有证据否定职业病危害因素与病人临床表现之间的必然联系的，应当诊断为职业病。

承担职业病诊断的医疗卫生机构在进行职业病诊断时，应当组织三名以上取得职业病诊断资格的执业医师集体诊断。

职业病诊断证明书应当由参与诊断的医师共同签署，并经承担职业病诊断的医疗卫生机构审核盖章。

第四十八条　职业病诊断、鉴定需要用人单位提供有关职业卫生和健康监护等资料时，用人单位应当如实提供，劳动者和有关机构也应当提供与职业病诊断、鉴定有关的资料。

用人单位应当如实提供职业病诊断、鉴定所需的劳动者职业史和职业病危害接触史、工作场所职业病危害因素检测结果等资料；安全生产监督管理部门应当监督检查和督促用人单位提供上述材料；劳动者和有关机构也应当提供与职业病诊断、鉴定有关的资料。

职业病诊断、鉴定机构需要了解工作场所职业病危害因素情况时，可以对工作场所进行现场调查，也可以向安全生产监督管理部门提出，安全生产监督管理部门应当在十日内组织现场调查。用人单位不得拒绝、阻挠。

第四十九条　职业病诊断、鉴定过程中，用人单位不提供工作场所职业病危害因素检测结果等资料的，诊断、鉴定机构应当结合劳动者的临床表现、辅助检查结果和劳动者的职业史、职业病危害接触史，并参考劳动者的自述、安全生产监督管理部门提供的日常监督检查信息等，作出职业病诊断、鉴定结论。

劳动者对用人单位提供的工作场所职业病危害因素检测结果等资料有异议，或者因劳动者的用人单位解散、破产，无用人单位提供上述材料的，诊断、鉴定机构应当提请安全生产监督管理部门进行调查，安全生产监督管理部门应当自接到申请之日起三十日内对存在异议的资料或者工作场所职业病危害因素情况作出判定；有关部门应当配合。

第五十条　职业病诊断、鉴定过程中，在确认劳动者职业史、职业病危害接触史时，当事人对劳动关系、工种、工作岗位或者在岗时间有争议的，可以向当地的劳动人事争议仲裁委员会申请仲裁；接到申请的劳动人事争议仲裁委员会应当受理，并在三十日内做出裁决。

当事人在仲裁过程中对自己提出的主张，有责任提供证据。劳动者无法提供由用人单位掌握管理的与仲裁主张有关的证据的，仲裁庭应当要求用人单位在指定期限内提供；用人单位在指定期限内不提供的，应当承担不利后果。

劳动者对仲裁裁决不服的，可以依法向人民法院提起诉讼。

用人单位对仲裁裁决不服的，可以在职业病诊断、鉴定程序结束之日起十五日内依法向人民法院提起诉讼；诉讼期间，劳动者的治疗费用按照职业病待遇规定的途径支付。

第五十一条 用人单位和医疗卫生机构发现职业病病人或者疑似职业病病人时，应当及时向所在地卫生行政部门和安全生产监督管理部门报告。确诊为职业病的，用人单位还应当向所在地劳动保障行政部门报告。接到报告的部门应当依法作出处理。

第五十二条 县级以上地方人民政府卫生行政部门负责本行政区域内的职业病统计报告的管理工作，并按照规定上报。

第五十三条 当事人对职业病诊断有异议的，可以向作出诊断的医疗卫生机构所在地地方人民政府卫生行政部门申请鉴定。

职业病诊断争议由设区的市级以上地方人民政府卫生行政部门根据当事人的申请，组织职业病诊断鉴定委员会进行鉴定。

当事人对设区的市级职业病诊断鉴定委员会的鉴定结论不服的，可以向省、自治区、直辖市人民政府卫生行政部门申请再鉴定。

第五十四条 职业病诊断鉴定委员会由相关专业的专家组成。

省、自治区、直辖市人民政府卫生行政部门应当设立相关的专家库，需要对职业病争议作出诊断鉴定时，由当事人或者当事人委托有关卫生行政部门从专家库中以随机抽取的方式确定参加诊断鉴定委员会的专家。

职业病诊断鉴定委员会应当按照国务院卫生行政部门颁布的职业病诊断标准和职业病诊断、鉴定办法进行职业病诊断鉴定，向当事人出具职业病诊断鉴定书。职业病诊断、鉴定费用由用人单位承担。

第五十五条 职业病诊断鉴定委员会组成人员应当遵守职业道德，客观、公正地进行诊断鉴定，并承担相应的责任。职业病诊断鉴定委员会组成人员不得私下接触当事人，不得收受当事人的财物或者其他好处，与当事人有利害关系的，应当回避。

人民法院受理有关案件需要进行职业病鉴定时，应当从省、自治区、直辖市人民政府卫生行政部门依法设立的相关的专家库中选取参加鉴定的专家。第四十九条医疗卫生机构发现疑似职业病病人时，应当告知劳动者本人并及时通知用人单位。

第五十六条 用人单位应当及时安排对疑似职业病病人进行诊断；在疑似职业病病人诊断或者医学观察期间，不得解除或者终止与其订立的劳动合同。

疑似职业病病人在诊断、医学观察期间的费用，由用人单位承担。

第五十七条 职业病病人依法享受国家规定的职业病待遇。

用人单位应当保障职业病病人依法享受国家规定的职业病待遇。

用人单位对不适宜继续从事原工作的职业病病人，应当调离原岗位，并妥善安置。

用人单位对从事接触职业病危害的作业的劳动者，应当给予适当岗位津贴。

第五十八条 职业病病人的诊疗、康复费用，伤残以及丧失劳动能力的职业病病人的社会保障，按照国家有关工伤保险的规定执行。

第五十九条 职业病病人除依法享有工伤保险外，依照有关民事法律，尚有获得赔偿的权利的，有权向用人单位提出赔偿要求。

第六十条 劳动者被诊断患有职业病，但用人单位没有依法参加工伤社会保险的，其医疗和生活保障由最后的用人单位承担；最后的用人单位有证据证明该职业病是先前用人单位的职业病危害造成的，由先前的用人单位承担。

劳动者被诊断患有职业病，但用人单位没有依法参加工伤保险的，其医疗和生活保障由该用人单位承担。

第六十一条 职业病病人变动工作单位，其依法享有的待遇不变。

用人单位发生分立、合并、解散、破产等情形时，应当对从事接触职业病危害的作业的劳动者进行健康检查，并按照国家有关规定妥善安置职业病病人。

第六十二条 用人单位已经不存在或者无法确认劳动关系的职业病病人，可以向地方人民政府民政部门申请医疗救助和生活等方面的救助。

地方各级人民政府应当根据本地区的实际情况，采取其他措施，使前款规定的职业病病人获得医疗救治。

第五章 监 督 检 查

第六十三条 县级以上人民政府卫生行政部门依照职业病防治法律、法规、国家职业卫生标准和卫生要求，依据职责划分，对职业病防治工作及职业病危害检测、评价活动进行监督检查。

县级以上人民政府职业卫生监督管理部门依照职业病防治法律、法规、国家职业卫生标准和卫生要求，依据职责划分、对职业病防治工作进行监督检查。

第六十四条 安全生产监督管理部门履行监督检查职责时，有权采取下列措施：

（一）进入被检查单位和职业病危害现场，了解情况，调查取证；

（二）查阅或者复制与违反职业病防治法律、法规的行为有关的资料和采集样品；

（三）责令违反职业病防治法律、法规的单位和个人停止违法行为。

第六十五条 发生职业病危害事故或者有证据证明危害状态可能导致职业病危害事故发生时，安全生产监督管理部门可以采取下列临时控制措施：

（一）责令暂停导致职业病危害事故的作业；

（二）封存造成职业病危害事故或者可能导致职业病危害事故发生的材料和设备；

（三）组织控制职业病危害事故现场。

在职业病危害事故或者危害状态得到有效控制后，卫生行政部门应当及时解除控制措施。

第六十六条 职业卫生监督执法人员依法执行职务时，应当出示监督执法证件。

职业卫生监督执法人员应当忠于职守，秉公执法，严格遵守执法规范；涉及用人单位的秘密的，应当为其保密。

第六十七条 职业卫生监督执法人员依法执行职务时，被检查单位应当接受检查并予以支持配合，不得拒绝和阻碍。

第六十八条 卫生行政部门及其职业卫生监督执法人员履行职责时，不得有下列行为：

（一）对不符合法定条件的，发给建设项目有关证明文件、资质证明文件或者予以批准；

（二）对已经取得有关证明文件的，不履行监督检查职责；

（三）发现用人单位存在职业病危害的，可能造成职业病危害事故，不及时依法采取控制措施；

（四）其他违反本法的行为。

第六十九条 职业卫生监督执法人员应当依法经过资格认定。职业卫生监督管理部门应当加强队伍建设，提高职业卫生监督执法人员的政治、业务素质，依照本法和其他有关法律、法规的规定，建立、健全内部监督制度，对其工作人员执行法律、法规和遵守纪律的情况，进行监督检查。

第六章　法　律　责　任

第七十条 建设单位违反本法规定，有下列行为之一的，由安全生产监督管理部门给予警告，责

令限期改正；逾期不改正的，处十万元以上五十万元以下的罚款；情节严重的，责令停止产生职业病危害的作业，或者提请有关人民政府按照国务院规定的权限责令停建、关闭：

（一）未按照规定进行职业病危害预评价或者未提交职业病危害预评价报告，或者职业病危害预评价报告未经安全生产监督管理部门审核同意，开工建设的；

（二）建设项目的职业病防护设施未按照规定与主体工程同时投入生产和使用的；

（三）职业病危害严重的建设项目，其职业病防护设施设计未经安全生产监督管理部门审查，或者不符合国家职业卫生标准和卫生要求施工的；

（四）未按照规定对职业病防护设施进行职业病危害控制效果评价、未经卫生行政部门验收或者验收不合格，擅自投入使用的。

第七十一条 违反本法规定，有下列行为之一的，由安全生产监督管理部门给予警告，责令限期改正；逾期不改正的，处十万元以下的罚款：

（一）工作场所职业病危害因素检测、评价结果没有存档、上报、公布的；

（二）未采取本法第十九条规定的职业病防治管理措施的；

（三）未按照规定公布有关职业病防治的规章制度、操作规程、职业病危害事故应急救援措施的；

（四）未按照规定组织劳动者进行职业卫生培训，或者未对劳动者个人职业病防护采取指导、督促措施的；

（五）国内首次使用或者首次进口与职业病危害有关的化学材料，未按照规定报送毒性鉴定资料以及经有关部门登记注册或者批准进口的文件的。

第七十二条 用人单位违反本法规定，有下列行为之一的，由安全生产监督管理部门责令限期改正，给予警告，可以并处二万元以上五万元以上十万元以下的罚款：

（一）未按照规定及时、如实向卫生行政部门申报产生职业病危害的项目的；

（二）未实施由专人负责的职业病危害因素日常监测，或者监测系统不能正常监测的；

（三）订立或者变更劳动合同时，未告知劳动者职业病危害真实情况的；

（四）未按照规定组织职业健康检查、建立职业健康监护档案或者未将检查结果书面告知劳动者的；

（五）未依照本法规定在劳动者离开用人单位时提供职业健康监护档案复印件的。

第七十三条 用人单位违反本法规定，有下列行为之一的，由安全生产监督管理部门给予警告，责令限期改正，逾期不改正的，处五万元以上二十万元以下的罚款；情节严重的，责令停止产生职业病危害的作业，或者提请有关人民政府按照国务院

规定的权限责令关闭：

（一）工作场所职业病危害因素的强度或者浓度超过国家职业卫生标准的；

（二）未提供职业病防护设施和个人使用的职业病防护用品，或者提供的职业病防护设施和个人使用的职业病防护用品不符合国家职业卫生标准和卫生要求的；

（三）对职业病防护设备、应急救援设施和个人使用的职业病防护用品未按照规定进行维护、检修、检测，或者不能保持正常运行、使用状态的；

（四）未按照规定对工作场所职业病危害因素进行检测、评价的；

（五）工作场所职业病危害因素经治理仍然达不到国家职业卫生标准和卫生要求时，未停止存在职业病危害因素的作业的；

（六）未按照规定安排职业病病人、疑似职业病病人进行诊治的；

（七）发生或者可能发生急性职业病危害事故时，未立即采取应急救援和控制措施或者未按照规定及时报告的；

（八）未按照规定在产生严重职业病危害的作业岗位醒目位置设置警示标识和中文警示说明的；

（九）拒绝职业卫生监督管理部门监督检查的；

（十）隐瞒、伪造、篡改、毁损职业健康监护档案、工作场所职业病危害因素检测评价结果等相关资料，或者拒不提供职业病诊断、鉴定所需资料的；

（十一）未按照规定承担职业病诊断、鉴定费用和职业病病人的医疗、生活保障费用的。

第七十四条 向用人单位提供可能产生职业病危害的设备、材料，未按照规定提供中文说明书或者设置警示标识和中文警示说明的，由安全生产监督管理部门责令限期改正，给予警告，并处五万元以上二十万元以下的罚款。

第七十五条 用人单位和医疗卫生机构未按照规定报告职业病、疑似职业病的，由有关主管部门依据职责分工责令限期改正，给予警告，可以并处一万元以下的罚款；弄虚作假的，并处二万元以上五万元以下的罚款；对直接负责的主管人员和其他直接责任人员，可以依法给予降级或者撤职的处分。

第七十六条 违反本法规定，有下列情形之一的，由安全生产监督管理部门责令限期治理，并处五万元以上三十万元以下的罚款；情节严重的，责令停止产生职业病危害的作业，或者提请有关人民政府按照国务院规定的权限责令关闭：

（一）隐瞒技术、工艺、设备、材料所产生的职业病危害而采用的；

（二）隐瞒本单位职业卫生真实情况的；

（三）可能发生急性职业损伤的有毒、有害工作场所、放射工作场所或者放射性同位素的运输、储存不符合本法第二十三条规定的；

（四）使用国家明令禁止使用的可能产生职业病危害的设备或者材料的；

（五）将产生职业病危害的作业转移给没有职业病防护条件的单位和个人，或者没有职业病防护条件的单位和个人接受产生职业病危害的作业的；

（六）擅自拆除、停止使用职业病防护设备或者应急救援设施的；

（七）安排未经职业健康检查的劳动者、有职业禁忌的劳动者、未成年工或者孕期、哺乳期女职工从事接触职业病危害的作业或者禁忌作业的；

（八）违章指挥和强令劳动者进行没有职业病防护措施的作业的。

第七十七条 生产、经营或者进口国家明令禁止使用的可能产生职业病危害的设备或者材料的，依照有关法律、行政法规的规定给予处罚。

第七十八条 用人单位违反本法规定，已经对劳动者生命健康造成严重损害的，由安全生产监督管理部门责令停止产生职业病危害的作业，或者提请有关人民政府按照国务院规定的权限责令关闭，并处十万元以上五十万元以下的罚款。

第七十九条 用人单位违反本法规定，造成重大职业病危害事故或者其他严重后果，构成犯罪的，对直接负责的主管人员和其他直接责任人员，依法追究刑事责任。

第八十条 未取得职业卫生技术服务资质认可擅自从事职业卫生技术服务的，或者医疗卫生机构未经批准擅自从事职业健康检查、职业病诊断的，由安全生产监督管理部门和卫生行政部门依据职责分工责令立即停止违法行为，没收违法所得；违法所得五千元以上的，并处违法所得二倍以上十倍以下的罚款；没有违法所得或者违法所得不足五千元的，并处五千元以上五万元以下的罚款；情节严重的，对直接负责的主管人员和其他直接责任人员，依法给予降级、撤职或者开除的处分。

第八十一条 从事职业卫生技术服务的机构和承担职业健康检查、职业病诊断的医疗卫生机构违反本法规定，有下列行为之一的，由安全生产监督管理部门和卫生行政部门依据职责分工责令立即停止违法行为，给予警告，没收违法所得；违法所得五千元以上的，并处违法所得二倍以上五倍以下的罚款；没有违法所得或者违法所得不足五千元的，并处五千元以上二万元以下的罚款；情节严重的，由原认可或者批准机关取消其相应的资格；对直接负责的主管人员和其他直接责任人员，依法给予降级、撤职或者开除的处分；构成犯罪的，依法追究刑事责任：

（一）超出资质认可或者批准范围从事职业卫生技术服务或者职业健康检查、职业病诊断的；

（二）不按照本法规定履行法定职责的；

（三）出具虚假证明文件的。

第八十二条　职业病诊断鉴定委员会组成人员收受职业病诊断争议当事人的财物或者其他好处的，给予警告，没收收受的财物，可以并处三千元以上五万元以下的罚款，取消其担任职业病诊断鉴定委员会组成人员的资格，并从省、自治区、直辖市人民政府卫生行政部门设立的专家库中予以除名。

第八十三条　卫生行政部门、安全生产监督管理部门不按照规定报告职业病和职业病危害事故的，由上一级行政部门责令整改，通报批评，给予警告；虚报、瞒报的，对单位负责人、直接负责的主管人员和其他直接负责人员依法给予降级、撤职或者开除的处分。

第八十四条　违反本法第十七条、十八条规定，有关部门擅自批准建设项目或者发放施工许可的，对该部门直接负责的主管人员和其他直接负责人员，有监察机关或者上级机关依法给予记过直至开除的处分。

第八十五条　卫生行政部门及其职业卫生监督执法人员有本法第六十条所列行为之一，导致职业病危害事故发生，构成犯罪的，依法追究刑事责任；尚不构成犯罪的，对单位负责人、直接负责的主管人员和其他直接责任人员依法给予降级、撤职或者开除的行政处分。

县级以上地方人民政府在职业病防治工作中未依照本法履行职责，本行政区域出现重大职业病危害事故，造成严重社会影响的，依法对直接负责的主管人员和其他直接责任人员给予记大过直至开除的处分

县级以上人民政府职业卫生监督管理部门不履行本法规定的职责，滥用权力、玩忽职守、徇私舞弊，依法对直接负责的主管人员和其他直接负责的人员给予记大过或者降级的处分；造成职业病危害事故或者其他严重后果的，依法给予撤职或者开除的处分。

第八十六条　违反本法规定，构成犯罪的，依法追究刑事责任。

第七章　附　则

第八十七条　本法下列用语的含义：

职业病危害，是指对从事职业活动的劳动者可能导致职业病的各种危害。职业病危害因素包括：职业活动中存在的各种有害的化学、物理、生物因素以及在作业过程中产生的其他职业有害因素。

职业禁忌，是指劳动者从事特定职业或者接触特定职业病危害因素时，比一般职业人群更易于遭受职业病危害和罹患职业病或者可能导致原有自身疾病病情加重，或者在从事作业过程中诱发可能导致对他人生命健康构成危险的疾病的个人特殊生理或者病理状态。

第八十八条　本法第二条规定的用人单位以外的单位，产生职业病危害的，其职业病防治活动可以参照本法执行。

劳务派遣用工单位应当履行本法规定的用人单位的义务。

第八十九条　对医疗机构放射性职业病危害控制的监督管理，由卫生行政部门依照本法的规定实施。

本决定自公布之日起施行。本决定施行前，职业卫生技术服务机构已经取得资质认可的，该资质认可可继续有效。

【课后巩固练习】▶▶▶

1. 什么是法定职业病？
2. 职业病当事人享受什么待遇？
3. 职业健康监护包括哪几项内容？
4. 什么是劳动能力鉴定？
5. 《职业病防治法》的目的、范围？
6. 《职业病防治法》中规定工作场所应符合哪些职业卫生要求？

第四节　中华人民共和国消防法实施条例

【学习目标】▶▶▶

知识目标：掌握我国消防法的相关内容。

能力目标：能根据我国消防法的相关内容保护个人及企事业单位的安全。

情感价值观目标：培养学生正确的安全价值观和安全意识。

【案例情景】▶▶▶

2000 年 3 月 29 日 3 时许，河南焦作市山阳区天堂音像俱乐部发生特大火灾，造成 74 人死亡，1 人烧伤。在 74 具尸体中，30 具尸体严重变形、无遗留物，有的已经炭化，无法直接辨认，其中有 8 具尸体还需进行 DNA 检验。

中华人民共和国消防法实施条例

（《中华人民共和国消防法》已由中华人民共和国第十一届全国人民代表大会常务委员会第五次会议于 2008 年 10 月 28 日通过，现予公布，自 2009 年 5 月 1 日起施行）

第一章　总　则

第一条　为了预防火灾和减少火灾危害，加强应急救援工作，保护人身、财产安全，维护公共安全，制定本法。

第二条　消防工作贯彻预防为主、防消结合的方针，按照政府统一领导、部门依法监管、单位全面负责、公民积极参与的原则，实行消防安全责任制，建立健全社会化的消防工作网络。

第三条　国务院领导全国的消防工作。地方各级人民政府负责本行政区域内的消防工作。

各级人民政府应当将消防工作纳入国民经济和社会发展计划，保障消防工作与经济社会发展相适应。

第四条　国务院公安部门对全国的消防工作实施监督管理。县级以上地方人民政府公安机关对本行政区域内的消防工作实施监督管理，并由本级人民政府公安机关消防机构负责实施。军事设施的消防工作，由其主管单位监督管理，公安机关消防机构协助；矿井地下部分、核电厂、海上石油天然气设施的消防工作，由其主管单位监督管理。

县级以上人民政府其他有关部门在各自的职责范围内，依照本法和其他相关法律、法规的规定做好消防工作。

法律、行政法规对森林、草原的消防工作另有规定的，从其规定。

第五条　任何单位和个人都有维护消防安全、保护消防设施、预防火灾、报告火警的义务。任何单位和成年人都有参加有组织的灭火工作的义务。

第六条　各级人民政府应当组织开展经常性的消防宣传教育，提高公民的消防安全意识。

机关、团体、企业、事业等单位，应当加强对本单位人员的消防宣传教育。

公安机关及其消防机构应当加强消防法律、法规的宣传，并督促、指导、协助有关单位做好消防宣传教育工作。

教育、人力资源行政主管部门和学校、有关职业培训机构应当将消防知识纳入教育、教学、培训的内容。

新闻、广播、电视等有关单位，应当有针对性地面向社会进行消防宣传教育。

工会、共产主义青年团、妇女联合会等团体应当结合各自工作对象的特点，组织开展消防宣传教育。

村民委员会、居民委员会应当协助人民政府以及公安机关等部门，加强消防宣传教育。

第七条　国家鼓励、支持消防科学研究和技术创新，推广使用先进的消防和应急救援技术、设备；鼓励、支持社会力量开展消防公益活动。

对在消防工作中有突出贡献的单位和个人，应当按照国家有关规定给予表彰和奖励。

第二章　火灾预防

第八条　地方各级人民政府应当将包括消防安全布局、消防站、消防供水、消防通信、消防车通道、消防装备等内容的消防规划纳入城乡规划，并负责组织实施。

城乡消防安全布局不符合消防安全要求的，应当调整、完善；公共消防设施、消防装备不足或者不适应实际需要的，应当增建、改建、配置或者进行技术改造。

第九条　建设工程的消防设计、施工必须符合国家工程建设消防技术标准。建设、设计、施工、工程监理等单位依法对建设工程的消防设计、施工质量负责。

第十条　按照国家工程建设消防技术标准需要进行消防设计的建设工程，除本法第十一条另有规定的外，建设单位应当自依法取得施工许可之日起七个工作日内，将消防设计文件报公安机关消防机构备案，公安机关消防机构应当进行抽查。

第十一条　国务院公安部门规定的大型的人员密集场所和其他特殊建设工程，建设单位应当将消防设计文件报送公安机关消防机构审核。公安机关消防机构依法对审核的结果负责。

第十二条 依法应当经公安机关消防机构进行消防设计审核的建设工程，未经依法审核或者审核不合格的，负责审批该工程施工许可的部门不得给予施工许可，建设单位、施工单位不得施工；其他建设工程取得施工许可后经依法抽查不合格的，应当停止施工。

第十三条 按照国家工程建设消防技术标准需要进行消防设计的建设工程竣工，依照下列规定进行消防验收、备案：

（一）本法第十一条规定的建设工程，建设单位应当向公安机关消防机构申请消防验收；

（二）其他建设工程，建设单位在验收后应当报公安机关消防机构备案，公安机关消防机构应当进行抽查。

依法应当进行消防验收的建设工程，未经消防验收或者消防验收不合格的，禁止投入使用；其他建设工程经依法抽查不合格的，应当停止使用。

第十四条 建设工程消防设计审核、消防验收、备案和抽查的具体办法，由国务院公安部门规定。

第十五条 公众聚集场所在投入使用、营业前，建设单位或者使用单位应当向场所所在地的县级以上地方人民政府公安机关消防机构申请消防安全检查。

公安机关消防机构应当自受理申请之日起十个工作日内，根据消防技术标准和管理规定，对该场所进行消防安全检查。未经消防安全检查或者经检查不符合消防安全要求的，不得投入使用、营业。

第十六条 机关、团体、企业、事业等单位应当履行下列消防安全职责：

（一）落实消防安全责任制，制定本单位的消防安全制度、消防安全操作规程，制定灭火和应急疏散预案；

（二）按照国家标准、行业标准配置消防设施、器材，设置消防安全标志，并定期组织检验、维修，确保完好有效；

（三）对建筑消防设施每年至少进行一次全面检测，确保完好有效，检测记录应当完整准确，存档备查；

（四）保障疏散通道、安全出口、消防车通道畅通，保证防火防烟分区、防火间距符合消防技术标准；

（五）组织防火检查，及时消除火灾隐患；

（六）组织进行有针对性的消防演练；

（七）法律、法规规定的其他消防安全职责。

单位的主要负责人是本单位的消防安全责任人。

第十七条 县级以上地方人民政府公安机关消防机构应当将发生火灾可能性较大以及发生火灾可能造成重大的人身伤亡或者财产损失的单位，确定为本行政区域内的消防安全重点单位，并由公安机关本级人民政府备案。

消防安全重点单位除应当履行本法第十六条规定的职责外，还应当履行下列消防安全职责：

（一）确定消防安全管理人，组织实施本单位的消防安全管理工作；

（二）建立消防档案，确定消防安全重点部位，设置防火标志，实行严格管理；

（三）实行每日防火巡查，并建立巡查记录；

（四）对职工进行岗前消防安全培训，定期组织消防安全培训和消防演练。

第十八条 同一建筑物由两个以上单位管理或者使用的，应当明确各方的消防安全责任，并确定责任人对共用的疏散通道、安全出口、建筑消防设施和消防车通道进行统一管理。

住宅区的物业服务企业应当对管理区域内的共用消防设施进行维护管理，提供消防安全防范服务。

第十九条 生产、储存、经营易燃易爆危险品的场所不得与居住场所设置在同一建筑物内，并应当与居住场所保持安全距离。

生产、储存、经营其他物品的场所与居住场所设置在同一建筑物内的，应当符合国家工程建设消防技术标准。

第二十条 举办大型群众性活动，承办人应当依法向公安机关申请安全许可，制定灭火和应急疏散预案并组织演练，明确消防安全责任分工，确定消防安全管理人员，保持消防设施和消防器材配置齐全、完好有效，保证疏散通道、安全出口、疏散指示标志、应急照明和消防车通道符合消防技术标准和管理规定。

第二十一条 禁止在具有火灾、爆炸危险的场所吸烟、使用明火。因施工等特殊情况需要使用明火作业的，应当按照规定事先办理审批手续，采取相应的消防安全措施；作业人员应当遵守消防安全规定。

进行电焊、气焊等具有火灾危险作业的人员和自动消防系统的操作人员，必须持证上岗，并遵守消防安全操作规程。

第二十二条 生产、储存、装卸易燃易爆危险品的工厂、仓库和专用车站、码头的设置，应当符合消防技术标准。易燃易爆气体和液体的充装站、供应站、调压站，应当设置在符合消防安全要求的位置，并符合防火防爆要求。

已经设置的生产、储存、装卸易燃易爆危险品的工厂、仓库和专用车站、码头，易燃易爆气体和液体的充装站、供应站、调压站，不再符合前款规定的，地方人民政府应当组织、协调有关部门、单位限期解决，消除安全隐患。

第二十三条 生产、储存、运输、销售、使用、销毁易燃易爆危险品，必须执行消防技术标准和管理规定。

进入生产、储存易燃易爆危险品的场所，必须执行消防安全规定。禁止非法携带易燃易爆危险品进入公共场所或者乘坐公共交通工具。

储存可燃物资仓库的管理，必须执行消防技术标准和管理规定。

第二十四条 消防产品必须符合国家标准；没有国家标准的，必须符合行业标准。禁止生产、销售或者使用不合格的消防产品以及国家明令淘汰的消防产品。

依法实行强制性产品认证的消防产品，由具有法定资质的认证机构按照国家标准、行业标准的强制性要求认证合格后，方可生产、销售、使用。实行强制性产品认证的消防产品目录，由国务院产品质量监督部门会同国务院公安部门制定并公布。

新研制的尚未制定国家标准、行业标准的消防产品，应当按照国务院产品质量监督部门会同国务院公安部门规定的办法，经技术鉴定符合消防安全要求的，方可生产、销售、使用。

依照本条规定经强制性产品认证合格或者技术鉴定合格的消防产品，国务院公安部门消防机构应当予以公布。

第二十五条 产品质量监督部门、工商行政管理部门、公安机关消防机构应当按照各自职责加强对消防产品质量的监督检查。

第二十六条 建筑构件、建筑材料和室内装修、装饰材料的防火性能必须符合国家标准；没有国家标准的，必须符合行业标准。

人员密集场所室内装修、装饰，应当按照消防技术标准的要求，使用不燃、难燃材料。

第二十七条 电器产品、燃气用具的产品标准，应当符合消防安全的要求。

电器产品、燃气用具的安装、使用及其线路、管路的设计、敷设、维护保养、检测，必须符合消防技术标准和管理规定。

第二十八条 任何单位、个人不得损坏、挪用或者擅自拆除、停用消防设施、器材，不得埋压、圈占、遮挡消火栓或者占用防火间距，不得占用、堵塞、封闭疏散通道、安全出口、消防车通道。人员密集场所的门窗不得设置影响逃生和灭火救援的障碍物。

第二十九条 负责公共消防设施维护管理的单位，应当保持消防供水、消防通信、消防车通道等公共消防设施的完好有效。在修建道路以及停电、停水、截断通信线路时有可能影响消防队灭火救援的，有关单位必须事先通知当地公安机关消防机构。

第三十条 地方各级人民政府应当加强对农村消防工作的领导，采取措施加强公共消防设施建设，组织建立和督促落实消防安全责任制。

第三十一条 在农业收获季节、森林和草原防火期间、重大节假日期间以及火灾多发季节，地方各级人民政府应当组织开展有针对性的消防宣传教育，采取防火措施，进行消防安全检查。

第三十二条 乡镇人民政府、城市街道办事处应当指导、支持和帮助村民委员会、居民委员会开展群众性的消防工作。村民委员会、居民委员会应当确定消防安全管理人，组织制定防火安全公约，进行防火安全检查。

第三十三条 国家鼓励、引导公众聚集场所和生产、储存、运输、销售易燃易爆危险品的企业投保火灾公众责任保险；鼓励保险公司承保火灾公众责任保险。

第三十四条 消防产品质量认证、消防设施检测、消防安全监测等消防技术服务机构和执业人员，应当依法获得相应的资质、资格；依照法律、行政法规、国家标准、行业标准和执业准则，接受委托提供消防安全技术服务，并对服务质量负责。

第三章 消防组织

第三十五条 各级人民政府应当加强消防组织建设，根据经济和社会发展的需要，建立多种形式的消防组织，加强消防技术人才培养，增强火灾预防、扑救和应急救援的能力。

第三十六条 县级以上地方人民政府应当按照国家规定建立公安消防队、专职消防队，并按照国家标准配备消防装备，承担火灾扑救工作。

乡镇人民政府应当根据当地经济发展和消防工作的需要，建立专职消防队、志愿消防队，承担火灾扑救工作。

第三十七条 公安消防队、专职消防队依照国家规定承担重大灾害事故和其他以抢救人员生命为主的应急救援工作。

第三十八条 公安消防队、专职消防队应当充分发挥火灾扑救和应急救援专业力量的骨干作用；按照国家规定，组织实施专业技能训练，配备并维护保养装备器材，提高火灾扑救和应急救援的能力。

第三十九条 下列单位应当建立单位专职消防队，承担本单位的火灾扑救工作：

（一）大型核设施单位、大型发电厂、民用机场、主要港口；

（二）生产、储存易燃易爆危险品的大型企业；

（三）储备可燃的重要物资的大型仓库、基地；

（四）第一项、第二项、第三项规定以外的火灾危险性较大、距离公安消防队较远的其他大型企业；

（五）距离公安消防队较远、被列为全国重点文物保护单位的古建筑群的管理单位。

第四十条 专职消防队的建立，应当符合国家有关规定，并报当地公安机关消防机构验收。

专职消防队的队员依法享受社会保险和福利待遇。

第四十一条 机关、团体、企业、事业等单位以及村民委员会、居民委员会根据需要，建立志愿消防队等多种形式的消防组织，开展群众性自防自救工作。

第四十二条 公安机关消防机构应当对专职消防队、志愿消防队等消防组织进行业务指导；根据扑救火灾的需要，可以调动指挥专职消防队参加火灾扑救工作。

第四章　灭火救援

第四十三条 县级以上地方人民政府应当组织有关部门针对本行政区域内的火灾特点制定应急预案，建立应急反应和处置机制，为火灾扑救和应急救援工作提供人员、装备等保障。

第四十四条 任何人发现火灾都应当立即报警。任何单位、个人都应当无偿为报警提供便利，不得阻拦报警。严禁谎报火警。

人员密集场所发生火灾，该场所的现场工作人员应当立即组织、引导在场人员疏散。

任何单位发生火灾，必须立即组织力量扑救。邻近单位应当给予支援。

消防队接到火警，必须立即赶赴火灾现场，救助遇险人员，排除险情，扑灭火灾。

第四十五条 公安机关消防机构统一组织和指挥火灾现场扑救，应当优先保障遇险人员的生命安全。

火灾现场总指挥根据扑救火灾的需要，有权决定下列事项：

（一）使用各种水源；

（二）截断电力、可燃气体和可燃液体的输送，限制用火用电；

（三）划定警戒区，实行局部交通管制；

（四）利用邻近建筑物和有关设施；

（五）为了抢救人员和重要物资，防止火势蔓延，拆除或者破损毗邻火灾现场的建筑物、构筑物或者设施等；

（六）调动供水、供电、供气、通信、医疗救护、交通运输、环境保护等有关单位协助灭火救援。

根据扑救火灾的紧急需要，有关地方人民政府应当组织人员、调集所需物资支援灭火。

第四十六条 公安消防队、专职消防队参加火灾以外的其他重大灾害事故的应急救援工作，由县级以上人民政府统一领导。

第四十七条 消防车、消防艇前往执行火灾扑救或者应急救援任务，在确保安全的前提下，不受行驶速度、行驶路线、行驶方向和指挥信号的限制，其他车辆、船舶以及行人应当让行，不得穿插超越；收费公路、桥梁免收车辆通行费。交通管理指挥人员应当保证消防车、消防艇迅速通行。

赶赴火灾现场或者应急救援现场的消防人员和调集的消防装备、物资，需要铁路、水路或者航空运输的，有关单位应当优先运输。

第四十八条 消防车、消防艇以及消防器材、装备和设施，不得用于与消防和应急救援工作无关的事项。

第四十九条 公安消防队、专职消防队扑救火灾、应急救援，不得收取任何费用。

单位专职消防队、志愿消防队参加扑救外单位火灾所损耗的燃料、灭火剂和器材、装备等，由火灾发生地的人民政府给予补偿。

第五十条 对因参加扑救火灾或者应急救援受伤、致残或者死亡的人员，按照国家有关规定给予医疗、抚恤。

第五十一条 公安机关消防机构有权根据需要封闭火灾现场，负责调查火灾原因，统计火灾损失。

火灾扑灭后，发生火灾的单位和相关人员应当按照公安机关消防机构的要求保护现场，接受事故调查，如实提供与火灾有关的情况。

公安机关消防机构根据火灾现场勘验、调查情况和有关的检验、鉴定意见，及时制作火灾事故认定书，作为处理火灾事故的证据

第五章　监 督 检 查

第五十二条 地方各级人民政府应当落实消防工作责任制，对本级人民政府有关部门履行消防安全职责的情况进行监督检查。

县级以上地方人民政府有关部门应当根据本系统的特点，有针对性地开展消防安全检查，及时督促整改火灾隐患。

第五十三条 公安机关消防机构应当对机关、团体、企业、事业等单位遵守消防法律、法规的情况依法进行监督检查。公安派出所可以负责日常消防监督检查、开展消防宣传教育，具体办法由国务院公安部门规定。

公安机关消防机构、公安派出所的工作人员进行消防监督检查，应当出示证件。

第五十四条 公安机关消防机构在消防监督检查中发现火灾隐患的，应当通知有关单位或者个人立即采取措施消除隐患；不及时消除隐患可能严重威胁公共安全的，公安机关消防机构应当依照规定对危险部位或者场所采取临时查封措施。

第五十五条 公安机关消防机构在消防监督检查中发现城乡消防安全布局、公共消防设施不符合消防安全要求，或者发现本地区存在影响公共安全的重大火灾隐患的，应当由公安机关书面报告本级人民政府。

接到报告的人民政府应当及时核实情况，组织或者责成有关部门、单位采取措施，予以整改。

第五十六条 公安机关消防机构及其工作人员应当按照法定的职权和程序进行消防设计审核、消防验收和消防安全检查，做到公正、严格、文明、高效。

公安机关消防机构及其工作人员进行消防设计审核、消防验收和消防安全检查等，不得收取费用，不得利用消防设计审核、消防验收和消防安全检查谋取利益。公安机关消防机构及其工作人员不得利用职务为用户、建设单位指定或者变相指定消防产品的品牌、销售单位或者消防技术服务机构、消防设施施工单位。

第五十七条 公安机关消防机构及其工作人员执行职务，应当自觉接受社会和公民的监督。

任何单位和个人都有权对公安机关消防机构及其工作人员在执法中的违法行为进行检举、控告。收到检举、控告的机关，应当按照职责及时查处。

第六章 法律责任

第五十八条 违反本法规定，有下列行为之一的，责令停止施工、停止使用或者停产停业，并处三万元以上三十万元以下罚款：

（一）依法应当经公安机关消防机构进行消防设计审核的建设工程，未经依法审核或者审核不合格，擅自施工的；

（二）消防设计经公安机关消防机构依法抽查不合格，不停止施工的；

（三）依法应当进行消防验收的建设工程，未经消防验收或者消防验收不合格，擅自投入使用的；

（四）建设工程投入使用后经公安机关消防机构依法抽查不合格，不停止使用的；

（五）公众聚集场所未经消防安全检查或者经检查不符合消防安全要求，擅自投入使用、营业的。

建设单位未依照本法规定将消防设计文件报公安机关消防机构备案，或在竣工后未依照本法规定报公安机关消防机构备案的，责令限期改正，处五千元以下罚款。

第五十九条 违反本法规定，有下列行为之一的，责令改正或者停止施工，并处一万元以上十万元以下罚款：

（一）建设单位要求建筑设计单位或者建筑施工企业降低消防技术标准设计、施工的；

（二）建筑设计单位不按照消防技术标准强制性要求进行消防设计的；

（三）建筑施工企业不按照消防设计文件和消防技术标准施工，降低消防施工质量的；

（四）工程监理单位与建设单位或者建筑施工企业串通，弄虚作假，降低消防施工质量的。

第六十条 单位违反本法规定，有下列行为之一的，责令改正，处五千元以上五万元以下罚款：

（一）消防设施、器材或者消防安全标志的配置、设置不符合国家标准、行业标准，或者未保持完好有效的；

（二）损坏、挪用或者擅自拆除、停用消防设施、器材的；

（三）占用、堵塞、封闭疏散通道、安全出口或者有其他妨碍安全疏散行为的；

（四）埋压、圈占、遮挡消火栓或者占用防火间距的；

（五）占用、堵塞、封闭消防车通道，妨碍消防车通行的；

（六）人员密集场所在门窗上设置影响逃生和灭火救援的障碍物的；

（七）对火灾隐患经公安机关消防机构通知后不及时采取措施消除的。

个人有前款第二项、第三项、第四项、第五项行为之一的，处警告或者五百元以下罚款。

有本条第一款第三项、第四项、第五项、第六项行为，经责令改正拒不改正的，强制执行，所需费用由违法行为人承担。

第六十一条 生产、储存、经营易燃易爆危险品的场所与居住场所设置在同一建筑物内，或者未与居住场所保持安全距离的，责令停产停业，并处五千元以上五万元以下罚款。

生产、储存、经营其他物品的场所与居住场所设置在同一建筑物内，不符合消防技术标准的，依照前款规定处罚。

第六十二条 有下列行为之一的，依照《中华人民共和国治安管理处罚法》的规定处罚：

（一）违反有关消防技术标准和管理规定生产、储存、运输、销售、使用、销毁易燃易爆危险品的；

（二）非法携带易燃易爆危险品进入公共场所或者乘坐公共交通工具的；

（三）谎报火警的；

（四）阻碍消防车、消防艇执行任务的；

（五）阻碍公安机关消防机构的工作人员依法执行任务的。

第六十三条 违反本法规定，有下列行为之一的，处警告或者五百元以下罚款；情节严重的，处五日以下拘留：

（一）违反消防安全规定进入生产、储存易燃易爆危险品场所的；

（二）违反规定使用明火作业或者在具有火灾、爆炸危险的场所吸烟、使用明火的。

第六十四条 违反本法规定，有下列行为之一，尚不构成犯罪的，处十日以上十五日以下拘留，可以并处五百元以下罚款；情节较轻的，处警告或者五百元以下罚款：

（一）指使或者强令他人违反消防安全规定，冒险作业的；

（二）过失引起火灾的；

（三）在火灾发生后阻拦报警，或者负有报告职责的人员不及时报警的；

（四）扰乱火灾现场秩序，或者拒不执行火灾现场指挥员指挥，影响灭火救援的；

（五）故意破坏或者伪造火灾现场的；

（六）擅自拆封或者使用被公安机关消防机构查封的场所、部位的。

第六十五条 违反本法规定，生产、销售不合格的消防产品或者国家明令淘汰的消防产品的，由产品质量监督部门或者工商行政管理部门依照《中华人民共和国产品质量法》的规定从重处罚。

人员密集场所使用不合格的消防产品或者国家明令淘汰的消防产品的，责令限期改正；逾期不改正的，处五千元以上五万元以下罚款，并对其直接负责的主管人员和其他直接责任人员处五百元以上二千元以下罚款；情节严重的，责令停产停业。

公安机关消防机构对于本条第二款规定的情形，除依法对使用者予以处罚外，应当将发现不合格的消防产品和国家明令淘汰的消防产品的情况通报产品质量监督部门、工商行政管理部门。产品质量监督部门、工商行政管理部门应当对生产者、销售者依法及时查处。

第六十六条 电器产品、燃气用具的安装、使用及其线路、管路的设计、敷设、维护保养、检测不符合消防技术标准和管理规定的，责令限期改正；逾期不改正的，责令停止使用，可以并处一千元以上五千元以下罚款。

第六十七条 机关、团体、企业、事业等单位违反本法第十六条、第十七条、第十八条、第二十一条第二款规定的，责令限期改正；逾期不改正的，对其直接负责的主管人员和其他直接责任人员依法给予处分或者给予警告处罚。

第六十八条 人员密集场所发生火灾，该场所的现场工作人员不履行组织、引导在场人员疏散的义务，情节严重，尚不构成犯罪的，处五日以上十日以下拘留。

第六十九条 消防产品质量认证、消防设施检测等消防技术服务机构出具虚假文件的，责令改正，处五万元以上十万元以下罚款，并对直接负责的主管人员和其他直接责任人员处一万元以上五万元以下罚款；有违法所得的，并处没收违法所得；给他人造成损失的，依法承担赔偿责任；情节严重的，由原许可机关依法责令停止执业或者吊销相应资质、资格。

前款规定的机构出具失实文件，给他人造成损失的，依法承担赔偿责任；造成重大损失的，由原许可机关依法责令停止执业或者吊销相应资质、资格。

第七十条 本法规定的行政处罚，除本法另有规定的外，由公安机关消防机构决定；其中拘留处罚由县级以上公安机关依照《中华人民共和国治安管理处罚法》的有关规定决定。

公安机关消防机构需要传唤消防安全违法行为人的，依照《中华人民共和国治安管理处罚法》的

有关规定执行。

被责令停止施工、停止使用、停产停业的，应当在整改后向公安机关消防机构报告，经公安机关消防机构检查合格，方可恢复施工、使用、生产、经营。

当事人逾期不执行停产停业、停止使用、停止施工决定的，由作出决定的公安机关消防机构强制执行。

责令停产停业，对经济和社会生活影响较大的，由公安机关消防机构提出意见，并由公安机关报请本级人民政府依法决定。本级人民政府组织公安机关等部门实施。

第七十一条 公安机关消防机构的工作人员滥用职权、玩忽职守、徇私舞弊，有下列行为之一，尚不构成犯罪的，依法给予处分：

（一）对不符合消防安全要求的消防设计文件、建设工程、场所准予审核合格、消防验收合格、消防安全检查合格的；

（二）无故拖延消防设计审核、消防验收、消防安全检查，不在法定期限内履行审批职责的；

（三）发现火灾隐患不及时通知有关单位或者个人整改的；

（四）利用职务为用户、建设单位指定或者变相指定消防产品的品牌、销售单位或者消防技术服务机构、消防设施施工单位的；

（五）将消防车、消防艇以及消防器材、装备和设施用于与消防和应急救援无关的事项的；

（六）其他滥用职权、玩忽职守、徇私舞弊的行为。

建设、产品质量监督、工商行政管理等其他有关行政主管部门的工作人员在消防工作中滥用职权、玩忽职守、徇私舞弊，尚不构成犯罪的，依法给予处分。

第七十二条 违反本法规定，构成犯罪的，依法追究刑事责任。

第七章　附　则

第七十三条 本法下列用语的含义：

（一）消防设施，是指火灾自动报警系统、自动灭火系统、消火栓系统、防烟排烟系统以及应急广播和应急照明、安全疏散设施等。

（二）消防产品，是指专门用于火灾预防、灭火救援和火灾防护、避难、逃生的产品。

（三）公众聚集场所，是指宾馆、饭店、商场、集贸市场、客运车站候车室、客运码头候船厅、民用机场航站楼、体育场馆、会堂以及公共娱乐场所等。

（四）人员密集场所，是指公众聚集场所，医院的门诊楼、病房楼，学校的教学楼、图书馆、食堂和集体宿舍，养老院，福利院，托儿所，幼儿园，

公共图书馆的阅览室，公共展览馆、博物馆的展示厅，劳动密集型企业的生产加工车间和员工集体宿舍，旅游、宗教活动场所等。

第七十四条　本法自 2009 年 5 月 1 日起施行。

【课后巩固练习】▶▶▶

1. 《中华人民共和国消防法》自什么时候起施行？
2. 消防工作贯彻什么方针？
3. 消防工作的原则是什么？
4. 消防工作开展原则除了政府统一领导、部门依法监管以外还有哪些？
5. 全国消防工作由哪个部门领导？
6. 地方各级人民政府对哪级消防工作负责？
7. 城乡消防安全布局不符合消防安全要求的，应当怎样做？

第五节　工伤保险条例

【学习目标】▶▶▶

知识目标：掌握工伤保险条例相关内容。

能力目标：能根据《工伤保险条例》相关内容在劳动生产中保护个人的权利和人身安全。

情感价值观目标：培养学生正确的安全价值观和安全意识。

【案例情景】▶▶▶

2010 年 12 月 20 日，某钢厂员工在工作期间被机器砸断双手食指，断裂部位近食指第三节根部，经入院治疗后，双手食指均无法续接。该员工在钢厂工作期间工资为 1500 元/月。

工伤保险条例

（2003 年 4 月 27 日中华人民共和国国务院令第 375 号公布，根据
2010 年 12 月 20 日《国务院关于修改〈工伤保险条例〉的决定》修订。修订的部分，
自 2011 年 1 月 1 日生效，未修订的部分自 2004 年 1 月 1 日生效。）

第一章　总　　则

第一条　为了保障因工作遭受事故伤害或者患职业病的职工获得医疗救治和经济补偿，促进工伤预防和职业康复，分散用人单位的工伤风险，制定本条例。

第二条　中华人民共和国境内的企业、事业单位、社会团体、民办非企业单位、基金会、律师事务所、会计师事务所等组织和有雇工的个体工商户（以下称用人单位）应当依照本条例规定参加工伤保险，为本单位全部职工或者雇工（以下称职工）缴纳工伤保险费。

中华人民共和国境内的企业、事业单位、社会团体、民办非企业单位、基金会、律师事务所、会计师事务所等组织的职工和个体工商户的雇工，均有依照本条例的规定享受工伤保险待遇的权利。

第三条　工伤保险费的征缴按照《社会保险费征缴暂行条例》关于基本养老保险费、基本医疗保险费、失业保险费的征缴规定执行。

第四条　用人单位应当将参加工伤保险的有关情况在本单位内公示。

用人单位和职工应当遵守有关安全生产和职业病防治的法律法规，执行安全卫生规程和标准，预

防工伤事故发生，避免和减少职业病危害。

职工发生工伤时，用人单位应当采取措施使工伤职工得到及时救治。

第五条 国务院社会保险行政部门负责全国的工伤保险工作。

县级以上地方各级人民政府社会保险行政部门负责本行政区域内的工伤保险工作。

社会保险行政部门按照国务院有关规定设立的社会保险经办机构（以下称经办机构）具体承办工伤保险事务。

第六条 社会保险行政部门等部门制定工伤保险的政策、标准，应当征求工会组织、用人单位代表的意见。

第二章　工伤保险基金

第七条 工伤保险基金由用人单位缴纳的工伤保险费、工伤保险基金的利息和依法纳入工伤保险基金的其他资金构成。

第八条 工伤保险费根据以支定收、收支平衡的原则，确定费率。

国家根据不同行业的工伤风险程度确定行业的差别费率，并根据工伤保险费使用、工伤发生率等情况在每个行业内确定若干费率档次。行业差别费率及行业内费率档次由国务院社会保险行政部门制定，报国务院批准后公布施行。

统筹地区经办机构根据用人单位工伤保险费使用、工伤发生率等情况，适用所属行业内相应的费率档次确定单位缴费费率。

第九条 国务院社会保险行政部门应当定期了解全国各统筹地区工伤保险基金收支情况，及时提出调整行业差别费率及行业内费率档次的方案，报国务院批准后公布施行。

第十条 用人单位应当按时缴纳工伤保险费。职工个人不缴纳工伤保险费。

用人单位缴纳工伤保险费的数额为本单位职工工资总额乘以单位缴费费率之积。

对难以按照工资总额缴纳工伤保险费的行业，其缴纳工伤保险费的具体方式，由国务院社会保险行政部门规定。

第十一条 工伤保险基金逐步实行省级统筹。

跨地区、生产流动性较大的行业，可以采取相对集中的方式异地参加统筹地区的工伤保险。具体办法由国务院社会保险行政部门会同有关行业的主管部门制定。

第十二条 工伤保险基金存入社会保障基金财政专户，用于本条例规定的工伤保险待遇，劳动能力鉴定，工伤预防的宣传、培训等费用，以及法律、法规规定的用于工伤保险的其他费用的支付。

工伤预防费用的提取比例、使用和管理的具体办法，由国务院社会保险行政部门会同国务院财政、卫生行政、安全生产监督管理等部门规定。

任何单位或者个人不得将工伤保险基金用于投资运营、兴建或者改建办公场所、发放奖金，或者挪作其他用途。

第十三条 工伤保险基金应当留有一定比例的储备金，用于统筹地区重大事故的工伤保险待遇支付；储备金不足支付的，由统筹地区的人民政府垫付。储备金占基金总额的具体比例和储备金的使用办法，由省、自治区、直辖市人民政府规定。

第三章　工伤认定

第十四条 职工有下列情形之一的，应当认定为工伤：

（一）在工作时间和工作场所内，因工作原因受到事故伤害的；

（二）工作时间前后在工作场所内，从事与工作有关的预备性或者收尾性工作受到事故伤害的；

（三）在工作时间和工作场所内，因履行工作职责受到暴力等意外伤害的；

（四）患职业病的；

（五）因工外出期间，由于工作原因受到伤害或者发生事故下落不明的；

（六）在上下班途中，受到非本人主要责任的交通事故或者城市轨道交通、客运轮渡、火车事故伤害的；

（七）法律、行政法规规定应当认定为工伤的其他情形。

第十五条 职工有下列情形之一的，视同工伤：

（一）在工作时间和工作岗位，突发疾病死亡或者在 48 小时之内经抢救无效死亡的；

（二）在抢险救灾等维护国家利益、公共利益活动中受到伤害的；

（三）职工原在军队服役，因战、因公负伤致残，已取得革命伤残军人证，到用人单位后旧伤复发的。

职工有前款第（一）项、第（二）项情形的，按照本条例的有关规定享受工伤保险待遇；职工有前款第（三）项情形的，按照本条例的有关规定享受除一次性伤残补助金以外的工伤保险待遇。

第十六条 职工符合本条例第十四条、第十五条的规定，但是有下列情形之一的，不得认定为工伤或者视同工伤：

（一）故意犯罪的；

（二）醉酒或者吸毒的；

（三）自残或者自杀的。

第十七条 职工发生事故伤害或者按照职业病防治法规定被诊断、鉴定为职业病，所在单位应当自事故伤害发生之日或者被诊断、鉴定为职业病之日起 30 日内，向统筹地区社会保险行政部门提出工伤认定申请。遇有特殊情况，经报社会保险行政部门同意，申请时限可以适当延长。

用人单位未按前款规定提出工伤认定申请的，工伤职工或者其近亲属、工会组织在事故伤害发生之日或者被诊断、鉴定为职业病之日起1年内，可以直接向用人单位所在地统筹地区社会保险行政部门提出工伤认定申请。

按照本条第一款规定应当由省级社会保险行政部门进行工伤认定的事项，根据属地原则由用人单位所在地的设区的市级社会保险行政部门办理。

用人单位未在本条第一款规定的时限内提交工伤认定申请，在此期间发生符合本条例规定的工伤待遇等有关费用由该用人单位负担。

第十八条 提出工伤认定申请应当提交下列材料：

（一）工伤认定申请表；

（二）与用人单位存在劳动关系（包括事实劳动关系）的证明材料；

（三）医疗诊断证明或者职业病诊断证明书（或者职业病诊断鉴定书）。

工伤认定申请表应当包括事故发生的时间、地点、原因以及职工伤害程度等基本情况。

工伤认定申请人提供材料不完整的，社会保险行政部门应当一次性书面告知工伤认定申请人需要补正的全部材料。申请人按照书面告知要求补正材料后，社会保险行政部门应当受理。

第十九条 社会保险行政部门受理工伤认定申请后，根据审核需要可以对事故伤害进行调查核实，用人单位、职工、工会组织、医疗机构以及有关部门应当予以协助。职业病诊断和诊断争议的鉴定，依照职业病防治法的有关规定执行。对依法取得职业病诊断证明书或者职业病诊断鉴定书的，社会保险行政部门不再进行调查核实。

职工或者其近亲属认为是工伤，用人单位不认为是工伤的，由用人单位承担举证责任。

第二十条 社会保险行政部门应当自受理工伤认定申请之日起60日内作出工伤认定的决定，并书面通知申请工伤认定的职工或者其近亲属和该职工所在单位。

社会保险行政部门对受理的事实清楚、权利义务明确的工伤认定申请，应当在15日内作出工伤认定的决定。

作出工伤认定决定需要以司法机关或者有关行政主管部门的结论为依据的，在司法机关或者有关行政主管部门尚未作出结论期间，作出工伤认定决定的时限中止。

社会保险行政部门工作人员与工伤认定申请人有利害关系的，应当回避。

第四章 劳动能力鉴定

第二十一条 职工发生工伤，经治疗伤情相对稳定后存在残疾、影响劳动能力的，应当进行劳动能力鉴定。

第二十二条 劳动能力鉴定是指劳动功能障碍程度和生活自理障碍程度的等级鉴定。

劳动功能障碍分为十个伤残等级，最重的为一级，最轻的为十级。

生活自理障碍分为三个等级：生活完全不能自理、生活大部分不能自理和生活部分不能自理。

劳动能力鉴定标准由国务院社会保险行政部门会同国务院卫生行政部门等部门制定。

第二十三条 劳动能力鉴定由用人单位、工伤职工或者其近亲属向设区的市级劳动能力鉴定委员会提出申请，并提供工伤认定决定和职工工伤医疗的有关资料。

第二十四条 省、自治区、直辖市劳动能力鉴定委员会和设区的市级劳动能力鉴定委员会分别由省、自治区、直辖市和设区的市级社会保险行政部门、卫生行政部门、工会组织、经办机构代表以及用人单位代表组成。

劳动能力鉴定委员会建立医疗卫生专家库。列入专家库的医疗卫生专业技术人员应当具备下列条件：

（一）具有医疗卫生高级专业技术职务任职资格；

（二）掌握劳动能力鉴定的相关知识；

（三）具有良好的职业品德。

第二十五条 设区的市级劳动能力鉴定委员会收到劳动能力鉴定申请后，应当从其建立的医疗卫生专家库中随机抽取3名或者5名相关专家组成专家组，由专家组提出鉴定意见。设区的市级劳动能力鉴定委员会根据专家组的鉴定意见作出工伤职工劳动能力鉴定结论；必要时，可以委托具备资格的医疗机构协助进行有关的诊断。

设区的市级劳动能力鉴定委员会应当自收到劳动能力鉴定申请之日起60日内作出劳动能力鉴定结论，必要时，作出劳动能力鉴定结论的期限可以延长30日。劳动能力鉴定结论应当及时送达申请鉴定的单位和个人。

第二十六条 申请鉴定的单位或者个人对设区的市级劳动能力鉴定委员会作出的鉴定结论不服的，可以在收到该鉴定结论之日起15日内向省、自治区、直辖市劳动能力鉴定委员会提出再次鉴定申请。省、自治区、直辖市劳动能力鉴定委员会作出的劳动能力鉴定结论为最终结论。

第二十七条 劳动能力鉴定工作应当客观、公正。劳动能力鉴定委员会组成人员或者参加鉴定的专家与当事人有利害关系的，应当回避。

第二十八条 自劳动能力鉴定结论作出之日起1年后，工伤职工或者其近亲属、所在单位或者经办机构认为伤残情况发生变化的，可以申请劳动能力复查鉴定。

第二十九条　劳动能力鉴定委员会依照本条例第二十六条和第二十八条的规定进行再次鉴定和复查鉴定的期限，依照本条例第二十五条第二款的规定执行。

第五章　工伤保险待遇

第三十条　职工因工作遭受事故伤害或者患职业病进行治疗，享受工伤医疗待遇。

职工治疗工伤应当在签订服务协议的医疗机构就医，情况紧急时可以先到就近的医疗机构急救。

治疗工伤所需费用符合工伤保险诊疗项目目录、工伤保险药品目录、工伤保险住院服务标准的，从工伤保险基金支付。工伤保险诊疗项目目录、工伤保险药品目录、工伤保险住院服务标准，由国务院社会保险行政部门会同国务院卫生行政部门、食品药品监督管理部门等部门规定。

职工住院治疗工伤的伙食补助费，以及经医疗机构出具证明，报经办机构同意，工伤职工到统筹地区以外就医所需的交通、食宿费用从工伤保险基金支付，基金支付的具体标准由统筹地区人民政府规定。

工伤职工治疗非工伤引发的疾病，不享受工伤医疗待遇，按照基本医疗保险办法处理。

工伤职工到签订服务协议的医疗机构进行工伤康复的费用，符合规定的，从工伤保险基金支付。

第三十一条　社会保险行政部门作出认定为工伤的决定后发生行政复议、行政诉讼的，行政复议和行政诉讼期间不停止支付工伤职工治疗工伤的医疗费用。

第三十二条　工伤职工因日常生活或者就业需要，经劳动能力鉴定委员会确认，可以安装假肢、矫形器、假眼、假牙和配置轮椅等辅助器具，所需费用按照国家规定的标准从工伤保险基金支付。

第三十三条　职工因工作遭受事故伤害或者患职业病需要暂停工作接受工伤医疗的，在停工留薪期内，原工资福利待遇不变，由所在单位按月支付。

停工留薪期一般不超过 12 个月。伤情严重或者情况特殊，经设区的市级劳动能力鉴定委员会确认，可以适当延长，但延长不得超过 12 个月。工伤职工评定伤残等级后，停发原待遇，按照本章的有关规定享受伤残待遇。工伤职工在停工留薪期满后仍需治疗的，继续享受工伤医疗待遇。

生活不能自理的工伤职工在停工留薪期需要护理的，由所在单位负责。

第三十四条　工伤职工已经评定伤残等级并经劳动能力鉴定委员会确认需要生活护理的，从工伤保险基金按月支付生活护理费。

生活护理费按照生活完全不能自理、生活大部分不能自理或者生活部分不能自理 3 个不同等级支付，其标准分别为统筹地区上年度职工月平均工资的 50％、40％或者 30％。

第三十五条　职工因工致残被鉴定为一级至四级伤残的，保留劳动关系，退出工作岗位，享受以下待遇：

（一）从工伤保险基金按伤残等级支付一次性伤残补助金，标准为：一级伤残为 27 个月的本人工资，二级伤残为 25 个月的本人工资，三级伤残为 23 个月的本人工资，四级伤残为 21 个月的本人工资；

（二）从工伤保险基金按月支付伤残津贴，标准为：一级伤残为本人工资的 90％，二级伤残为本人工资的 85％，三级伤残为本人工资的 80％，四级伤残为本人工资的 75％。伤残津贴实际金额低于当地最低工资标准的，由工伤保险基金补足差额；

（三）工伤职工达到退休年龄并办理退休手续后，停发伤残津贴，按照国家有关规定享受基本养老保险待遇。基本养老保险待遇低于伤残津贴的，由工伤保险基金补足差额。

职工因工致残被鉴定为一级至四级伤残的，由用人单位和职工个人以伤残津贴为基数，缴纳基本医疗保险费。

第三十六条　职工因工致残被鉴定为五级、六级伤残的，享受以下待遇：

（一）从工伤保险基金按伤残等级支付一次性伤残补助金，标准为：五级伤残为 18 个月的本人工资，六级伤残为 16 个月的本人工资；

（二）保留与用人单位的劳动关系，由用人单位安排适当工作。难以安排工作的，由用人单位按月发给伤残津贴，标准为：五级伤残为本人工资的 70％，六级伤残为本人工资的 60％，并由用人单位按照规定为其缴纳应缴纳的各项社会保险费。伤残津贴实际金额低于当地最低工资标准的，由用人单位补足差额。

经工伤职工本人提出，该职工可以与用人单位解除或者终止劳动关系，由工伤保险基金支付一次性工伤医疗补助金，由用人单位支付一次性伤残就业补助金。一次性工伤医疗补助金和一次性伤残就业补助金的具体标准由省、自治区、直辖市人民政府规定。

第三十七条　职工因工致残被鉴定为七级至十级伤残的，享受以下待遇：

（一）从工伤保险基金按伤残等级支付一次性伤残补助金，标准为：七级伤残为 13 个月的本人工资，八级伤残为 11 个月的本人工资，九级伤残为 9 个月的本人工资，十级伤残为 7 个月的本人工资；

（二）劳动、聘用合同期满终止，或者职工本人提出解除劳动、聘用合同的，由工伤保险基金支付一次性工伤医疗补助金，由用人单位支付一次性伤残就业补助金。一次性工伤医疗补助金和一次性伤残就业补助金的具体标准由省、自治区、直辖市人民政府规定。

第三十八条　工伤职工工伤复发，确认需要治疗的，享受本条例第三十条、第三十二条和第三十三条规定的工伤待遇。

第三十九条　职工因工死亡，其近亲属按照下列规定从工伤保险基金领取丧葬补助金、供养亲属抚恤金和一次性工亡补助金：

（一）丧葬补助金为6个月的统筹地区上年度职工月平均工资；

（二）供养亲属抚恤金按照职工本人工资的一定比例发给由因工死亡职工生前提供主要生活来源、无劳动能力的亲属。标准为：配偶每月40%，其他亲属每人每月30%，孤寡老人或者孤儿每人每月在上述标准的基础上增加10%。核定的各供养亲属的抚恤金之和不应高于因工死亡职工生前的工资。供养亲属的具体范围由国务院社会保险行政部门规定；

（三）一次性工亡补助金标准为上一年度全国城镇居民人均可支配收入的20倍。

伤残职工在停工留薪期内因工伤导致死亡的，其近亲属享受本条第一款规定的待遇。

一级至四级伤残职工在停工留薪期满后死亡的，其近亲属可以享受本条第一款第（一）项、第（二）项规定的待遇。

第四十条　伤残津贴、供养亲属抚恤金、生活护理费由统筹地区社会保险行政部门根据职工平均工资和生活费用变化等情况适时调整。调整办法由省、自治区、直辖市人民政府规定。

第四十一条　职工因工外出期间发生事故或者在抢险救灾中下落不明的，从事故发生当月起3个月内照发工资，从第4个月起停发工资，由工伤保险基金向其供养亲属按月支付供养亲属抚恤金。生活有困难的，可以预支一次性工亡补助金的50%。职工被人民法院宣告死亡的，按照本条例第三十九条职工因工死亡的规定处理。

第四十二条　工伤职工有下列情形之一的，停止享受工伤保险待遇：

（一）丧失享受待遇条件的；

（二）拒不接受劳动能力鉴定的；

（三）拒绝治疗的。

第四十三条　用人单位分立、合并、转让的，承继单位应当承担原用人单位的工伤保险责任；原用人单位已经参加工伤保险的，承继单位应当到当地经办机构办理工伤保险变更登记。

用人单位实行承包经营的，工伤保险责任由职工劳动关系所在单位承担。

职工被借调期间受到工伤事故伤害的，由原用人单位承担工伤保险责任，但原用人单位与借调单位可以约定补偿办法。

企业破产的，在破产清算时依法拨付应当由单位支付的工伤保险待遇费用。

第四十四条　职工被派遣出境工作，依据前往国家或者地区的法律应当参加当地工伤保险的，参加当地工伤保险，其国内工伤保险关系中止；不能参加当地工伤保险的，其国内工伤保险关系不中止。

第四十五条　职工再次发生工伤，根据规定应当享受伤残津贴的，按照新认定的伤残等级享受伤残津贴待遇。

第六章　监督管理

第四十六条　经办机构具体承办工伤保险事务，履行下列职责：

（一）根据省、自治区、直辖市人民政府规定，征收工伤保险费；

（二）核查用人单位的工资总额和职工人数，办理工伤保险登记，并负责保存用人单位缴费和职工享受工伤保险待遇情况的记录；

（三）进行工伤保险的调查、统计；

（四）按照规定管理工伤保险基金的支出；

（五）按照规定核定工伤保险待遇；

（六）为工伤职工或者其近亲属免费提供咨询服务。

第四十七条　经办机构与医疗机构、辅助器具配置机构在平等协商的基础上签订服务协议，并公布签订服务协议的医疗机构、辅助器具配置机构的名单。具体办法由国务院社会保险行政部门分别会同国务院卫生行政部门、民政部门等部门制定。

第四十八条　经办机构按照协议和国家有关目录、标准对工伤职工医疗费用、康复费用、辅助器具费用的使用情况进行核查，并按时足额结算费用。

第四十九条　经办机构应当定期公布工伤保险基金的收支情况，及时向社会保险行政部门提出调整费率的建议。

第五十条　社会保险行政部门、经办机构应当定期听取工伤职工、医疗机构、辅助器具配置机构以及社会各界对改进工伤保险工作的意见。

第五十一条　社会保险行政部门依法对工伤保险费的征缴和工伤保险基金的支付情况进行监督检查。

财政部门和审计机关依法对工伤保险基金的收支、管理情况进行监督。

第五十二条　任何组织和个人对有关工伤保险的违法行为，有权举报。社会保险行政部门对举报应当及时调查，按照规定处理，并为举报人保密。

第五十三条　工会组织依法维护工伤职工的合法权益，对用人单位的工伤保险工作实行监督。

第五十四条　职工与用人单位发生工伤待遇方面的争议，按照处理劳动争议的有关规定处理。

第五十五条　有下列情形之一的，有关单位或者个人可以依法申请行政复议，也可以依法向人民法院提起行政诉讼：

（一）申请工伤认定的职工或者其近亲属、该职工所在单位对工伤认定申请不予受理的决定不服的；

（二）申请工伤认定的职工或者其近亲属、该职工所在单位对工伤认定结论不服的；

（三）用人单位对经办机构确定的单位缴费费率不服的；

（四）签订服务协议的医疗机构、辅助器具配置机构认为经办机构未履行有关协议或者规定的；

（五）工伤职工或者其近亲属对经办机构核定的工伤保险待遇有异议的。

第七章 法律责任

第五十六条 单位或者个人违反本条例第十二条规定挪用工伤保险基金，构成犯罪的，依法追究刑事责任；尚不构成犯罪的，依法给予处分或者纪律处分。被挪用的基金由社会保险行政部门追回，并入工伤保险基金；没收的违法所得依法上缴国库。

第五十七条 社会保险行政部门工作人员有下列情形之一的，依法给予处分；情节严重，构成犯罪的，依法追究刑事责任：

（一）无正当理由不受理工伤认定申请，或者弄虚作假将不符合工伤条件的人员认定为工伤职工的；

（二）未妥善保管申请工伤认定的证据材料，致使有关证据灭失的；

（三）收受当事人财物的。

第五十八条 经办机构有下列行为之一的，由社会保险行政部门责令改正，对直接负责的主管人员和其他责任人员依法给予纪律处分；情节严重，构成犯罪的，依法追究刑事责任；造成当事人经济损失的，由经办机构依法承担赔偿责任：

（一）未按规定保存用人单位缴费和职工享受工伤保险待遇情况记录的；

（二）不按规定核定工伤保险待遇的；

（三）收受当事人财物的。

第五十九条 医疗机构、辅助器具配置机构不按服务协议提供服务的，经办机构可以解除服务协议。

经办机构不按时足额结算费用的，由社会保险行政部门责令改正；医疗机构、辅助器具配置机构可以解除服务协议。

第六十条 用人单位、工伤职工或者其近亲属骗取工伤保险待遇，医疗机构、辅助器具配置机构骗取工伤保险基金支出的，由社会保险行政部门责令退还，处骗取金额2倍以上5倍以下的罚款；情节严重，构成犯罪的，依法追究刑事责任。

第六十一条 从事劳动能力鉴定的组织或者个人有下列情形之一的，由社会保险行政部门责令改正，处2000元以上1万元以下的罚款；情节严重，构成犯罪的，依法追究刑事责任：

（一）提供虚假鉴定意见的；

（二）提供虚假诊断证明的；

（三）收受当事人财物的。

第六十二条 用人单位依照本条例规定应当参加工伤保险而未参加的，由社会保险行政部门责令限期参加，补缴应当缴纳的工伤保险费，并自欠缴之日起，按日加收万分之五的滞纳金；逾期仍不缴纳的，处欠缴数额1倍以上3倍以下的罚款。

依照本条例规定应当参加工伤保险而未参加工伤保险的用人单位职工发生工伤的，由该用人单位按照本条例规定的工伤保险待遇项目和标准支付费用。

用人单位参加工伤保险并补缴应当缴纳的工伤保险费、滞纳金后，由工伤保险基金和用人单位依照本条例的规定支付新发生的费用。

第六十三条 用人单位违反本条例第十九条的规定，拒不协助社会保险行政部门对事故进行调查核实的，由社会保险行政部门责令改正，处2000元以上2万元以下的罚款。

第八章 附 则

第六十四条 本条例所称工资总额，是指用人单位直接支付给本单位全部职工的劳动报酬总额。

本条例所称本人工资，是指工伤职工因工作遭受事故伤害或者患职业病前12个月平均月缴费工资。本人工资高于统筹地区职工平均工资300%的，按照统筹地区职工平均工资的300%计算；本人工资低于统筹地区职工平均工资60%的，按照统筹地区职工平均工资的60%计算。

第六十五条 公务员和参照公务员法管理的事业单位、社会团体的工作人员因工作遭受事故伤害或者患职业病的，由所在单位支付费用。具体办法由国务院社会保险行政部门会同国务院财政部门规定。

第六十六条 无营业执照或者未经依法登记、备案的单位以及被依法吊销营业执照或者撤销登记、备案的单位的职工受到事故伤害或者患职业病的，由该单位向伤残职工或者死亡职工的近亲属给予一次性赔偿，赔偿标准不得低于本条例规定的工伤保险待遇；用人单位不得使用童工，用人单位使用童工造成童工伤残、死亡的，由该单位向童工或者童工的近亲属给予一次性赔偿，赔偿标准不得低于本条例规定的工伤保险待遇。具体办法由国务院社会保险行政部门规定。

前款规定的伤残职工或者死亡职工的近亲属就赔偿数额与单位发生争议的，以及前款规定的童工或者童工的近亲属就赔偿数额与单位发生争议的，按照处理劳动争议的有关规定处理。

第六十七条 本条例自2004年1月1日起施行。本条例施行前已受到事故伤害或者患职业病的职工尚未完成工伤认定的，按照本条例的规定执行。

【课后巩固练习】 ▶▶▶

1. 什么是工伤保险?
2. 工伤保险与商业人身意外伤害保险有什么不同?
3.《工伤保险条例》何时实施?
4. 工伤保险费由哪个部门负责征缴?
5. 交通信号包括哪些?
6. 我国工伤保险主要体现了哪些原则?
7. 工伤保险基金的统筹范围是如何确定的?

第六节　案例分析与讨论

【案例一】

现年 63 岁的周先生是湖南省衡阳市人,12 年前,他进入上海市一家房地产开发集团公司工作,并且一直担任主管行政的副总经理一职。作为公司的高级管理人员,周先生打拼多年,为公司立下不少汗马功劳,对老东家也深怀感情。可孰料,随着房市持续波动,单位的经营状况也每况愈下,连员工的工资都很难支付。身为公司副总的周先生也未能幸免,由于公司不能正常地支付工资,一年只发放了两三千元的生活费,周先生也难以度日,2008 年 3 月,已拖欠其工资两年有余的公司,在周先生的要求下写了一份承诺书,承诺公司在 2008 年 4 月 4 日前支付拖欠周先生的工资共计 20 万元。可等了多日,周先生发现公司始终无意支付,眼看着自己打拼多年的心血要打水漂,他再也坐不住了。4 月 14 日,周先生向上海市徐汇区人民法院提出支付令申请,要求所在工作单位支付其 2005 年 11 月至 2008 年 3 月工资共计 20 万元。上海市徐汇区人民法院于 2008 年 5 月对该案做出处理,并对周先生所在单位发出支付令:判令其自收到支付令之日起 15 日内,支付周先生 2005 年 11 月至 2008 年 3 月的工资共计 20 万元及相关诉讼费用。

问题分析

① 本案是首例涉及新《中华人民共和国劳动合同法》(以下简称《劳动合同法》)有关劳动报酬支付令以及 2008 年 4 月 1 日起实施的新修订《中华人民共和国民事诉讼法》(以下简称《民事诉讼法》)的案件。在解决劳动争议中引入支付令制度,始于 2008 年 1 月 1 日开始实施的《劳动合同法》。引入支付令制度,主要是考虑到有些事项,比如劳动报酬、经济补偿、工伤医疗费等金钱给付事项对于劳动者来说都比较紧急,需要尽快解决。据此,劳动者无需经过劳动争议仲裁、法院诉讼等仲裁诉讼程序,可直接向法院申请支付令。

②《劳动合同法》第三十条规定:用人单位应当按照劳动合同约定和国家规定,向劳动者及时足额支付劳动报酬。用人单位拖欠或者未足额支付劳动报酬的,劳动者可以依法向当地人民法院申请支付令,人民法院应当依法发出支付令。

③ 本案中,周先生正是由于公司拖欠劳动报酬使其难以度日而向法院申请支付令。作为用人单位来讲,当发生生产经营、资金周转困难时,应寻求合法的方法(如,协商解除劳动合同、适当地停工、降薪、与员工协商暂时延期支付工资等)来控制风险,采用拖欠工资的违法做法的结果是加大了企业的法律责任,于企业扭转经营危机无任何帮助。

【案例二】

邓某、肖某都是在公司服务超过10年的老员工，公司与邓某、肖某的劳动合同即将到期。公司人事部与邓某续签了合同期限为五年的劳动合同，与肖某签订了无固定期限合同。邓某得知肖某签订了无固定期限合同，向公司提出将固定期限合同变更为无固定期限合同的申请。公司却认为，邓某虽然现在是技术部不可缺少的骨干人才，但五年后他的知识将老化，不再适应公司的发展，因此拒绝了邓某的申请。而已经签订无固定期限合同的肖某也有点忧虑，因为按照公司的合资合同，公司还有十年的合同期，那么十年后公司解散后，他的无固定期限合同怎么办呢？

问题分析

① 公司应当与邓某签订无固定期限劳动合同。根据劳动法的规定，劳动者在同一用人单位连续工作满十年以上，当事人双方同意续延劳动合同的，如果劳动者提出订立无固定期限的劳动合同，应当订立无固定期限的劳动合同。最高人民法院在2001年《关于审理劳动争议案件适用法律若干问题的解释》第16条第2款规定："根据《劳动法》第二十条之规定，用人单位应当与劳动者签订无固定期限劳动合同而未签订的，人民法院可以视为双方之间存在无固定期限劳动合同关系，并以原劳动合同确定双方的权利义务关系。"邓某在公司已经连续在公司工作10年以上，而且公司和邓某续签了5年的劳动合同，表明双方同意延续劳动合同，所以邓某提出订立无固定期限的劳动合同，单位应该签订。

② 无固定期限劳动合同只能依法解除和终止。无固定期限的劳动合同不等于一成不变，一旦符合法律、法规或者双方当事人的约定条件，任何一方均可终止劳动合同。比如，当职工达到法定退休年龄时，该合同因职工的主体资格消失而终止；再比如企业中途解散，虽然职工还未达到退休年龄，但该合同因企业以方的主体资格消失也会终止。公司的合同期还有十年，在这十年中若公司被撤销，或十年以后公司解散，该无固定期限劳动合同会因此终止，公司无需支付赔偿金。如果十年以后公司的投资方又延续了合资合同，公司将继续经营，公司与肖某的无固定期限合同也将继续履行。因此，肖某的无固定期限合同的实际履行期限处于待定的状态。

【案例三】

2002年正月初七，发生在河北唐山市古冶区赵各庄一家游戏厅的大火震惊了全国，大火共夺走了17条生命，仅有一人幸存。在这场大火中，开滦八中失去了8名学生。

伤亡原因：游戏机电路起火后，由于当时门窗被封死，仅有一秘密通道进出玩游戏机的人在黑暗中被浓烟活活呛死。

【案例四】

1999年10月9日9时45分，广州市白云区竹料镇乌溪村永发购销综合店因切割海绵的电热丝引燃海绵发生特大火灾，15名打工者葬身火海。火势殃及毗邻的新雅布艺总汇、冠隆店，烧毁建筑面积1300多平方米，直接财产损失92万元。火势迅速蔓延。高伟鸿和老板陈永朝试图灭火，但因浓烟太大而失败。大火猛烈燃烧，封住该店的唯一出口，17名正在工场内工作的员工被大火围困。店内的物品燃烧产生大量有毒气体，最先赶到的新市消防中队10时15分到达火场时，被困人员除两名女工逃出生天外，大部分已被熏倒或烧死，火场内已无任何人员生还的迹象。

火灾原因

永发购销综合店员工高伟鸿违章使用电热丝切割海绵，离岗时未断电源，高温电热丝引燃海绵失火。

死亡原因

一栋4层楼家庭作坊，全部窗户都装上了防盗铁网，火灾发生时，大火封住了唯一的出口，夺去了员工的逃生之路。

【课后巩固练习】▶▶▶

1. 生产过程中的危险因素有哪些？
2. 煤矿的"五大灾害"指什么？
3. 哪些单位和职工应当依法参加工伤保险？
4. 内退（下岗）职工是否参加工伤保险？
5. 危险化学品生产、储存，必须具备哪些条件？
6. 申请取得剧毒化学品购买许可证应该向公安机关提供哪些资料？
7. 发生职业中毒事故卫生行政部门有权采取哪些临时控制措施？
8. 向用人单位提供可能产生职业病危害的材料时应注意哪些事项？
9. 哪个部门对全国消防工作实施监督管理？

第九章

危险化学品安全生产管理

第一节　危险化学品安全生产管理概述

【学习目标】 ▶▶▶

知识目标：掌握危险化学品安全生产管理的主要内容。

能力目标：建立初步的危险化学品安全管理的理念、思路和方法。

情感价值观目标：培养学生科学严谨的工作态度和敏捷的思维。

【案例情景】 ▶▶▶

2010 年 7 月 28 日 10 时 15 分，位于南京市栖霞区迈皋桥街道的南京塑料四厂地块拆除工地发生地下丙烯管道泄漏爆燃事故，共造成 22 人死亡，120 人住院治疗，其中 14 人重伤，爆燃点周边部分建（构）筑物受损，直接经济损失 4784 万元。

事故原因： 施工人员在原南京塑料四厂厂区场地平整施工中，挖掘机械违规碰裂地下丙烯管线，造成丙烯泄漏，与空气形成爆炸性混合物，遇明火后发生爆燃。

危险化学品生产具有易燃、易爆、易中毒、高温、高压、有腐蚀性等特点，为确保生产的安全，危险化学品生产、经营、储存、运输企业必须认真贯彻"安全第一，预防为主，综合治理"的方针，做好企业安全生产管理的各项工作。企业安全生产管理的任务是认真贯彻执行国家的安全生产法规和职业安全卫生标准，使企业的生产设备、工艺、场所符合国家规定的要求，为生产提供一个符合安全要求的物质条件和工作秩序，防止事故和职业病的发生，保护职工生产过程中的安全与健康，保护企业财产的安全。

为了实现安全生产，企业安全生产管理包括以下主要内容。

（1）建立完善的安全生产管理机构　配备必要的熟悉安全生产管理的人员并明确职权、责任，为安全生产管理提供组织保障。

（2）建立完备的安全生产规章制度　用制度规范行为，使与安全生产相关的事项均有章可循，从而建立良好的安全生产秩序。安全制度是安全生产管理的前提条件。

（3）积极开展安全生产宣传教育　提高职工安全素质，建立良好的企业安全文化，倡导安全第一的安全价值观念，使职工既重视安全生产，又懂得如何安全进行生产，这是一项基础性工作。

（4）进行常规安全生产检查　及时发现事故隐患，并及时采取整改措施，消除隐患。安全检查是安全管理的重要手段。

（5）制订切实可行的安全技术措施计划　改善生产条件，使生产设备、作业场所、安全设施符合国家规定要求，推广应用安全防护技术，提高安全防护水平；新建、改建和扩建生产项目，做好"三同时"工作。生产条件的安全化为实现安全生产提供物质保障。

安全生产管理是一种全员、全过程、全方位的管理，应推选目标管理的方法，充分调动全体职工的主观能动性，发挥其创造精神。应强化危险作业安全管理、现场安全管理和班组安全管理，防止物的不安全状态和人的不安全行为，使安全生产管理落实到每个生产岗位和生产环节。

【课后巩固练习】▶▶▶

1. 危险化学品安全生产管理主要包括哪些方面？
2. 安全生产方针是＿＿＿＿＿＿＿＿、＿＿＿＿＿＿＿＿＿＿和综合治理。
3. 什么是"三同时"？

第二节　安全生产管理的组织机构及职责

【学习目标】▶▶▶

知识目标：掌握安全生产组织机构组成；了解企业安全管理部门的主要职责。
能力目标：能明确企业安全生产管理部门的职责。
情感价值观目标：培养学生正确的安全价值观和安全意识。

【案例情景】▶▶▶

2005 年 4 月 21 日下午 4 时左右，重庆市綦江县东溪化工厂乳化车间粉尘运输管道发生堵塞，约 2t 炸药聚集在管道内，发生阻塞事故后，当班工人立即采取措施进行抢修疏通。在处理的过程中，22 时 25 分，发生了爆炸事故。发生爆炸的生产车间是一栋三层的乳化炸药制药工房，长 43m，局部高 15m，建筑面积 $1660m^2$。事故造成 17 人死亡，2 人失踪，13人受伤，爆炸将乳化车间夷为平地，直接经济损失 1000 余万元。

事故原因：① 当班工人违章作业；
② 事故发生时重庆正处于强雷暴天气。

安全生产管理工作涉及面广、工作量大、任务重，如果没完善的管理组织，安全生产管理的各项工作难以落实。《安全生产法》第二十一条规定，矿山、金属冶炼、建筑施工、道路运输单位和危险物品的生产、经营、储存单位，应当设置安全生产管理机构或者配备专职安全生产管理人员。企业的安全生产管理组织一般包括三级：厂级领导决策层（如安全生产领导小组）、管理层（工厂安全生产管理职能部门，如安全处、安全科）和执行层（车间班组专职或兼职安全员组成的群众性安全管理网络）。

一、企业安全生产领导小组的组成与职责

企业法定代表人或其指定的分管企业安全生产的企业负责人任企业安全生产领导小组主任，小组成员包括各职能管理部门和各生产车间的主要负责人、安全员和工人代表。其主要职责是领导、规划、协调全企业的安全生产工作，主要包括如下内容。

① 保证国家的安全生产法规和职业安全卫生标准在企业内得到认真贯彻执行。保证安

全生产投入的有效实施。危险化学品生产企业特别要认真执行《危险化学品安全管理条例》。

② 审定有关职能部门提出的企业安全技术措施计划、安全生产工作计划及总结、企业安全生产规章制度、事故应急救援预案和危险化学品生产、储存设施的定期安全评价报告。

③ 定期召开会议，听取、审查有关职能部门关于企业生产工作报告和安全技术措施计划执行情况的汇报；分析安全生产形势，研究并确定重大危险源安全管理和防范重大安全事故的具体措施；对存在的重大安全问题和重大事故隐患作出整改决定，并责成有关部门执行。

④ 听取重大伤亡事故、设备事故、危险化学品事故和职业病危害事故的调查处理情况，决定企业安全生产方面的重大奖惩。

二、安全处（科）的任务与职责

① 安全技术处（科）由厂长直接领导，并在生产副厂长的具体领导下开展工作，是厂长、生产副厂长在安全工作中的助手，负责督促、检查、汇总情况，并做好协调工作，对职责范围内因工作失误而导致的伤亡事故负责。

② 认真贯彻执行国家有关安全生产的政策、法令、规程、标准和规章制度，并经常检查贯彻执行情况。

③ 负责组织制定、修改本单位安全生产责任制，经厂长批准后发布执行。

④ 负责组织各种安全生产检查，对查出的事故隐患和尘毒危害问题，有权下达行政指令，限期整改，并督促实施。在生产中，遇有重大险情时，有权下令停止作业，并立即上报。

⑤ 负责组织安全生产的宣传教育工作，组织好安全生产教育室的工作，充分发挥电化教育的作用，协同有关部门做好新工人和特种作业人员的安全技术教育。

⑥ 组织推广目标管理、安全系统工程、标准化作业等现代安全管理方法和先进的职业安全和卫生技术，不断改善劳动条件，预测、预防事故的发生。

⑦ 参加各种会议，提出职业安全、卫生方面的建议与要求。

⑧ 参加新建、改建、扩建以及大、中、小修工程的初步设计和方案的审查及竣工验收。

⑨ 负责编制并组织中长期安全生产规划、年度安全技术措施计划及年、季、月职业安全、卫生工作计划的实施，编制企业安全技术经费的使用意见。

⑩ 负责职业卫生工作归口管理，组织对尘、毒、高温、噪声及其他物理性危险作业岗位的检测。组织研究并督促检查防尘、防毒、防物理性危害技术措施的实施。

⑪ 负责锅炉、压力容器的安全监督、监测工作。

⑫ 参加重伤、死亡事故的现场勘察、调查、分析与处理。

⑬ 负责伤亡事故统计、分析、报告和建立伤亡事故数据库的工作。

⑭ 督促检查承包、联营、技术协作项目中的安全工作。

⑮ 按国家有关规定制定个人防护用品、保健津贴发放标准，督促有关部门按规定及时发放，检查个人防护用品使用情况。

⑯ 督促有关职能部门按照《危险化学品安全管理条例》的要求在各自职能范围内做好危险化学品的各项安全管理工作，主要包括如下内容。

a. 危险化学品登记申报和生产、经营许可证申领的管理。

b. 危险化学品安全技术说明书和安全标签的管理。

c. 危险化学品包装物的采购、重复使用、质量检验等方面的管理。

d. 危险化学品的仓储、出入库管理。

e. 危险化学品销售、剧毒化学品产品流向管理。

f. 危险化学品装卸、托运和运输管理。

g. 危险化学品运输工具的安全管理。

⑰ 组织有关部门制订重大危险源和重大事故隐患的安全监控措施，组织实施并对实施情况进行监督检查。组织制定事故应急救援预案。组建应急救援组织，督促检查应急救援人员、器材、设备的落实和维护保养，并定期组织救援演练。发生危险化学品事故时，协助企业负责人组织救援工作。

⑱ 指导车间、班组的安全管理工作。总结和推广安全生产先进经验，组织安全生产的先进评比表彰工作。

⑲ 建立、管理企业安全生产档案，做好信息管理，及时收集职工对安全生产工作的意见和建议。对从事有职业危害作业的职工建立职业健康监护档案。

⑳ 定期向企业安全领导小组报告工作。

三、车间专（兼）职安全员的职责

车间专（兼）职安全员工作在生产第一线，熟悉生产情况，了解生产中的危险有害因素，联系着生产岗位上的工人，对强化班组生产管理和现场管理起着重要的作用，他们的主要职责如下。

① 在车间主任领导下，协助贯彻执行有关安全生产的规章制度，并接受上级安全部门业务指导。

② 负责组织对新职工（含实习、代培、调转、参观人员等）和复工人员进入车间的安全生产教育和考试，定期对职工进行安全生产宣传教育，做好每年的普测、考核、登记和上报工作。

③ 协助领导开展定期的职业安全、卫生自查和专业检查，对查出的问题进行登记、上报，并督促按期解决。

④ 负责组织车间内的安全例会、安全日活动，开展安全竞赛及总结先进经验等。

⑤ 协助领导修订车间安全管理细则、岗位操作细则、安全责任制和制订临时性危险作业的安全措施等，了解安全生产状况，提出改进安全工作的建议。

⑥ 经常检查职工对安全生产规章制度的执行情况，制止违章作业和违章指挥，对于危及工人生命的重大隐患，有权停止生产，并立即报告领导。

⑦ 发生事故时及时抢救伤员、保护现场并及时报告，参加伤亡事故的调查、分析、处理，提出防范措施。负责伤亡事故和违规、违制的统计上报。

⑧ 根据上级规定，督促检查个体防护用品、保健食品、清凉饮料的正确使用。

⑨ 维护管理安全防护设施、灭火器材，保障安全通道与出口畅通。

【课后巩固练习】 ▶▶▶

1. 安全生产领导小组的主要职责有哪些？

2. 判断题

《安全生产法》第二十一条规定，危险化学品生产单位应当设置安全生产管理机构或者配备专职安全生产管理人员。（　　）。

3. 多选题

企业单位的安全生产管理组织机构包括：（　　　）

A. 安全生产领导小组　　　　　B. 安全处（科）　　　　　C. 工会

D. 车间、班组兼（专）职安全员组成的群众性安全管理网络

第三节　安全生产规章制度

【学习目标】▶▶▶

知识目标：熟悉安全生产规章制度的内容、作用，规章制度制定原则和实施要求。

能力目标：初步具备能编制安全规章制度的能力。

情感价值观目标：培养学生科学严谨的工作态度和实事求是的精神。

【案例情景】▶▶▶

2001 年 8 月 3 日 18 时 40 分左右，哈尔滨某石化分公司某车间操作工去新鲜水泵房巡检挂牌，之后又去相邻消防水泵房逗留（一墙之隔的地下泵房）。18 时 45 分消防水泵房发生闪爆，操作工当场被严重烧伤，19 时左右被发现后，立即被送至哈尔滨市第五医院进行救治，因其全身 95％三度烧伤，合并重度吸入性损伤，经抢救无效死亡。

事故直接原因：操作工违章。

事故的根本原因是企业安全生产责任制不落实，安全规章制度不健全，落实不严格，造成职工的安全意识不高。

安全生产规章制度是以安全生产责任制为核心判定的，指引和约束人们在安全生产方面的行为准则。其作用是明确各岗位安全职责、规范安全生产行为、建立和维护安全生产秩序。

一、安全生产规章制度的内容

安全生产规章制度包括安全生产责任制、安全操作规程和基本的安全生产管理制度。

1. 安全生产责任制

安全生产责任制是最基本的安全制度，是按照安全生产方针和"管生产必须管安全、谁主管谁负责"的原则，将各级负责人、各职能部门及其工作人员、各生产部门和各岗位生产工人在安全生产方面应做的事情及应负的责任加以明确规定的一种制度。其实质是"安全生产，人人有责"，是安全制度的核心。

生产经营单位的主要负责人对本单位的安全生产全面负责，是本单位安全生产的第一责任人。分管安全生产的单位负责人，负主要领导责任；分管业务工作的负责人，对分管范围内的安全生产负直接领导责任。车间、班组的负责人对本车间、本班组的安全生产负全面责任；各职能部门在各自业务范围内，对实现安全生产负责。各岗位生产工人要自觉遵守安全制度、严格遵守操作规程，在本岗上做好安全生产工作。

2. 安全操作规程

安全操作规程是生产工人操作设备、处置物料、进行生产作业时所必须遵守的安全规则。

安全操作规程应包括以下内容。

① 作业前安全检查的内容、方法和安全要求。

② 安全操作的步骤、要点和安全注意事项。

③ 作业过程中巡查设备运行的内容和安全要求。

④ 故障排除方法，事故应急处理措施。

⑤ 作业场所、作业位置、个人防护的安全要求。

⑥ 作业结束后现场的清理。

⑦ 特殊作业场所作业时的安全防护要求。

操作规程对防止生产操作中不安全行为有重要作用。

3. 基本的安全生产管理制度

为保证国家安全生产方针和安全生产法规得到认真贯彻，在管理与安全生产有关事项时有一个行为准则，企业应建立基本的安全管理制度，主要有如下内容。

① 职工安全守则。

② 安全生产教育制度。

③ 安全生产检查制度。

④ 事故管理制度。

⑤ 危险作业审批制度。

⑥ 特种设备、危险性大的设备、危险化学品运输工具和动力管线等的管理制度。

⑦ 安全生产值班制度。

⑧ 职业卫生管理、职业病危害因素监测及评价制度。

⑨ 劳动防护用品发放管理制度。

⑩ "三同时"评审与生产经营项目、场所、设备发包或出租合同安全评审制度。

⑪ 安全生产档案和职业健康监护档案管理制度。

⑫ 危险化学品包装物管理制度。

⑬ 危险化学品装卸、储存、运输和废弃处置安全规则。

⑭ 危险化学品销售管理制度。

⑮ 重大危险源安全监控制度。

⑯ 危险化学品托运安全管理制度。

⑰ 危险化学品生产、储存装置安全评价制度。

⑱ 本单位危险化学品事故应急救援和为危险化学品事故应急救援提供技术支援的制度。

二、安全生产规章制度的制定

安全生产规章制度的建立与健全是企业安全生产管理工作的重要内容，制定制度是一项政策性很强的工作，制定安全制度时要注意以下问题。

1. 依法制定，结合实际

企业制定安全生产规章制度，必须以国家法律、法规和安全生产方针政策为依据。要根据法规的要求、结合企业的具体情况来制定。安全生产责任制的划分要按照企业生产管理模式，根据"管生产必须管安全，谁主管谁负责"的原则来确定。

2. 有章可循，衔接配套

企业安全制度应涵盖安全生产的方方面面，使与安全有关的事项都有章可循，同时又要注意制度之间的衔接配套，防止出现制度的空隙而无章可循或制度交叉重复又不一致而无所适从。

3. 科学合理，切实可行

制度是行为规范，必须符合客观规律，操作规程更是如此。如果制度不科学，将会误导人的行为，如果制度不合理，过于繁琐复杂将难以顺利执行。

4. 简明扼要，清晰具体

制度的条文、文字要简练，意思表达要清晰，要求规定要具体，以便于记忆、易于操作。

三、安全生产规章制度的实施

制度的作用是规范行为，如果制度制定了不能认真执行，就失去了制定制度的意义。为使制度能得到很好的执行成为广大职工的自觉行动，需要做好以下工作。

1. 教育先行，提高执行自觉性

制度的条文只是提出了行为的规范、操作的要求，即规定"怎么做"；而"为什么要这么做"，一般是不可能在条文中作详细的解释。要把一件事做好，那就必须使做事的人明白为什么要这样做，从而发挥其主观能动性。制度颁布后，必须进行相应的教育解释工作，使职工明白为什么要制定这样的制度，从而避免消极态度、抵触情绪，提高执行制度的自觉性。对于操作规程更要辅以一定的培训，对操作要领、安全要求给出详细的解释。

2. 检查督促，严格执行

制度是从整体、长远利益考虑而制定的，对个人的某些利益与自由必然会产生一定的约束和限制，因而不可能每一个人都能自觉地执行。要通过检查，了解执行情况并督促不执行或不认真执行的人改正，以保证制度的贯彻，维护其严肃性。

3. 违章必究，奖惩结合

为维护安全生产秩序和制度的严肃性，对违反制度的人必须追究，给予教育，责令改正，严重违章的予以处罚，对模范执行制度的应予以表扬奖励。

4. 总结经验，不断完备

任何制度都是人制定出来的，由于知识、经验的局限，制定制度时难免考虑不周，制度会存在这样或那样的不足之处，往往在制度执行过程中就暴露出来，这就需要总结经验、修改完善。此外，随着企业生产经营状况的改变，制度也要相应地做出调整以适应变化了的情况。安全生产管理水平提高了，管理的要求也要提高，这也需要进行相应调整。

【课后巩固练习】▶▶▶

1. 多选题

安全生产规章制度的制定原则有（　　　）。（多选）

A. 有章可循、衔接配套　　　　　　　B. 实事求是、尊重科学

C. 简明扼要、清晰具体　　　　　　　D. 依法制定、结合实际

2. 安全生产责任制的实质是：＿＿＿＿＿＿＿＿＿＿、＿＿＿＿＿＿＿＿＿。

3. 判断题

安全操作规程是安全制度的核心。（　　　　）

4. 请编制一份离心泵安全操作规程。

第四节　安全生产教育

【学习目标】▶▶▶

知识目标：了解安全生产教育的作用；掌握安全生产教育的主要形式。

能力目标：具备独立开展安全生产教育的能力。

情感价值观目标：培养学生正确的安全价值观和安全意识。

【案例情景】 ▶▶▶

2013年6月3日6时10分许，位于吉林省长春市德惠市的吉林宝源丰禽业有限公司主厂房发生特别重大火灾爆炸事故，先后出动消防官兵800余名、公安干警300余名、武警官兵800余名、医护人员150余名，出动消防车113辆、医疗救护车54辆，共同参与事故抢险救援和应急处置。事故后果共造成121人死亡、76人受伤，17234m² 主厂房及主厂房内生产设备被损毁，直接经济损失1.82亿元。

事故直接原因： 宝源丰公司主厂房一车间女更衣室西面和毗连的二车间配电室的上部电气线路短路，引燃周围可燃物。当火势蔓延到氨设备和氨管道区域，燃烧产生的高温导致氨设备和氨管道发生物理爆炸，大量氨气泄漏，介入了燃烧。

事故造成群死群伤的重要原因之一是企业从未组织开展过安全宣传教育，从未对员工进行安全知识培训，发生火灾后，许多员工不知道往何处逃生。

安全生产宣传教育工作是企业安全生产管理的重要组成部分，是提高生产经营单位负责人、生产管理人员和生产工人安全素质，从而防止不安全行为的重要途径，是预防事故和职业病、保护劳动者在生产过程中的安全与健康的重要措施，是企业安全生产管理的一项基础性工作。

一、安全生产教育的目的、作用

事故的直接原因有两个方面：一是物的不安全状况；二是人的不安全行为。对于物的不安全状况，深究其根本原因，有不少都可追溯到人为的失误（比如设计造成设备的缺陷）。从事故统计中看到，70%以上的事故是由于违反安全管理规定、违章指挥、违章操作造成的。伤亡事故和职业危害主要发生在安全意识不强、安全知识缺乏的生产第一线工人身上，直接危及他们的安全与健康。而这又与生产经营单位负责人"重生产、轻安全"的经营思想和生产管理人员安全管理水平不高有直接关系。由此可见，提高生产经营单位负责人、生产管理人员和生产工人（统称生产者）的安全素质，对防止事故和职业危害，保护劳动者在生产过程中的安全与健康有极其重要的作用。

生产者的安全素质包括思想素质和技术素质。思想素质是指生产者的安全法制观念、安全意识和安全价值观念；技术素质是指对安全技术知识和技能的掌握、对安全管理知识的把握与运用。安全素质的提高首先要依靠教育，通过安全生产教育，一方面使生产者熟悉国家的安全生产法规和企业的安全生产规章制度，并能正确贯彻执行，对安全生产有较强的责任感，对法规的贯彻和制度的执行有较高的自觉性，能正确认识安全与生产的辩证关系，正确理解"安全第一、预防为主、综合治理"的方针，凡事首先考虑安全，确保安全才能进行生产，从而树立较强的安全法制观念、安全意识和安全第一的安全价值观念，自觉地遵章守法、主动地搞好安全生产。另一方面，使生产者掌握职业安全卫生的基本知识和与其所从事的生产相关的安全技术知识及操作技能，能够识别生产中的危害因素并掌握相应的防护措施，从而提高其预防事故、处理故障和事故应变能力；使生产经营单位负责人和生产管理人员具备安全生产管理知识和相关的安全技术知识，从而提高他们安全生产管理和安全决策的能力。

安全生产教育的目的是使生产者具备良好的安全素质并得到不断的提高，当生产者的安全素质得到普遍提高，每个人在思想上都重视安全生产，又懂得如何安全地进行生产时，就可避免由于对安全的忽视或无知而产生的不安全行为，减少因人为失误而导致的事故。

二、安全生产教育的内容

安全生产教育针对不同的教育对象和教育目的有不同的具体内容，大体上可分为安全生产法制教育和安全生产知识技能教育两大类。

1. 安全生产法制教育

安全生产法制教育是以提高安全思想素质为目标，主要学习国家的安全生产方针、政策、法规和企业的各项安全生产规章制度，使生产者了解国家对安全生产管理的要求，熟悉本企业安全生产管理的具体要求和工作程序，清楚自己在安全生产方面的职责。正确理解安全生产方针，增强遵章守纪的自觉性，克服重生产轻安全、麻痹大意、侥幸冒险等错误思想，强化安全意识和自我保护意识。

危险化学品生产企业特别要认真学习国家有关危险化学品安全管理的有关法规，熟悉国家有关危险化学品企业设立、改建、扩建的申报审批，生产、经营许可证申领，生产条件及安全防护，危险化学品登记、包装、储存、装卸、销售、运输，危险化学品事故应急救援等方面的规定。

2. 安全生产知识技能教育

安全知识技能教育是以提高安全技术素质为目标，教育的主要内容有基本的职业安全卫生知识（包括电气安全、机械安全、防火防爆、防尘防毒等）和与本企业、本岗位生产相关的安全技术知识和安全操作技能，以及安全生产管理等方面的知识。通过学习相关的知识使生产工人了解：生产中存在和可能产生哪些危险因素和有害因素；防止这些危险和有害因素造成人身伤害或设备损坏的安全防护措施，能够正确处置生产中的危险有害物料、正确操作生产设备和处理故障；发生事故时能正确应变，"做到三不伤害"，即不伤害自己，不伤害他人，不被别人伤害。

使从事生产管理的人员熟悉安全管理的方法，在各自业务工作范围内搞好安全生产管理。

危险化学品的危险特性和危险化学品生产、储存、装卸、运输和废弃处置过程中的安全防护措施，以及发生危险化学品事故时的应急救援措施都是安全生产教育的重要内容。

在安全生产教育中应充分运用典型事故案例，案例教育是最具体、最形象、最生动和最有说服力的，能给人留下深刻的形象。

三、安全生产教育的形式

根据教育的内容、对象和具体的教育目的，有多种教育的形式，主要内容如下。

1. 新工人入厂三级安全生产教育

新工人入厂后上岗前必须进行厂、车间、班组三级安全生产教育，时间不得少于40学时（加油工不得少于56学时），并经考核合格后方可上岗。

厂级安全生产教育由分管安全生产工作的企业领导负责，由企业安全生产管理部门组织实施，内容包括以下几项。

① 安全生产方针和安全生产的意义。

② 安全生产法规，重点是危险化学品安全管理方面的法规。

③ 企业的安全生产规章制度和劳动纪律，遵章守法的必要性。

④ 通用的安全技术、职业卫生基本知识，主要有防火防爆、火灾扑救和火场逃生、防尘防毒、电气安全、机械安全、触电与中毒现场急救等。

⑤ 企业的安全生产状况，所生产的危险化学品的危险特性，生产、包装、储存、装卸、运输和废弃物处置的安全事项，企业生产中主要的危害因素及安全防护措施，重大危险源的状况，安全防护的重点部位。

⑥ 事故应急救援措施，典型事故案例。

厂级安全生产教育合格，分配到车间后，还须进行车间安全生产教育，车间安全生产教育由车间负责人组织实施，内容包括以下几项。

① 本车间安全生产制度，安全生产要求。

② 车间的安全生产状况，生产工艺及其特点，生产中的危害因素及安全防护措施和安全防护的重点部位。

③ 车间发生事故时的应急救援措施，典型事故案例。

车间安全生产教育合格后分配到班组上岗前还须进行班组安全生产教育，班组安全生产教育由班组长组织实施，内容包括以下几项。

① 本班组的安全生产制度，岗位安全职责，劳动纪律。

② 本班组的安全生产状况、生产特点、作业环境、设备状况、消防设施、危险部位及其安全防护要求，岗位间工作配合的安全事项，隐患报告办法。

③ 班组特别是本岗位生产中的危害因素及相应的安全防护措施，个人防护用品的性能及正确使用方法，岗位操作安全要求，作业场所安全要求。

④ 危险化学品泄漏、外溢、着火、爆炸时的具体应变措施，包括报警、防止事故扩大、灾害扑救、伤员现场救护处理以及逃生自救等。

厂级教育侧重法制教育，以增强遵章守纪的自觉性和安全意识，同时进行通用的安全知识教育，车间、班组教育侧重危害因素与危险部位的认知，安全操作技能的掌握和事故报警及应急救援的程序与方法，同时清楚讲解岗位的安全职责。三级安全生产教育是企业教育的重点。

2. 变换工种或离岗后复工的安全生产教育

工人变换工种调到新岗位上工作，对新岗位而言还是个新工人，并不了解新岗位有什么危害因素，没有掌握新的安全操作要求，所以上岗前还要进行班组安全生产教育，跨车间调岗位还要进行车间安全生产教育。离岗（病假、产假等）时间较长，对原工作已生疏，复工前要进行班组安全生产教育。

3. 变动生产条件时的安全生产教育

变动生产条件是指工艺条件、生产设备、生产物料、作业环境发生改变，新的生产条件会有新的危害因素，相应有新的防护措施、新的安全操作要求，而这些是工人原来不懂的，必须针对生产条件改变而带来的新的安全问题对工人进行安全生产教育。

以上三种形式的安全生产教育都属于上岗前的安全生产教育。危险化学品企业的工人必须经过上岗前的安全生产教育，并考核合格方可上岗作业。

4. 特种作业人员安全生产教育

特种作业是指在劳动过程中容易发生伤亡事故，对操作者本人，尤其对他人和周围设施的安全有重大危害的作业。从事特种作业的人员称为特种作业人员，危险化学品企业中从事电工、焊工、制冷工、架子工等特种作业的人员所从事的作业是危险性比较大的，而且一旦作业失误会造成比较严重的后果。《中华人民共和国劳动法》规定特种作业人员"必须经过专门培训并取得特种作业资格"。对于已取得特种作业操作证的人员，还需不断增强安全意识，提高技术水平，所以还要定期对他们进行安全生产教育。危险化学品生产场所不安全因素多，对在这种危险性大的环境从事特种作业的人员，要求他们有更高的安全素质，就更要加强对他们的安全生产教育。

5. 企业负责人和企业安全生产管理人员的安全生产教育

企业负责人是企业生产经营的决策者、组织者、也是企业安全生产的责任人；安全管理人员具体负责企业安全生产的各项管理工作，他们的安全素质高低直接关系到企业的安全管理水平，所以他们必须接受安全生产教育，按国家有关规定对他们的安全生产教育工作是由政府安全生产综合管理部门负责组织，经安全生产教育并考核合格方能任职。企业负责人安全生产教育时间不得少于 40 学时，主要进行安全生产法制教育以及安全生产管理知识的教育；安全管理人员教育时间不少于 120 学时，主要进行安全生产法制教育和安全生产知识教育。

6. 企业其他职能管理部门和生产车间负责人、工程技术人员、班组长的安全生产教育

根据"管生产必须管安全，谁主管谁负责"的原则，职能部门和生产车间的负责人和班组长是本部门的安全生产责任人，应在各自的业务范围内，对实现安全生产负责，工程技术人员直接管理生产中的技术工作，与安全生产有直接关系，所以他们都应该接受安全生产教育。内容包括安全生产法规、企业安全生产规章制度及本部门本岗位安全生产职责、安全管理和职业安全卫生知识、事故应急救援措施以及有关事故安全案例等。对他们的安全生产教育由分管安全生产的企业领导负责，安全生产管理部门组织实施。

7. 危险化学品企业中从事生产、经营、储存、运输（包括驾驶员、船员、装卸管理人员、押运人员）、使用危险化学品或处置废弃危险化学品活动的人员的安全生产教育

按照《危险化学品安全管理条例》规定，这些人必须接受有关法律、法规、规章和安全知识，专业技术、职业卫生防护和应急救援知识的培训，并经考核合格，方可上岗作业。

培训的内容主要有以下几项。

① 有关危险化学品安全管理的法律、法规、规章和标准，以及本企业的有关制度。

② 危险化学品的危险特性及其他物理、化学性质、安全标签及安全技术说明书所提供的信息的含义。

③ 危险化学品安全使用、储存、搬运、操作处置、运输和废弃的程序及注意事项，岗位安全职责和安全操作规程。

④ 作业场所的安全要求，正确识别安全标志。

⑤ 危险化学品进入人体的途径及对人体的危害，作业人员的安全防护措施，个人防护用品的性能作用，正确使用方法及维护保管。

⑥ 危急情况和危险化学品事故应急措施与程序，伤员现场救护处理。

8. 经常性安全生产教育

人对知识有一个不断深化认识的过程，对技能掌握也有一个不断熟练的过程，随着生产的发展变化会产生新的安全问题，所以安全生产教育需要长期性、经常性地进行。经常性教育有多种形式，例如，班前会布置安全、班后会讲评安全、安全活动日、安全例会、事故现场会，观看安全录像及展览等。

四、安全生产教育的方法

安全生产教育的方法主要有营造安全生产氛围、组织安全活动和安全培训三大类。

1. 营造安全生产氛围

利用各种宣传工具，通过报纸、广播、标语等宣传安全生产知识，先进经验以及事故教训，以营造浓郁的安全生产氛围，起到一种感染和潜移默化的作用，张挂警示标志和标语可以起到提醒和警示的作用。

2. 组织安全活动

通过组织各种生动活泼、吸引力强的安全活动，比如安全知识比赛、安全操作技能竞赛、消防体育运动会、安全文艺晚会、班组或车间之间的安全竞赛等，将安全生产教育寓于文娱体育活动中，吸引更多的人参与，这些活动也有利于形成良好的安全生产氛围。

3. 安全培训

通过课堂讲授安全技术知识与管理知识，分析典型事故案例，生产现场具体示范操作要求，指导学员进行实际操作训练，使学员较为系统地掌握安全理论知识和实际操作技能。

【课后巩固练习】▶▶▶

1. 安全生产教育的内容包括：＿＿＿＿＿＿＿＿、＿＿＿＿＿＿＿＿。
2. 新入厂员工（加油工除外）三级安全教育的时间不得少于＿＿＿＿个学时。
3. （　　）是企业教育的重点。

A. 特种作业人员的安全教育　　　　　　B. 企业负责人的安全教育
C. 企业安全管理人员的安全教育　　　　D. 新入厂员工三级安全生产教育

4. 生产者的安全素质包括＿＿＿＿＿＿＿素质和＿＿＿＿＿＿＿素质。
5. 判断题

离岗（病假、产假等）时间较长，对原工作已生疏，复工前要进行班组安全生产教育。
（　　）
6. 事故的直接原因有两个方面：＿＿＿＿＿＿＿、＿＿＿＿＿＿＿。

第五节　安全生产检查

【学习目标】▶▶▶

知识目标：掌握安全生产检查的内容和主要形式。
能力目标：能编制安全检查表，并开展安全生产检查。
情感价值观目标：培养学生认真、细致的安全态度。

【案例情景】▶▶▶

2004 年 4 月 16 日，重庆某化工总厂发生爆炸和氯气泄漏事故，造成 9 人死亡，3 人受伤，近 15 万人疏散转移。

爆炸事故直接原因是该厂液氯生产过程中因氯冷凝器腐蚀穿孔，导致大量含有铵的 $CaCl_2$ 盐水直接进入液氯系统，生成了极具危险性的 NCl_3 爆炸物。这起事故也暴露出该企业对压力容器进行安全检查工作不力。

一、安全生产检查的目的与作用

安全生产的核心是防止事故，事故的原因可归结为人的不安全行为、物（生产设备、工具、物料、场所等）的不安全状态和管理的缺陷三种。预防事故是从防止人的不安全行为、防止物的不安全状态和完善安全生产管理三个方面着手。生产是一个动态过程，在生产过程中，正常运行的设备可能会出现故障，人的操作受其自身条件（安全意识、安全知识技能、经验、健康与心理状况等）的影响可能会出差错，管理也可能有失误，如果不能及时发现这些问题并加以解决，就可能导致事故，所以必须及时了解生产中人和物以及管理的状况，以便及时纠正人的不安全行为、物的不安全状态和管理中的失误。安全生产检查就是为了能及时地发现这些事故隐患，及时采取相应的措施消除这些事故隐患，从而保障生产安全进行。安全生产检查是安全生产管理的重要手段。

二、安全生产检查的组织领导

安全检查要取得成效，不流于形式，不出现疏漏，必须做好检查的组织领导工作，使检查工作制度化、规范化、系统化。

首先，要明确检查职责。安全检查的面广、内容多、专业性强，有不同的检查主体和检查周期，如果职责不清，检查工作就难落实。要通过制度明确规定各项检查的责任人。比如，岗位日常检查工作可纳入岗位安全操作规程，由操作工负责，安全人员日常巡查工作在安全人员岗位责任制中具体规定。专业安全检查的职责可按"管生产必须管安全，谁主管谁负责"的原则，按设备设施的管辖确定检查职责，如工程管的起重设备的专业检查由工程部负责。

其次，检查要有计划，具体规定检查的目的、对象、范围、项目、内容、时间和检查人员，这样才能保证检查工作高效有序进行，避免漏检。检查计划由检查的组织者制订，检查的具体项目、内容、要求、方法等专业技术方面的内容应先编制安全检查表。检查时对照检查表逐项检查，作出检查记录，保证检查质量，提高工作效率，也避免了漏检。检查人员要熟悉业务，在现场检查中能识别危险源和事故隐患，并掌握相应的安全技术标准。

最后，要做好整改和分析总结工作，整改中发现的问题要定出具体的整改意见（包括整改内容、期限和责任人），并对整改结果进行复查和记录。要根据检查所了解的情况、发现的问题进行分析、研究、评估，以便对总体的安全状况、事故预防能力有一个正确的认识，制订进一步改善安全管理、提高安全防护能力的具体措施。

三、安全生产检查的内容

针对检查的目的，安全生产检查的内容可分为以下几部分。

1. 检查物的状况是否安全

检查生产设备、工具、安全设施、个人防护用品、生产作业场所以及生产物料的存储是否符合安全要求，重点检查危险化学品生产与储存的设备、设施和危险化学品专用运输工具是否符合安全要求。在车间、库房等作业场所设置的监测、通风、防晒、调温、防火、灭火、防爆、泄压、防毒、消毒、中和、防潮、防雷、防静电、防腐蚀、防渗漏、防护围堤和隔离操作的安全设施是否符合安全运行的要求，通信和报警装置是否处于正常使用状态，危险化学品的包装是否安全可靠，生产装置与储存设施的周边防护距离是否符合国家的规定，事故救援器材、设备是否齐备、完好。

2. 检查人的行为是否安全

检查有否违章指挥、违章操作、违反安全生产规章制度的行为。重点检查危险性大的生产岗位是否严格按操作规程作业，危险作业有否执行审批程序等。

3. 检查安全管理制度是否完善

检查安全生产规章制度是否建立和健全，安全生产责任制是否落实，安全生产管理机构是否健全，安全生产目标和工作计划是否落实到各部门、各岗位，安全生产教育是否经常开展，使职工安全素质得到提高，安全生产检查是否制度化、规范化，检查发现的事故隐患是否及时整改，实施安全技术与措施计划的经费是否落实，是否按"四不放过"原则做好事故管理工作。重点检查所生产的危险化学品是否进行了注册登记和取得生产许可证，从事危险化学品生产、经营、储存、运输、废弃处置的人员和装卸管理人员是否经过安全培训并考核合格取得上岗资格，生产、储存危险化学品装置是否按要求定期进行安全评价并对评价报告提出的整改方案予以落实，危险化学品的销售、运输、装卸、出入库核查登记和剧毒化学品产量、流向、储量与销售记录，以及仓储保管与收发是否符合《危险化学品安全管理条例》的规定，是否制定了事故应急救援预案并定期组织救援人员进行演练。

四、安全生产检查的形式

安全生产检查的形式要根据检查的对象、内容和生产管理模式来确定，可以有多种多样的形式，企业的安全生产检查形式主要有以下几类。

1. 生产岗位日常检查

生产岗位工人每天操作前，对自己岗位进行自检，确认安全才能操作，以检查物的状况是否安全为主，主要内容如下。

① 设备状态是否完好、安全，安全防护装置是否有效。

② 工具是否符合安全规定，个人防护用品是否齐备、可靠。

③ 作业场所和物品放置是否符合安全规定。

④ 安全措施是否完备，操作要求是否明确。

检查中发现的问题应解决后才能作业，如自己无法处理或无法把握的，应立即向班组长报告，待问题解决后方可作业。

2. 安全人员日常检查

注册安全主任、安全员等安全管理人员每日应深入生产现场巡视，检查安全生产情况，主要内容如下。

① 作业场所是否符合安全要求。

② 生产工人是否遵守安全操作规程，有没有违章违纪行为。

③ 协助生产岗位的工人解决安全生产方面的问题。

3. 定期综合性安全检查

从检查范围讲，包括厂组织对全厂各车间、部门进行检查和车间组织对本车间各班组进行检查，检查周期根据实际情况确定，一般全厂性的检查每年不少于2次，车间的检查每季度一次。全厂的综合性安全生产检查是以企业和车间、部门负责人为主，安全管理人员、职工代表参加检查组，按事先制订的检查计划进行，主要是检查各车间、部门的安全生产工作开展情况，以查管理为主，检查安全生产责任制的落实情况。查领导思想上是否重视安全工作，行动上是否认真贯彻"安全第一，预防为主、综合治理"的方针，查安全生产计划和安全措施计划的执行情况，安全目标管理的实施情况，各项安全管理工作（包括制度建设、宣传教育、安全检查、重大危险源安全监控、隐患整改等）开展情况，查各类事故（包括未遂事故）是否按"四不放过"的原则进行处理，事故应急救援预案是否落实，是否组织演练。同时也对生产设备的安全状况进行检查，对主要危险源，安全生产要害部位的安全状况要重点检查，对主要危险源，安全生产要害部位的安全状况要重点检查。检查应按事前编制好的安全检查表的内容逐项检查，对检查情况作出记录，对检查发现的隐患要发出整改通知，规定整改内容、期限和责任人，并对整改情况进行复查。检查组应针对检查中发现的问题进行分析，研究解决办法，同时根据检查所了解到的情况评估企业、车间的安全状况，研究改善安全生产管理的措施。车间对班组的检查也基本包括这些内容。

4. 专业安全检查

有些检查其内容专业技术性很强，须由懂得这方面知识的专业技术人员进行，比如锅炉、压力容器、起重机械等特种设备的安全检查，电气设备安全检查，消防安全检查等。这类检查往往还要依靠一些专业仪器来进行，检查的项目、内容一般是由相应的安全技术法规、安全标准作了规定的，这些法规、标准是专业安全检查的依据和安全评判的依据，专业安全检查可以单独组织，也可以定期进行综合性检查。

5. 季节性安全检查

不同季节的气候条件会给安全生产带来一定的影响，比如春季潮湿气候会使电气绝缘性能下降而导致触电、漏电起火、绝缘击穿短路等事故；夏季高温气候易发生中暑；秋冬季节风干物燥易发生火灾；雷雨季节易发生雷击事故，季节性检查是检查防止不利气候因素导致事故的预防措施是否落实，如雷雨季节将到前，检查防雷设施是否符合安全标准；夏季检查防暑降温措施是否落实等。

事故主要发生在生产岗位上，生产岗位日常检查和安全人员日常巡查其检查周期短、检查面广，能够很及时地发现生产岗位上的不安全问题，对预防事故有很重要的作用，要认真做好。

五、安全检查表

安全检查表是安全检查的工具，是一份检查内容的清单，使用检查表进行检查有利于提高检查效率和保证检查质量，防止漏检、误检。

1. 检查表的种类

① 按检查的内容可分如下几种。

a. 检查安全管理状况的检查表。这类检查表还可细分为安全制度建设检查表、安全生产教育表、安全事故管理检查表等。主要检查安全生产法规贯彻执行情况、管理的现状、管理的措施和成效，以便发现管理缺陷。

b. 检查安全技术防护状况的检查表。按专业还可分为机械安全检查表、电气安全检查表、消防安全检查表、职业危害检查表等。主要检查职业安全卫生标准执行情况，检查危险源是否采取了有效的安全防护措施，安全防护设施是否运转正常，使危险源得到可行的控制，以便发现物的不安全状况。

② 按检查范围可分为 全厂的检查表，车间的、班组的、岗位的检查表。

③ 按检查周期可分为 日常检查的检查表和定期检查的检查表。

2. 检查表的编制

安全管理状况检查表是依据国家安全生产法规，并结合企业安全生产规章制度来编制的，检查内容就是法规对企业安全生产管理的要求，检查企业安全生产的各项管理工作是否都按法规的要求做好。

安全技术防护状况检查表的编制，是一项专业性很强的工作，要编制一个能全面识别各种危险性检查对象的检查表，需做好以下工作。

① 组织熟悉检查对象情况的人员，包括设备、工艺方面的专业技术人员、管理人员、操作人员共同参与编制工作。

② 全面详细了解检查对象的结构、功能、运行方式、工艺条件、操作程序、安全防护装置，以及常见故障和发生过的事故的过程、原因、后果。

③ 以检查对象为一个系统，按其结构、功能划分为若干个单元，逐个分析潜在危害因素，将危险源逐个识别出来并列出清单。

④ 依据安全技术法规、职业安全卫生标准、技术规范的要求，对识别出来的危险源逐个确定危害控制的安全要求、安全防护的措施以及危险状况识别判断的方法。

⑤ 综合危险源分布状况和危险源危害控制的要求列出检查表。安全检查时就是将列的全部危险源逐一检查，看其安全防护措施是否符合安全要求。不符合的予以整改，编制出的检查表还需经实践检验，不断完善。

六、安全生产事故管理

安全生产事故管理是企业安全生产管理的重要内容。事故管理要坚持"四不放过"原则，即对事故处理坚持原因未查清不放过、防范措施不落实不放过、事故责任人未受到处理不放过、群众未受到教育不放过。事故管理要求发生事故后必须查明原因，分清责任，落实防范措施，消除事故隐患，教育群众和处理责任人，防止同类事故再次发生。

1. 事故报告和应急救援

危险化学品企业应制定本单位事故应急救援预案，建立应急救援组织，配备应急救援人员和必要的应急救援器材、设备，并定期组织演练和做好器材、设备的日常维护保养工作，以保证救援装备在任何情况下都处于正常使用状态，保证救援队伍在任何情况下都可以迅速实施救援。

发生危险化学品事故，事故现场有关人员应立即报告本单位负责人，单位主要负责人应按本单位制定的应急救援预案，迅速采取有效措施，组织营救受害人员，控制危害源，监测危害状况，防止事故蔓延、扩大，减少人员伤亡和财产损失，并采取封闭、隔离等措施处置、消除危害造成的后果。

按照《危险化学品安全管理条例》第七十一条规定，发生危险化学品事故，事故单位主要负责人应当立即按照本单位危险化学品应急预案组织救援，并向当地安全生产监督管理部门和环境保护、公安、卫生主管部门报告；道路运输、水路运输过程中发生危险化学品事故的，驾驶人员、船员或者押运人员还应当向事故发生地交通运输主管部门报告。第五十一条规定，剧毒化学品、易制爆危险化学品在道路运输途中丢失、被盗、被抢或者出现流散、泄漏等情况的，驾驶人员、押运人员应当立即采取相应的警示措施和安全措施，并向当地公安机关报告。公安机关接到报告后，应当根据实际情况立即向安全生产监督管理部门、环境保护主管部门、卫生主管部门通报。有关部门应当采取必要的应急处置措施。《生产安全事故报告和调查处理条例》第九条规定，事故发生后，事故现场有关人员应当立即向本单位负责人报告；单位负责人接到报告后，应当于 1 小时内向事故发生地县级以上人民政府安全生产监督管理部门和负有安全生产监督管理职责的有关部门报告。《职业病防治法》第三十四条规定，发生或者可能发生急性职业病危害事故时，用人单位应当立即采取应急救援和控制措施，并及时报告所在地卫生行政部门和有关部门。卫生行政部门接到报告后，应当及时会同有关部门组织调查处理；必要时，可以采取临时控制措施。

事故报告应当包括下列内容：

① 事故发生单位概况；

② 事故发生的时间、地点以及事故现场情况；

③ 事故的简要经过；

④ 事故已经造成或者可能造成的伤亡人数（包括下落不明的人数）和初步估计的直接经济损失；

⑤ 已经采取的措施；

⑥ 其他应当报告的情况。

在事故救援过程中，要注意保护好现场，以利于调查找出事故原因，企业负责人应对此负责。故意破坏事故现场、毁灭有关证据的行为要被追究法律责任。发生因工伤亡事故，按国务院 75 号令规定如下。

① 轻伤事故由事故现场有关人员向企业负责人报告。

② 发生非轻伤事故（即有关人员死亡或重伤的事故）后，企业负责人接到事故现场的报告后立即向企业主管部门和当地安全生产监督管理部门、公安部门、检察机关和工会报告。报告内容如前所述。

2. 事故调查、处理、归档

事故发生后，要对事故进行调查处理，调查处理的目的是为了了解事故情况，掌握事实，查明事故原因，分清事故责任，拟订防范措施，防止同类事故重复发生。事故的调查由事故调查组负责，调查组的组成按国家有关规定，事故调查组履行下列职责：

① 查明事故发生的经过、原因、人员伤亡情况及直接经济损失；

② 认定事故的性质和事故责任；

③ 提出对事故责任者的处理建议；

④ 总结事故教训，提出防范和整改措施；

⑤ 提交事故调查报告。

事故调查应当按照实事求是、尊重科学的原则，及时、准确地查清事故原因，查明事故性质和责任，总结事故教训，提出整改措施，并对事故责任人提出处理意见。

事故有关单位和个人应积极主动配合事故的调查处理工作。任何单位与个人不得阻挠和干涉对事故的依法调查处理，否则要承担法律责任。

事故单位要认真吸取事故教训，教育广大群众，落实整改措施，防止同类事故再次发生，同时还要做好事故材料归档工作。将事故调查处理过程中形成的材料归入安全生产档案。

【课后巩固练习】 ▶▶▶

1. 安全生产的核心是_____。

2. 多选题

安全生产检查的类型有（　　）。

A. 经常性安全检查　　　　　　　　B. 定期安全检查

C. 专业安全检查　　　　　　　　　D. 节假日前安全检查

3. 事故管理要坚持的"四不放过"的原则是什么？

4. 事故调查组的职责有哪些？

5. 安全检查表的编制要求有哪些？

6. 请检查你所在的单位（或学校）存在的安全问题。

第六节　安全技术措施计划

【学习目标】 ▶▶▶

知识目标：掌握安全技术措施计划的编制要求。

能力目标：初步具备编制安全技术措施计划的能力。

情感价值观目标：培养学生正确的安全价值观和安全意识。

2011 年 12 月 27 日 18 时 30 分左右，宁远县某烟花爆竹厂发生一起火药爆炸较大事故，造成 4 人死亡，2 人受伤，直接经济损失 215.5 万元。根据市政府有关领导的批示，市政府成立了事故联合调查组，调查组由市安全生产监督管理局、市监察局、市总工会、市公安局等部门共同组成，特邀市人民检察院参加。

事故调查组于 2011 年 12 月 28 日至 2011 年 12 月 31 日，对事故开展了调查工作，并邀请 2 名爆破行业专家对事故进行了技术鉴定。通过调查，查明了事故发生的原因和经过，认定了事故性质和责任，提出了事故防范措施，对事故责任者提出了处理建议。安全生产投入不足，也是造成这起事故的一个重要原因。

安全技术措施计划是生产经营单位综合计划的重要组成部分，是有计划地改善生产经营单位生产条件，有效防止事故和职业病的重要保证制度。

通过编制和实施安全技术措施计划，可以有计划、有步骤地解决企业中存在的安全技术问题，使企业劳动条件的改善逐步走向规范化和制度化；也可以保证安全资金的有效投入，使生产经营单位在改善劳动条件方面的投资发挥最大的作用。

安全技术措施，按照导致事故的原因可分为防止事故发生的安全技术措施和减少事故损失的安全技术措施。

一、安全技术措施计划的基本内容

1. 安全技术措施计划的项目内容

安全技术措施计划的项目范围，包括改善劳动条件、防止事故、预防职业病、提高职工安全素质等技术措施，大体包括以下 4 个方面。

（1）安全技术措施 指以防止工伤事故和减少事故损失为目的一切技术措施，如安全防护、保险、信号等装置或设施。

（2）卫生技术措施 指改善对职工身体健康有害的生产作业环境条件、防止职业中毒与职业病的技术措施，如防尘、防毒、防噪声及通风、降温、防寒等。

（3）辅助措施 指保证工业卫生方面所必需的房屋及一切卫生性保障措施，如尘毒作业人员的淋浴室、更衣室或者存衣箱、消毒室、休息室、急救室等。

（4）安全宣传教育措施 指提高作业人员安全素质的有关宣传教育设备、仪器、教材和场所等，如劳动保护教育室、安全卫生教材、培训室、宣传画等。

2. 安全技术措施计划的编制内容

每一项安全技术措施至少应包括以下内容。

① 措施应用的单位或工作场所。

② 措施名称。

③ 措施内容与目的。

④ 经费预算及来源。

⑤ 负责施工单位或负责人。

⑥ 措施预期效果及检查验收。

二、编制依据

生产经营单位编制安全技术措施计划的主要依据归纳起来有以下 5 个方面。

① 安全生产方面的法律、法规、政策、技术标准。

② 安全检查中发现的隐患。

③ 职工提出的有关安全、职业卫生方面的合理化建议。

④ 针对工伤事故、职业病发生的主要原因所采取的措施。

⑤ 采用新技术、新工艺、新设备等应采取的安全措施。

三、编制原则

编制安全技术措施计划要根据企业实际综合考虑，对拟安排的安全技术措施项目要进行可行性分析，并根据安全效果好、花钱尽可能少的原则综合选择确定。主要应考虑以下4个方面。

① 当前的科学技术水平是否能够做到。

② 结合本单位生产技术、设备以及发展规划考虑。

③ 本单位人力、物力、财力是否允许。

④ 安全技术措施产生的安全效果和经济效益。

根据国家和地方政府的规定，生产经营单位安全技术措施经费按一定比例从生产经营单位更新改造资金中划拨出来。安全技术措施经费要在财务上单独立账，专款专用，不得挤占和挪用。

四、安全技术措施计划的编制

计划编制时应根据本单位情况向各基层单位提出具体要求，进行布置。各基层单位负责人会同有关人员编制出所辖范围具体的安全技术措施计划。由企业安全管理部门审查汇总，生产计划部门负责综合平衡，在厂长召集有关部门领导、车间主任、工会主席或安全生产委员会参加的会议上明确项目、设计和施工负责人，规定完成期限，经单位主要负责人批准后正式下达计划。对于重大的安全措施项目，还应提请单位职工大会审议通过，然后报请上级主管部门核定批准后与生产计划同时下达到有关部门。

1. 确定措施计划编制时间

生产经营单位一般应在每年的第三季度开始着手编制下一年的生产、技术、财务、计划的同时，编制安全技术措施计划。

2. 布置措施计划编制工作

企业领导应根据本单位具体情况向下属单位或职能部门提出编制措施计划具体要求，并就有关工作进行布置。

3. 确定措施计划项目和内容

下属单位确定本单位的安全技术措施计划项目，并编制具体的计划和方案，经群众讨论后，报企业安全生产管理部门。安全生产管理部门联合技术、计划部门对上报的措施计划进行审查、平衡、汇总后，确定措施计划项目，并报有关领导审批。

4. 编制措施计划

安全技术措施计划项目经审批后，由安全管理部门和下属单位组织相关人员，编制具体的措施计划和方案，经讨论后，报安全、技术、计划等部门进行联合会审。

5. 审批措施计划

安全、技术、计划部门对上报的安全技术措施计划进行联合会审后，报有关领导审批。安全技术措施计划一般由总工程师审批。

6. 计划的下达

单位主要负责人根据总工程师的意见，召集有关部门单位负责人审查、核定计划。根据审查、核定结果，与生产计划同时下达到有关部门贯彻执行。

五、安全技术措施计划的验收

已完成的计划项目要按规定组织竣工验收。交工验收时一般应注意：所有材料、成品等必须经检验部门检验；外购设备必须有质量证明书；负责单位应向安全技术部门填报交工验收单，由安全技术部门组织有关单位验收；验收合格后，由负责单位持交工验收单向计划部门报完工，并办理财务结算手续；使用单位应建立台账，按《劳动保护设施管理制度》进行维护管理。

【课后巩固练习】▶▶▶

1. 判断：安全技术措施计划是生产经营单位综合计划的重要组成部分。（　　　）（对：划"√"，错：划"×"）
2. 填空：生产经营单位一般应在每年的第＿＿季度开始着手编制安全技术措施计划。
3. 安全技术措施计划的编制内容有哪些？
4. 请尝试编制一份某车间防毒技术措施的安全技术措施计划。

第七节　案例分析与讨论

【案例一】浙江宁波善高化学有限公司双氧水车间爆炸火灾事故

2004年4月22日8时，位于浙江宁波北仑石桥的浙江善高化学有限公司双氧水车间发生爆炸火灾事故，造成1人死亡，1人受伤，直接经济损失302万元。

事故原因

1. 直接原因

双氧水车间内氧化残液分离器排液后，操作工未按规定打开罐顶的放空阀门，造成氧化残液分离器内残液中的双氧水分解产生的压力得不到及时有效的泄压，使之极度超压，导致氧化残液分离器发生爆炸；爆炸碎片同时击中氢化液分离器、氧化塔下面的工作液进料管和白土床至循环工作储槽的管线，致使氧化气液分离器内的氢气和氢化液喷出，发生爆炸和燃烧，氧化塔内的氧化液喷出并烧灼，白土床口管内的工作液流出并燃烧，继而形成了双氧水车间的大面积火灾。

2. 间接原因

① 公司安全生产管理机构不健全，负责安全管理的干部没有经过专门培训，安全生产意识淡化。公司生产目标管理不够明确，安全责任制没有层层分解，对员工的安全教育和培训不到位，对员工中的违规操作现象监督不力，处理不严，导致职工违规操作，酿成事故。

② 生产工艺的技术改造，未按《危险化学品安全管理条例》的要求报有关部门审批，也没有经原设计单位确认，生产线改造后，未能对设备设施运行情况及时进行有效监控。

③ 公司消防设备不完善，消防水源不足，自防自救能力差，制定的危险化学品事故应急救援预案不全面、不系统，平时演练不够。

【案例二】宁远县兴发喜炮厂爆炸事故

2011 年 12 月 27 日 18 时 30 分左右，宁远县兴发喜炮厂发生一起火药爆炸较大事故，造成 4 人死亡，2 人受伤，直接经济损失 215.5 万元。

事故原因

1. 直接原因

插引工黄夏玉因作业过程中将物体跌落撞击散落在地面的引火线、药尘发生燃烧，继而引起已装药药饼发生爆炸，爆炸产生的冲击波将本工房内其他药饼引爆，并使工房墙体发生倒塌，从而导致事故的发生。

2. 间接原因

（1）违法组织生产　宁远县兴发喜炮厂在换证过程中，企业投资人余某、李某、周某等 3 人将厂区发包给不具备相应从业资质的欧阳某和乐某；在取得《安全生产许可证后》后，企业实际控制人欧阳某和乐某均未参加烟花爆竹生产企业主要负责人培训班并经考核合格，缺乏必要的安全管理知识和能力；未安排专职安全员驻厂管理，对生产现场的安全管理不到位；未及时向有关部门申请企业主要负责人变更手续，违法组织生产。

（2）培训教育不到位　宁远县兴发喜炮厂实际控制人欧阳某、乐某未落实本厂安全培训管理制度，对本企业新入厂员工未进行上岗前安全培训，未定期对本厂全体员工进行药物、工艺、操作规程、危险有害因素、防范措施等方面的安全知识培训。

（3）政府履行职责不到位　宁远县人民政府对全县安全生产工作安排部署不到位，2011 年 11 月底，对全县烟花爆竹生产企业复产验收工作未进行监督检查，对全县烟花爆竹安全生产宣传教育不深入；宁远县禾亭镇人民政府依法履行乡镇政府安全生产责任不到位，对于辖区内的烟花爆竹生产企业，未制订严密的监管措施，安全生产宣传教育不深入。

（4）部门安全监管不力　2010 年 8 月 10 日，欧阳某和乐某两人共同出资 29.6 万元以购买和租赁的形式取得了宁远县兴发喜炮厂的经营权，在欧阳某和乐某两人未取得烟花爆竹生产企业主要负责人资格证的情况下，宁远县兴发喜炮厂 2010 年 10 月 18 日重新换取《安全生产许可证》时，宁远县安监局未及时向省、市安监局报告有关情况，在这以后的执法检查中也没有因欧阳某和乐某两人未取得烟花爆竹生产企业主要负责人资格证而暂扣宁远县兴发喜炮厂的《安全生产许可证》，并向上级报告有关情况，违反了《烟花爆竹生产企业安全许可证实施办法》第八条、第三十四条和第四十四条的规定。2011 年 12 月 2 日，宁远县安监局在对该厂的检查过程中，对生产现场进行了重点检查，并下发了《责令改正指令书》，但未对该厂安全培训制度落实情况进行检查，执法检查不细致。2011 年 12 月 4 日，宁远县禾亭镇安监站在对该厂检查时，未发现任何安全隐患，也未对该厂安全培训制度落实等情况进行检查，在了解该厂已进行股份转让且实际控制人发生变更时，也未责令企业及时向有关部门申请企业主要负责人变更手续；全年对本镇范围内的 3 家烟花爆竹生产企业进行多次检查，但未排查出任何安全隐患，也未建立安全隐患台账，执法检查流于形式，走过场。

重大危险源管理与安全评价

第一节 重大危险源管理

【学习目标】▶▶▶

知识目标：掌握重大危险源的概念、分类及管理等基本知识。

能力目标：能根据临界量表或计算公式认定重大危险源。

情感价值观目标：培养学生安全意识和安全思维习惯。

【案例情景】▶▶▶

2010 年 8 月 16 日，黑龙江省伊春市华利公司工人在礼花弹装药工房进行礼花弹生产作业时引发爆炸，随后引起装药间和两个中转间的开包药、效果件、半成品爆炸，爆炸冲击波、抛射物、燃烧火星引起厂区其他部位陆续发生 9 次爆炸和相邻木制品企业着火。造成 34 人死亡、3 人失踪、152 人受伤，直接经济损失 6818 万元。

重大危险源一旦发生事故，往往是群死、群伤的火灾、爆炸、中毒等灾难性事故。因此《安全生产法》和《危险化学品安全管理条例》根据重大危险源的特点分别对重大危险源的设施、化学品的存放和保管、安全评价、登记注册等方面提出严格的要求，并对违反重大危险源管理规定的处罚和政府的监督管理职能等方面作了相关的规定。

《安全生产法》第三十七条规定，生产经营单位对重大危险源应当登记建档，进行定期检测、评估、监控，并制定应急救援预案，告知从业人员和相关人员在紧急情况下应当采取的应急措施。同时要求生产经营单位应当按照国家有关规定将本单位重大危险源及有关安全措施、应急救援预案报有关地方人民政府负责安全生产监督管理部门和有关部门备案。

《危险化学品安全管理条例》第十九条规定，危险化学品生产装置或者储存数量构成重大危险源的危险化学品储存设施（运输工具、加油站、加气站除外），与下列场所、设施、区域的距离应当符合国家有关规定：（一）居住区以及商业中心、公园等人员密集场所；（二）学校、医院、影剧院、体育场（馆）等公共设施；（三）饮用水源、水厂以及水源保护区；（四）车站、码头（依法经许可从事危险化学品装卸作业的除外）、机场以及通信干线、通信枢纽、铁路线路、道路交通干线、水路交通干线、地铁风亭以及地铁站出入口；（五）基本农田保护区、基本草原、畜禽遗传资源保护区、畜禽规模化养殖场（养殖小区）、渔业水域以及种子、种畜禽、水产苗种生产基地；（六）河流、湖泊、风景名胜区、自然保护区；（七）军事禁区、军事管理区；（八）法律、行政法规规定的其他场所、设施、区域。已建的危险化学品生产装置或者储存数量构成重大危险源的危险化学品储存设施不符合前款规定的，由所在地设区的市级人民政府安全生产监督管理部门会同有关部门监督其所属单位在规定期限内进行整改；需要转产、停产、搬迁、关闭的，由本级人民政府决定并组织实施。《条例》第二十四条规定，危险化学品应当储存在专用仓库、专用场地或者专用储存室（以下统称专用仓库）内，并由专人负责管理；剧毒化学品以及储存数量构成重大危险源的其他危险化学品，应当在专用仓库内单独存放，并实行双人收发、双人保管制度。《条例》第二十五条规定，对剧毒化学品以及储存数量构成重大危险源的其他危险化学品，储存单位应当将其储存数量、储存地点以及管理人员的情况，报所在地县级人民政府安全生产监督管理部门（在港区内储存的，报港口行政管理部门）和公安机关备案。

一、重大危险源的概念

重大危险源概念最早是20世纪初，以英国、法国、美国为代表的一些工业国家，由于在化学品生产、储存、使用、运输过程中屡屡出现重大火灾、爆炸、泄漏等工业事故，为改变事故高发的不利局面而提出来的。英国于1974年开始系统研究重大危险源控制技术，并提出辨识重大危险源标准。此后，欧共体（后更名为"欧盟"）成员国、美国、澳大利亚也颁布了重大危险源控制国家标准。国际劳工组织为了推动各国重大工业事故的预防工作，于1993年通过了《预防重大工业事故公约》，界定了重大危险源的概念。

危险化学品是具有易燃、易爆、有毒、有害等特性，会对人员、设施、环境造成伤害或损害的化学品。

危险化学品重大危险源是指长期地或临时地生产、加工、使用或储存危险化学品，且危险化学品的数量等于或超过临界量的单元。单元是指一个（套）生产装置、设施或场所，或同属于一个生产经营单位的且边缘距离小于500m的几个（套）生产装置、设施或场所。

二、危险化学品重大危险源的临界量

危险化学品重大危险源的临界量是指对于某种或某类危险化学品规定的数量，若单元中危险化学品数量等于或超过该数量，则该单元定为重大危险源。《重大危险源辨识》（GB 18218—2009）列出了爆炸品、易燃气体、毒性气体、易燃液体、易于自燃的物质、遇水放出易燃气体的物质、氧化性物质、有机过氧化物、毒性物质名称及临界量，见表10-1、表10-2。

表10-1　危险化学品名称及其临界量

序号	类别	危险化学品名称和说明	临界量/t
1		叠氮化钡	0.5
2		叠氮化铅	0.5
3		雷酸汞	0.5
4	爆炸品	三硝基苯甲醚	5
5		三硝基甲苯	5
6		硝化甘油	1
7		硝化纤维	10
8		硝酸铵（含可燃物＞0.2%）	5

序号	类别	危险化学品名称和说明	临界量/t
9	易燃气体	丁二烯	5
10		二甲醚	50
11		甲烷、天然气	50
12		氯乙烯	50
13		氢	5
14		液化石油气(含丙烷、丁烷及其混合物)	50
15		一甲胺	5
16		乙炔	1
17		乙烯	50
18	毒性气体	氨	10
19		二氟化氧	1
20		二氧化氮	1
21		二氧化硫	20
22		氟	1
23		光气	0.3
24		环氧乙烷	10
25		甲醛(含量>90%)	5
26		磷化氢	1
27		硫化氢	5
28		氯化氢	20
29		氯	5
30		煤气(CO,CO 和 H_2,CH_4 的混合物等)	20
31		砷化三氢(胂)	1
32		锑化氢	1
33		硒化氢	1
34		溴甲烷	10
35	易燃液体	苯	50
36		苯乙烯	500
37		丙酮	500
38		丙烯腈	50
39		二硫化碳	50
40		环己烷	500
41		环氧丙烷	10
42		甲苯	500
43		甲醇	500
44		汽油	200
45		乙醇	500
46		乙醚	10
47		乙酸乙酯	500
48		正己烷	500

序号	类别	危险化学品名称和说明	临界量/t
49	易于自燃的物质	黄磷	50
50		烷基铝	1
51		戊硼烷	1
52	遇水放出易燃气体的物质	电石	100
53		钾	1
54		钠	10
55	氧化性物质	发烟硫酸	100
56		过氧化钾	20
57		过氧化钠	20
58		氯酸钾	100
59		氯酸钠	100
60		硝酸(发红烟的)	20
61		硝酸(发红烟的除外,含硝酸>70%)	100
62		硝酸铵(含可燃物≤0.2%)	300
63		硝酸铵基化肥	1000
64	有机过氧化物	过氧化物(含量≥60%)	10
65		过氧化甲乙酮(含量≥60%)	10
66	毒性物质	丙酮合氰化氢	20
67		丙烯醛	20
68		氟化氢	1
69		环氧氯丙烷(3-氯-1,2-环氧丙烷)	20
70		环氧溴丙烷(表溴醇)	20
71		甲苯二异氰酸酯	100
72		氯化硫	1
73		氰化氢	1
74		三氧化硫	75
75		烯丙胺	20
76		溴	20
77		亚乙基亚胺	20
78		异氰酸甲酯	0.75

危险化学品临界量的确定方法：①在表 10-1 范围内的危险化学品，其临界量按表 10-1 确定；②未在表 10-1 范围内的危险化学品，依据其危险性，按表 10-2 确定临界量；若一种危险化学品具有多种危险性，按其中最低的临界量确定。

表 10-2　未在表 10-1 中列举的危险化学品类别及其临界量

类别	危险性分类及说明	临界量/t
爆炸品	1.1A 项爆炸品	1
	除 1.1A 项外的其他 1.1 项爆炸品	10
	除 1.1 项外的其他爆炸品	50
气体	易燃气体:危险性属于 2.1 项的气体	10
	氧化性气体:危险性属于 2.2 项非易燃无毒气体且次要危险性为 5 类的气体	200
	剧毒气体:危险性属于 2.3 项且急性毒性为类别 1 的毒性气体	5
	有毒气体:危险性属于 2.3 项的其他毒性气体	50
易燃液体	极易燃液体:沸点≤35℃且闪点<0℃的液体,或保存温度一直在其沸点以上的易燃液体	10
	高度易燃液体:闪点<23℃的液体(不包括极易燃液体);液态退敏爆炸品	1000
	易燃液体:23℃≤闪点<61℃的液体	5000
易燃固体	危险性属于 4.1 项且包装为 Ⅰ 类的物质	200
易于自燃物质	危险性属于 4.2 项且包装为 Ⅰ 类或 Ⅱ 类的物质	200
遇水放出易燃气体的物质	危险性属于 4.3 项且包装为 Ⅰ 类或 Ⅱ 类的物质	200
氧化性物质	危险性属于 5.1 项且包装为 Ⅰ 类的物质	50
	危险性属于 5.1 项且包装为 Ⅱ 类或 Ⅲ 类的物质	200
有机过氧化物	危险性属于 5.2 项的物质	50
毒性物质	危险性属于 6.1 项且急性毒性为类别 1 的物质	50
	危险性属于 6.1 项且急性毒性为类别 2 的物质	500

注：以上危险化学品危险性类别及包装类别依据 GB 12268 确定，急性毒性类别依据 GB 20592 确定。

三、重大危险源的识别与管理

1. 重大危险源的识别

危险化学品重大危险源的辨识依据是危险化学品的危险特性及其数量。单元内存在危险化学品数量等于或超过表 10-1、表 10-2 规定的临界量，即被定为重大危险源。单元内存在危险化学品的数量根据处理危险化学品种类的多少区分为以下两种情况。

一种情况是单元内存在的危险化学品为单一品种，则该危险化学品的数量即为单元内危险化学品的总量，若等于或超过相应的临界量，即定为重大危险源。

另一种情况是单元内存在的危险化学品为多品种时，则按式（10-1）计算，若满足式（10-1），则定为重大危险源。

$$q_1/Q_1 + q_2/Q_2 + \cdots + q_n/Q_n \geq 1 \tag{10-1}$$

式中　$q_1, q_2, \cdots, q_n$——每种危险化学品实际存在量，t；

$Q_1, Q_2, \cdots, Q_n$——与各种危险品相对应的临界量，t；

n——单元中危险化学品的种类数。

2. 重大危险源的分级

重大危险源根据其危险程度，分为一级、二级、三级和四级，一级为最高级别。分级方法如下。

（1）分级指标　采用单元内各种危险化学品实际存在（在线）量与其在《危险化学品重大危险源辨识》（GB 18218）中规定的临界量比值，经校正系数校正后的比值之和 R 作为分级指标。

（2）R 的计算方法　具体公式如下。

$$R = \alpha \left(\beta_1 \frac{q_1}{Q_1} + \beta_2 \frac{q_2}{Q_2} + \cdots + \beta_n \frac{q_n}{Q_n} \right)$$

式中　q_1，q_2，$\cdots$，q_n——每种危险化学品实际存在（在线）量，t；

Q_1，Q_2，$\cdots$，Q_n——与各危险化学品相对应的临界量，t；

β_1，β_2，$\cdots$，β_n——与各危险化学品相对应的校正系数；

α——该危险化学品重大危险源厂区外暴露人员的校正系数。

（3）校正系数 β 的取值　根据单元内危险化学品的类别不同，设定校正系数 β 值，见表10-3 和表10-4。

表 10-3　校正系数 β 取值表

危险化学品类别	毒性气体	爆炸品	易燃气体	其他类危险化学品
β	见表10-4	2	1.5	1

注：危险化学品类别依据《危险货物品名表》中分类标准确定。

表 10-4　常见毒性气体校正系数 β 值取值表

毒性气体名称	一氧化碳	二氧化硫	氨	环氧乙烷	氯化氢
β	2	2	2	2	3
毒性气体名称	溴甲烷	氯	硫化氢	氟化氢	二氧化氮
β	3	4	5	5	10
毒性气体名称	氰化氢	碳酰氯	磷化氢	异氰酸甲酯	
β	10	20	20	20	

注：未在表10-4中列出的有毒气体可按 $\beta=2$ 取值，剧毒气体可按 $\beta=4$ 取值。

（4）校正系数 α 的取值　根据重大危险源的厂区边界向外扩展500m 范围内常住人口数量，设定厂外暴露人员校正系数 α 值，见表10-5 。

（5）分级标准　根据计算出来的 R 值，按表10-6确定危险化学品重大危险源的级别。

表 10-5　校正系数 α 取值表

厂外可能暴露人员数量	α	厂外可能暴露人员数量	α
100 人以上	2.0	1~29 人	1.0
50~99 人	1.5	0 人	0.5
30~49 人	1.2		

表 10-6　危险化学品重大危险源级别和 R 值的对应关系

危险化学品重大危险源级别	R 值	危险化学品重大危险源级别	R 值
一级	$R \geqslant 100$	三级	$50 > R \geqslant 10$
二级	$100 > R \geqslant 50$	四级	$R < 10$

3. 重大危险源的管理

企业应对本单位的安全生产负责。在对重大危险源进行辨识和评价后，应对每一个重大危险源制定出一套严格的安全管理制度，通过技术措施和组织措施对重大危险源进行严格控制和管理。通常情况下，危险化学品重大危险源的管理应符合以下基本要求。

① 企业制定一套严格的重大危险源管理制度。制度中应具体列出每个重大危险源的管理要求，同时要做好相关的记录工作。

② 对企业内每个重大危险源应设置重大危险源的标志。标志中应简单列出相关的基本安全资料和防护措施。

③ 企业应为每个重大危险源编制应急预案，并应进行定期的演练。

④ 按国家规定的时间对企业的重大危险源进行安全评价。确保企业的重大危险源在安全状态下运行。

⑤ 安全评价报告应当报所在地设区的市级人民政府负责危险化学品安全监督管理综合工作的部门备案。

⑥ 构成重大危险源的危险化学品必须在专用仓库内单独存放，实行双人收发、双人保管制度。

⑦ 按照国家法规要求，进行危险化学品登记，并按照登记的要求做好相关的工作。

第二节　重大危险源的风险评价

【学习目标】▶▶▶

知识目标：掌握个人风险、社会风险的概念、风险分类和风险评价程序及方法。

能力目标：能根据相关数据对重大危险源作出风险评价。

情感价值观目标：培养学生"预先安全评价，以防为主"安全意识和科学精神。

【案例情景】▶▶▶

2010年2月24日，河北省秦皇岛骊骅淀粉股份有限公司淀粉四车间发生爆炸，致19人死亡，49人受伤，造成直接经济损失约450万元。

《安全生产法》和《危险化学品安全管理条例》（中华人民共和国国务院令2011第591号）对安全评价，无论是评价范围、时间，还是承担评价的单位的资质条件都有明确的规定。

《危险化学品安全管理条例》第十二条规定，新建、改建、扩建生产、储存危险化学品的建设项目（以下简称建设项目），应当由安全生产监督管理部门进行安全条件审查。建设单位应当对建设项目进行安全条件论证，委托具备国家规定的资质条件的机构对建设项目进行安全评价，并将安全条件论证和安全评价的情况报告报建设项目所在地设区的市级以上人民政府安全生产监督管理部门；安全生产监督管理部门应当自收到报告之日起45日内作出审查决定，并书面通知建设单位。具体办法由国务院安全生产监督管理部门制定。新建、改建、扩建储存、装卸危险化学品的港口建设项目，由港口行政管理部门按照国务院交通运输主管部门的规定进行安全条件审查。

《危险化学品安全管理条例》第二十二条规定，生产、储存危险化学品的企业，应当委托具备国家规定的资质条件的机构，对本企业的安全生产条件每3年进行一次安全评价，提出安全评价报告。安全评价报告的内容应当包括对安全生产条件存在的问题进行整改的方案。生产、储存危险化学品的企业，应当将安全评价报告以及整改方案的落实情况报所在地县级人民政府安全生产监督管理部门备案。在港区内储存危险化学品的企业，应当将安全评价报告以及整改方案的落实情况报港口行政管理部门备案。

《危险化学品重大危险源监督管理暂行规定》（国家安全生产监督管理总局令 2011 第 40 号）第十四条规定，对重大危险源进行风险评价，通过定量风险评价确定的重大危险源的个人和社会风险值。重大危险源的个人和社会风险值不得超过表 10-7 中的个人和社会可容许风险限值标准。超过个人和社会可容许风险限值标准的，危险化学品单位应当采取相应的降低风险措施。

表 10-7　可容许个人风险标准

危险化学品单位周边重要目标和敏感场所类别	可容许风险/年
①高敏感场所（如学校、医院、幼儿园、养老院等）； ②重要目标（如党政机关、军事管理区、文物保护单位等）； ③特殊高密度场所（如大型体育场、大型交通枢纽等）	小于 3×10^{-7}
①居住类高密度场所（如居民区、宾馆、度假村等）； ②公众聚集类高密度场所（如办公场所、商场、饭店、娱乐场所等）	小于 1×10^{-6}

由此可见，国家对生产、储存、使用危险化学品的企业的安全评价是非常重视的。

一、可容许个人风险标准

个人风险是指因危险化学品重大危险源各种潜在的火灾、爆炸、有毒气体泄漏事故造成区域内某一固定位置人员的个体死亡概率，即单位时间内（通常为年）的个体死亡率。通常用个人风险等值线表示。

通过定量风险评价，危险化学品单位周边重要目标和敏感场所承受的个人风险应满足表 10-7 中可容许风险标准要求。

二、可容许社会风险标准

社会风险是指能够引起大于等于 N 人死亡的事故累积频率（F），也即单位时间内（通常为年）的死亡人数。通常用社会风险曲线（F-N 曲线）表示。

可容许社会风险标准采用 ALARP（As Low As Reasonable Practice）原则作为可接受原则。ALARP 原则通过两个风险分界线将风险划分为 3 个区域，即不可容许区、尽可能降低区（ALARP）和可容许区。

① 若社会风险曲线落在不可容许区，除特殊情况外，该风险无论如何不能被接受。

② 若落在可容许区，风险处于很低的水平，该风险是可以被接受的，无需采取安全改进措施。

③ 若落在尽可能降低区，则需要在可能的情况下尽量减少风险，即对各种风险处理措施方案进行成本效益分析等，以决定是否采取这些措施。

通过定量风险评价，危险化学品重大危险源产生的社会风险应满足图 10-1 中可容许社会风险标准要求。

三、重大危险源风险评价方法

重大危险源风险评价是重大危险源控制的关键措施之一，为保证重大危险源评价的正确合理，对重大危险源的风险评价应遵循系统的思想和方法。

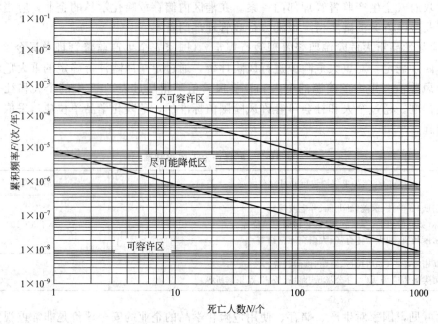

图 10-1　可容许社会风险标准（F-N）曲线

1. 重大危险源风险评价的一般程序

风险评价的一般程序主要包括如下几个步骤。

（1）资料收集　明确评价的对象和范围，收集国内外相关法规和标准，了解同类设备、设施或工艺的生产和事故情况，评价对象的地理、气象条件及社会环境状况等。

（2）危险危害因素辨识与分析　根据所评价的设备、设施或场所的地理、气象条件、工程建设方案，工艺流程、装置布置、主要设备和仪表、原材料、中间体、产品的理化性质等辨识和分析可能发生的事故类型、事故发生的原因和机制。

（3）评价过程　在上述危险分析的基础上，划分评价单元，根据评价目的和评价对象的复杂程度选择具体的一种或多种评价方法。对事故发生的可能性和严重程度进行定性或定量评价，在此基础上进行危险分级，以确定管理的重点。

（4）提出降低或控制危险的安全对策措施　根据评价和分级结果，高于标准值的危险必须采取工程技术或组织管理措施，降低或控制危险。低于标准值的危险属于可接受或允许的危险，应建立监测措施，防止生产条件变更导致危险值增加，对不可排除的危险要采取防范措施。

2. 重大危险源风险评价的方法

重大危险源评价的目的是在重大危险源数据库录入的数据信息基础上，对重大危险源进行评估，以满足政府安全生产监督管理部门对重大危险源进行宏观分级监控和管理的需要。

重大危险源的风险值 R 可用下式表示：

$$R = F \times N$$

式中　F——事故发生的可能性，次/年；

N——每次事故造成的事故后果（死亡人数），个/次。

为了对可能出现的事故后果进行预测，本方法遵循以下原则。

① 最大危险原则。如果危险源具有多种危险物质或多种事故形态，按后果最严重的危险物质或事故形态考虑；如果一种危险物具有多种事故形态，且它们的事故后果相差悬殊，

则按后果最严重的事故形态考虑。

② 概率求和原则。如果一种危险物具有多种事故形态，且它们的事故后果相差不太悬殊，则按统计平均原理估计总的事故后果。

假设条件如下。

① 在估算事故后果时，假设事故的伤害效用是各向同性的，且无障碍物。

② 伤害区域是以单元的中心为圆心、以伤害半径为半径的圆形区域。

第三节　案例分析与讨论

【案例】江门市土产进出口公司高级烟花厂"6.30"特大爆炸事故

2000 年 6 月 30 日 8 时 5 分，广东省土产进出口公司高级烟花厂发生特大爆炸事故，死亡 37 人，重伤 12 人；损毁厂房、民房、仓库 10200m² 和一批设备、原料，直接经济损失 3000 万元。

事故经过：当天 8 时 5 分，本厂装配工万小玲用气动钉枪对一枚火箭烟花进行装配时，连打两钉都错位，意外引燃所装配的火箭烟花；此时工人丁银生（已死亡）正领料经过该处，火箭烟花引燃其手推车上的原料，并引爆了包装二车间内大量待组装的火箭烟花半成品及成品，致使大量火箭烟花四处飞蹿，从而引爆了装配车间的成品、半成品；巨大冲击波又引爆了原料库和半成品库内的易燃易爆物品，形成殉爆。爆炸总药量约为 7t TNT 当量，整个厂区瞬间被炸成废墟。万小玲本人发现烟花爆燃即迅速逃生，受了重伤，后经治疗，被批捕归案。

事故直接原因

① 装配工万小玲操作不当，引燃烟花火箭，以致发生燃爆。

② 擅自扩建厂房、改变部分厂房用途，破坏了原有的安全间距。

③ 厂内原料和成品、半成品存放量过大（大约 15t，大大超过了公安消防部门核准的 1.5t）。

④ 盲目扩大生产规模，超编制招用大批工人（该厂年产量从设计的 5 万箱增至实际年产量 8.87 万箱；职工人数从立项时核定的 42 人增至事故前 229 人）。

事故间接原因

① 厂方安全生产制度不健全，责任不到位。该厂不但擅自扩建厂房、严重超量存放原料、违规扩大生产规模，而且不按安全生产规范组织生产。厂内的安全生产制度不健全，责任不落实；新工人上岗前不经安全培训教育，尤其是带药生产工序人员也不经安全培训考核就安排上岗；工厂没有按规定设立安全管理员。

② 江门市土产进出口出公司有关领导严重失职，租赁后长期放弃对烟花厂生产经营、安全生产的监督管理。

③ 有关职能部门把关不严，监督检查不力。

a. 江门市外经贸委没有履行安全生产管理职能。

b. 江门市工商行政管理局管理不到位。

c. 省、市公安机关审批把关不严。

d. 江海区外海镇建委报建审批把关不严。

e. 有关监督部门平时监督检查只检查防火、防盗而忽视检查防爆隐患。

④ 江门市市委、市政府对烟花爆竹企业的清理整顿措施不力。

此次事故经事故现场勘查和调查询问及专家组调查、实验分析，排除自然灾害所致和人为故意破坏造成，是江门市土产进出口公司及有产关职能部门违反有关规定和制度而酿成的重大责任事故。

事故处理：在这次事故中，追究刑事责任的人员共计8人，除万小玲为临时杂工外，其他人员是公司的主要负责人和主管民用爆炸品的江门市公安分局蓬江分局刑警三中队的指导员。受到行政处分的人员共计16人，其中有江门市副市长2人，江门市经贸委主任、副主任，江门市公安局局长、副局长，江门市工商行政管理局局长，江门市劳动局局长，公安厅治安处科长，江门市公安局治安科科长，江门市土产进出口公司总经理、副总经理、党总支副书记等。

【课后巩固练习】▶▶▶

1. 什么是重大危险源？重大危险源辨识的依据是什么？
2. 什么是单元、危险化学品重大危险源的临界量？如何确定重大危险源？
3. 单元内存在多种危险化学品时如何确定是否重大危险源？
4. 重大危险源分为哪几个级别？如何确定重大危险源的级别？
5. 什么是个人风险？什么是社会风险？重大危险源风险分哪几个等级？
6. 重大危险源风险评价包括哪几个步骤？
7. 重大危险源评价有何意义？

第十一章

化学事故的应急救援及抢救

化学事故应急救援是指危险化学品由于各种原因造成或可能造成众多人员伤亡及其他较大社会危害时，为及时控制危害源，抢救受害人员，指导群众防护和组织撤离，清除危害后果而组织的救援活动。随着化学工业的发展，生产规模日益扩大，一旦发生事故，其危害波及范围将越来越大，危害程度将越来越深，事故初期，如不及时控制，小事故将会演变成大灾难，将会给生命和财产造成巨大损失。

第一节　国家安全生产应急救援指挥中心简介

【学习目标】▶▶▶

知识目标：了解我国安全生产应急救援系统。

能力目标：能通过网络、电话等方式咨询危险化学品生产、管理与使用中的问题。

情感价值观目标：培养学生安全救援意识和社会责任感。

【案例情景】▶▶▶

2009 年 8 月 19 日，山东魏桥创业集团所属铝母铸造分厂发生铝水外溢事故，造成 14 人死亡、59 人受伤。事故发生时，车间工人正在开会，由于铝水温度高达 900℃，突然溢出的铝水遭遇车间冷却水产生水蒸气，形成了强大气流，造成人员伤亡。由于气流巨大，事故还波及相邻另一个分厂的车间，铝母铸造分厂厂长在事故中遇难。

根据我国《安全生产法》第七十八条和《危险化学品安全管理条例》第七十条的规定，危险化学品单位应当制定本单位危险化学品事故应急预案，配备应急救援人员和必要的应急救援器材、设备，并定期组织应急救援演练。其实，早在1996年，原化工部就组建了"化学事故应急救援抢救系统"，并下发了《关于组建"化学事故应急救援抢救系统"的通知》（化督发［1996］242号）。该系统组建后在开展化学事故应急救援工作方面发挥了较好的作用。1998 年国务院机构改革后，"化学事故应急救援抢救系统"由（原）国家经贸委领导，并更名为"国家经贸委化学事故应急救援抢救系统"。该系统由"国家经贸委化学事故应急救援指挥中心"、"国家经贸委化学事故应急救援指挥中心办室"和"国家经贸委化学事故应急救援抢救中心"组成。2006 年 2 月 21 日成立了国家安全生产应急救援指挥中心，隶属于国家安全生产监督管理总局，内设综合部、指挥协调部、信息部、技术装备部、资产财务部和矿山救援指挥中心。

国家安全生产应急救援指挥中心，为国务院安全生产委员会办公室领导，国家安全生产监督管理总局管理的事业单位，履行全国安全生产应急救援综合监督管理的行政职能，按照国家安全生产突发事件应急预案的规定，协调、指挥安全生产事故灾难应急救援工作。主要职责如下。

① 参与拟定、修订全国安全生产应急救援方面的法律法规和规章，制定国家安全生产应急救援管理制度和有关规定并负责组织实施。

② 负责全国安全生产应急救援体系建设，指导、协调地方及有关部门安全生产应急救援工作。

③ 组织编制和综合管理全国安全生产应急救援预案，对地方及有关部门安全生产应急预案的实施进行综合监督管理。

④ 负责全国安全生产应急救援资源综合监督管理和信息统计工作，建立全国安全生产应急救援信息数据库，统一规划全国安全生产应急救援通信信息网络。

⑤ 负责全国安全生产应急救援重大信息的接收、处理和上报工作。负责分析重大危险源监控信息并预测特别重大事故风险，及时提出预警信息。

⑥ 指导、协调特别重大安全生产事故灾难的应急救援工作；根据地方或部门应急救援指挥机构的要求，调集有关应急救援力量和资源参加事故抢救；根据法律法规的规定或国务院授权组织指挥应急救援工作。

⑦ 组织、指导全国安全生产应急救援培训工作。组织、指导安全生产应急救援训练、演习。协调指导有关部门依法对安全生产应急救援队伍实施资质管理和救援能力评估工作。

⑧ 负责安全生产应急救援科技创新、成果推广工作。参与安全生产应急救援国际合作与交流。

⑨ 负责国家投资形成的安全生产应急救援资产的监督管理，组织对安全生产应急救援项目投入资产的清理和核定工作。

⑩ 完成国务院安全生产委员会办公室交办的其他事项。

国家安全生产应急救援指挥中心成立后，国家安全生产监督管理总局履行政府安全生产应急救援的行政监管职责，负责起草或制定安全生产应急管理和应急救援的法规、规章和标准，并依法进行监管；统一规划全国安全生产应急救援体系。国家安全生产应急救援指挥中心经授权履行安全生产应急救援综合监督管理和应急救援协调指挥职责。

目前，全国多数省（区、市）安监局成立了应急办、安全生产应急救援指挥中心，我国安全生产应急救援系统逐渐完善，事故应急救援能力不断提高。

第二节　化学事故应急救援的要求

【学习目标】▶▶▶

知识目标：掌握化学事故应急救援的基本原则、任务和形式。

能力目标：能根据应急救援要求组织救援和求救。

情感价值观目标：培养学生以人为本和环境安全意识。

【案例情景】▶▶▶

2009年9月2日下午，山东省临沂市东山金兰现代物流发展有限公司（金兰物流基地）

F3 区的临沂市运恒货物托运部的货物在卸车过程中发生意外爆燃事故，共造成 18 人死亡、10 人受伤。爆燃事故的原因是卸料过程中，危险化学品发泡剂 H 遇回收桶中的酸性物质发生化学反应引起爆燃。

一、国家对化学事故应急救援的要求

国家对化学事故应急救援工作一直都非常重视，为加强危险化学品事故的应急救援管理，《安全生产法》第六十八条规定，"县级以上各级人民政府应当组织有关部门制定本行政区域内特大生产安全事故应急救援预案，建立应急救援体系"。第六十九条规定，"危险物品的生产、经营、储存单位及矿山、建筑施工单位应当建立应急救援组织；生产经营规模较小，可以不建立应急救援组织的，应当指定兼职的应急救援人员。危险物品的生产、经营、储存单位以及矿山、建筑施工单位应当配备必要的应急救援器材、设备，进行经常性维护、保养，保证正常运转"。国务院于 2011 年 2 月 16 日修订通过的《危险化学品安全管理条例》第八条规定，县级以上人民政府应当建立危险化学品安全监督管理工作协调机制，支持、督促负有危险化学品安全监督管理职责的部门依法履行职责，协调、解决危险化学品安全监督管理工作中的重大问题。

根据《安全生产法》、《危险化学品安全管理条例》的要求，危险化学品单位必须制定本单位事故应急救援预案，配备应急救援人员和必要的应急救援器材、设备，并定期组织演练。同时，危险化学品事故应急救援预案应当报设区的市级人民政府负责危险化学品安全监督管理综合工作的部门备案。当发生危险化学品事故时，单位主要负责人应当按照本单位制定的应急救援预案，立即组织救援并立即报告当地负责危险化学品安全监督管理综合工作的部门和公安、环境保护、质检部门，并要求危险化学品生产企业必须为危险化学品事故的应急救援提供技术指导和必要的协助。

二、化学事故应急救援的基本原则、任务和形式

1. 基本原则

化学事故应急救援是危险化学物品由于各种原因造成或可能造成众多人员的伤亡及其他较大社会危害时，为及时控制危险源，抢救受害人员，指导群众防护和组织撤离，消除危害后果而组织的救援活动。救援工作应在预防为主的前提下，贯彻统一指挥，分级负责，区域为主，单位自救与社会救援相结合的原则，其中预防工作是化学事故应急救援工作的基础，平时落实好救援工作的各项准备措施，当发生事故时就能及时实施救援。化学事故的特点是发生突然，扩散迅速，危害途径多，作用范围广。因此，救援工作要求迅速、准确和有效，为达到这一目的，实行统一指挥下的分级负责制，以区域为主，并根据事故的发展情况，采取单位自救与社会救援相结合的形式，将会有效地实现救援的目的。

化学事故应急救援又是一项涉及面广、专业性很强的工作，靠某一部门是很难完成的，必须把各方面的力量组织起来，形成统一的救援指挥部门，在指挥部门的统一指挥下救灾，公安、消防、化工、环保、卫生、劳动等部门密切配合，协同作战，迅速、有效地组织和实施应急救援，尽可能地避免和减少损失。

2. 基本任务

化学事故应急救援是近几年国内开展的一项社会性减灾救灾工作。其基本任务如下。

（1）控制危险源　及时控制造成事故的危险源，是应急救援工作的首要任务。只有及时控制住危险源，防止事故的继续扩展，才能及时、有效地进行救援。

（2）抢救受害人员　　抢救受害人员是应急救援的重要任务。在紧急救援行动中，及时、有序、有效地实施现场急救与安全转送伤员是降低伤亡率、减少事故损失的关键。

（3）指导群众防护，组织群众撤离　　由于化学事故发生突然、扩散迅速、涉及面广、危害大，应及时指导和组织群众采取各种措施进行自身防护，并向上风向迅速撤离出危险区或可能受到危害的区域。在撤离过程中应积极组织群众开展自救和互救工作。

（4）做好现场清消，消除危害后果　　对事故外逸的有毒有害物质和可能对人和环境继续造成危害的物质应及时组织人员予以清消，消除危害后果，防止对人的继续危害和对环境的污染。

3. 基本形式

化学事故应急救援按事故波及范围及其危害程序，可采取单位自救和社会救援两种形式。

（1）事故单位自救　　事故单位自救是化学事故应急救援最基本、最重要的救援形式，这是因为事故单位最了解事故现场的情况，即使事故危害已经扩大到事故单位以外区域，事故单位仍需全力组织自救。特别是尽快控制危险源。

化学品生产、使用、储存、运输等单位必须成立应急救援专业队伍，负责事故时的应急救援工作。同时，生产单位对全企业产品必须提供应急服务，一旦产品在国内外任何地方发生事故，通过提供的应急电话能及时与生产企业取得联系，获取紧急处理信息或得到其应急救援人员的帮助。

（2）社会救援　　目前，国家安全生产应急救援指挥中心和各省（区、市）应急办、安全生产应急救援指挥中心，负责安全生产应急救援综合监督管理和应急救援协调指挥工作。

第三节　化学事故应急救援的组织实施

【学习目标】▶▶▶

知识目标：掌握应急救援知识和组织实施的基本步骤；了解应急救援的组织机构及条件。

能力目标：能根据安全知识进行报警和救援。

情感价值观目标：培养学生自我安全意识和协同合作意识。

【案例情景】▶▶▶

2010 年 7 月 28 日上午，南京栖霞区万寿村 15 号，途经南京塑料四厂拆迁工地丙烯管道被施工人员挖断，造成丙烯泄漏，与空气形成爆炸性混合物，遇明火后发生爆燃。爆炸事件已导致至少 13 人死亡，120 人住院治疗。

一、应急救援的组织机构与职责

化学事故应急救援组织机构一般由以下几方面组成。

（1）应急救援指挥中心（办公室）　　在化学事故应急救援行动中，负责组织和指挥化学事故应急救援工作。平时应组织编制化学事故应急救援预案；做好应急救援专家队伍和互救专业队伍的组织、训练与演练；开展对群众进行自救和互救知识的宣传和教育；会同有关部门做好应急救援的装备、器材物品、经费的管理和使用；对化学事故进行调查，核发事故通报。

（2）应急救援专家委员会（组）　在化学事故应急救援行动中，对化学事故危害进行预测，为救援的决策提供依据和方案。

（3）应急救护站（队）　在事故发生后，尽快赶赴事故地点，设立现场医疗急救站，对伤员进行现场分类和急救处理，并及时向医院转送。

（4）应急救援专业队　在应急救援行动中，应急救援队伍应尽快地测定出事故的危险区域，检测化学危险物品的性质及危害程序，在做好自身防护的基础上，快速、有效实施救援，并做好毒物的清消、将伤员救出危险区域和组织群众撤离、疏散等工作。

凡涉及化学危险物品的企业均应建立本单位的救援组织机构，明确救援执行部门和专用电话，编制救援协作网，疏通纵横关系，以提高应急救援行动中协同作战的效能，便于做好自救。

二、应急救援组织的必备条件

为了保证应急救援组织能够适应应急救援工作需要，应急救援组织应当具备以下几项基本条件。

1. 要有组织领导作保证

应急救援体系涉及多个部门和方面，需要有较大的权威和有力的指挥、协调，单靠任何一个或者几个部门都难以完成。因此，必须确定一名企业领导（如经理、厂长）来负责，以提供强有力的组织领导作保证。

2. 必须配备懂得应急救援知识的专业人员

应急救援组织应有了解各种危险化学品性质及其毒性，懂得各种应急救援技术的专业人员。应急救援人员必须经过专门的培训和演练，使其了解国家及本行业的法律、法规及安全救护规程；熟悉应急救援组织的任务和职责；掌握应急救援行动的方法、技能和注意事项；熟悉本单位安全生产情况和存在的危险化学品的性能及毒性；掌握应急救援器材、设备的性能、使用方法、常见事故处理和维护保养要求。

3. 必须配备必要的应急救援器材、设备

根据本单位生产经营活动的性质、特点以及应急救援工作的实际需要，有针对性、有选择地配备应急救援器材、设备。一般而言，化学事故的现场急救需要如下四类器材与装备：急救器材与药品、防护用品、急救车辆和急救通信工具。

（1）急救器材与药品　包括一般性急救器材，如扩音话筒、照明工具、帐篷、雨具、安全区指示标志、急救医疗点及风向标志、检伤分类标志、担架等；常规与特殊急救器材，如呼吸气囊或呼吸机、口对口呼吸管、心脏挤压泵、三角巾、绷带、无菌敷料、胶布、止血带、四肢夹板、脊柱板等；必要的急救药品，如止血用药物、生理盐水、葡萄糖注射液、主要解毒剂和排毒剂等。

（2）防护用品　进入化学事故现场实施救援的人员，在有毒气体泄漏、中毒、化学性灼伤、缺氧窒息的情况下，必须佩戴好个体防护器材，如防毒面具、口罩、帽子、手套、防护衣裤等，方可进入污染现场。

（3）急救车辆　在紧急情况下，急救车辆用于运输、监护、抢救危重病人，其医疗器械的装备和药品配置，视各自的条件以及需要而定。但至少要配备以下几类急救装备与药品：担架与运送用品、止血用品、人工呼吸用具、夹板、绷带、冲洗用品、护理应急处理用品、消毒器具、急救箱等。

（4）急救通信工具　现场急救通信工具的配置非常重要。在现有条件下现场急救可以做到配备：①电台或车载电话；②手机；③对讲机。一般情况下，化学事故应急救援队伍在执

行救援任务时，负责人至少要携带一部手机或对讲机，以便与现场指挥部或急救单位保持联系。在平时，急救队伍的骨干人员应配备手机或对讲机，以便一旦发生化学事故时可以做到快速集结，快速反应。

4. 有应付各种突发事故的应急处理预案

即要预先编制事故发生时进行紧急救援的组织、程序、措施、责任以及协调等方面的方案和计划，并经常组织救援人员演练。应急救援预案必须做到重点突出，针对性强；应急程序简单，步骤明确；统一指挥，责任明确。

三、应急救援的组织实施

化学品事故应急救援一般包括报警与接警、应急救援队伍的出动、实施应急处理即紧急疏散、现场急救、溢出或泄漏处理和火灾控制等几个方面。

1. 事故报警与接警

事故报警是否及时与准确是能否及时控制事故的关键环节。当发生化学品事故时，现场人员必须根据各自企业制定的事故应急预案采取控制措施，尽量减少事故的蔓延，同时向有关部门报告。主管领导人应根据事故地点、事态的发展决定应急救援形式：是单位自救还是采取社会救援？对于那些重大的或灾难性的化学事故，以及依靠个体单位力量不能控制或不能及时消除事故后果的化学事故，应尽早争取社会支援，以便尽快控制事故的发展。

为了做好事故的报警工作，各企业应作好以下几方面的工作：

① 建立合适的报警反应系统；

② 各种通信工具应加强日常维护，使其处于良好状态；

③ 制定标准的报警方法和程序；

④ 联络图和联络号码要置于明显位置，以便值班人员熟练掌握；

⑤ 对工人进行紧急事态时的报警培训，包括报警程序与报警内容。

2. 出动应急救援队伍

各主管单位在接到事故报警后，应迅速组织应急救援专业队赶赴现场，在做好自身防护的基础上，快速实施救援，控制事故发展，并将伤员救出危险区域和组织群众撤离、疏散，做好危险化学品的清除工作。

养兵千日，用兵一时。只有平时充分作好应急救援的各项准备工作，才能保证事故发生时遇灾不慌，临阵不乱，正确判断，恰当处理。应急救援的准备工作主要是抓好组织机构、人员、装备三落实，并制定切实可行的工作制度，使应急救援的各项工作达到规范化管理。因此，各企业应事先成立化学事故应急救援"指挥领导小组"和"应急救援专业队伍"。平时做好应急救援专家队伍和救援专业队伍的组织、训练与演练；对群众进行自救和互救知识的宣传和教育；会同有关部门作好应急救援的装备、器材、物品的管理和使用。应急救援队伍的组成与主要职责见表 11-1。

表 11-1　应急救援队伍的组成与主要职责

组　　成	主　要　职　责
抢险抢修组	负责紧急状态下的现场抢险作业： ①泄漏控制、泄漏物处理； ②设备抢修作业； ③恢复生产的检修作业

组　成	主　要　职　责
消防组	担负灭火、清消和抢救伤员任务
安全警戒组	①布置安全警戒,保证现场井然有序; ②实行交通管制,保证现场及厂区道路畅通; ③加强保卫工作,禁止无关人员、车辆通行
抢救疏散组	负责现场周围人员和器材、物资的抢救、疏散工作
医疗救护组	①组织救护车辆及医务人员、器材进入指定地点; ②组织现场抢救伤员; ③进行防化防毒处理
物资供应组	①通知有关库房准备好沙袋、锹镐、泡沫、水泥等消防物资及劳动保护用品; ②备好车辆,将所需物资供应现场

注意：等待急救队或外界的援助会使小事故变成大灾难,因此,每个职工都负有化学事故应急救援的责任,应按应急计划接受基本培训,使其在发生化学品事故时采取正确的行动。

3. 紧急疏散

(1) 建立警戒区域　事故发生后,应根据化学品泄漏的扩散情况或火焰辐射热所涉及的范围建立警戒区,并在通往事故现场的主要干道上实行交通管制。建立警戒区域时应注意以下几项。

① 警戒区域的边界应设警示标志并有专人警戒。

② 除消防、应急处理人员以及必须坚守岗位人员外,其他人员禁止进入警戒区。

③ 泄漏溢出的化学品为易燃品时,区域内应严禁火种。

(2) 紧急疏散　迅速将警戒区及污染区内与事故应急处理无关的人员撤离,以减少不必要的人员伤亡。

紧急疏散时应注意以下几项。

① 如事故物质有毒时,需要佩戴个体防护用品或采用简易有效的防护措施,并有相应的监护措施。

② 应向上风方向转移;明确专人引导和护送疏散人员到安全区,并在疏散或撤离的路线上设立哨位,指明方向。

③ 不要在低洼处滞留。

④ 要查清是否有人留在污染区与着火区。

为使疏散工作顺利进行,每个车间应至少有两个以上畅通无阻的紧急出口,并有明显标志。

4. 现场急救

在事故现场,化学品对人体可能造成的伤害有中毒、窒息、冻伤、化学灼伤、烧伤等,进行急救时,不论患者还是救援人员都需要进行适当的防护。现场急救注意以下事项。

① 选择有利地形设置急救点。

② 作好自身及伤病员的个体防护。

③ 防止发生继发性损害。

④ 应至少2~3人为一组集体行动,以便相互照应。

⑤ 所用的救援器材需具备防爆功能。

当现场有人受到化学品伤害时,应立即进行以下处理。

① 迅速将患者脱离现场至空气新鲜处。

② 呼吸困难时给氧；呼吸停止时立即进行人工呼吸；心脏骤停，立即进行心脏按压。

③ 皮肤污染时，脱去污染的衣服，用流动清水冲洗，冲洗要及时、彻底、反复多次；头面部灼伤时，要注意眼、耳、鼻、口腔的清洗。

④ 当人员发生冻伤时，应迅速复温。复温的方法是采用 $40\sim42℃$ 恒温热水浸泡，使其温度提高至接近正常；在对冻伤的部位进行轻柔按摩时，应注意不要将伤处的皮肤擦破，以防感染。

⑤ 当人员发生灼伤时，应迅速将患者衣服脱去，用流动清水冲洗降温，用清洁布覆盖创伤面，避免创面污染；不要任意把水疱弄破。患者口渴时，可适量饮水或含盐饮料。

⑥ 口服者，可根据物料性质，对症处理。

⑦ 经现场处理后，应迅速护送至医院救治。

注意：急救之前，救援人员应确信受伤者所在环境是安全的。另外，口对口的人工呼吸及冲洗污染的皮肤或眼睛时，要避免进一步受伤。

5. 泄漏处理

危险化学品泄漏后，不仅污染环境，对人体造成伤害，对可燃物质还有引发火灾爆炸的可能。因此，对泄漏事故应及时、正确处理，防止事故扩大。泄漏处理一般包括泄漏源控制及泄漏物处理两大部分。

（1）泄漏处理注意事项

① 进入现场人员必须配备必要的个人防护器具。

② 如果泄漏物是易燃易爆的，应严禁火种。

③ 应急处理时严禁单独行动，要有监护人，必要时用水枪、水炮掩护。

（2）泄漏源控制注意事项　如果有可能的话，可通过控制泄漏源来消除化学品的溢出或泄漏。具体方法如下。

① 在企业应急救援指挥中心或调度室的指令下进行，通过关闭有关阀门、停止作业或通过采取改变工艺流程物料走副线、局部停车、打循环、减负荷运行等方法。

② 容器发生泄漏时，应采取措施修补和堵塞裂口，制止化学品进一步泄漏，对整个应急处理是非常关键的。能否成功地进行堵漏取决于几个因素：接近泄漏点的危险程度，泄漏孔的尺寸，泄漏点处实际的或潜在的压力，泄漏物质的特性。

（3）泄漏物处理　现场泄漏物要及时进行覆盖、收容、稀释、处理，使泄漏物得到安全可靠的处置，防止二次事故发生。

泄漏物处置主要有四种方法。

① 围堤堵截。如果化学品为液体，泄漏到地面上时会四处蔓延扩散，难以收集处理。为此需要筑堤堵截或者引流到安全地点。储罐区发生液体泄漏时，要及时关闭雨水阀，防止物料沿明沟外流。

② 稀释与覆盖。为减少大气污染，通常是采用水枪或消防水带向有害物蒸气云喷射雾状水，加速气体向高空扩散，使其在安全地带扩散。在使用这一技术时，将产生大量的被污染水，因此应疏通污水排放系统。对于可燃物，也可以在现场施放大量水蒸气或氮气，破坏燃烧条件。对于液体泄漏，为降低物料向大气中的蒸发速度，可用泡沫或其他覆盖物品覆盖外泄的物料，在其表面形成覆盖层，抑制其蒸发。

③ 收容（集）。对于大型泄漏，可选择用隔膜泵将泄漏出的物料抽入容器内或槽车内；当泄漏量小时，可用砂子、吸附材料、中和材料等吸收中和。

④ 废弃。将收集的泄漏物运至废物处理场所处置。用消防水冲洗剩下的少量物料，冲

洗水排入含油污水处理系统处理。

注意：化学品泄漏时，除受过特别训练的人员外，其他任何人不得试图清除泄漏物。

6. 火灾控制

危险化学品容易发生火灾、爆炸事故，但不同的化学品以及在不同情况下发生火灾时，其扑救方法差异很大，若处置不当，不仅不能有效扑灭火灾，反而会使灾情进一步扩大。此外，由于化学品本身及其燃烧产物大多具有较强的毒害性和腐蚀性，极易造成人员中毒、灼伤。因此，扑救危险化学品火灾是一项极其重要又非常危险的工作。从事化学品生产、使用、储存、运输的人员和消防救护人员平时应熟悉和掌握化学品的主要危险特性及其相应的灭火措施，并定期进行防火演习，加强紧急事态的应变能力。

一旦发生火灾，每个职工都应清楚地知道自己的作用和职责，掌握有关消防设施、人员的疏散程序和危险化学品灭火的特殊要求等内容。

（1）灭火注意事项　发生化学品火灾时，灭火人员不应单独灭火，出口应始终保持清洁和畅通，要选择正确的灭火剂，灭火时还应考虑人员的安全。

（2）灭火对策

① 扑救初期火灾。在火灾尚未扩大到不可控制之前，应使用适当移动式灭火器来控制火灾。迅速关闭火灾部位的上下游阀门，切断进入火灾事故地点的一切物料，然后立即启用现有各种消防设备、器材扑灭初期火灾和控制火源。

② 对周围设施采取保护措施。为防止火灾危及相邻设施，必须及时采取保护措施，并迅速疏散受火灾威胁的物资。有的火灾可能造成易燃液体外流，这时可用沙袋或其他材料筑堤拦截流淌的液体或挖沟导流将物料导向安全地点，另外，用毛毡堵住下水井、窨井口等处，防止火焰蔓延。

③ 火灾扑救。扑救危险化学品火灾决不可盲目行动，应针对每一类化学品，选择正确的灭火剂和灭火方法。必要时采取堵漏或隔离措施，预防次生灾害扩大。当火扑灭以后，仍然要派人监护，清理现场、消灭余火。

几种特殊化学品的火灾扑救注意事项如下。

a. 扑救液化气体类火灾，切忌盲目扑灭火势，在没有采取堵漏措施的情况下，必须保持稳定燃烧。否则，大量可燃气体泄漏出来与空气混合，遇着火源就会发生爆炸，后果将不堪设想。

b. 对于爆炸物品火灾，切忌用沙土盖压，以免增强爆炸物品爆炸时的威力；另外扑救爆炸物品堆垛时，水流应采用吊射，避免强力水流直接冲击堆垛，以免堆垛倒塌引起再次爆炸。

c. 对于遇湿易燃物品火灾，绝对禁止用水、泡沫、酸碱等湿性灭火剂扑救。

d. 氧化剂和有机过氧化物的灭火较复杂，应针对具体物质具体分析。

e. 扑救毒害品和腐蚀品的火灾时，应尽量使用低压水流或雾状水，避免腐蚀品、毒害品溅出；遇酸类或碱类腐蚀品最好调制相应的中和剂稀释中和。

f. 易燃固体、自燃物品一般都可用水和泡沫扑救，只要控制住燃烧范围，逐步扑灭即可。但有少数易燃固体、自燃物品的扑救方法比较特殊。如 2,4-二硝基苯甲醚、二硝基萘、萘等是易升华的易燃固体，受热放出易燃蒸气，能与空气形成爆炸性混合物，尤其在室内，易发生爆燃。在扑救过程中应不时向燃烧区域上空及周围喷射雾状水，并消除周围一切火源。

注意：化学品火灾的扑救应由专业消防队来进行。其他人员不可盲目行动，待消防队达到后，介绍物料介质，配合扑救。

应急处理过程并非是按部就班地按以上顺序进行,而是根据实际情况尽可能同时进行,如危险化学品泄漏,应在报警的同时尽可能切断泄漏源等。

化学品事故的特点是发生突然,扩散迅速,持续时间长,涉及面广。一旦发生化学品事故,往往会引起人们的慌乱,若处理不当,会引起二次灾害。因此,各企业应制订和完善化学品事故应急计划。让每一个职工都知道应急方案,定期进行培训教育,提高广大职工对付突发性灾害的应变能力,做到遇灾不慌,临阵不乱,正确判断,妥当处理,增强人员自我保护意识,减少伤亡。

第四节　化学事故应急预案的制定

【学习目标】▶▶▶

知识目标:掌握编制化学事故应急处理预案的目的、依据和步骤。

能力目标:能根据单位实际编制或参与编制化学事故应急处理预案。

情感价值观目标:培养学生化学事故的预防意识和科学的安全精神。

【案例情景】▶▶▶

2010年7月16日,巴拿马籍油轮在大连油港卸油时,在添加原油脱硫剂过程中,陆地输油管线发生爆炸引发大火和原油泄漏。在本次事故中,共出动消防官兵2000多名,消防车300多辆,救火使用泡沫500多万吨、干粉20t,事故经济损失10亿元以上,并对海域造成严重污染。

化学事故应急处理预案是指为减少事故后果而预先制定的抢险救灾方案,是进行事故应急救援活动的行动指南。事故应急处理预案通常包括现场预案(企业预案)和场外预案(区域预案)。生产、经营、储存、运输、使用危险化学品和处置废弃危险化学品的单位,都应建立并实施化学事故应急处理预案,以减轻危险化学品事故的后果。

一、制定化学事故应急处理预案的目的

化学事故应急处理预案的目的主要有以下三个方面:

① 使任何可能引起的紧急情况不扩大,并尽可能地排除它们;

② 准备应急反应,减轻事故后果,限制事故严重度及事故对公众健康和环境的影响;

③ 通过组织职工对事故应急处理预案的学习和演练,可以加强职工对岗位及其周围危险性的认识,提高事故应急处理的能力。

二、制定化学事故应急处理预案的依据

为了使化学事故应急处理预案达到上述目的,可依据以下六个方面的内容编制:

① 国家法律、法规、规范、标准及其他规定或要求;

② 地方政府部门危险化学品应急服务的可用情况,应急响应或已达成的协商计划等;

③ 国内外、行业内外典型事故,以及本企业以往事故、事件和紧急情况的经验和教训;

④ 企业进行危险源辨识、风险评价和风险控制的结果及其控制措施;

⑤ 岗位工人的合理化建议;

⑥ 对事故应急处理演练和事故应急响应进行评审的结果,以及针对评审所采取的后续

改进措施。

三、制定化学事故应急处理预案的步骤

企业事故应急处理预案的制定主要包括资料收集、重大危险源的辨识和风险评价、预案编制、评估审定四个阶段。

1. 资料收集

这一阶段的主要任务是为事故应急处理预案的编制提供法律法规和技术支持。需要收集的资料包括：国家有关法律、法规、规范、标准及其他要求，地方政府部门应急救援服务的可用信息，国内外、行业内外的典型的事故案例以及同类事故应急处理的成功案例，本企业以往的事故、事件和紧急情况的经验和教训等。

2. 重大危险源的辨识和风险评价

企业首先应对所属的重大危险源进行辨识（根据《重大危险源的辨识标准》GB 18218—2009），然后确定和评估重大危险源可能发生的事故和可能导致的紧急事件，根据分析结果编制事故应急处理预案。企业对重大危险源进行潜在事故分析时，不但要分析那些容易发生的事故，还应分析虽不易发生却会造成严重后果的事故。潜在事故分析应包括以下内容：

① 可能发生的重大事故；

② 导致重大事故的过程；

③ 非重大事故可能导致发生重大事故需经历的时间；

④ 可能发生重大事故的破坏程度如何；

⑤ 事故之间的联系；

⑥ 每一个可能发生的事故后果。

同时，还要分析重大危险源所存在的危险物质的危险性，以便在化学品的管理和处置方面完善事故应急处理预案。可从生产厂家索取危险化学品安全技术说明书以获得危险物质的特性。

3. 事故应急处理预案的编制

在重大危险源辨识和风险评价、潜在事故分析的基础上，就可以着手编制事故应急处理预案。编制时应注意以下几点。

① 对每一个重大危险源都应编制一个现场事故应急处理预案，包括所有生产装置、要害部位、重大危险设备、重大变更项目、重大危险作业和可能发生环境污染事故的场所，都应编制事故应急预案。

② 对潜在事故危害的性质、规模、后果，以及紧急情况发生时的可能关系进行预测和评估。

③ 对于具有复杂设备的重大危险源，事故应急处理预案应详细具体，应充分考虑每一个可能发生的重大危险，以及它们之间可能发生的相互作用。同时还应包括：

a. 制订与场外应急处理预案实施机构进行联系的计划，包括与紧急救援服务机构的联系；

b. 在存在重大危险设施的危险源内外，报警和通信联络的步骤；

c. 明确事故应急处理现场指挥和副指挥，以及他们的职责；

d. 确定应急控制中心的地点和组成；

e. 在事故发生后，现场工人的行动步骤、撤离程序等；

f. 在事故发生后，事故现场外工人和其他人的行为规定。

④ 在存在危险设施的危险源内外，应制订事故现场工人应采取的紧急补救措施。特别应包括在突发事故发生初期能采取的紧急措施，如紧急停车等。

⑤ 预案应包含召集危险源其他部位或非现场的主要人员到达事故现场的规定。

⑥ 一旦发生事故，企业应保证有足够的人员和应急物资以执行应急处理预案。

⑦ 事故应急处理预案应充分考虑一些可能发生的意外情况，如由于生病、节假日等原因工人不在岗位时，应配备足够的人员以预防和处理事故。

⑧ 在事故应急处理预案制定过程中，应广泛征求岗位工人的意见，有条件时可让他们参加编制。

4. 评估审定

按照上述步骤编制出来的事故应急处理预案，仅仅是初稿，要得到一个切实可行的应急预案，还必须对其进行评估和审定。评估和审定应包括以下三个方面的内容。

① 专家组评估审定。事故应急处理预案编制出来后，企业应组织工程技术人员、安全技术及安全管理人员、有丰富实践经验的操作人员等组成专家组，对它的合理性、适应性进行全面评估审定，提出改进意见并加以修正。

② 组织演练。企业应根据事故应急处理预案的要求，组织职工演练，通过演练及时发现问题并加以改进。

③ 对实际执行应急处理预案处理事故时所暴露出来的不足，企业应及时进行总结并采取修正措施加以完善。

此外，在危险设施和危险源发生变化时，企业应及时修改事故应急处理预案，并把修改情况及时通知所有与事故应急处理预案有关的人员。

四、制定化学事故应急处理预案的内容

制定化学事故应急处理预案的内容一般应包括：应急救援组织机构及其职责；事故应急处理的基本原则；应急救援的程序和步骤；避灾及消除和控制险情的措施，包括警戒与紧急疏散、报警求援几方面。

当然，由于事故的类型、规模、性质和严重程度不同，其应急处理预案的具体内容和侧重点也应有所不同。下面给出了灾害性事故和一般生产、设备事故应急预案的主要内容要点。

1. 灾害性事故应急处理预案的的内容

灾害性事故应急处理预案应包括以下内容。

① 应急机构的组成与职责。

② 灾害事故的应急处理原则。

③ 报警与报告。

④ 生产、技术处理。

⑤ 灾害的补救与控制。

⑥ 伤员救护。

⑦ 警戒、疏散与交通管制。

⑧ 应急物资的准备与供应。

⑨ 救援求助。

⑩ 生产恢复。

⑪ 应急演练。

2. 一般生产、设备事故应急处理预案的主要内容

一般生产、设备事故应急处理预案应包括以下内容。

① 应急处理组织。

② 事故部位和类型。

③ 引发事故的原因。

④ 事故处理的原则。

⑤ 主要操作程序与要点。

⑥ 报警、报告与救护。

⑦ 生产恢复。

五、化学事故应急处理预案的演练、检查与完善

1. 应急处理预案的演练

事故应急处理预案批准公布后，企业应及时将应急处理预案发放到有关单位、岗位职工和相关方，并定期组织演练。在演练过程中，企业应让熟悉危险设施的工人包括相关的安全管理人员一起参与。

2. 应急处理预案的检查

每一次演练后，企业应对事故应急处理预案规定的内容进行检查，找出其中的不足并加以改进。检查主要包括下列内容。

① 通信指挥系统能否正常运行。

② 生产处理步骤是否安全、有效。

③ 应急救援步骤是否安全、有效。

④ 急救援物资是否储备充足、品种齐全、保管完好。

⑤ 应急救援设备、设施是否处于完好备用状态。

⑥ 应急救援人员对应急处理预案是否完全掌握。

第五节　案例分析与讨论

【案例】A公司液化烃事故应急处理预案

为了正确处理液化烃泄漏事故，防止重大事故特别是次生事故的发生，根据公司液化烃生产、输送、储存的实际情况，在细化公司《重大事故及灾害应急处理预案》的基础上，特制定我公司《液化烃事故事故预案》，本预案适用于所有液化烃类物质的生产场所，其他可燃气体生产场所可参照执行。

一、建立液化烃事故处理指挥系统

本着"综合防灾，整体效能，反应迅速，有条不紊"的原则，提高公司整体事故处理能力，公司建立抢险救灾指挥系统。一旦发生严重的液化烃泄漏或火灾爆炸事故，抢险救灾组织系统立即启动，各救灾职能组织迅速赶赴事故现场，迅速投入抢险救灾，达到反应快速，应急处理有效，以最快速度控制事故，减少损失。

公司液化烃事故处理指挥系统组成以及救灾职能组的分工责任按公司《重大事故及灾害应急处理预案》的有关规定执行。

二、完善、补充液化烃事故处理的工具和物资

涉及液化烃的装置、罐区、供气站、关键岗位必须配备下列抢险物资和劳动防护用品，以作应急处理事故时使用。

① 防静电工作服、防静电鞋，其中公司消防、气防员应备防火隔热服。

② 呼吸器材，其中进入现场抢险人员必备空气呼吸器。

③ 防爆工具，主要是铜质工具。

④ 石棉布及铜质或棉、麻的捆绑丝、绳，木楔子、卡箍、厚度 1cm 以上的橡胶片以及刀具。

⑤ 便携式可燃气体检测仪、防爆灯具。

⑥ 断路标志牌和风向标。

三、液化烃泄漏及火灾事故的应急处理

1. 异常情况及报告

① 液化烃容器、管线、阀门等设备发生下列情况之一时，岗位人员除按操作规程立即采取紧急措施外，必须立即向上级报告：

a. 容器工作压力、介质温度或容器壁温超过许用值或工艺卡片、安全操作规程规定值，采取措施仍不能有效控制时；

b. 容器主要受压元件发生裂缝、鼓包、变形等缺陷时；

c. 安全附件失效时；

d. 接管、紧固件损坏或设备、管线、阀门、焊口开裂时；

e. 过量充装时；

f. 液位失控时；

g. 容器或管线严重振动，危及安全运行时；

h. 发生较大泄漏现象时；

i. 发生火灾或爆炸时。

② 事故报告程序按公司《重大事故及灾害应急处理预案》中事故灾害报告程序执行。

2. 液化烃泄漏及火灾爆炸事故的应急处理措施

（1）现场管制

① 液化烃泄漏事故发生的，现场生产班长和车间管理人员立即指挥人员设置断路标志，或派人断绝一切车辆进入泄漏区。抢险救灾组织人员到达现场后，交由现场保卫组人员指挥控制，履行现场管理责任。

② 安全技术组及消防、气防部门应携带可燃气体检测仪进行现场检测，所有车辆一律不得进入液化烃气体扩散区（包括消防、气防、救护以及指挥车辆）。消防车应停在扩散区外的上风方向或高坡安全地带。随泄漏时间推移，气体扩散面积增大，当气体扩散浓度达爆炸下限的 20％以上时（检测仪"绿区"为 1％～20％），车辆应及时撤至安全区。

③ 除必要的操作人员、抢险救灾人员外，其他无关人员必须立即撤离警戒区。

④ 在事故现场严禁使用各种非防爆的对讲机、移动电话等通信工具，抢险所使用的工具必须是不产生火花的。

⑤ 当可燃气体浓度达爆炸下限的 20％以上时，进入扩散区人员必须戴过滤式呼吸器。如果泄漏出来的是未经过脱硫处理的液化烃，则必须戴空气呼吸器；当可燃气体浓度达爆炸下限的 75％以上时，进入扩散区人员必须戴空气呼吸器。

（2）控制火源　在液化烃气体扩散区域及下风方向 200～500m 范围内（据现场检测数据决定）严禁一切火种，停止一般性生活活动；对于液化烃已经扩散到的地段，电气应保持原来状态，不要开或关，接近扩散区的地段，要立即切断电源，装置明火加热炉要熄火。

（3）切断液化烃物料来源　如果是管线发生泄漏，立即关闭与泄漏管线有关的全部系统阀门，设法降低管线内的压力，如果是容器发生泄漏，要马上通知有关岗位停止送料，关闭进料阀门。

（4）启动高压注水泵　泄漏如果发生在容器底部或底部管线第一道阀门之前，立即组织力量拆除注水泵出口盲板，启动高压注水泵将水迅速注入容器底部，确保漏出来的是水而不是液化烃。在拆除注水泵出口盲板时，抢险人员必须配备适合的防护器具，防止该阀内漏引起中毒。

（5）倒送物料　倒送物料有以下两种。

① 容器底部或底部管线第一道阀门之前发生泄漏的倒料操作方法。

a. 将罐区放空火炬线总阀关闭；

b. 打开一个空罐或几个存料不多的储罐的放空阀；

c. 打开发生泄漏储罐的放空阀，让液化烃倒向其他储罐；

d. 加大注水泵的流量，使储罐水位不断上升，起到充满储罐，将液化烃全部压至其他储罐；

e. 倒料完毕，关闭所有放空阀。

② 容器上部或上部管线第一道阀门之前发生泄漏的倒料操作方法。

a. 联系有关单位，改好退料流程；

b. 启动送料泵向外送料。

在采用顶水法倒料时。现场有专人监视水位的变化避免高压水注入其他储罐。在采用底部出口管送料之前，首先定判断送料泵是否安全，着火储藏向外送时，要专人监视设备内的压力变化，严禁设备形成负压将罐外火焰吸入罐内引起爆炸。

（6）利用水蒸气驱散泄漏出来的液化烃气体　当发生泄漏时，为防止液化烃气体达到爆炸浓度应尽快打开水幕、汽幕，用雾化水枪或消防蒸汽驱散已经泄漏出来的液化烃。在使用消防蒸汽时要注意控制蒸汽初速不可过大，以防蒸汽流速过快产生静电造成二次灾害。

以上工作要求同时迅速展开，力求将事故控制在最小的范围内，并尽力将事故消灭在事故初期，避免发生重大的次生火灾爆炸事故。

（7）堵住液化烃泄漏点　在落实上述工作后，抢险人员佩戴好防毒面具，抓紧时间，利用准备好的堵漏物资和防爆工具设法将漏点堵住。此时，应注意以下几种情况。

① 储罐、管线、阀门、法兰等如果是轻微泄漏，可以立即旋紧、带压非焊堵漏。若使用螺栓的紧固件的螺栓数少于或等于 4 个的，若非已经断裂，不得进行更换、拆卸螺栓。

② 容器内部有压力时，对容器和直连进出口管线、接口等第一道阀及以内，不得进行焊接、紧固工作。特殊情况需要带压紧固时必须由施工单位确定施工方案和安全措施，经现场指挥同意后方可施工。

③ 当发生液化烃泄漏而未着火时，可以用以下方法对漏点进行处理。

a. 液化烃泄漏点在管线或罐体时，可以使用木楔子将泄漏点堵死或用石棉布将泄漏点包裹起来。

b. 液化烃泄漏点发生在阀门处时，可以采取结冰堵漏的方法堵住漏点，用石棉布缠住泄漏处，或用卡箍堵漏。

（8）打开储罐冷却水　当发生液化烃泄漏的设备是液化烃储罐或罐区内的管线、阀门，并且已经发生了火灾时，必须立即打开着火储罐及周围储罐的冷却水，实施冷却降温保护。

（9）扑灭火灾　在切断物料、做好堵漏准备以及已经将火焰控制在较小范围的情况下，可用干粉将火扑灭，然后迅速将漏点堵住，同时继续加强设备冷却，直到设备温度冷到常温。在灭火抢险过程中，必须注意以下两种情况。

① 液化烃发生泄漏并引起火灾、爆炸后，无论何种情况，当未切断物料源、漏点没有把握堵住前，消防人员要加强冷却正在燃烧的和与其相邻的储罐及有关管线，将火控制在一定范围内，让其稳定燃烧。对相邻储罐宜重点冷却受火焰辐射的一面；同时，应将火炬系统放空，以减少罐内压力，防止发生爆炸。绝不允许在漏点未有效处理、物料仍外泄的情况下将火焰完全扑灭，否则火焰扑灭后物料继续泄漏，一旦形成"爆炸气团"发生空间爆炸，后果不堪设想。

② 当储罐排气阀或泄漏点猛烈排气，并有刺耳的哨音、罐体震动、火焰发白时即为爆炸前兆，现场人员必须立即撤离或隐蔽，同时迅速疏散附近的所有人员。

四、善后工作

事故处理结束后，有关单位、部门应按照常规要求，积极修复设备，尽快恢复生产。

【课后巩固练习】▶▶▶

1. 什么是事故应急处理预案？为什么要求制定事故应急处理预案？
2. 应急救援的基本任务包括哪些？
3. 化学事故应急救援机构的设置和主要职责是什么？
4. 制定事故应急救援预案的基本要求和步骤是什么？

第十二章
现代企业安全管理体系

职业安全健康管理体系（OSHMS）和健康、安全和环境管理体系（HSE）在原则、结构和关键要素等方面基本相同，只是涵盖管理内容和管理体系的适用范围有所不同。下面分别介绍。

第一节　职业安全健康管理体系（OSHMS）概述

【学习目标】▶▶▶

知识目标：掌握职业安全健康管理体系的概念、作用和特点，了解职业安全健康管理体系的发展情况。

能力目标：能根据职业安全健康管理体系的特点对企业安全健康管理体系结构作出初步评价。

情感价值观目标：培养学生安全管理意识和系统思维观念。

【案例情景】▶▶▶

2006 年 8 月 2 日，广州永和区某危险化学品生产企业发生一起地下溶剂罐在车间的管道出口静电起火事故。自动喷淋系统立即自动启动，起火后 1min 即被完全扑灭。当时车间约有 20t 易燃品，若火势蔓延，后果不堪设想。

一、职业安全健康管理体系的由来

自 20 世纪 90 年代以来，原有的职业安全健康管理面临着许多新的问题和挑战。为此，在 20 世纪 90 年代初，特别是在国际标准化组织（ISO）通过 ISO 9000 质量管理体系和 ISO 4000 环境管理体系成功地引入管理体系方法之后，一些发达国家率先开展了职业安全健康管理体系的活动。即将管理体系的概念、理论和操作应用于职业安全健康管理的预测、确认、评价和程序控制方式等。实践证明，职业安全健康管理体系是现代化生产企业中一种有效的职业安全健康管理方法。2001 年 4 月，国际劳工组织（ILO）通过了《职业安全健康管理体系导则》（ILO—OSH 2001），并于同年 12 月正式发布。这是全球推进职业安全健康管理体系的重大标志。2001 年 12 月，我国国家经济贸易委员会发布了《职业安全健康管理体系指导意见》和《职业安全健康管理体系审核规范》。随后，在我国开展了企业职业安全健康管理体系的培训与认证工作。

二、职业安全健康管理体系的作用

职业安全健康管理体系的作用可以概括为以下 6 点。

① 有助于生产经营单位建立科学的管理机制，采用合理的职业安全健康管理原则与方法，持续改进安全健康绩效（包括整体或某一具体职业安全健康绩效）。

② 有助于生产经营单位积极主动地贯彻执行相关职业安全健康法律法规，并满足其要求。

③ 有助于大型生产经营单位（如跨国公司或大型现代企业）的职业安全健康管理功能一体化。

④ 有助于生产经营单位对潜在事故或紧急情况做出响应。

⑤ 有助于生产经营单位满足市场要求。

⑥ 有助于生产经营单位获得注册或认证。

三、职业安全健康管理体系的概念与模式

职业安全健康管理体系是指为建立职业安全健康方针和目标以及实现这些目标制定的一系列相互作用的要素的有机组合。它是职业安全健康管理活动的一种方式，包括影响职业安全健康绩效的重点活动与职责以及绩效测量的方法。职业安全健康管理体系的运行模式可以追溯到一系列系统管理思想，最主要的是 PDCA（即策划、实施、评价、改进）概念。在此概念的基础上并结合职业安全健康管理活动的特点，不同的职业安全健康管理体系标准提出了基本相似的职业安全健康管理体系运行模式，其核心都是为生产经营单位建立一个动态循环的管理过程，以持续改进的思想指导生产经营单位系统地实现其既定的安全与健康目标。

四、职业安全健康管理体系的特点

作为一个系统化的管理方式，职业安全健康管理体系有着以下 6 个重要特点。

1. 最高管理者的承诺与责任

不限于职业安全健康管理体系，很多管理体系都强调最高管理者的承诺与责任的重要性。可以说领导的承诺与责任是职业安全健康管理体系中最重要的要素。领导与承诺的作用体现在体系的众多方面，如为体系的正常运行配置充分的资源，建立管理机构并赋予相应的权利，支持管理人员及职工开展职业安全健康工作，任命管理者代表负责监督并实施职业安全健康工作以及主持管理评审等。

2. 职工参与

强调职工积极参与体系的建立、实施与持续改进的重要性是职业安全健康管理体系的重要特点，这是因为体系成功建立与实施的基础是全体职工安全与健康意识的提高和各相关层次与职能人员的积极参与，并以高度责任感完成其相应的职责。

3. 危害辨识与风险评价

危害辨识与风险评价是职业安全健康管理体系所特有的。它既是体系策划的重要基础，也是体系及其要素持续改进的主要依据。可以说没有危害辨识与风险评价，职业安全健康管理体系将成为无本之木和无的之矢。

4. 持续改进

所有管理体系都强调持续改进的思想，体现一种动态管理。持续改进的基本思想是通过不停顿地采取适当手段来提高职业安全健康绩效和改进体系自身。成功的职业安全健康管理体系应不断寻求各种方法，实现职业安全与健康危害的风险最小化，从而最终消除职工由于

工作所带来的伤害、疾病和死亡。

5. 评价

评价即评价系统各要素绩效并确定是否需要改进。没有充分考虑评价所反馈的信息，就没有真正意义上的职业安全健康管理体系的持续改进。职业安全健康管理体系的评价可分为3个层次。

（1）绩效测量与监测　主要评价日常安全健康管理活动对管理方案、运行标准以及适用法律及其他要求的符合情况，并监测其他不良职业安全健康绩效的历史证据。

（2）审核　主要评价体系对职业安全健康计划的符合性与满足方针和目标要求的有效性。

（3）管理评审　管理评审是体系成功运行的必备要素，它与具体审核不同，具体审核更为注重体系各要素的符合性。管理评审主要评价职业安全健康管理体系的整体能否满足企业自身、利害相关方、职工及主管部门的要求。通过总结经验教训，改进绩效，根据企业环境与活动的变化对体系做相应的调整，从而将职业安全健康管理体系与企业、企业的外部环境有机地结合起来。

6. 融合

职业安全健康管理体系是生产经营单位全面管理的一个组成部分，它的建立与运行应融合于整个单位的价值取向，包括体系内各要素、程序和功能与其他体系的融合。

第二节　职业安全健康管理体系的基本内容

【学习目标】 ▶▶▶

知识目标：掌握职业安全健康管理体系的方针、组织、计划与实施、检查与评价、改进措施所包括的主要内容。

能力目标：能根据职业安全健康方针总体目标和承诺的要求参与制订职业安全健康管理计划，并能进行检查与评价、提出改进措施。

情感价值观目标：培养学生管理出安全、出健康、出效益的理念。

【案例情景】 ▶▶▶

2011年4月13日上午，山东科源制药有限公司综合车间一楼单硝工段单硝母液蒸酯釜发生爆炸事故，造成2人死亡，3人受伤，直接经济损失973万元。

原因分析：直接原因是操作人员违规操作、擅离岗位，导致设备失控，单硝母液温度过高，硝基化合物分解发生爆炸。间接原因是企业安全教育不到位，工人安全意识淡薄，不具备必要的安全知识；企业安全管理不严，安全生产责任制、安全生产管理制度落实不到位。

各个国家依据其自身的实际情况，对职业安全健康管理体系提出了不同的指导性要求，但其基本上遵循了企业管理的"戴明"模式——PDCA（即策划、实施、评价、改进）的思想，并与ILO—OSH 2001导则相近似。本节主要依据ILO—OSH 2001导则的框架，介绍现有职业安全健康管理体系的基本内容与要求。

一、职业安全健康管理体系的方针

职业安全健康管理体系的方针是生产经营单位（简称单位）在征询职工及其代表意见的

基础上制定的，职业安全健康管理工作的总方向和总原则，是职业安全健康责任及绩效的总目标，它表明了单位最高管理者对实现有效职业安全健康管理的正式承诺，并为下一步体系目标的策划提供指导性框架。

① 单位在制定、实施与评审职业安全健康方针时应充分考虑下列因素，以确保方针实施与实现的可能性和必要性，并确保职业安全健康管理体系与企业的其他管理体系协调一致：

a. 单位自身整体的经营方针和目标；

b. 所适用职业安全健康法律法规与其他要求；

c. 单位规模和其所具备资质及其所带来风险的特点；

d. 单位过去和现在的职业安全健康绩效；

e. 职工及其代表和其他外部相关方的意见和建议。

② 为确保所建立与实施的职业安全健康管理体系能够达到控制职业安全健康风险和持续改进职业安全健康绩效的目的，单位所制定的职业安全健康方针必须包括以下内容。

a. 承诺遵守自身所适用且现行有效的职业安全健康法律、法规，包括生产经营单位所属管理机构的职业安全健康管理规定和生产经营单位与其他用人单位签署的集体协议或其他要求；

b. 承诺持续改进职业安全健康绩效和事故预防、确保职工安全和健康。

二、职业安全健康管理体系的组织

职业安全健康管理体系的组织是生产经营单位为保证职业安全健康管理体系其他要素正确、有效的实施与运行而确立和完善的组织机构。包括机构与职责、培训及意识与能力、协商与交流、文件化、文件与资料控制以及记录和记录管理。

1. 机构与职责

单位最高管理者应对保护企业职工的安全与健康负全面责任。应在企业内设立各级职业安全健康管理的领导岗位，针对那些对其施工活动、设施（设备）和管理过程的职业安全健康风险有一定影响的从事管理、执行和监督的各级管理人员，规定其作用、职责和权限，以确保职业安全健康管理体系的有效建立、实施与运行，并实现职业安全健康目标。

① 单位所确定的职业安全健康机构与职责如下。

a. 完全符合单位适用法律、法规及其他有关要求的要求。

b. 采用与生产经营单位相适应的形式并将其文件化（如职业安全健康管理体系手册、工作程序或操作规程、安全生产责任制等指导书及培训材料等），传达到所有相关人员及其他相关方，以确保使他们了解自身的职责与权限以及不同职责的范围、相互关系和付诸实施的途径。

c. 促进单位所有成员（包括职工及其代表）之间的合作与交流。

② 单位应在最高管理层任命一名或几名人员作为职业安全健康管理体系的管理者代表，赋予其充分的权限，并确保其在职业安全健康职责不与其承担的其他职责冲突的条件下完成下列工作。

a. 建立、实施、保持和评审职业安全健康管理体系。

b. 定期向最高管理层报告职业安全健康管理体系的绩效。

c. 推动企业全体职工参加职业安全健康管理活动。

③ 单位应为实施、控制和改进职业安全健康管理体系提供必要的资源（包括人力、专项技能、技术和财力资源等），确保上述各级负责职业安全健康事务的人员（包括安全健康

委员）能够顺利地开展工作。

④ 对于设有安全健康委员会的单位，应做出有效的安排（如建立与保持安全委员会的协商计划），以保证职工及其代表能全面参与委员会的各项工作。

2. 培训、意识与能力

单位为了有效地开展体系的策划、实施、检查与改进工作，必须基于相应的培训来确保所有相关人员均具备必要的职业安全健康意识和能力。

① 单位应建立并保持培训的程序，以便规范、持续地开展培训工作。培训程序应重点阐述下述关键过程的内容与方法。

a. 以职业安全法律、法规要求、本单位安全健康危害及风险、控制措施计划与规程等为基础对开展培训需求进行评估，明确企业内部各相关岗位（包括管理岗位和操作岗位）所需的职业安全健康意识和能力要求，并确定职工现有水平与其岗位所需职业安全健康意识、知识和能力之间的差距。

b. 制订满足培训需求要求的各项培训计划，包括培训方法与目标。

c. 各级管理者对职业安全健康培训的积极参与和支持。

d. 及时并系统地开展必要的培训。

e. 通过培训后考试、现场观察工人操作、监测培训产生的长期效果（如事故事件的减少）等客观评价培训效果，以确保每个职工已获得并保持所要求的知识和能力。

f. 保持培训和个人能力的记录。

② 单位可针对以下方面，建立并保持培训计划。

a. 提高职工职业安全健康意识的培训。

b. 职工新岗、换岗、复岗前的知识和技能培训，在岗继续教育培训。

c. 在工作开始前就局部的职业安全健康工作安排、危害、风险所采取的预防措施和所遵循的程序进行培训。

d. 对进行危害辨识、风险评价和风险控制的人员的培训。

e. 在职业安全管理体系中起特定作用职工（包括职业安全健康职工代表）所需专门的内部或外部培训。

f. 对最高管理层及项目管理者的培训，以保证职业安全健康管理体系在各级最高管理者的领导和支持下得以有效运行。

g. 职业安全健康管理与检查人员的内、外部培训。

h. 特种作业人员的内、外部培训。

i. 供货方人员、承包方人员、临时工和访问者的培训，以确保他们了解其所涉及的运行活动中的危害和风险，并按照本单位职业安全健康程序的要求从事相应的作业活动。

③ 单位应对培训计划的实施情况进行定期评审，评审时应有职业安全健康委员会的参与；如可行，应对培训方案进行修改以保证它的针对性与有效性。

3. 协商与交流

建立有效的协商与交流机制，可以确保职工及其代表在职业安全健康方面的权利，并鼓励他们参与职业安全健康活动，促进各职能部门之间的职业安全健康信息交流和及时接收处理相关方关于职业安全健康方面的意见和建议，为实现生产经营单位职业安全健康方针和目标提供支持。

① 单位应建立并保持程序，并做出文件化的安排，促进其就有关职业安全健康信息与职工和其他相关方（如承包方人员、供货方人员、访问者）进行协商和交流。信息交流程序应保证所有信息相关方均能接受并传送必要的信息，交流的范围应包括以下几个方面。

a. 接收、处理外部职业安全健康信息，包括政府主管机构、上级单位、业主、承包方、供货方等的要求与建议。

b. 交流各级职能部门间产生的职业安全健康信息，包括项目部与公司之间的及时便捷的沟通。

c. 收集、处理和反馈职工及其代表所关心的职业安全健康问题。

② 单位应在企业内建立有效的协商机制（如成立安全健康委员会或类似机构、任命职工职业安全健康代表及职工代表、选择职工加入职业安全健康实施队伍等）与协商计划，确保能有效地接收到所有职工的信息，并安排职工参与以下活动过程。

a. 方针和目标的制定及评审、风险管理和控制的决策（包括参与与其作业活动有关的危害辨识、风险评价和风险控制决策）。

b. 职业安全健康管理方案与实施程序的确定与评审。

c. 事故、事件的调查及现场职业安全健康检查等。

d. 对影响作业场所及生产过程中的职业安全健康的有关变更（如引进新的设备、原材料、化学品、技术、过程、程序或工作模式或对它们进行改进所带来的影响）而进行的协商。

③ 单位应确保职工在职业安全健康事务上享有的权利得到充分保证，并应通过适当途径让职工了解谁是职工职业安全健康事务方面的代表和谁是管理者代表。职工代表的选择应尊重职工的意见，可与生产经营单位工会会员或者职代会代表的选举结合起来，使其能够充分代表职工的意见，并具备参与职业安全健康事务的能力。

4. 文件化

单位应保持最新与充分的并适合于企业实际特点的职业安全健康管理体系文件，以确保建立的职业安全健康管理体系在任何情况下（包括各级人员发生变动时）均能得到充分理解和有效运行。

职业安全健康管理体系文件应包括下列内容。

① 职业安全健康方针和目标。

② 职业安全健康管理的关键岗位与职责。

③ 主要的职业安全健康风险及其预防和控制措施。

④ 职业安全健康管理体系框架内的管理方案、程序、作业指导书和其他内部文件。

5. 文件与资料控制

单位应编制书面程序，对职业安全健康文件的识别、批准、发布和撤销以及职业安全健康有关资料进行控制，确保其满足下列要求。

① 明确体系运行中哪些是重要岗位以及这些岗位所需的文件，确保这些岗位得到现行有效版本的文件。

② 无论是在正常或异常情况（包括紧急情况），文件和资料都应便于使用和获取。例如，在紧急情况下，应确保工艺操作人员及其他有关人员能及时获得最新的工程图、危险物质数据卡、程序和作业指导书等。

③ 职业安全健康管理体系文件应书写工整，便于使用者理解；应定期评审，必要时予以修改。

④ 传达到企业内部所有相关人员或受其影响的人员。

⑤ 建立现行有效并需控制的文件与资料发放清单，并采取有效措施及时将失效文件和资料从所有发放和使用场所撤回以防止误用。

⑥ 根据法律、法规的要求和有利于管理的目的，对留存的档案性文件和资料应予以适

当标识。

6. 记录与记录管理

单位应记录并保存职业安全健康管理体系和有关要求的运行信息，以证实职业安全健康管理体系实施的有效性与符合性。

单位建立和保持程序，用来标识、保存和处置下列职业安全健康记录。

① 培训记录。

② 职业安全健康检查记录。

③ 职业安全健康管理体系审核报告。

④ 协商和信息交流产生的记录。

⑤ 事故（包括事件）报告。

⑥ 事故（包括事件）跟踪报告。

⑦ 不符合事项报告及整改资料（"不符合"为专有名词，是指针对体系方针、目标、原则、指标、要求及有关的工作标准、惯例、程序、法律法规要求等的任何偏离）。

⑧ 职业安全健康会议纪要。

⑨ 健康监护档案。

⑩ 个体防护用品发放和维护记录。

⑪ 应急响应演练报告。

⑫ 管理评审报告。

⑬ 所辨识与评价危害和风险及其控制措施清单。

⑭ 有关国家职业安全健康法律法规以及其他要求方面的记录。

单位的职业安全健康记录应填写完整、字迹清楚、标识明确；确定记录的保存期；将其存放在安全地点，便于查阅，避免损坏。重要的职业安全健康记录应以适当方式或按法规要求妥善保护，以防火灾和损坏。

三、职业安全健康管理体系的计划与实施

计划与实施的目的是要求单位依据自身的危害与风险情况，针对职业安全健康方针的要求做出明确具体的规划，并建立和保持必要的程序或计划，以持续、有效地实施与运行职业安全健康管理规划。包括初始评审、目标、管理方案、运行控制和应急预案与响应。

（一）初始评审

初始评审是指对单位现有职业安全健康管理体系及其相关管理方案进行评价，目的是依据职业安全健康方针总体目标和承诺的要求，为建立和完善职业安全健康管理体系中的各项决策（重点是目标和管理方案）提供依据，并为持续改进企业的职业安全健康管理体系提供一个能够测量的基准。

对于尚未建立或欲重新建立职业安全健康管理体系的单位，或该企业属于新建组织时，初始评审过程可作为其建立职业安全健康管理体系的基础。

初始评审过程主要包括危害辨识、风险评价和风险控制的策划以及法律、法规及其他要求两项工作。单位的初始评审工作应组织相关专业人员来完成，以确保初始评审的工作质量，如可行，此工作还应以适当的形式（如安全健康委员会）与企业的职工及其代表进行协商交流。初始评审的结果应形成文件。

1. 危害辨识、风险评价和风险控制策划

单位通过定期或及时地开展危害辨识、风险评价和风险控制策划工作，来识别、预测和

评价生产经营单位现有或预期的作业环境和作业组织中存在哪些危害（风险），并确定消除、降低或控制此类危害（风险）所应采取的措施。

① 为确保危害辨识、风险评价和风险控制策划工作的科学性与规范性，并为在建立和保持职业安全健康管理体系中的各项决策提供有效的基础，单位应首先结合自身的实际情况完成下列程序。

a. 如何划分作业活动。

b. 如何辨识各类作业活动中的危害。

c. 如何评价现有控制措施条件下的风险。

d. 如何确定风险的可承受性。

e. 如何策划消除或降低各类危害与风险所需的控制措施。

f. 如何评审控制措施的有效性。

② 针对上述程序的要求，单位应在具体实施危害辨识、风险评价和风险控制策划前做好下列前期准备工作。

a. 拟使用的危害辨识、风险评价和风险控制的时限、范围和方法。

b. 所适用法律、法规和其他要求的具体内容要求（该项要求的信息通过法律、法规及其他要求要素的活动予以提供）。

c. 负责实施危害辨识、风险评价和风险控制过程的人员的作用和权限。

d. 确定参与危害辨识、风险评价人员的能力要求和培训需求，并针对各级相关实施人员进行按计划进行培训，确保他们具备有效开展辨识与评价工作的能力。

e. 应与职工及其代表以及安全健康委员会进行协商并请他们参与此项工作，包括评审和改进活动。

③ 单位在开展危害辨识、风险评价和风险控制的策划时应注意充分满足下列要求。

a. 在任何情况下不仅考虑常规的活动，而且还应考虑非常规的活动。

b. 除考虑本单位职工的活动所带来的危害和风险外，还应考虑承包方、供货方包括访问者等相关方的活动，以及使用外部提供的服务所带来的危害和风险。

c. 考虑作业场所内所有的物料、装置和设备造成的职业安全健康危害，包括过期、老化以及租赁和库存的物料、装置和设备。

④ 单位的危害辨识、风险评价和风险控制策划的实施过程应遵循下列基本原则，以确保该项活动的合理性与有效性。

a. 在进行危害辨识、风险评价和风险控制的策划时，要确保满足实际需要和适用的职业安全健康法律、法规及其他要求。

b. 危害辨识、风险评价和风险控制的策划过程应作为一项主动的而不是被动措施执行，即应在承接新的工程活动和引入新的建筑作业程序，或对原有建筑作业程序进行修改之前进行，在这些活动或程序改变之前，应对已识别出的风险策划必要的降低和控制措施。

c. 应对所评价的风险进行合理的分级，确定不同风险的可承受性，以便于在制定目标特别是编制管理方案时予以侧重和考虑。

d. 即使对作业活动中的某项特定危险任务已有书面控制程序，也应对该项任务进行危害辨识、风险评价和风险控制。

⑤ 单位应针对所辨识和评价的各类影响职工安全和健康的危害和风险，按如下优先顺序确定出预防和控制措施。

a. 消除危害。

b. 通过工程技术措施（如安全装置和安全防护措施等）或组织管理措施（如改善作业

方法、作业程序等）从源头来控制危害。

c. 制定安全作业制度，包括制订管理性的控制措施来降低危害的影响。

d. 综合上述方法仍然不能完全控制危害或降低风险时，应按国家规定提供相应的个体防护用品或设施，并确保这些个体防护用品或设施得到正确的使用和维护。

上述所确定的预防和控制措施，应作为编制管理方案的基本依据，而且，应有助于设备管理方法、培训需求以及运行（作业）标准的确定，并为确定监测体系运行绩效的测量标准提供适宜信息。

⑥ 单位应按预定的或由管理者确定的时间或周期对危害辨识、风险评价和风险控制过程进行评审。同时，当企业的客观状况发生变化，使得对现有辨识与评价的有效性产生疑义时，也应及时进行评审，并注意在发生变化前即采取适当的预防性措施，并确保在各项变更实施之前，通知所有相关人员对其进行相应的培训。这种变化可能包括以下几项内容。

a. 采用新用工制度、新工艺、新操作程序、新组织机构或新采购合同等企业内部发生的变化。

b. 国家法律和法规的修订、机构的兼并和重组、职责的调整、职业安全健康知识和技术的新发展等外部因素引起的企业变化。

2. 法律、法规及其他要求

① 为了实现职业安全健康方针中遵守相关适用法律法规等的承诺，单位应首先了解影响其活动的相关适用的法律、法规和其他职业安全健康要求，并将这些信息传达给有关的人员，同时确定为满足这些适用法律法规等所必须采取的措施。

② 单位为了确保全面、规范地认识和了解影响其活动的相关适用的法律、法规和其他职业安全健康要求，应将识别和获取适用法律、法规和其他要求的工作形成一套程序。此程序应说明企业由哪些部门（如各相关职能管理部门及各项目部），如何（主要指渠道与方式，如通过各级政府、行业协会或团体、上级主管机构，商业数据库和职业安全健康服务机构等）及时、全面地获取这类信息，如何准确地识别这些法律法规等对企业的适用性及其适用的内容要求和相应适用的部门，如何确定满足这些适用法律法规等内容要求所必需的具体措施，如何将上述适用内容和具体措施等有关信息及时传达到相关部门等。

③ 单位应在建立和保持与其活动有关的所有法律、法规和其他要求及其必需措施的基础上，及时跟踪法律、法规和其他要求的变化，保持此类信息为最新，并为评审和修订目标与管理方案提供依据。

（二）目标

设立职业安全健康工作目标，是为了确保实现职业安全健康方针中的各项承诺，并为评价职业安全健康绩效提供依据。

① 职业安全健康目标是职业安全健康方针的具体化和阶段性体现，因此，单位在制定目标时，应以方针要求为框架，并应充分考虑下列因素以确保目标合理、可行。

a. 以危害辨识和风险评价的结果为基础，确保其对实现职业安全健康方针要求的针对性和持续改进性。

b. 以获取的适用法律、法规及上级主管机构和其他有关相关方的要求为基础，确保方针中守法承诺的实现。

c. 考虑自身技术和财务能力以及整体经营上有关职业安全健康的要求，确保目标的可行性与实用性。

d. 考虑以往职业安全健康目标、管理方案的实施与实现情况，以及以往事故、事件、不符合的发生情况，确保目标符合持续改进的要求。

② 单位除了制定整个公司的职业安全健康目标外，还应尽可能以此为基础，对与其相关的职能管理部门和不同层次制定它们的职业安全健康目标。制定职业安全健康目标时，应通过适当的形式（如安全健康委员会）征求职工及其代表的意见。

③ 为了确保能够对所制定目标的实现程度进行客观的评价，目标应尽可能予以量化，如为每个职业安全健康目标确定适当的指标参数，这些指标参数应有利于监测职业安全健康目标的实现情况，并形成文件。应传达到企业内所有相关职能和层次的人员，还应通过管理评审进行定期评审，在必要及可行时予以更新。

（三）管理方案

管理方案是指制订和实施职业安全健康计划，以确保职业安全健康目标的实现。

① 单位在编制职业安全健康管理方案时，应针对职业安全健康方针与目标的要求，以危害辨识、风险评价和风险控制策划以及法律、法规及其他要求为依据；还应充分考虑以往职业安全健康管理方案的实施与运行情况、职业安全健康目标的实现情况、绩效测量与监测结果、外部监察机构和服务机构所提供的报告或信息、事故和事件等原因的调查结果以及审核结果各种因素，以确保职业安全健康管理方案的实施能够实现职业安全健康目标，并有助于实现持续改进。并应通过适当的形式（如安全健康委员会）征求职工及其代表的意见。

② 单位的职业安全健康管理方案应阐明做什么事、谁来做、什么时间做，并包括下列基本内容。

a. 以所策划风险控制措施以及获取法律、法规及其他要求为主要依据的实现目标的方法。

b. 上述方法所对应的职能部门（人员）及其绩效标准。

c. 实施上述方法所要求的时间表。

d. 实施上述方法所必需的资源保证，包括人力、资金及技术支持。

③ 单位应定期对职业安全健康管理方案进行评审，以便于在管理方案实施与运行期间企业的生产活动或其内外部运行条件（要求）发生变化时，能够尽可能对管理方案进行修订，以确保管理方案的实施能够实现职业安全健康目标。

（四）运行控制

运行控制是指对与所识别的风险有关，并需采取控制措施的运行与活动（包括辅助性的维护工作）建立和保持计划安排（程序及其规定），在所有作业场所实施必要而且有效的控制和防范措施，以确保制定的职业安全健康管理方案得以有效、持续地落实，从而实现职业安全健康方针、目标和遵守法律、法规等的要求。

① 单位对于缺乏程序指导可能导致偏离职业安全健康方针和目标的运行情况，应建立并保持文件化的程序与规定。文件化的程序与规定应依据职业安全健康管理方案的计划要求，结合自身危害辨识和风险评价的实际情况以及获取有关法规和标准的要求，明确此类运行与活动的流程以及每一流程所需遵循的运行标准。

② 单位对于材料和设备的采购和租赁活动应建立并保持管理程序，以确保此项活动符合企业在采购与租赁说明书中提出的职业安全健康方面的要求以及相关法律法规等的要求，并在材料与设备使用之前能够做出安排，使其使用符合企业的各项职业安全健康要求。

③ 单位对于劳务或工程等承包商或临时工的使用活动应建立并保持管理程序，以确保企业的各项安全健康规定与要求（或至少相类似的要求）适用于承包商及他们的职工。此类管理程序至少应包括以下 6 项内容。

a. 评价和选择承包商时的职业安全健康标准。

b. 承包方的人员在现场作业时，如何报告作业现场内的工伤、疾病和事件的规定。

c. 如何定期监测作业现场承包方各项活动的安全健康绩效。

d. 如何确保作业开始前，企业与承包方之间在适当层次建立有效的交流与协调机制。

e. 如何确保作业开始前和作业时，对承包方或其职工开展必要的安全健康知识教育和培训活动。

f. 如何确保承包方遵守作业现场安全健康管理程序和方案。

④ 单位对于作业场所、工艺过程、装置、机械、运行程序和工作组织的设计活动，包括它们对人的能力的适应，应建立并保持管理程序，以便于从根本上消除或降低职业安全健康风险。

针对上述所有运行与活动的控制（管理）程序，均应满足下列 5 个条件。

a. 适合于预防和控制单位所面临的危害（风险）。

b. 满足于相关法律法规等的要求。

c. 有助于职业安全健康管理方案内容的有效实施与运行。

d. 如可行，应考虑来自职业安全健康监察机构、上级主管机构、职业安全健康服务机构等的报告或信息。

e. 定期评审，并在必要时予以修订。

（五）应急预案与响应

应急预案与响应是指为了确保生产经营单位主动评价其潜在事故与紧急情况发生的可能性及其应急的需求，制订相应的应急计划、应急处理的程序和方式，检验预期的响应效果，并改善其响应的有效性。

① 单位应依据危害辨识、风险评价和风险控制的结果、法律法规等要求，以往事故、事件和紧急状况的经历以及应急响应演练及改进措施效果的评审结果，针对其潜在事故或紧急情况从预案与响应的角度建立并保持应急计划。应急计划应说明特定潜在事故或紧急情况发生时所需采取的措施，并包括下列 12 项内容。

a. 所识别各种潜在的事故和紧急情况。

b. 紧急情况发生时的负责人。

c. 紧急情况发生时内部协作与交流所必需的信息。

d. 紧急情况发生时各类人员的行动计划，包括发生紧急情况的区域内所有外来人员的行动计划。

e. 紧急情况发生时具有特定作用的人员的职责、权限和义务，例如消防员、急救人员等。

f. 紧急情况发生时现场急救、医疗救援、消防和作业场所内全体人员疏散的措施和步骤。

g. 紧急情况发生时现场使用或存放危险物料的应急处理措施。

h. 紧急情况发生时与外部急机构（如消防、抢险、急救等机构）的接口。

i. 与执法部门的交流。

j. 与邻近单位与公众的交流。

k. 重要记录资料与重要设备的保护。

l. 紧急情况发生时可利用的必要资料，例如，现场平面布置图、危险物质数据、程序、作业说明书和联络电话号码等。

② 单位应针对潜在事故与紧急情况的应急响应，确定应急设备的需求并予以充分的提供，并定期对应急设备进行检查与测试，确保其处于完好和有效状态。

③ 单位应按预定的计划，尽可能采用符合实际情况的应急演练方式（包括对事件进行全面的模拟）来检验应急计划的响应能力，特别是重点检验应急计划的完整性和应急计划中关键部分的有效性。如可行，应鼓励外部应急机构参与演练。并应对上述应急演练结果进行评审，特别是对紧急情况发生后应急计划实施的效果进行评审，必要时修改应急计划。

④ 单位应确定实施应急计划所需的培训需求，对全体人员（特别是应急期间起特殊作用的人员）实施必要和适当的培训，以确保他们有能力完成应急期间自身的职责、作用与义务。此项培训工作应纳入职业安全健康管理方案。

四、职业安全健康管理体系的检查与评价

检查与评价的目的是要求单位定期或及时地发现体系运行过程或体系自身所存在的问题，并确定问题产生的根源或需要持续改进的地方。体系的检查与评价主要包括绩效测量与监测、事故事件与不符合的调查、审核与管理评审。

1. 绩效测量和监测

绩效测量和监测结果是反映生产经营单位职业安全健康绩效的关键参数，明确不同职能与层次人员在绩效测量和监测方面的责任、义务和权利，并建立和保持程序，能够为定期地监测、测量和记录职业安全健康绩效奠定良好基础。

① 单位应根据企业的规模和活动的性质、所辨识出的危害（风险）以及职业安全健康目标的要求，合理地确定绩效测量和监测的绩效标准（参数）以及企业所适用的定性和定量测量方法，以确保绩效测量和监测活动能够提供下列信息。

a. 有关职业安全健康绩效的反馈信息。

b. 日常的危害辨识、预防和控制措施是否有效的信息。

c. 改进危害辨识、风险控制和职业安全健康管理体系所需的决策依据。

② 单位绩效测量和监测程序所提供的测量和监测应该包括如下内容。

a. 能够监测职业安全健康目标的实现情况。

b. 包括主动测量与被动测量两个方面。

c. 能够支持企业的评审活动，包括管理评审。

d. 将绩效测量和监测的结果予以记录。

③ 主动测量应作为一种预防机制，根据危害辨识和风险评价的结果、法律及法规要求，制订包括监测对象与监测频次的监测计划，并以此对企业活动的必要基本过程进行监测。内容如下。

a. 监测职业安全健康管理方案的各项计划及运行控制中各项运行标准的实施与符合情况。

b. 系统的检查各项作业制度、安全技术措施、施工机具和电机设备、现场安全设施以及个人防护用品的实施与符合情况。

c. 监测作业环境（包括作业组织）的状况。

d. 对职工实施健康监护，如通过适当的体检或对职工的早期有害健康的症状进行跟踪，以确定预防和控制措施的有效性。

e. 对国家法律法规及企业签署的有关职业安全健康集体协议及其他要求的符合情况。

④ 被动测量包括如下事项的确认、报告和调查。

a. 与工作有关的事故、事件。

b. 其他损失，如财产损失。

c. 不良的职业安全健康绩效和职业安全健康管理体系的失效情况。

⑤ 单位应保存各类职业安全健康检查的记录，用来证明是否遵守职业安全健康管理程序。生产经营单位应对职业安全健康检查、巡视、调查和审核的记录进行抽样分析，以识别不符合和危害反复出现的根本原因，并采取必要的预防措施。对于检查时所发现的达不到标准要求的作业条件、不安全状态等情况，应作为不符合并形成文件，进行风险评价，按照不符合的处理程序予以纠正。

⑥ 单位应列出用于评价职业安全健康状况的测量设备清单，使用唯一标识并进行控制，设备的精度应是已知的。生产经营单位应有文件化的程序描述如何进行职业安全健康测量，用于职业安全健康测量的设备应按规定维护和保管，使之保持应有的精度。

2. "事故、事件、不符合"及其对职业安全健康绩效影响的调查

单位应建立有效的程序，对生产经营单位的事故、事件、不符合进行调查、分析和报告，识别和消除此类情况发生的根本原因，防止其再次发生，并通过程序的实施，发现、分析和消除不符合的潜在原因。

① 单位在建立与保持对事故、事件、不符合进行调查、分析、报告和处理程序时，应考虑以下 6 个方面的内容。

a. 调查应由专业人员进行，如可行应邀请职工及其代表参与，并确定参与实施、报告、调查、跟踪、监测纠正及预防措施的人员职责和权限。

b. 应包括所有的事故、事件、不符合和危害，并考虑财产损失。如对未遂事件或轻伤发展趋势的调查将有助于发现并处理潜在的危害状况。

c. 适用于所有人员。

d. 告知所有相关方一旦发现事故、事件或不符合时应立即采取措施，并规定告知方法，明确与应急计划、应急程序的衔接关系，记录事故、事件或不符合的详细资料。

e. 调查分析和确定造成事故、事件等的职业安全健康管理体系中存在的"根本原因"或系统性缺陷。

f. 明确规定发现事故、事件、不符合后应采取的措施。

如果企业成立了安全健康管理委员会，则调查结果应与其交流，安全健康委员会应提出合理建议。调查结果及安全健康委员会提出的建议应与负责采取纠正措施的人员交流，调查结果与纠正措施作为管理评审的一项内容应在持续改进活动中予以考虑。

② 单位必须针对调查所采取的纠正措施予以有效实施，以免重复发生类似的事故、事件与不符合，并保存对事故、事件、不符合的调查、分析和报告的记录，按法律法规的要求，保存一份所有事故的登记簿，并登记可能有重大职业安全健康后果的事件。

3. 审核

审核的目的是建立并保持定期开展职业安全健康管理体系审核的方案和程序，以评价生产经营单位职业安全健康管理体系及其要素的实施能否恰当、充分、有效地保护职工的安全与健康，预防各类事故的发生。

① 单位的职业安全健康管理体系审核应主要考虑自身的职业安全健康方针、程序及作业场所的条件和作业规程，以及适用的职业安全健康法律、法规及其他要求。所编制的审核方案和程序应明确审核人员能力要求、审核范围、审核频次、审核方法和报告方式。

为确保审核的有效性，生产经营单位的职业安全健康管理体系审核应满足下列要求。

a. 按计划进行，必要时可增加审核次数。

b. 由能够胜任审核工作的人员进行。

c. 审核结果中应包括对程序、规程的符合性和有效性的评价。

d. 明确纠正措施。

e. 审核结果应予记录，并及时向管理者报告。

② 审核结果中对职业安全健康管理体系的评价应确定体系是否达到下列要求。

a. 有效地满足企业的职业安全健康方针和目标的要求。

b. 符合职业安全健康管理计划的安排并得到了正确的实施与保持。

c. 有效地促进全体职工的参与。

d. 对企业绩效评价结果及前次的审核结果有所响应。

e. 能确保企业遵守各项相关法律法规的要求。

f. 能实现持续改进和实施最佳的职业安全健康管理。

③ 单位应尽快将职业安全健康管理体系审核的结果与结论反馈给负责纠正措施的人员，并对已批准的纠正措施予以跟踪，以确保各项建议的有效落实。

4. 管理评审

管理评审的目的是要求生产经营单位的最高管理者依据自己预定的时间间隔对职业安全健康管理体系进行评审，以确保体系的持续适宜性、充分性和有效性。

① 单位的最高管理者在实施管理评审时应主要考虑下列信息。

a. 绩效测量与监测的结果。

b. 审核活动的结果。

c. 事故、事件、不符合的调查结果。

d. 可能影响企业职业安全健康管理体系的内、外部因素及各种变化，包括企业自身的变化。

② 单位的管理评审应包括以下内容。

a. 评价职业安全健康管理体系的总体策略是否满足既定的绩效目标。

b. 评价管理体系是否满足企业及其他相关方，包括政府主管机构、上级单位及其他利害相关方（如业主）等的要求。

c. 不符合事项报告及整改资料（"不符合"为专有名词，是指对体系方针、目标、原则、指标、要求及有关的工作标准、惯例、程序、法律法规要求等的任何偏离）。

d. 评价是否需要对职业安全健康管理体系做出调整，包括对职业安全健康管理方针和目标的修订。

e. 及时确定改进措施的要求，包括调整组织及绩效的测量方式。

f. 为制定有效的职业安全健康管理方案和持续改进措施（包括重点考虑的事情）提供指导性意见。

g. 评价企业职业安全健康目标和纠正措施的完成情况。

h. 评价前次评审以来后续措施的有效性。

③ 单位应记录管理评审的结果，并将记录向下列相关方正式通报。

a. 职业健康管理体系相关要素的负责人，以便他们采取适当的措施。

b. 职业安全健康委员会、职工及其代表。

五、职业安全健康管理体系的改进措施

改进措施的目的是要求单位针对组织职业安全健康管理体系绩效测量与监测、事故事件调查、审核和管理评审活动所提出的纠正与预防措施的要求，编制具体的实施方案并予以保持，确保体系的自我完善功能，并不断寻求方法持续改进生产经营单位自身职业安全健康管

理体系及其职业安全健康绩效，从而不断消除、降低或控制各类职业安全健康危害和风险。

改进措施主要包括纠正与预防措施和持续改进两个方面。

1. 纠正与预防措施

单位针对职业安全健康管理体系绩效测量与监测、事故事件调查、审核和管理评审活动所提出的纠正与预防措施的要求，应编制具体的实施方案并予以保持，确保体系的自我完善功能。所制定纠正与预防措施的实施方案应该能够：

① 辨识并分析出与相关职业安全健康法规或职业安全健康管理体系的各种安排不符合的根本原因；

② 提出、制订并实施纠正与预防措施，包括职业安全健康管理体系自身的调整，并检查其有效性；

③ 确保所有拟订的纠正与预防措施经过适当的风险评价过程予以评审，并确定其优先顺序以便与问题的严重性和伴随的风险相适应；

④ 纠正与预防措施的实施与检查结果应形成文件。

2. 持续改进

单位应不断寻求方法持续改进自身职业安全健康管理体系及其职业安全健康绩效，从而不断消除、降低或控制各类职业安全健康危害和风险。

单位应依据对下列因素的考虑制定持续改进的实施方案，以不断改进自身职业安全健康管理体系各有关要素及整个体系。

① 单位的职业安全健康目标。

② 危害辨识与风险评价结果。

③ 绩效测量与监测的结果。

④ 事故、事件、不符合的调查结果以及审核的结果与建议。

⑤ 管理评审的结果。

⑥ 单位所有成员（包括安全健康委员会）对持续改进的建议。

⑦ 国家法律法规的变化以及企业自愿签署的有关职业安全健康的章程和集体协议。

⑧ 所有新的相关信息。

第三节　健康、安全与环境管理体系（HSE）概述

【学习目标】 ▶▶▶

知识目标：掌握实施健康、安全与环境管理体系（HSE）的意义及其基本结构。

能力目标：能根据健康、安全与环境管理体系的基本结构和关键要素对企业的管理体系作出初步评价。

情感价值观目标：培养学生安全管理意识和系统管理思想。

【案例情景】 ▶▶▶

2012 年 2 月 28 日 9 时 30 分，位于河北省石家庄赵县的克尔化工厂发生爆炸事故，一号生产车间的 3 层楼基本被炸平。附近 2000m 内的房屋出现玻璃震碎现象。事故导致 25 人死亡，46 人受伤。

事故直接原因： 河北克尔公司一车间的 1 号反应釜底部放料阀（用导热油伴热）处导热

油泄漏着火，造成釜内反应产物硝酸胍和未反应完的硝酸铵局部受热，急剧分解发生爆炸，继而引发存放在周边的硝酸胍和硝酸铵爆炸。

一、实施健康、安全与环境管理体系的意义

健康、安全与环境管理体系（简称 HSE 管理体系）是近几年来，国际上石油、石化行业通行的管理体系。它是一种事前对自身活动进行风险分析，确定其可能发生的危害和后果，从而采取控制手段和防范措施，防止生产事故和职业危害、职业病发生，以减少可能引起的人员伤害、财产损失和环境污染的有效管理方法。

实施 HSE 管理体系的主要意义体现如下。

① 满足政府对健康安全和环境的法律、法规要求。

② 为单位提出的总方针、总目标以及各方面具体目标的实现提供保证。

③ 减少生产事故和职业危害及职业病的发生，保障职工的安全与健康。

④ 保护环境，保护自然资源，满足可持续发展的要求。

⑤ 提高经济效益，改善单位的社会形象。

⑥ 增强单位的市场竞争能力。

⑦ 促进单位与国际接轨，进入国际市场。

二、HSE 管理体系的基本结构

目前，HSE 管理体系没有共同的标准，但是各个大企业集团公司实施的 HSE 管理体系的基本结构和关键要素具有相同的地方。

① 按照"戴明"模式，即"计划—实施—评价—改进"模式，形成一个持续循环和不断改进的结构。

② 由若干关键要素组成。主要有领导与承诺，方针与战略目标，组织机构、职责、资源与文件控制，风险评价与隐患治理，新建、改建、扩建装置建设；运行和维修，事故处理和预防，变更管理和应急管理，承包商和供应商管理，检查和监督，审核、评审和持续改进等。

③ 各个关键要素之间不是孤立的，而是密切相关的。其中领导与承诺是核心；方针与战略目标是方向；组织机构与职责，资源与文件作业支持；其他各项都是手段。

④ 在实践过程中，管理体系的要素和机构可以根据实际情况做适当调整。

第四节　健康安全环境管理体系要素解析

【学习目标】▶▶▶

知识目标：掌握健康安全环境管理体系的组成要素，了解各要素的主要内容及要求；掌握风险评价程序；新建、改建、扩建装置应遵循的"三同时"原则和事故处理应遵循的"四不放过"原则。

能力目标：能根据所学的健康安全环境管理知识参与管理方针与战略制定、管理机构组建、风险评价与隐患治理、运行维修、事故预防和处理、检查和监督、评审和改进。

情感价值观目标：培养学生科学严谨、耐心细致、一丝不苟的态度。

【案例情景】 ▶▶▶

1988年10月22日，上海高桥石化总公司炼油厂小号液化气球罐区发生一起液化气爆燃事故。该厂油品车间球罐区对914球罐进行开阀脱水操作时，操作人员未按规程操作，边进料边脱水，致使水和液化气一同排出，通过污水池大量外逸。逸出的液化气随风向球罐区围墙外的临时工棚扩散。22日凌晨，液化气遇到工棚内取暖的明火，引发大火。事故导致26人死亡，15人烧伤。直接经济损失9.8万元。

事故原因分析：①操作工严重违章；②紧靠球罐墙外6m的简易仓库违规用于外来施工人员住房；③违反"三同时"，安全设施未及时投入使用；④管理不严、纪律松懈。

如前所述，各个HSE管理体系中关键要素不尽相同。本节摘要进行介绍。

一、健康安全环境管理的领导与承诺

领导与承诺是指单位自上而下的各级管理层的领导与承诺，是HSE管理体系的核心。高层管理者应对健康、安全和环境的责任及管理提供强有力的领导和明确的承诺，并保证将领导与承诺转化为必要的资源，以建立、运行和保持HSE管理体系，实现既定的方针与战略目标。

1. 领导承诺的意义

单位高层领导者的承诺是对全体职工和社会的公开承诺，应表明以下观点。

① 高层管理者对做好健康、安全和环境各种工作负有首要责任和义务，各级最高管理者是HSE的第一责任人。

② HSE管理是单位整个管理体系的优先项之一（如管理层会议要把HSE议题放在首位；领导要参加及主持HSE会议及检查、评估活动等）。单位所有生产经营活动首先应满足HSE的要求。

③ 保证对体系的建立、实施和保持给予支持，配备资源（包括人力及其应有的权利、时间、资金及物质等）。

④ 保证建立与政府和公众联系的渠道，定期公布HSE的表现。

⑤ 鼓励全体职工、承包商、供应商和其他有关人员提出改善HSE的建议，积极参与到HSE体系的不断改进中来。

各级管理层的领导与承诺，除以上内容以外，还应表明：

① 个人的管理责任中都应包括HSE的内容；

② 单位内部和外部的HSE的活动、交流和创新。

2. 承诺内容提要

① 对实现HSE管理体系政策、战略目标和计划的承诺。

② 对HSE优先地位和有效实施HSE管理体系的承诺。

③ 对职工IHSE表现的期望。

④ 对承包商的承诺。

⑤ 其他承诺。

3. 对承诺的要求

① 由最高领导在体系建立前提出，并形成文件。

② 在正式提出之前，要征求职工和社会对承诺的意见。

③ 承诺要明确、简要，便于职工和公众理解、掌握。

④ 承诺要公开透明，并利用各种形式加以宣传（如张贴、上网等）。

⑤ 应定期或不定期对承诺发履行情况进行评估及改进。

⑥ 当条件发生变化时，应及时对承诺进行修改。

二、健康安全环境管理的方针与战略目标

方针与战略目标由最高管理者制定和发布，是单位开展 HSE 管理工作的行为准则，它应体现在单位各层次的管理目标和计划之中，是单位制定 HSE 具体目标和指标的基础。

1. 方针与战略目标的内容

方针与战略目标至少应包括以下内容。

① 遵守有关法律、法规、标准和其他应遵守的外部、内部要求。

② 持续改进的原则。

③ 预防为主的原则。

④ 对职工的期望和对承包商的要求等。

方针与战略目标还可以包括下列有针对性的内容。

① 创建一个有利于职工健康的工作场所。

② 安全防止或减少生产事故。

③ 环境逐步减少废气、废水和固体废物的排放，以最终消除对周围环境的有害影响。

2. 方针和战略应满足的要求

① 符合或严于法律、法规、标准。

② 与单位其他方针和目标具有同等重要性。

③ 与单位其他方针和目标保持一致，相互协调。

④ 得到各级组织的贯彻和实施。

⑤ 尽可能具体化和量化。

⑥ 尽可能减少单位的业务活动对 HSE 带来的风险和危害。

⑦ 公众易于获得。

⑧ 通过定期审核和评审，以达到持续改进的目的。

三、健康安全环境管理的组织机构、职责、资源和文件控制

组织机构、职责、资源和文件控制是 HSE 管理体系正常运行的保障。

1. 组织机构

单位设立 HSE 管理委员会；各级部门建立相应的 HSE 管理机构，并对其职责和权限做出明确规定。

2. 职责

单位应依据国家法律、法规、标准，明确各级机构、人员的职责，主要内容如下。

① HSE 委员会和各级 HSE 管理机构的职责。HSE 委员会是 HSE 事务的决策机构；各级 HSE 管理机构负责 HSE 事务的组织与监督。

② 各级职能部门（如生产、科研、计划、技术、设备、工程建设、供应、销售、财务、人事劳资、行政管理、医疗卫生、工会等）的 HSE 职责。各个职能部门的主要职责是在各自工作范围内，负责贯彻执行单位 HSE 管理体系的规定和要求，做好与 HSE 相关的工作，确保 HSE 方针和目标的实现。

③ 单位最高管理者、最高管理层的其他人员、职能部门负责人及管理人员、各级负责人及管理人员、班组长和全体职工的职责。做到单位每个成员都有明确的 HSE 职责。

3. 资源

单位应优先安排用于 HSE 管理方面所需的人员、资金、设备设施和技术等，确保 HSE 管理体系的有效运行。

4. 文件控制

（1）文件范围　单位应根据有关法律、法规、标准和本单位的具体情况确定所需获取和自行编制文件的范围。主要包括如下内容。

① 相关的国家法律、法规、标准。

② 所有的经主管部门审批的档案材料（如作业许可证等）。

③ 有关 HSE 管理体系的文件（如领导承诺、HSE 方针和目标、组织机构和职责、工作计划及实施程序、HSE 管理体系的审核及评审报告等）。

④ 有关生产装置的文件（如装置"三同时"验收报告、技术改造方案及实施程序、停产检修及技术改造前的检查记录等）。

⑤ 有关事故管理档案（如事故调查、处理报告、施工统计分析报告等）。

⑥ 对承包商、供应商的评估材料。

⑦ 各类报表。

⑧ 与 HSE 有关的其他文件。

（2）文件控制与修订

① 单位应控制 HSE 管理文件，以确保 HSE 管理体系的顺利运行。

② 定期评审，必要时进行修订。

③ 应使政府有关机构、领导、管理人员及全体职工、承包商等随时都能够获得所需文件的现行文件的有效版本。

四、风险评价与隐患治理

从某种意义上说，风险评价和隐患治理是所有 HSE 的基础、核心及关键。单位的高层管理者应定期或在发生重大变化时，组织风险评价工作。辨识危害和隐患，对其进行评价分析。在此基础上确定并实施有效或适当的风险控制措施，从而将风险降到最低或者控制在可承受的程度。

1. 风险评价

风险评价程序参见图 12-1。

（1）明确评价对象，选择科学的风险评价方法和程序　评价对象确定后，单位应根据相应的法律、法规、标准的要求，确定评价方法和程序。

（2）危害和影响的确定　在确定危害和影响时，应遵循"全过程"、"全面"和"全员"的原则。即应系统地考虑从规划、设计和建设、投产、运行等阶段；常规和非常规的工作环境及操作条件；事故及职业危害、职业病以及潜在的危害等。在组织这项工作时，应注意鼓励全员积极参与。

（3）选择相应的判别准则　判别准则来自法律、法规及标准，合同规定，单位方针及目标等。

（4）评价危害和影响　风险评价应全面考虑人（包括操作人员及管理人员）和物两大方面因素导致的危害和影响。

在全面考虑的基础上，风险评价还应结合本单位的生产特点确定评价重点。如对危险化学品生产单位，应将易引起火灾爆炸事故的因素、易导致化学中毒的因素、易引起压力容器及压力管道事故的因素等作为评价的重点。

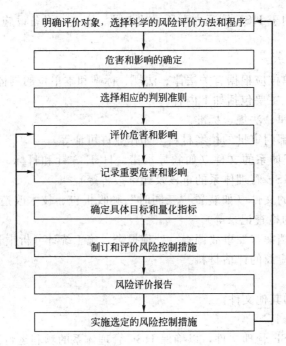

图 12-1　风险评价程序

风险评价应由具有资格的单位及人员来实施,并应定期进行。

(5) 记录重要危害和影响　评价结束后,单位应将较为重要的危害和影响记录在案,形成文件。

(6) 确定具体目标和量化指标　在对危害和影响因素评价的基础上,应根据单位的方针、风险管理要求、生产及商业需要,从人(包括操作和管理)和物两方面确定 HSE 有关的、适当的具体目标和量化指标。这些指标应是现实可行的和可检验的。单位还应定期评审这些指标的适用性和连续性,必要时应进行修订。

(7) 制订和评价风险控制措施　单位应制订及采取措施来控制或者降低风险及其影响。包括:预防事故、控制事故的扩大、预防急慢性职业危害和职业病、降低事故短期及长期影响等。

(8) 风险评价报告　单位应将风险评价报告形成文件并存档备查。

(9) 实施选定的风险控制措施　单位在实施选定的风险控制措施时,一定要按既定措施严格执行,做到程序化、规范化、科学化,不留死角,不走过程,切实降低或消除各种风险,切实减少职业危害、职业病和安全事故的发生。

(7) 和 (9) 是需要强调的两个阶段。只有实施了风险控制措施,才有可能切实减少事故;减少职业危害和职业病,以实现 HSE 管理体系的方针和目标。

2. 环境因素评价

HSE 管理体系的重要特点是将环境因素列入管理体系之中。

(1) 确定重要环境因素的依据　确定本单位重要环境因素需要考虑的方面包括如下内容。

① 国家或地方环境保护法律法规和标准的要求。

② 环境因素影响范围及影响程度大小。

③ 环境影响因素持续时间。

④ 社会和公众关注的敏感点及关注程度。

（2）环境因素的确定范围　环境因素范围的确定常用的方法是按照工作流程进行识别，这样可以避免环境因素的遗漏。特别是初始环境因素的识别应重点明确识别范围，识别的范围应与工作过程的特点相对应。

（3）制定环境目标和指标　环境目标是管理环境因素及其影响的目的。指标来自目标，项目应建立和保持目标指标，应针对项目的各职能与层次形成文件化的目标与指标。

（4）环境影响分析和评价　环境影响分析必须是全过程的、系统的和动态的。环境因素评价的工作流程是：分析环境因素产生的环境影响→评价影响的程度→确定重要环境因素。

3. 隐患治理

（1）隐患评估　具体的评估内容如下。

自评：由基层单位按照单位 HSE 管理部门规定的评估程序及方案进行评估。评估结果应建立档案，其内容包括：隐患评估报告；技术结论；隐患治理方案、整改进度和责任人；资金概预算等。

复评：基层单位 HSE 管理部门应根据自评结果进行复评。在征求相关部门意见后，编制出年度隐患治理计划并列入单位年度综合计划。其中重大隐患治理项目须按照管理权限，报上级 HSE 管理部门审查批准，组织实施。必要时，可以由有关部门组织专家对隐患治理计划进行评估。

（2）隐患治理　各级单位的最高管理者应对隐患治理工作负责，并亲自组织隐患治理工作。

（3）跟踪复查　HSE 管理部门应按照本单位隐患治理计划，对隐患治理工作进行跟踪复查。如果发现问题，应与有关部门联系解决，必要时，可向本单位最高管理者报告。

五、新建、改建、扩建装置(设施)建设

新建、改建、扩建装置（设施）建设，应按照"三同时"（即职业安全卫生设施和环境保护设施要与主体工程同时设计、同时施工，同时投入使用）原则进行；装置（设施）的设计、采购、施工、安装和试车，都应符合有关法律、法规和标准（国际标准、国家标准或行业标准），以确保装置（设施）运行顺利、正常。

按照有关法律法规和标准的要求，新建、改建、扩建装置（设施）建设项目应做好以下4 项工作。

1. 安全评价和环境影响评价

新建、改建、扩建项目在可行性研究阶段应进行安全预评价和环境影响评价，两项评价报告经有关部门批准后，建设项目方可继续进行。

2. 资质和审核

建设项目的评价、设计、施工都应由取得相应资质证书的单位承担；工作人员应具备相应资质。职业安全卫生与环境管理人员应参与项目的设计审查及竣工验收。初步设计的《职业安全卫生篇》和设计施工图应由 HSE 相关部门会签批准。

3. 采购与安装

建设中的采购与安装均应符合有关法律、法规和标准的要求，建立文件、档案并保存有关资料。

4. 阶段风险评估

从设计、直到试运行的各阶段，都应进行风险评价，采取有效措施控制风险，最大限度地减少事故及职业危害、职业病的发生和对环境的不良影响。

六、运行和维修

单位应建立运行和维修管理程序，以确保 HSE 方针、目标的实现。运行和维修的基本要求如下。

① 对所有新安装和改造的设备、设施，应在开车前、后进行审查，确认与设计相符，所需验证、试验全部完成并达到法规、标准要求。审查情况应记录在案、存档。

② 所有设备、设施在运行期间，都满足或优于法规、标准要求。

③ 设置关键运行参数并定期监测，保证装置在这些参数范围内运行。

④ 编制开、停车及操作、维修规程。

⑤ 制订以保持装置安全运行为目的的试验和维修计划。

⑥ 停车检修（维修）和改造的设备、设施再次投入使用之前，应按照规定要求进行必要的检查和测试，并将结果记录在案。

⑦ 应建立关键生产装置监控系统，实现信息管理。

⑧ 对重要环境因素应建立并保持监测、控制程序和手段。

⑨ 按照有关法律、法规、标准，对特种设备进行管理。

⑩ 安全设备的使用、维修、改造和报废，应符合国家标准或行业标准。

⑪ 建立质量保证体系，确保更换或改造的设备、设施保持完好运行。

七、变更管理和应急管理

1. 变更管理

变更管理是指对人员、工作程序、工作过程、技术、设备设施等的永久性变化或暂时性变化进行控制管理。变更管理如果失控往往会引发事故。

（1）变更类型　变更类型包括如下几项。

① 工艺、技术的变更。如因新建、改建、扩建项目引起的变更，原料或介质的变更，工艺流程及操作条件的变更，操作规程的变更等。

② 机械、设备的变更。如工艺设备的改造和变更，更换与原设备不同的设备或配件，设备材料代用变更，临时性的电气设备变更等。

③ 管理变更。如政策、法规或标准的变更，机构和人员的变更，规章制度的变更，HSE 管理体系的变更等。

（2）变更管理　变更管理应包括变更申请、变更审批、变更实施和变更验收 4 个程序。单位应制定应该变更管理的管理制度，并严格执行。

2. 应急管理

应急管理是指对单位生产、储运和服务等各个方面进行全面、系统的调查、研究、分析，识别可能发生的生产事故、突发事件和紧急情况，制定可靠的防范和应急预案。以确保在一旦发生上述紧急情况时，能够最大限度地减少损失。

应急管理实施分级管理，单位各级组织都应建立应急指挥系统，制定应急预案。应采取措施，使应急预案"人人皆知"，而且平时应组织应急演练。

八、事故处理和预防

单位应建立事故管理（包括事故报告、调查处理、统计分析，乃至存档的一系列管理工作）制度和程序，以保证能够及时报告、调查处理事故，确认事故发生的原因，处理责任人员，并制订相应的防范措施，确保同类事故不再次发生。应做到"四不放过"，即事故原因没有查清不放过；防范措施没有落实不放过；责任没有得到追究不放过；职工没有受到教育不放过。

1. 事故报告

发生事故后，应按照规定及时上报，杜绝瞒报、漏报现象。

2. 事故调查

对发生的所有事故（包括未遂事故）都应进行调查、分析，查明事故原因，并制订具体防范措施。

3. 事故处理

事故处理应坚持原则，对直接责任者、间接责任者及负有领导责任者，都应按照法律法规的规定，追究法律责任。

4. 事故预防

应根据事故调查、分析所确认的事故原因和责任，制订并落实防范措施。包括工程技术措施、教育培训措施及管理措施等。

九、检查和监督

单位各级组织建立检查和监督制度，对本单位 HSE 管理体系运行情况进行定期检查和监督，以保证 HSE 方针和目标的实现和 HSE 管理体系的正常、有效运行。

1. 依据

国家法律、法规、标准和单位 HSE 管理体系文件是检查和监督的依据。

2. 检查的分类和频次

指令性检查按照国家或单位的安排要求进行；常规检查分为日常检查、定期检查、专业检查和不定期检查四类，一般按照单位制定的安全检查制度的要求进行。

3. 不符合纠正与整改

当发现不符合情况时，在进一步调查的基础上，应采取下列措施。

① 通知责任单位和相关方面，对于检查发现的重大隐患和问题，应实施《整改通知书》管理。

② 确定产生不符合情况的原因及可能的结果。

③ 编制整改计划或改进方案、措施。

④ 对于违章操作或违章指挥，应及时予以纠正，情况严重的应按照有关规定予以责任追究。

⑤ 实施检查或监督的部门或人员，应对不符合情况的纠正与整改情况进行跟踪监督，直至问题得以彻底解决。

十、承包商、供应商及相关方的管理

承包商、供应商及相关方对于单位的 HSE 业绩十分重要，应编制相应的文件，对其进行有效管理。

1. 对承包商的管理

管理内容包括对承包商资质的审定，将对承包商 HSE 方面的要求列入承包合同，对承包商的作业过程实施监督，对承包商的 HSE 表现进行评价等。

2. 对供应商的管理

管理内容包括：资质审定；将对其 HSE 方面的要求列入有关合同；定期或不定期对供应商的产品及售后服务进行监督检查；对其 HSE 表现进行评价等。

十一、审核、评审和持续改进

单位应制定审核与评审制度，并据此定期对 HSE 管理体系进行审核与评审，以确保其持续的适应性和有效性。

1. 审核

（1）审核方式

① 内部审核由各级单位自行组织进行。

② 第三方审核由具有相应资质的单位进行。

（2）审核内容

① HSE 管理体系与有关法律、法规、标准的符合性。

② HSE 管理体系的要素和活动与其领导承诺、方针、目标的符合性。

③ HSE 管理体系的要素和活动的实施情况及其效果。

（3）审核程序

① 审核前的准备。

② 建立审核准则。

③ 明确审核重点。

④ 确定审核组织及审核人员的要求。

⑤ 确定审核方法和步骤。

⑥ 实施审核。

⑦ 审核记录的整理。

⑧ 不符合情况及其纠正。

⑨ 审核结果通报。

2. 评审

对 HSE 管理体系的评审由单位最高领导层组织进行，由单位最高管理者负责。

（1）评审内容

① HSE 领导承诺的实现程度。

② HSE 管理体系文件与实际活动的适宜性、充分性和有效性。

③ HSE 的方针、目标及管理措施的实施情况，有无改进的必要。

④ 针对本单位及其他单位的事故分析，来改进 HSE 管理体系。

⑤ HSE 所需资源的保证情况及最高管理者的责任。

⑥ 关键过程和装置的风险控制情况。

⑦ 应急预案的制定及其有效性。

（2）评审程序

① 评审准备，如制订计划、收集有关文件资料等。

② 实施评审，由最高管理者主持召开评审会议或者现场评审会。

③ 编制评审报告，主要内容包括评审概况、评审内容、所发现的不符合项、评审结论

及改进措施等。

④ 评审报告经最高管理者批准后，印发有关单位和人员。

3. 持续改进

根据审核和评审的结论和改进建议，本着持续改进的原则，不断完善 HSE 管理体系，实现动态循环，提高本单位的 HSE 管理水平。

【**课后巩固练习**】▶▶▶

1. 简述职业安全健康管理体系（OSHMS）的概念。

2. 健康安全与环境管理体系（HSE）的作用及特点是什么？

3. 实施健康、安全与环境管理体系的意义是什么？

4. 职业安全健康管理的持续循环和不断改进的模式是什么？

5. 健康安全环境管理体系的要素是什么？

6. 新建、改建、扩建装置应遵循的"三同时"原则是什么？

7. 事故处理应遵循的"四不放过"原则是什么？

附 录

安全检查表

附表 1 危险化学品包装安全检查表

序号	检查内容	检查结果	备注
1	包装物(容器)必须由具有生产资格的专业生产企业定点生产		
2	包装等级与内装的危险化学品的危险性质相适应		
3	包装的结构合理,具有一定强度,防护性能好		
4	包装的材质、形式、规格、方法应与所装危险化学品的性质和用途相适应		
5	单件质量(重量)便于装卸运输和储存		
6	危险化学品的包装质量良好并达到国家规定的性能试验要求		
7	包装的构造和封闭形式满足正常储存、运输要求		
8	在正常储存、运输条件下,不会因温度、湿度或压力变化而发生任何渗(撒)漏		
9	包装表面清洁,不允许黏附有害的危险物质		
10	包装材质、衬垫和吸附材料与内装危险化学品的性质相适应,不会发生化学反应		
11	包装的内容器应予以固定,并用与内装物性质相适应的衬垫(吸附)材料衬垫妥实		
12	盛装液体的容器,应能经受在正常储存、运输条件下产生的内、外部压力		
13	盛装液体的容器,灌装时必须留有足够的膨胀余量(预留容积)		
14	包装封口形式合理,并与内装物性质相适应		
15	盛装需浸湿或加有稳定剂的物质时,其容器封闭形式应能有效地保证内装液体的百分比		
16	有降压装置的包装,其排气孔设计和安装应能防止内装物泄漏和外界杂质进入,排出的气体量不得造成危险和污染环境		
17	复合包装的内容器和外包装应紧密贴合,外包装不得有擦伤内容器的突出物		
18	包装的防护材料及防护方式,应与内装物性能相容且符合运输包装件总体性能的需要,能经受运输途中的冲击与震动		
19	当内容器破坏、内装物流出时,包装所采用的防护材料及防护方式能保证外包装安全无损		
20	盛装受日光照射能发生化学反应引起燃烧、爆炸、分解、化合或能产生有毒气体的危险化学品,其包装应采取避光措施		
21	盛装液化气体的容器属压力容器的,必须有压力表、安全阀、紧急切断装置,并定期检查,不得超装		
22	腐蚀性物品包装必须严密,不允许泄漏		
23	盛装液体爆炸品容器的封闭形式,应具有防止渗漏的双重保护		
24	盛装爆炸品的包装,其内包装应充分防止爆炸品与金属物接触;铁钉和其他没有防护涂料的金属部件不得穿透外包装		
25	双重卷边接合的钢桶、金属桶或以金属做衬里的包装箱,应能有效防止爆炸物进入隙缝		
26	钢桶或铝桶的封闭装置必须有合适的垫圈		
27	包装内的爆炸物质和物品,包括内容器,必须衬垫妥实,在运输中不得发生危险性移动		

序号	检查内容	检查结果	备注
28	盛装对外部电磁辐射敏感的电引发装置的爆炸物品,包装应具备防止所装物品受外部电磁射源影响的功能		
29	内装危险化学品不得超过包装器允许的最大容积和最大净重		
30	包装上应标打危险品标志和危险货物储存、运输标志,且符合国家标准的规定		
31	包装内应附有与危险化学品完全一致的化学品安全技术说明书		
32	在包装(包括外包装件)上应加贴或者拴挂与包装内危险化学品安全一致的化学品安全标签		

附表2 危险化学品储存安全检查表

项目	序号	检查内容	检查结果	备注
储存内容	1	危险化学品储存企业必须建立、健全各项安全生产规章制度和安全管理网络		
	2	储存危险化学品的仓库必须配备有专业技术人员;仓库工作人员应进行培训,经考核合格后持证上岗		
	3	应当制定事故应急处理预案并定期组织演练		
	4	储存危险化学品的仓库必须建立、健全危险化学品出入库管理制度		
	5	储存危险化学品的仓库必须配备可靠的个人安全防护用品		
	6	进入危险化学品储存区域的人员、机动车辆和作业车辆,必须采取防火措施		
	7	储存的危险化学品应有明显的标志且符合国家标准的规定		
	8	根据危险化学品的性能相互抵触或灭火及防护方法不同的危险化学品不得混合储存		
	9	各类化学性能相互抵触或灭火及防护方法不同的危险化学品不得混合储存		
	10	储存危险化学品的建筑物区域内严禁吸烟和使用明火		
	11	危险化学品无品质变化、包装破损、渗漏、稳定剂短缺等现象		
	12	泄漏或渗漏危险品的包装容器应迅速移至安全区域		
储存场所	13	储存危险化学品的建筑物不得有地下室或其他地下建筑		
	14	储存危险化学品的建筑物,其耐火等级、层数、占地面积、安全疏散和防火间距,应符合国家规定		
	15	危险化学品储存建筑物、场所消防用电设备应能充分满足消防用电的需要,并符合国家		
	16	危险化学品储存区域或建筑物内输配电线路、灯具、火灾事故照明和疏散指示标志等应符合安全要求		
	17	储存易燃、易爆危险化学品的建筑,必须安装避雷设备且符合国家标准		
	18	储存危险化学品的建筑必须安装通排队风设备,并保证通风良好		
	19	储存危险化学品的建筑通排风系统应设有良好的静电接地装置		
	20	通风管道穿防火墙等防火分隔物时,应用非燃烧材料进行分隔		
	21	储存危险化学品建筑采暖的热媒温度不应过高,热水采暖不应超过80℃,不得使用蒸汽采暖和机械采暖		
	22	通排风管、采暖管道和设备的保温材料,必须采用非燃烧材料制作		
	23	库房温度、湿度适宜,符合所储存危险化学品的性能要求		

项目	序号	检 查 内 容	检查结果	备注
消防安全	24	根据危险品特性和仓库条件配置相应的消防设备、设施和灭火药剂		
	25	储存危险化学品的建筑物内应安装自动检测和火灾报警系统		
	26	储存可用水灭火的危险化学品的建筑物内,应安装灭火喷淋系统,其喷淋强度和供水时间应符合国家标准		
	27	危险化学品储存企业应配备经过专门培训的专职或兼职消防人员		
储存安全技术	28	危险化学品的储存量应符合国家有关规定		
	29	危险化学品露天堆放时,应符合防火、防爆的安全要求		
	30	爆炸物品、一级易燃物品、遇湿燃烧物品、剧毒化学品不得露天堆放		
	31	遇火、遇热、遇潮能引起爆炸或发生化学反应,产生有毒气体的危险化学品不得在露天或潮湿、积水的建筑物中储存		
	32	受日光照射能发生化学反应引起燃烧、爆炸、分解、化合或能产生有毒气体的危险化学品应储存在一级建筑物中,其包装应采取避光措施		
	33	爆炸物品不准和其他类物品同储,必须单独隔离、限量储存		
	34	压缩、液化气体必须与爆炸物品、氧化剂、易燃物品、自燃物品、腐蚀物品隔离储存		
	35	易燃气体不得与助燃气体、剧毒气体同储		
	36	氧气不得与油脂混合储存		
	37	易燃液体、遇湿易燃物品、易燃固体不得与氧化剂混合储存		
	38	具有还原性的氧化剂应单独存放		
	39	有毒物品应储存在阴凉、通风干燥的场所,不要露天存放,不要接近酸类物质		
	40	腐蚀性物品严禁与液化气体和其他物品共存		
	41	禁止在危险化学品储存区域内堆积可燃废弃物品		
	42	修补换装、清扫、装卸易燃爆物料时,应使用不产生火花的铜制、合金制或其他工具		
	43	储存需浸湿或加稳定剂的物质时,其容器封闭形式应能有效地保证内装液体的百分比,在储运期间保持在规定的范围以内		

附表3　危险化学品运输安全检查表

项目	序号	检 查 内 容	检查结果	备注
通用部分	1	危险化学品运输企业必须通过资质认定,建立、健全各项安全管理制度和安全操作规程,制定事故应急处理预案并定期组织演练		
	2	从事危险化学品运输的人员(包括驾驶员、船员、装卸人员和押运人员)必须经过有关安全知识培训,取得上岗资格证		
	3	运输工具的性能如车况等符合国家规定,并配备相应的消防器材和应急救护用品		
	4	运输车、船等须彻底清扫干净,才能继续装运其他危险用品		
	5	危险化学品必须具备与运输方式相适应的包装		
	6	对包装不牢、破损、品名标签及标志不明显的和不符合安全要求的罐体、没有瓶帽的气体钢瓶不得装运		
	7	化学性质、灭火及防护方法互相抵触的危险化学品,不得混合装运		
	8	遇热容易引起燃烧、爆炸或产生有毒气体的化学物品,必须采取有效的隔热降温措施		
	9	遇潮容易引起燃烧、爆炸或产生有毒气体的化学物品,必须要有可靠的防雨防潮措施		
	10	运输压缩、液化气体和易燃液体的槽车的颜色,必须符合国家色标要求		

项目	序号	检查内容	检查结果	备注
通用部分	11	装运压缩、液化气体和易燃液体的槽车应有符合安全要求的安全阀、压力表、液位计、过流阀、紧急切断阀、呼吸器及阻火装置、静电接地装置、事故排放阀等安全设施		
	12	运输过程中应有可靠的防止危险化学品发生晃动或滑动的安全措施		
	13	装卸易燃物品时应采用不产生火花的工(器)具,确需采用时,必须有可靠的防火措施		
	14	装卸危险化学品时,要轻拿轻放,堆垛整齐牢固,严禁倒放		
	15	夜间进行装卸作业时,应使用防爆灯具,严禁使用明火		
	16	无关人员不得搭乘装有易燃易爆或剧毒化学品的运输工具		
公路运输	17	运输危险化学品的车辆,必须符合《道路运输危险货物车辆标志》的要求		
	18	车辆不宜采用金属车厢,并有防止摩擦、震动的可靠措施		
	19	运输车辆的栏板应坚实、稳固、可靠,车厢底板应平整、密实、无缝隙		
	20	危险化学品的装卸高度不得超过车辆拦板高度		
	21	运输车辆应在明显部位悬挂规定的带有"危险品"字样的标志牌或小旗		
	22	液化石油气槽车储罐应通过检测、探伤、耐压试验并符合要求		
	23	运输剧毒化学品必须办理"运输通行证",并随车携带备查		
	24	装运危险化学品的车辆必须按指定路线行驶		
	25	有专人负责押运		
	26	驾驶员、押运人员应严禁吸烟		
铁路运输	27	危险化学品和非危险品或者配装条件不同的危险化学品,不能按一批托运		
	28	托运人要正确填写危险品的品名		
	29	不同性质的危险化学品的装卸站(场)相互之间的距离符合国家有关规定		
	30	装卸站台的鹤管宜采用有色金属且接地装置良好		
	31	运单和现货必须一致		
	32	危险化学品配装时,要严格按要求隔离装载,确保符合配装条件		
	33	不同机车与不同危险化学品的编组隔离应符合有关要求		
	34	卸车时,应核对票货是否相符,并及时登记到簿		
	35	危险化学品应在专库或按配装表规定隔离存放。在中间站应在仓库内划出固定货位,并与普通货物保持适当距离		
	36	调车机车进入危险化学品仓库前,就按规定安装防护器具		
	37	调车作业要认真执行禁止溜放的规定,并掌握速度		
	38	蒸汽机运送危险化学品进入库区时,应关闭灰仓,停止加煤,并宜用顶入输送的方法		
	39	铁路专用装卸站台对某些物品装卸后需进行清洗,应在装卸站两侧设有排水沟和水封井、污水处理设施等到		
水路运输	40	内河及其他封闭水域不得运输剧毒化学品、甲类易燃液体、遇湿易燃物品		
	41	承运人须了解所运输的危险化学品的性质和危险特性,以及船舶运输、装卸作业安全注意事项和应急处理措施		
	42	使用可移动罐柜、集装箱、货物托盘等装运危险化学品时,堆码要牢固,要能经受住水上运输的正常风险		
	43	不得运不适宜水上运输的危险化学品		
	44	承运船舶的构造及其电气系统、通风、报警、消防、温度、湿度等装置、设备、设施应符合所装运的危险化学品安全要求		

项目	序号	检查内容	检查结果	备注
水路运输	45	装运乙类易燃液体的船舶应是坚固、密封、符合安全要求的专用船舶,应当设有透气管、阻火器、消防设施、装卸设施等,并应有防止液体在舱内晃动、摩擦聚积静电起火的设施		
	46	化学性质不相容以及消防、救护等应急处理措施不同或相抵触的危险化学品,不得堆放在一起,且必须采取可靠、有效的隔离措施		
	47	船舶上应配备符合要求的装卸、照明机具		
	48	机动拖轮与装货驳船应保持50m间隔距离,并有可靠的防火措施		
	49	拖轮应设有危险物品旗帜标志,灯光信号以及其他信号设施		
	50	大型货轮装载危险化学品时,机舱与货舱应有相应的防火间距,货舱之间应有良好的防火分隔和密封措施		
	51	运输途中应有专业人员检测危险化学品的温度、湿度、包装情况等		

附表4　危险化学品经营安全检查表

序号	检查内容	检查结果	备注
1	危险化学品经营单位必须取得危险化学品经营销售许可证,任何单位和个人都不得无证经营销售危险化学品		
2	经营场所和储存设施符合国家标准		
3	经营单位必须建立、健全安全管理网络,并配备一定数量的专业技术人员		
4	经营单位必须建立、健全各项安全生产管理制度		
5	经营单位的主管人员和业务人员经过专业培训,并取得上岗资格证		
6	危险化学品储存场所必须有可靠的防雨水、防火、防渗漏、防风、防盗等措施、设施		
7	经营单位必须制订事故应急处理和预防措施,并定期组织有关人员学习		
8	经营单位不得从未取得危险化学品生产许可证或者危险化学品经营许可证的企业采购危险化学品		
9	不得经营国家明令禁止的危险化学品和用剧毒化学品生产的灭鼠药以及其他可能进入人民日常生活的化学产品和日用化学品		
10	不得销售没有化学品安全技术说明书和化学品安全标签的危险化学品		
11	剧毒化学品经营企业销售剧毒化学品,应当记录购买单位的名称、地址和购买人员的姓名、身份证明号及所购剧毒化学品的品名、数量、用途		
12	剧毒化学品经营企业应当每天核对剧毒化学品的销售情况		
13	剧毒化学品生产企业、经营企业不得向个人或者无购买凭证、准购证的单位销售剧毒化学品		
14	剧毒化学品购买凭证、准购证不得伪造、变相买卖、出借或者以其他方式转让,不得使用作废的剧毒化学品购买凭证、准购证		
15	危险化学品经营企业储存危险化学品,必须储存在专用仓库、专用场地或者专用储存室内、并由专人管理		
16	危险化学品的储存方式、方法与储存数量必须符合国家标准		
17	对剧毒化学品必须储存在专用仓库内单独存放,实行双人收发、双人保管制度		
18	危险化学品出入库。必须对其数量、质量、危险标志、储存标识、包装情况、有无泄漏、有无合格证等进行核查登记		
19	库存危险化学品应当定期检查,及时清理、处置过期、渗漏或者变质的化学品		
20	危险化学品商店只能存放民用小包装的危险化学品,其总量不得超过国家规定的界限		
21	储存危险化学品的场所,应当满足安全、消防要求,配备必要的、与危险化学品性质相适应的安全设施、消防器材和防护用品,设置明显标志		

附表5　危险化学品废弃处置安全检查表

序号	检查内容	检查结果	备注
1	产生、收集、储存、运输、利用、处置危险废物的单位,必须建立、健全安全生产及环境保护责任制度、安全操作规程,配备足量的管理人员和专业技术人员		
2	对直接从事收集、储存、运输、利用、处置危险废物的人员进行严格的专业培训,经考核合格后,方可上岗作业		
3	对直接从事收集、储存、运输、利用、处置危险废物的人员定期进行职业性体检,发现不适者及时安排休养治疗或调离岗位		
4	危险废弃物的存储或者处置的设施、场所,必须符合国家职业安全卫生和环境保护标准		
5	凡产生危险废物的单位,必须按照国家有关规定申报登记		
6	危险废物的产生量、流向、储存、处置等有关资料齐全		
7	从事处置危险废物经营活动的单位,必须按规定向环境保护行政主管部门申请领取经营许可证,禁止无证或者不按照经营许可证规定经营		
8	禁止将危险废物提供或者委托给无经营许可证的单位		
9	收集、储存危险废物,必须按照危险废物特性分类进行,禁止混合收集、储存、运输、处置性质不相容而未经安全性处置的危险废物		
10	禁止将危险废物混入非危险废物中储存		
11	禁止任意抛弃危险化学品废物		
12	禁止在危险化学品储存区域内堆积可燃废弃物品		
13	收集、储存、运输、处置危险废物的设施、场所必须设置危险废物识别标志		
14	盛装危险废物的包装、容器,必须在醒目位置设置危险废物识别标志		
15	危险废物的包装应当采用易回收利用、易处置或者在环境中易消纳的包装物		
16	收集、储存、运输、处置危险废物的场所、设施、设备和容器、包装物及其他物品转作他用时,必须经过消除污染及消毒处理,方可使用		
17	运输危险废物,必须采取防止污染环境的措施,并遵守国家有关危险货物运输管理的规定		
18	禁止将危险废物与旅客在同一运输工具上载运		
19	凡转移危险废物,必须按照国家有关规定填写、办理危险废物转移联单		
20	产生、收集、储存、运输、利用、处置危险废物的单位,应当制订在发生意外事故时采取的应急措施和防范措施,并定期组织演练		
21	在收集、储存、运输、处置危险废物的场所,必须配备必要的相应的消防器材和防护用品		

附表6　防火安全检查表

一、防火组织管理

序号	检查内容	是或否	备注
1	企业应成立行政负责人领导下的防火安全机构,并定期召开会议		
2	贯彻谁主管谁负责的原则,建立各级防火责任制,并有年度消防计划		
3	有防火重点部位分布图,有健全的火灾隐患管理制度并建立了隐患治理台账		
4	对重大危险源辨识正确,并按规定建立管理制度和监控措施		
5	有专(兼)职消防组织和消防预案。人员基本固定,职责明确		
6	企业定期进行安全生产检查,公司、分厂每季度一次、车间每月一次、班组每天一次		

二、区内建(构)筑物防火安全

序号	检 查 内 容	是或否	备注
7	厂总平面布置应按生产过程中火灾、爆炸危险性及毒物的危害程度,考虑地形、风向、交通等条件进行合理布置		
8	生产装置内经常散发大量可燃气体或可燃蒸气的单元,应布置在有明火或散发火花的上风向或侧风向通风良好的地段		
9	建筑物的耐火等级、层数、占地面积、通道、防火间距、泄压面积、疏散楼梯、电梯、走道、门等符合规定要求		
10	工厂主要出入口不应少于两个,且位于不同方位		
11	甲、乙类生产物料管线不应穿越与其无关的建筑物、易(可)燃气体、液体的采样管线,一次仪表管线不得直接接入室内		
12	厂区内道路应作环形布置、生产区的道路应采用双车道,若为单车道应满足错车、会车要求		
13	跨越道路的管带、桁梁、栈桥等,其距路面上的净高不小于4.5m,并有醒目的限高标志		
14	甲、乙、丙类液体储罐区的防火堤、分隔堤符合规范要求		
15	可燃物储罐区总量不超过规定的要求,检测报警设施符合规定要求		
16	每年雷雨季节前,对避雷装置测试一次,不符合的应予以更新		

三、生产过程防火安全

序号	检 查 内 容	是或否	备注
17	将易燃固体、液体和气体与点火源隔离(其距离符合规定要求)		
18	严格按规定分发每日工作中所需最少量的可燃物质,并妥善保管		
19	化学危险品库总储量符合规定要求。库房有良好通风,危险品分项存放、堆垛之间的主要通道要保持2m以上的安全距离;电器防爆达到要求,防雷、防静电措施符合要求		
20	输送油品、液化石油气、燃料气、爆炸性粉尘的管线均应有防静电措施,并保持完好		
21	容易形成爆炸性混合物的场所,须有良好的通风换气设施和报警装置		
22	装卸车用的栈台鹤管及管道应有防雷、防静电设施,并定期检测		
23	装卸有火灾爆炸危险的气体、液体时,连接管的材质和压力等级应符合工艺要求。其装卸过程必须采用控制流速等有效的消除静电措施		
24	设备、设施系统管线漆颜色标记正确。各部位无渗漏		
25	原材料、产品及半成品的临时堆放场所应符合规定要求		
26	安全阀、压力表、温度计、止回阀、切断阀等完好无损		
27	严格执行临时动火(如电焊、气割等)作业审批制度		
28	进入容器内作业时,是否定时对容器内的混合气体浓度进行检测,是否有可靠的通风措施。作业用工具、照明及通信器材是否符合防爆要求和防护要求		
29	安装维修所有电路,确保接零,以防止电弧、火花、超载导致的阻抗热和短路产生(除手提电动工具和照明工具外,其他线路应包有坚硬外壳)		
30	用保险丝和电流断路器保护每一个电路。保险丝和电流断路器应安装在一个离工作场所很近的盒子内(每条电路都应明确地标出)		
31	应使用固定的金属丝线路而不是延伸软线,避免对电路的损坏。在线路中不可使用多个插头,避免线路超载		
32	在每个工作点都安装单独的控制开关,以避免线路超载,并在紧急情况下,能立即切断电源		
33	临时用电应办理临时用电票,且手续完善,在有效期内使用		
34	灭火方法不同的化学危险品不得同库储存		
35	凡从事特殊作业的人员必须持证上岗		

三、生产过程防火安全

序号	检查内容	是或否	备注
36	各个作业场所必须有安全操作规程,并严格实施		
37	应对通道进行标记并保证其畅通,以使人员和物料都能在通道便利地流通,而不至于发生物料和产品的堆积和阻碍通道		
38	对每个工作点都要提供足够的废物桶。以使废物易于移走,避免废物乱堆,避免工作地面上堆有废料(对于收集易燃废料如纸、木头、塑料、纤维和破布的桶应有盖)		
39	指定吸烟场所,用禁止吸烟标志明确提出不准吸烟的地点,确保指定的吸烟场所没有易燃和可燃物质		

四、为应付火灾紧急情况所作的准备

序号	检查内容	是或否	备注
40	保持出口畅通,无障碍物,确保出口总是处于开启而不是关闭状态,在撤离时,确保所有的出口的门的开向顺着人流的方向,对易被误认为出口的门,要清楚地标明:"不是出口"		
41	依照国家规定要求,在所有工作地点安装适当的喷水灭火系统,确保每个带有潜水系统的工作地点有适当的防火措施(在装有喷水系统的地方,应保证所有阀门被锁在暴露位置,保证有足够的水供应喷水系统,如有需要,还可准备后备泵)		
42	当安装了洒水灭火系统后,须保证洒水器龙头喷嘴不被喷漆堵塞,并保持清洁,以便在火灾时,每一洒水龙头都能作用		
43	提供一个独立的撤离报警系统,同时警报应足够响亮,以使每个工人在紧急情况下,都能听到鸣叫(每月对报警系统进行一次测试)		
44	在很容易看到和接触到的地方,设置火灾报警箱和紧急电话		
45	在有特殊火灾危害的地方,放置适当数量的灭火器		

五、针对紧急情况开展的培训

序号	检查内容	是或否	备注
46	每年至少对全体职工进行一次防火教育和训练,达到会使用各种消防器材,会报警。重点岗位每季度演习一次		
47	安排指定人员陪伴并帮助每一个残疾工人,撤离到安全地方		

检查人:　　　　　　　　检查时间:

参 考 文 献

[1] 中国安全生产科学研究院编. 危险化学品事故案例. 北京：化学工业出版社，2005.

[2] 李九团主编. 危险化学品安全管理条例与专项整治实施手册. 长春：吉林人民出版社，2002.

[3] 辽阳石油化纤公司职工大学编. 石油化工安全管理. 北京：中国石化出版社，2000.

[4] 国家安全生产监督管理局安全科学技术研究中心编. 危险化学品生产单位安全培训教程. 北京：化学工业出版社，2004.

[5] 吴宗之，高进东. 重大危险源辨识与控制. 北京：冶金工业出版社，2003.

[6] 国家安全生产监督管理局编. 危险化学品安全评价. 北京：中国石化出版社，2003.

[7] 崔继哲编著. 化工机器与设备检修技术. 北京：化学工业出版社，2000.

[8] 李红，孙虹雁，高德玉编. 化工机构应用基础. 北京：化学工业出版社，2004.

[9] 刘景良. 化工安全技术. 北京：化学工业出版社，2003.

[10] 王自齐. 化学事故与应急救援. 北京：化学工业出版社，1997.

[11] 江苏省石化厅. 化工机器检修技术. 北京：化学工业出版社，1997.

[12] 邝生鲁主编. 化学工程师技术全书. 北京：化学工业出版社，2002.

[13] 田兰，蒋永明，曲和鼎. 化工安全技术. 北京：化学工业出版社，1984.

[14] 周忠元，陈桂琴. 化工安全技术与管理. 北京：化学工业出版社，2002.

[15] 中国石化集团公司安全环保局编. 石油化工安全技术. 北京：中国石化出版社，2003.

[16] 蒋永明主编. 安全技术知识. 北京：化学工业出版社，1986.

[17] 马秉骞主编. 化工设备. 北京：化学工业出版社，2001.

[18] 刘相臣，张秉淑编著. 化工装备事故分析与预防. 北京：化学工业出版社，2003.

[19] 刘爱国等主编. 起重机械安装与维修实用技术. 郑州：河南科学技术出版社，2003.

[20] 宋建池等编. 化工厂系统安全工程. 北京：化学工业出版社，2004.